大數據分析概論

張博一、張紹勳、張任坊　編著

全華圖書股份有限公司　印行

國家圖書館出版品預行編目資料

大數據分析概論 / 張博一, 張紹勳, 張任坊編
著. -- 初版. -- 新北市 : 全華圖書, 2020.02
　　面 ; 　公分

ISBN 978-986-503-316-3(平裝)

1.資料探勘

312.74　　　　　　　　　　　　108022545

大數據分析概論

作者 / 張博一、張紹勳、張任坊

執行編輯 / 王詩蕙

封面設計 / 簡邑儒

發行人 / 陳本源

出版者 / 全華圖書股份有限公司

郵政帳號 / 0100836-1 號

印刷者 / 宏懋打字印刷股份有限公司

圖書編號 / 06432

初版一刷 / 2020 年 03 月

定價 / 新台幣 680 元

ISBN / 978-986-503-316-3(平裝)

全華圖書 / www.chwa.com.tw

全華網路書店 Open Tech / www.opentech.com.tw

若您對書籍內容、排版印刷有任何問題，歡迎來信指導 book@chwa.com.tw

臺北總公司(北區營業處)
地址：23671 新北市土城區忠義路 21 號
電話：(02) 2262-5666
傳真：(02) 6637-3695、6637-3696

中區營業處
地址：40256 臺中市南區樹義一巷 26 號
電話：(04) 2261-8485
傳真：(04) 3600-9806

南區營業處
地址：80769 高雄市三民區應安街 12 號
電話：(07) 381-1377
傳真：(07) 862-5562

序言

大數據 (Big data)，大概是爆紅速度僅次於雲端運算，近年來，雲端運算雖然還是很熱門的話題，但更熱門的是 Big Data，情況就像幾年前廠商不約而同在談雲端運算一樣。

大數據 (Big Data) 已成為目前全球學術單位、政府機關以及頂級企業必須認真面臨的挑戰，隨著有關大數據的程式語言、運算平台、基礎理論，以及虛擬化、容器化的技術成熟，了解大數據的原理、實作、工具、應用以及未來趨勢，都將會是求學、進修、求職、深造的必備技能。

大數據 (Big data)，又稱為巨量資料，指的是傳統資料處理應用軟體不足以處理它們的大或複雜的資料集。大數據也可以定義為來自各種來源的大量非結構化或結構化資料。從學術角度而言，大數據的出現促成了廣泛主題的新穎研究。這也導致了各種大數據統計方法的發展。大數據並沒有抽樣；它只是觀察和追蹤發生的事情。因此，大數據通常包含的資料大小超出了傳統軟體在可接受的時間內處理的能力。由於近期的技術進步，發布新資料的便捷性以及全球大多數政府對高透明度的要求，大數據分析在現代研究中越來越突出。

大數據對每個領域都造成影響。在生醫、商業、經濟、金融、地理、犯罪預防、教育、行政學及其他領域中，將大量資料進行分析後，就可得出許多資料關聯性。可用於預測商業趨勢、行銷研究、金融財務、疾病研究、打擊犯罪等。大數據對每一個公司的決策方式將發生變革－決策方式將基於資料和分析的結果，而不是依靠經驗和直覺。

本書包含大數據分析：概念、分析技術 (數據科學)、分析工具、雲計算、平台、系統架構等六大類概念。它適合社會大眾及學術領域，包括：生物醫學、財經、運輸學、哲學和認知科學、邏輯學、管理會、會計學、心理學、電腦科學、財金、不確定性原理、社會科學、教育學、經濟學、犯罪學、智慧犯罪…。

有鑑於 AI 統計、AI 物聯網、機器人學及大數據，已是當今最紅的顯學，但鮮少有理論與技術整合的書，故作者撰寫「AI 機器學習及大數據」一系列書，包括：

1. 《有限混合模型 (FMM)：STaTa 分析 (以 EM algorithm 做潛在分類再迴歸分析)》一書，該書介紹的最大概似估法，可應用在：FMM：線性迴歸、FMM：次序迴歸、FMM：Logit 迴歸、FMM：多項 Logit 迴歸、FMM：零膨脹迴歸、FMM：參數型存活迴歸…等分析。

2. 《AI 在統計的應用》

3. 《人工智慧與 Bayesian 迴歸的整合：應用 STaTa 分析》，該書內容包括：機器學習及貝氏定理、Bayesian 45 種迴歸、最大概似 (ML) 之各家族 (family)、Bayesian 線性迴歸、Metropolis-Hastings 演算法之 Bayesian 模型、Bayesian 邏輯斯迴歸、Bayesian multivariate 迴歸、非線性迴歸：廣義線性模型、survival 模型、多層次模型。

4. 《大數據》一書，該書內容包括：大數據入門篇、應用篇、分析技術篇 (數據科學及工具)、雲計算、物聯網 (數位策略)、系統架構篇 (全華)。

5. 機器人學

6. 物聯網 (IoT) 概論 (全華)

   本書旨在結合「理論、實務」，期望能夠對產學界有拋磚引玉的效果。

張博一、張紹勳、張任坊　敬上

目錄

Chapter 1　大數據及人工智慧 (AI)

Chapter 2　大數據分析

Contents

Chapter 3　數據科學之分析技術及工具

Contents

Contents

Chapter6　雲端運算：基礎設施、平台、應用

大數據及人工智慧 (AI)

本章綱要

生活趣聞

　　男友對女友說：嫁給我，我保證結婚後天天洗碗！

　　女友把對話截圖下來，發佈到臉書、IG，再透過手機傳給 100 個朋友，這種讓所有能行使獨立功能的普通物體實現互聯互通的網路，叫做【物聯網】。

　　而且有圖有真相，人手一張，以後不能後悔，這種價值交換的保証叫【區塊鏈】。

　　女友用「我保證」，搜尋兩人交往以來所有的對話紀錄，發現男友總共講了八千次「我保證」，這叫作文字探勘，事後發現總共有七千五百次沒有做到！所以，男友的「我保證」達成率為 6.25%，這種 text mining 就叫【大數據】。

　　然後調查各大網站發現，一般男人說話可信度為 20%，但這個男友可信度卻只有 6.25%，這叫作「網路爬蟲」，而最後的決策顯示「不可以嫁給他」，這叫【AI 人工智慧】。

　　你每天都可看到：大數據、AI(人工智慧)、機器人、演算法、深度學習 (deep learning)、物聯網 (IoT)、感測器 (sensor)…，這些名詞與這些概念是有關聯性。

　　為什麼機器人很厲害？因為它們裝上了大腦，也就是 AI。但是 AI 也有優劣，就跟人一樣，IQ 有高低之別。機器人厲不厲害，就看它的 AI 好不好。所以，如果沒有 AI，機器人就只是「機器」而已，不是「人」。

　　AI 如何變厲害？要餵它「吃」大數據。大數據就像 AI 的食物，跟人類一樣，吃進去的食物愈新鮮、愈乾淨，AI 就愈健康。

　　AI 如何消化那麼多數據？這就要靠演算法 (algorithm)。演算法就是機器人的消化系統，負責讀取 / 變數變轉 (recode)/ 過濾、消化大數據，再產出結果。

　　所以，演算法是關鍵。但演算法也有很多種，有預測分析、分類的演算法、機器學習演算法、機率論之 Bayesian 迴歸、深度學習演算法…。每個會寫程式的人，都可能創造自己的演算法，因此有高低優劣之分。好的演算法，會造就聰明的大腦，也就是聰明的 AI，以及高 IQ 的機器人。

◆ 科學的典範 (paradigm) 有 4 種

1. 科學實驗：以記錄方式來呈現實驗結果，並描述自然現象。

　　以下英文都是「試驗」意思：

(1) trial：為觀察、研究某事物以區別其真偽、優劣或效果等而進行較長時間的試驗或試用過程。

(2) experiment：多指用科學方法在實驗室內進行較系統的操作實驗以驗證、解釋或說明某一理論、定理或某一觀點等。

(3) test：普通用詞，含義廣，指用科學方法對某物質進行測試以估價其性質或效能等。

(4)　try：普通用詞，多用於口語或非正式場合，指試一試。

2. 理論推演：發展理論、建立模型、歸納驗證。

演繹推理 (deductive reasoning) 也是演繹邏輯，是從一個或多個陳述 (premises 前提) 推理得出邏輯肯定的結論 (conclusions) 的過程。

演繹推理與條件推理的方向相同，並將前提與結論聯繫起來。如果所有前提都是正確的 (術語是明確的)，並且遵循演繹邏輯的規則，那麼得出的結論必然是正確的。

演繹推理 (「自上而下的邏輯」) 與歸納推理 (「自下而上的邏輯」) 的對比如下：

(1)　演繹推理的作用是從一般性到更具體，這是「自上而下」的方法。首先要思考有關你感興趣的話題之理論。然後，再將其縮小為可以檢驗的更具體之假設。當我們收集觀察結果以解決假設時，會進一步縮小範圍。最終，這使我們能夠用特定的數據檢驗假設：對原始理論的證實 (confirmation)(或非證實)。在歸納推理中，可以透過將特定情況概括或外推到一般規則來得出結論，即存在認知上的不確定性。

(2)　歸納推理這裡所說的是不一樣的感應，用於數學證明 – 數學歸納實際上是演繹推理的一種形式。

3. 模擬 / 仿眞 (simulation)

通常，人會用電腦來實驗某模擬模型，電腦模擬就是使用電腦來模擬與系統相關聯的數學模型的結果。尤其當人無法使用眞實系統時，就需用模擬，因為你可能無法拜訪、或者使用它可能會危險 (或被拒絕)、或者正在設計但尚未構建、或者可能根本不存在。模擬可用來顯示替代條件和行動過程的最終實際效果。人類在許多情況下都需改用模擬法，例如：(船、高速公路…) 性能優化、安全工程 (核彈)、測試、(飛行員) 培訓、(電腦) 教育和視頻遊戲的技術模擬。模擬還可以與自然系統或人類系統的科學模型一起混用，來深入了解其功能。

4. 數據密集

對數據探索 (data explration)，又稱 eScience，它是計算密集型的學科，通常是指利用高速分散式網路環境進行科學研究，或是要求網格計算大數據集 (data set)，有時也包括分布式協同工作的技術。

其中，大數據就屬於上述科學研究的第 4 種典範。

◆ 大數據 (Big data) 的發展

大數據 (Big data)，又稱巨量資料，它早已成為你生活上不可分割的一部分。其實生活周遭不管是看到的資訊，或是一些預測或統計數位等等。例如衛生機關提出有關

H7N9 流感、非洲豬瘟疫的預測，小至股匯市金融市場的預測也好、颱風也好、天氣變化也好；大至全球的暖化及氣候變遷等都是大數據。

　　但資料量大不一定就是大數據。究竟什麼是大數據？又為何大數據會在近幾年突然興盛起來？時常耳聞的 Hadoop、Spark、MapReduce 等技術又是什麼呢？這些都跟本書「第 5 章 Hadoop 生態系統 (平臺)：Apache Hadoop 及 Spark」有關。

　　相對地，人工智慧又稱人工智能 (Artificial Intelligence, AI)，是指由人製造出來的機器所表現出來的智慧。通常是指電腦模擬 / 模擬人類思維過程以模仿人類能力或行為的能力。

　　自從 Google 的人工智慧 AlphaGO 成為圍棋界的百勝將軍開始，AI(Artificial Intelligence) 這兩個英文字，剎那間成為科技業最熱門的關鍵字之一。AI 領域自推出 IBM Watson 醫生，就打進一些數據服務公司、醫療領域，它能夠依照病患資料判定青光眼，準確率高達 95%。

一、為什麼大數據很重要？

　　「大數據」是指對於傳統數據處理應用程序來說太大或太複雜的數據集。它通常用於指預測分析或從數據中提取值的其他方法。為了利用大數據，組織仍依賴原始儲存及處理能力以及強大的分析功能及技能。

　　在總資料量相同的情況下，與個別分析獨立的小型資料集 (data set) 相比，將各個小型資料集合併後進行分析，可得出許多額外的資訊及資料關聯性，可用來察覺商業趨勢、判定研究品質、避免疾病擴散、打擊犯罪或測定即時 (real time) 交通路況等；這樣的用途正是大型資料集盛行的原因。

　　大數據的重要性不在於擁有多少數據，而在於你使用它做了多少效果。你可以從任何來源獲取數據並進行分析，以找到能夠 (1) 降低成本、(2) 減少時間、(3) 新產品開發及優化產品、(4) 智慧決策的答案。將大數據與高性能分析結合使用時，你可以完成與業務相關的任務，例如：

1. 例如，物聯網所掀起工業 4.0 革命，你可即時診斷出 (身體、車) 故障、問題及缺陷的根本原因。

2. 根據客戶的購買習慣 / 生日在銷售點來適當產生優惠券。

3. 在詐欺行為影響你的組織之前就檢測它。詐欺消費者的行為，是指經營者在提供商品或者服務中，採取虛假或者其他不正當手段欺騙、誤導消費者，使消費者的合法權益受到損害。

4. 在幾分鐘內重新計算整個風險組合 (risk combination)。

　　總之，大數據的重要性並不意味著你擁有多少數據，而是你將從這些數據中獲得什麼，可以透過分析數據來減少成本及時間。

二、透過人工智慧 (AI) 及機器學習 (ML) 為你的數據 (data) 供電

透過構建強大的 AI 統計功能，可加倍提高競爭優勢。今天產生的巨量數據遠遠超過人類可用任何有意義方式所分析的數據。機器學習、決論論 vs. 機率論預測分析及數據可視化等技術，可以透過深入挖掘大型數據集並提高決策的速度及準確性來幫助你找到意義。

利用 AI 分析及 ML 技術 (e.g 支援向量機 SVM、隨機森林、兩個隱藏層的多層感知器) 在推動價值創造及未來增長方面有多重要？在組織的轉型過程中，它可能意味著成功與失敗之間的差異。ML 及 AI 分析的一些實際應用包括：

1. 跟蹤及預測相關的指數技術趨勢：主動積極幫助你確定採取行動的方式及時間，做出更好的決策，並保持領先於競爭對手。例如：

   線上社交媒體代表了資訊的生產、傳輸及消費方式的根本轉變。用戶以 FB/ Youtube 文章、評論及推文的形式產生的內容，在資訊的生產者及消費者之間建立了聯繫。

   跟蹤社交媒體渠道的脈動，可使公司獲得有關如何改進及更好地銷售產品的反饋及見解。對於消費者而言，源自各種來源的大量資訊及意見有助於他們利用人群的智慧，以做出更明智的決策。

2. 基於直覺或過時模型的決策時，你使用 (快又省成本) 最小化之預測分析。這就是 Avinash Kaushik 所說的 HiPPO(highest paid person's opinion) 效應：依靠最高付費人的意見而不是相關數據。所謂 HiPPO 是「最高薪人士的意見」或「辦公室最高薪人士」的字母縮寫，也用來描述當需要做出決定時，低薪僱員要順從高薪僱員的趨勢。

3. 能夠透過開發階段對各個創新專案的進度及速度進行基準測試及跟蹤，並預測未來的結果及收入。

三、傳統研究法 vs 大數據方法的比較
(traditional and big data approaches in research)

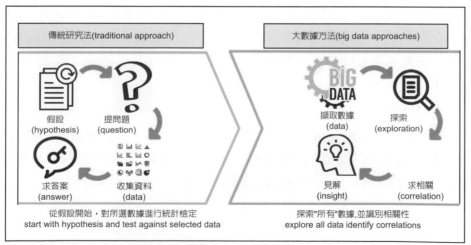

圖 1-1　傳統研究法 vs 大數據方法的比較 (traditional and Big data approaches in research)

四、AI 與大數據一起使用的技術

有幾種與大數據一起使用的 AI 技術，包括：

1. 異常檢測 (anomaly detection)

它是在資料探勘中，對不符合預期模式或資料集中其他專案的專案、事件或觀測值的辨識。通常異常專案會轉變成銀行詐欺、結構缺陷、醫療問題、文字錯誤等類型的問題。異常也被稱為離群值、新奇、噪聲、偏差及例外。

特別是在檢測濫用與網路入侵時，有趣性物件往往不是罕見物件，但卻是超出預料的突發活動。這種模式不遵循通常統計定義中把異常點看作是罕見物件，於是許多異常檢測方法 (特別是無監督的方法) 將對此類資料失效，除非進行了合適的聚集。相反，聚類分析演算法可能可以檢測出這些模式形成的微聚類。

對於任何數據集，若未檢測發現異常，則可改用大數據分析，來檢測故障檢測、感測器網路、生態系統分佈系統的健康狀況…。

2. 貝葉斯定理 (Bayes theorem)

貝葉斯定理用於基於預先知道的條件來辨識事件的概率。甚至任何事件的未來亦可在之前的事件基礎上預測。對於大數據分析，該定理是最佳使用的，並且可以透過使用過去或歷史數據模式，提供客戶對產品感興趣的可能性。Stata 軟體提供的貝葉斯迴歸有 42 種，請見張紹勳 (2019)《人工智慧與 Bayesian 迴歸的整合：應用 STaTa 分析》，該書內容包括：機器學習及貝氏定理、Bayesian 45 種迴歸、最大概似 (ML) 之各家族 (family)、Bayesian 線性迴歸、Metropolis-Hastings 演算法之 Bayesian 模型、Bayesian 邏輯斯迴歸、Bayesian multivariate 迴歸、非線性迴歸：廣義線性模型、survival 模型、多層次模型。

3. 態樣 (pattern) 辨識

態樣 (pattern) 辨識是一種機器學習技術，用於辨識一定數量的數據中的模式 (pattern)。在訓練數據的幫助下，可以辨識 pattern 稱之為監督學習。例如，中國除了人臉辨識久，AI「步態辨識」系統來了，靠走路姿勢就能抓得到你。中國號稱全球首個「AI 步態辨識」互聯系統，具備步態檔案庫、步態識 、步態檢索、大範圍追蹤等功能，即使目標人物遮住臉，亦可透過走路方式辨認出身分，彌補監視器中人臉通常難以辨識的缺點 (圖 1-2)。

4. 圖論 (graph theory)

圖論基於使用各種頂點及邊的圖研究。透過節點關係，可以辨識數據模式及關係。例如：郵差差信最短路徑。這種 pattern 非常有用，可以幫助大數據分析師進行態樣 (pattern) 辨識。這項研究對任何組織都很重要且有用。

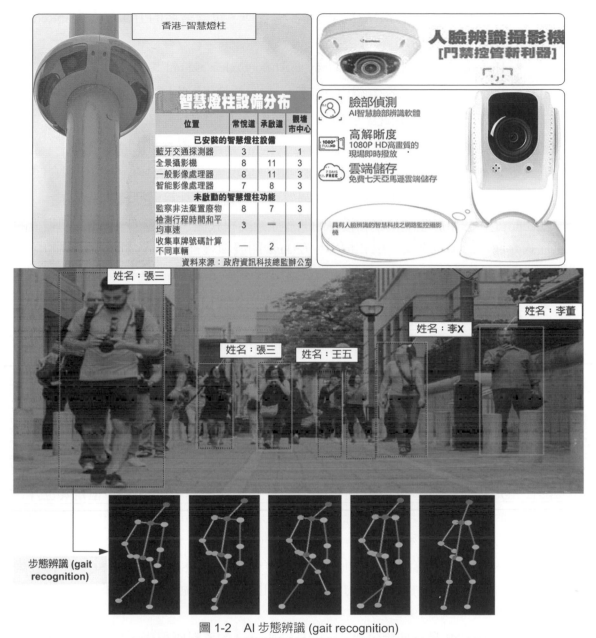

圖 1-2　AI 步態辨識 (gait recognition)

來源：Gait recognition(2019). http://www.ee.oulu.fi/~gyzhao/research/gait_recognition.htm

五、大數據系統架構之重要軟體

1. 了解大數據分析相關技術以及實作技巧，包含分散式運算與儲存平台、異質性資料庫 (database) 與可規模化之資料探勘技術之實作與應用。

2. 在分散式運算與儲存平台上：

(1) 著重於 Hadoop 的分散式平台的建置與管理，包含著名的 HDFS 與 MapReduce 的實作，詳情見第 5 章。

- Hadoop 軟體下載：https://hadoop.apache.org/releases.html
- Edureka! 的 YouTube 頻道中有許多 Hadoop 的教學影片可自行搜尋觀看。

(2) 在異質資料庫中，快速索引平台：例如 Lucene 軟體。

異質資料庫系統 (heterogeneous database system) 是用於自動化 (或半自動化) 系統所集成異質的、不同的資料庫管理系統，來向用戶呈現一個單一的、統一的查詢介面。

其中，異質資料庫系統 (HDB) 是提供異質資料庫集成的計算模型及軟體實作。

Lucene 是一套用於全文檢索和搜尋的開放原始碼程式庫，它提供一個簡單卻強大的應用程式介面，能夠做全文索引和搜尋。在 Java 開發環境裡 Lucene 是一個成熟的免費開放原始碼工具；Lucene 也是這幾年，最受歡迎的免費 Java 資訊檢索程式庫。

- Lucene 軟體下載：https://lucene.apache.org/core/downloads.html
- YouTube 中也有許多 Lucene 的教學影片，有興趣的讀者可自行搜尋觀看。

(3) 文檔導向的 NoSQL(非結構查詢) 資料庫：例如 MongoDB 軟體。

傳統資料庫採結構化查詢語言 (structured query language, SQL)，它是一種特定目的程式語言，用於管理關聯式資料庫管理系統 (RDBMS)，或在關係流資料管理系統 (RDSMS) 中進行流處理。SQL 基於關係代數和元組關係演算，包括一個資料定義語言和資料操縱語言。SQL 的範圍包括資料插入、查詢、更新和刪除，資料庫模式建立和修改，以及資料存取控制。

儘管 SQL 經常被描述為，而且很大程度上是一種聲明式編程 (4GL)，但是其也含有程序式編程的元素。相反地，大數據是採 NoSQL 資料庫。NoSQL 是對不同於傳統的關聯式資料庫的資料庫管理系統的統稱。

SQL 與 NoSQL 兩者存在許多顯著的不同點，其中，NoSQL 不使用 SQL 作為查詢語言。其資料儲存可以不需要固定的表格模式，也經常會避免使用 SQL 的 JOIN 指令，一般有水平可延伸性的特徵。

其中，MongoDB 是一個跨平台 document-oriented 的資料庫程序。分類是 NoSQL 資料庫程序，MongoDB 使用帶有 Schema 的類似 JSON 的文檔。MongoDB 由 MongoDB Inc. 開發，並根據服務器端公共許可證 (SSPL) 獲得許可。

- MongoDB 軟體下載：https://www.mongodb.com/download-center#community
- YouTube 中也有許多 MongoDB 的教學影片，有興趣的讀者可自行搜尋觀看。

(4) 鍵 - 值 (key-value) 資料庫 Redis、圖形資料庫 Neo4J：

NoSQL/Key-Value 資料庫是大數據興起後，資料庫設計與查詢的新方法，也可以說是關聯式資料庫的一種反動。

NoSQL/Key-Value 資料庫的 2 大特色是：

◆ NoSQL 非關聯式查詢

傳統之關聯式資料庫的通用查詢語言是 SQL，但 NoSQL 就不用關聯式資料庫的結構、表格分析設計法、與根據主鍵 (primary keys) 的查詢，故也可稱為「非關聯式資料庫」。

◆ Key-Value Stores「鍵 - 值配對」資料儲存法

採用只有 2 欄，稱為雜湊表 (hash table) 的方式儲存。1 欄是關鍵字 (key)，另 1 欄是值 (value)，作為查詢的資料結構。

這種方法可以透過把「鍵 - 值」透過一個函數的計算，映射到表中一個位置來查詢記錄，來加快查詢的速度。這個映射函數稱做雜湊函數，存放記錄的表格稱做雜湊表。

其中，圖資料庫 Neo4j 推出組織級全託管資料庫服務 Aura，用戶不再需要自己維護資料庫伺服器。

- Neo4j 軟體下載：https://neo4j.com/download/
- YouTube 中也有許多 Neo4j 的教學影片，有興趣的讀者可自行搜尋觀看。

(5) Mahout 協同過濾演算法：

Mahout 使用了 Taste 來提高協同過濾演算法的實現，它是一個基於 Java 實現的可擴展的，高效的推薦引擎。Taste 既實現了最基本的基於用戶的和基於內容的推薦演算法，同時也提供擴展同時，Taste 不僅僅只適用於 Java 應用程序，它可以作為內部服務器的一個組件以 HTTP 和 Web Service 的形式向外部提供推薦的邏輯。的設計使它能滿足組織對推薦引擎在性能，特定和可擴展性等方面的要求

在「應用程序的可伸縮數據挖掘框架」部分，你可學習大數據分析 Mahout 庫，例如推薦，分類及聚類演算法等，並透過本機 Java API 實現。

- Mahout 軟體下載：https://mahout.apache.org/general/downloads
- YouTube 中也有許多 Mahout 的教學影片，有興趣的讀者可自行搜尋觀看。

3. 了解異質性資料庫方面：

(1) 快速索引平台 Lucene：

Lucene 是 apache 軟體基金會 4 jakarta 專案組的一個子專案，是一個開放源代碼的全文檢索引擎工具包，但它不是一個完整的全文檢索引擎，而是一個全文檢索引擎的架構，提供完整的查詢引擎和索引引擎，部分文本分析引擎 (英文與德文兩種西方語言)。Lucene 的目的是為軟體發展人員提供一個簡單易用的工具包，以方便的在目標系統中實現全文檢索的功能，或者是以此為基礎建立起完整的全文檢索引擎。

　　Lucene 是一套用於全文檢索和搜尋的開源程式庫，它提供簡單卻強大的應用程式介面，能夠做全文索引和搜尋。在 Java 開發環境裡 Lucene 是一個成熟的免費開源工具。就其本身而言，Lucene 是當前以及最近幾年最受歡迎的免費 Java 資訊檢索程式庫。人們經常提到資訊檢索程式庫，雖然與搜索引擎有關，但不應該將資訊檢索程式庫與搜索引擎相混淆。

　　(2)　文件導向 NoSQL 的資料庫的 MongoDB 軟體：

　　MongoDB 是一種文件導向的資料庫管理系統，用 C++ 等語言撰寫而成，以此來解決應用程式開發社區中的大量現實問題。

　　(3)　鍵 - 值資料庫 Redis 軟體：

　　Redis 是一個使用 ANSI C 編寫的開源、支援網路、基於記憶體、可選永續性的鍵值對儲存資料庫。

　　(4)　圖形資料庫 Neo4j 軟體：

　　Neo4j 是圖形資料庫管理系統。其開發者將其描述為具有原始圖形儲存和處理功能的 ACID 兼容事務資料庫，根據 DB-Engines 排名，Neo4j 是最受歡迎的圖形資料庫。

4. 在可規模化之資料探索技術方面，你可學習 Mahout 大數據分析函數庫，包含推薦系統、分類與分群演算法等，並透過原生 Java API 進行實作，此外，亦會探討以圖形探勘為基礎之 PEGASUS 函式庫，並了解如何使用 Random Walk with Restart 以及 Tensor 分解等相關分析方法。

六、大數據的儲存單位

名詞解釋：Terabyte(1 000 000 000 000 Bytes)

　　TB 為兆位元組，是資料量的分級，相當於 10^{12} Bytes。其他資料量分級如下：

1. 位組 Bytes(8 位元 Bits)

2. Kilobyte(1000 Bytes)

3. Megabyte(11,000,000,000,000 Bytes)

4. Gigabyte(1,000,000,000 Bytes)

5. Terabyte(1,000,000,000,000 Bytes)

6. Petabyte(1,000,000,000,000,000 Bytes)

7. Exabyte(1,000,000,000,000,000,000 Bytes)

8. Zettabyte(1,000,000,000,000,000,000,000 Bytes)

9. Yottabyte(1,000,000,000,000,000,000,000,000 Bytes)

　　分散式檔案系統 Hadoop，是大數據技術的啓蒙者，大數據這股大趨勢，不僅影響資訊科技的走向，更成爲商業熱烈討論的議題。之所以如此，一方面是隨著網際網路、雲端運算、智慧行動裝置的普及，使得 Google、Facebook、Twitter 等大型網路公司的用戶數量，呈現爆炸性成長，爲了應付全球用戶的規模，這些知名網路技術公司紛紛投入大數據技術，使得大數據成爲頂尖技術的指標，瞬間成了搶手的當紅炸子雞。

1-1　大數據 (big data) 的來源、型態、價值

　　在發現大數據如何爲你的業務發揮作用之前，首先應該了解它的來源。大數據的來源通常分爲三類：

1. 串流資料

　　此類別包括透過連接設備 (通常是物聯網的一部分) 到達資訊科技 (IT) 系統的數據。你可以在數據到達時對其進行分析，並決定要保留哪些數據，不保留哪些數據以及需要進一步分析的內容 (圖 1-3)。

2. 社交媒體數據

　　社交互動數據是一組越來越有吸引力的資訊，特別是對於行銷、銷售及支援功能。它通常採用非結構化或半結構化形式，因此在消費及分析方面提出了獨特的挑戰。

3. 公開的來源 (open source)

　　大數據可透過開放數據源獲得，如美國政府的 data.gov、Federal Reserve Economic Data、CIA World Factbook 或歐盟開放數據門戶網站。

　　綜合來說，大數據的來源，概括分爲：

1. 源自網路流量，社交媒體，感測器等的大量非結構化 / 半結構化數據。

2. Patabytes(1 000 000 000 000 000 Bytes)，exabytes(10^{18}Bytes) 數據。
    ◆ 對於典型的 DBMS 來說，資訊量體 (volumes) 實在太大存不下。

3. 源自多個內部及外部來源的資訊：
    ◆ 事務 (交易⋯)
    ◆ 社交媒體 (FB,Youtube)
    ◆ 組織內容 (交易、偵測⋯)
    ◆ 感測器 (IoT)
    ◆ 移動設備 (智慧手機⋯)

4. 在這世界上，每一分鐘，就會有下列事情發生：

- ◆ 發送了 3 億封電子郵件
- ◆ 在 Pandora 上聽了 70,000 小時的音樂
- ◆ 3000 萬張照片視圖
- ◆ 200,000 條推文
- ◆ 700 萬次觀看及 300,000 次 Facebook 登錄
- ◆ 超過 400 萬次 Google 搜索
- ◆ Flickr 上傳了 400 萬次
- ◆ 2000 TB 的資料被產生
- ◆ 300 個新的移動網路用戶

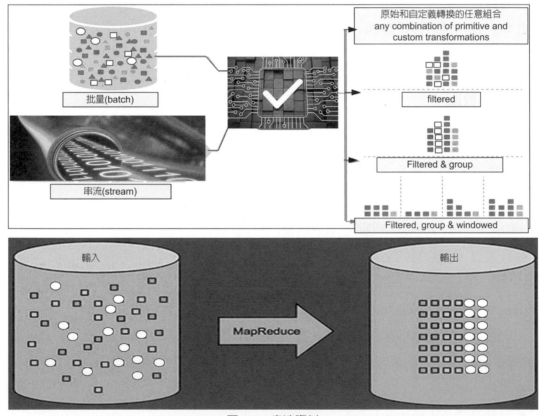

圖 1-3　串流資料

來源：tdwi.org(2019). https://tdwi.org/articles/2017/08/07/data-all-enabling-real-time-enterprise-with-data-streaming.aspx

5. 公司利用數據使產品及服務適應：

- ◆ 滿足客戶需求
- ◆ 優化運營 (cost down)
- ◆ 優化基礎設施
- ◆ 尋找收入的新來源
- ◆ 可以揭示更多 pattern 或異常

1-1-1　什麼是大數據？

隨著大數據被越來越多人提及，有些人驚呼大數據時代已經到來了，2012 年《紐約時報》的一篇專欄中寫到，「大數據」時代已經降臨，在商業、經濟及其他領域中，決策將日益基於資料及分析而作出，並非基於經驗及直覺，可惜並未引起大家的注意。

大數據是處理分析，系統性從中萃取資訊或以其他方式處理過大 (或複雜) 的數據集的方式，這些數據集無法由傳統的應用程序軟體處理。具有很多 cases 的數據提供更大的統計能力，而具有更高複雜度 (更多屬性) 的數據可能會導致更高的錯誤發現率。大數據挑戰包括收集數據、數據儲存、數據分析、搜索、共享、查詢、更新、傳輸、可視化、資訊隱私及數據源。大數據最初 3 個關鍵概念：量體、種類及速度。當你處理大數據時，你可能不會抽樣，而只是觀察並跟蹤會發生什麼。因此，大數據通常包含的數據大小超出了傳統軟體在可接受的時間及價值範圍內進行處理的能力。

當前，大數據的應用常指預測分析、用戶行為分析或某些其他高級數據分析方法來從數據中提取價值，而很少使用在特定大小的數據集。數據集的分析可以找到與「發現業務趨勢，預防疾病，打擊犯罪等」的新關聯。科學家、組織高管、財經 / 醫學從業者、廣告界及政府都經常在包括以下領域的大型數據集方面遇到困難：Internet 搜索，金融科技，城市資訊學及商業資訊學。科學家們遇到的局限性 e-Science 的工作，包括基因組學、氣象、生物學及環境研究、複雜的 physical 模擬。

大數據時代的來臨帶來無數的機遇，但是與此同時個人或機構的隱私權也極有可能受到衝擊，大數據包含各種個人資訊資料，現有的隱私保護法律或政策無力解決這些新出現的問題。有人提出在大數據時代，個人是否擁有「被遺忘權」，被遺忘權即是否有權利要求資料商不保留自己的某些資訊，大數據時代資訊為某些網際網路巨頭所控制，但是資料商收集任何資料未必都獲得用戶的許可，其對資料的控制權不具有合法性。

一、Big data 概述

至今，技術上可在合理時間內分析處理的資料集大小單位為 Exabyte 位元組 (10^{18} Byte)。但許多領域，由於資料集過度龐大，科學家經常在分析處理上遭遇限制及阻礙；

這些領域包括財金資料庫、氣象學、基因組學、神經網路學、複雜的 physical 類比，以及生物及環境研究。這樣的限制也對網路搜尋、金融與經濟資訊學造成了影響 (wiki.Big data, 2019)。

　　資料集大小增長的部分原因源自於資訊持續從各種來源不斷被廣泛收集，這些來源包括：(穿載式)感測裝置的行動裝置、高空感測科技(遙測)、軟體記錄、IoT 相機、麥克風、無線射頻辨識 (RFID) 及無線感測網路 (車聯網)。自 1980 年代起，現代科技可儲存資料的容量每 40 個月即增加一倍；至今，全世界每天產生數百萬艾位元組 (1 exabyes= 1000,000,000,000,000,000, 百萬兆) 的資料。

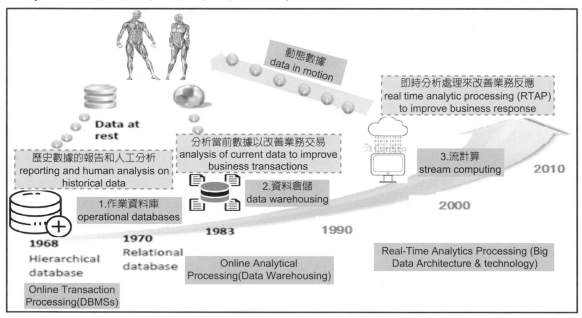

圖 1-4　利用大數據 (harnessing Big data)

　　大數據幾乎無法使用大多數的資料庫管理系統處理，而必須使用「在數十、數百甚至數千台伺服器上同時平行運行的軟體」(電腦集群 cluster 是其中一種常用方式)。大數據的定義取決於持有資料組的機構之能力，以及其平常用來處理分析資料的軟體之能力。

圖 1-5　電腦集群 cluster

來源：Quora(2019). https://www.quora.com/What-is-a-computer-cluster-What-do-they-do

　　對某些組織來說，第一次面對數百 GB 的資料集可能讓他們需要重新思考資料管理的選項。對於其他組織來說，資料集可能需要達到數十或數百 TB 才會對他們造成困擾。

二、Big data 定義

　　大數據 (Big data)，或稱巨量資料，顧名思義，是指大量的資訊，當資料量龐大到資料庫系統無法在合理時間內進行儲存、運算、處理、分析 (檢定) 成能易讀的資訊，就稱爲大數據 (Big data is data that exceeds the processing capacity of conventional database systems)。

　　這些大數據中有著珍貴的資料，像是未知的相關性 (unknown correlation)、潛在樣態 (hidden patterns)、市場趨勢 (market trend)，可能埋藏著前所未見的知識及應用等著被挖掘發現；但由於資料量太龐大，流動 / 更新速度太快，現今科技仍有無法處理分析，促使不斷研發出新一代的資料儲存設備及科技，希望從大數據中萃取出那些有價值的資訊。

　　大數據亦可定義爲源自各種來源的大量非結構化或結構化資料。從學術角度而言，大數據的出現促成了廣泛主題的新穎研究。這也導致了各種大數據統計方法的發展。大數據並沒有抽樣，它只是觀察及追蹤發生的事情。因此，大數據通常包含的資料大小超出了傳統軟體在可接受的時間內處理的能力。由於近期的技術進步，發布新資料的便捷性以及全球大多數政府對高透明度的要求，促使大數據分析成爲現代顯學。

(一) 大數據的型態

1. 單一數據來源不再足以應對許多政策領域日益複雜的問題。

2. Big data 不必重視數據量多少，但需注意它與其他數據的相關性。由於努力挖掘及匯總數據，大數據基本上是網路化的。

　　高德納於 2012 年修改對大數據的定義：「大數據是大量、高速、及 / 或多變的資訊資產，它需要新型的處理方式去促成更強的決策能力、洞察力與最佳化處理。」另外，有機構在 3V 之外定義第 4 個 V：眞實性 (Veracity) 爲第四特點。

"大數據"超越了傳統分析和資訊管理典範的能力，即所謂的4V：
資料量體(volume)、資料輸入輸出速度(velocity)、資料多樣性(variety)、準確性(veracity)

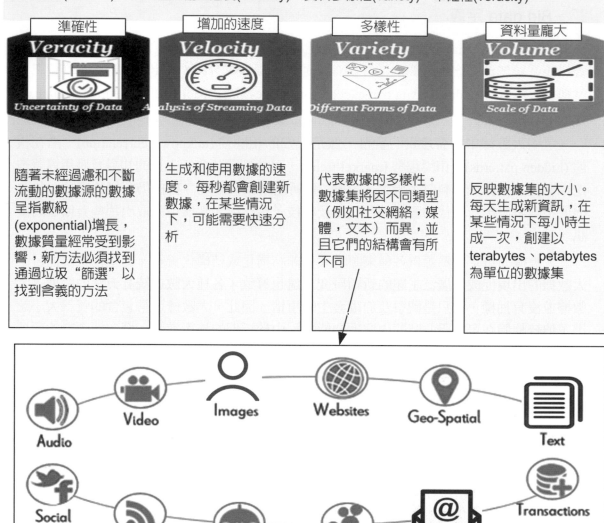

準確性	增加的速度	多樣性	資料量龐大
Veracity *Uncertainty of Data*	**Velocity** *Analysis of Streaming Data*	**Variety** *Different Forms of Data*	**Volume** *Scale of Data*
隨著未經過濾和不斷流動的數據源的數據呈指數級(exponential)增長，數據質量經常受到影響，新方法必須找到通過垃圾"篩選"以找到含義的方法	生成和使用數據的速度。每秒都會創建新數據，在某些情況下，可能需要快速分析	代表數據的多樣性。數據集將因不同類型（例如社交網絡，媒體，文本）而異，並且它們的結構會有所不同	反映數據集的大小。每天生成新資訊，在某些情況下每小時生成一次，創建以terabytes、petabytes為單位的數據集

圖 1-6　大數據 (Big data) 之示意圖

(二) 大數據的特性 (Big data characteristics)：4V vs. 6V

圖 1-7　大數據的型態

　　大數據有 4 種特性：Volume(Size)、Velocity(Speed)、Variety(Structure)、Veracity。

1. **Volume** 指的是**量體 (volumes) 龐大**，而到底資料量要多大才算呢？這其實沒有一定的界限，不過有許多組織已經面臨單日資料量以數十、數百 TB 的速度增加，而總資料量也達到了 PB(Petabyte) 等級，這樣的資料量已讓傳統的資料庫難以處理。

2. **Velocity** 是指資料**增加的速度越來越快**，諸如行動運算、社交網路的風行，使得資料增加的速度比傳統的組織應用程式來得快很多，一旦資料增生速度越快，資料處理、分析的速度也就得跟上。

3. **Variety** 則是指資料的**多樣性**，現在上網不是只看看資訊，同時你也在不斷產出資料：貼照片、貼影片、這裡按讚、那裡寫個幾句，另一方面，IT 深入生活中的各個層面，各式各樣的監控器、感應器也不停地產出機器資訊，資料的型式已不像過去那麼單純了。多樣性 (variety) 是大數據最獨特的性質。新技術及新類型的數據推動了大數據的大部分發展。

4. **Veracity** 意指資料**真實性**。**Veracity** 討論的問題包括：資料收集的時候是不是有資料造假、即使是真實資料，是否能夠準確的紀錄、資料中有沒有異常值、有異常值的話該怎麼處理…等。

　　由於進行資料分析的工作時，通常是由資料科學團隊向組織的 IT 部門登入組織伺服器取得資料，除了台灣組織在資料儲存上的量與多樣性已難以達到，在「即時性」這一點上便不符合。唯有組織內部自建即時的資料分析團隊，並隨時產出分析反饋，方能稱作大數據分析。

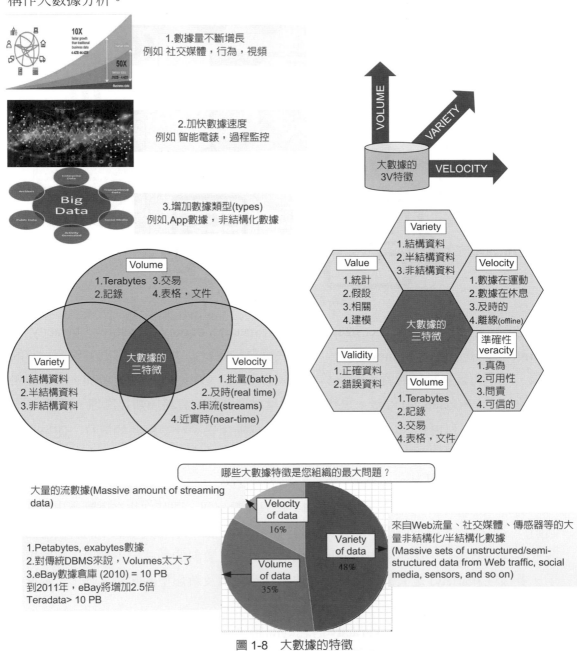

圖 1-8　大數據的特徵

　　這 4 個資料特性，已經是現在式，而不是未來式。然而該如何解決日漸緊迫的大數據處理問題呢？像 Facebook、Twitter 這樣面臨資料量大爆炸的網路公司，開始用 Hadoop、NoSQL 等新興技術來解決問題。

Hadoop 是分散式處理技術，它立基於叢集架構，因此可以使用大量便宜的伺服器，打造巨大的處理能力，並且可由水平擴充方式來加大處理能力，以應付更大的資料處理需求。

有了 Hadoop 這樣的開放原始碼技術，讓許多人不需購買大型的資料分析設備，也有辦法來分析大量的數據，例如日本藥廠透過分析 Twitter 使用者的留言，分析感冒、流鼻水等症狀的字眼，就能了解流行病的趨勢，掌握市場脈動；而在過去，若你沒有可行的大數據分析工具，可能連想都不敢想要分析 Twitter 這麼一回事。

至於傳統資料分析廠商，也紛紛將資料分析平臺轉換為分散式處理架構，提供水平擴充能力，或是增加處理速度更快的資料庫技術，來應付大數據的 3 種特性。這樣的發展也有助於組織因應未來的資料處理挑戰，對於已經採用資料倉儲的用戶，例如銀行業，就能順利移轉。畢竟，Hadoop 仍是一個很新的技術，其中的技術門檻亦較高。

大數據必須藉由電腦對資料進行統計、比對、解析方能得出客觀結果。美國在 2012 年就開始著手大數據，歐巴馬更在同年投入 2 億美金在大數據的開發中，更強調大數據會是之後的未來石油。

大數據需要特殊的技術，以有效地處理大量的容忍經過時間內的資料。適用於大數據的技術，包括大規模並列處理 (MPP) 資料庫、資料探勘、分散式檔案系統、分散式資料庫、雲端運算平台、網際網路及可延伸的儲存系統。

三、大數據的承諾

大數據更重要的是，有望實現的目標，當下的智慧(智態)		
	傳統技術與議題	大數據差異化
Veracity	不考慮數據中的偏差、noise和異常	1.數據存儲，並且挖掘有意義的問題來分析 2.保持數據清理和處理，以防止 "dirty data"在系統中累積
Velocity	沒有即時(real time)分析	In real-time: 1.動態分析數據 2.持續整合新資訊 3.自動刪除不需要的東西，以確保最佳儲存
Variety	1.相容性(compatibility)問題 2.高等分析與非數字數據在鬥爭	1.Frameworks適應不同的數據類型和數據模型 2.使用極少參數進行有效(insightful)分析
Volume	1.分析僅限於小數據集 2.分析大數據集=高成本和高記憶體	1.可以擴展大量的multi-sourced數據 2.促進大規模平行處理(parallel processing) 3.低成本的數據儲存

圖 1-9　大數據的承諾

四、大數據源自何方？(Where does Big data come from)

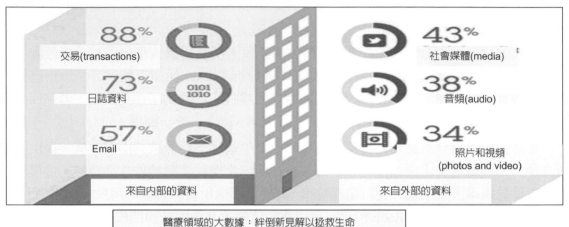

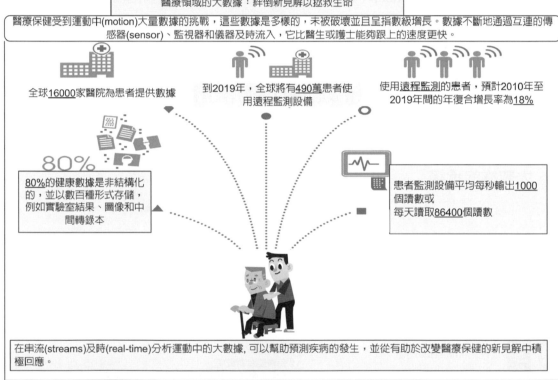

圖 1-10　大數據來自何方？

五、Big data 之資料型態 (type)

1. 在收集數據時，可從特定變數的個案中 (individuals cases) 收集數據。

2. 變數是數據收集的單位，其值是可變的。

3. 對數據的數學 scaling 來定義變數的類型。

4. 常見的，有四種類型的數據或測量級別 (four types of data or levels of measurement)：類別 / 名目 (categorical/nominal) 變數、等級 / 順序 (ordinal) 變數、等距 (interval) 變數、比率 (ratio) 變數。在量化研究中，須懂得如何區分變數的屬性，才可以進行正確的統計分析。變數的屬性亦稱測量尺度，共有四個層次：類別 (nominal)、等級 (ordinal)、等距 (interval) 及比率 (ratio)。其中具有類別或等級屬性的變數有間斷 / 離散變值 (discrete) 的特性，而具有等距及比率屬性的變數則有連續性 (continuous) 的特性。一般而言，在進行較為複雜的統計分析時，才會運用到不同的測量尺度。

表 1- 1 資料成長的源頭

| 1. 網際網路 / 線上數據
-Clicks
-Searches
- 伺務器請求
- 網路日誌
- 電話日誌
- 移動 GPS 位置
- 用戶產生內容
- 娛樂 (YouTube、Netflix、Spotify、......) | 2. 醫療保健及科學計算
 - 基因組學、醫學圖像、醫療數據、計費數據
3. 圖表數據
 - 電信網路
 - 社交網路 (Facebook、Twitter、IG、...)
 - 電腦網路 |
| 4. 物聯網
 - RFID
 - 感測器 | 5. 財務數據 |

◆ 測量尺度 (scale of measurement)

測量尺度 (scale of measure) 或稱測量水準 (level of measurement)、測量類別，是統計學及定量研究中，對不同種類的資料，依據其尺度水準所劃分的類別，這些尺度水準常分為：名目 (nominal)、次序 (ordinal)、等距 (interval)、等比 (ratio)。就依變數而言，Binary(名目) 變數最有名就是邏輯迴歸 (OR,RR) 及存活分析 (含 ROC)；次序變數最有名就是離散選擇模型；等距變數最有名就是 SEM、OLS(含 panel-data 迴歸)。等比變數最有名就是時間序列 (計量經濟)…。當然，若是名目變數與「次序、等距」的組合，最有名就是 HLM、FMM、AI 統計、大資料、物聯網 + 雲端…。這些統計的實作例子，請見張紹勳 (2015~2019)「Stata」及「SPSS」一系列統計分析 20 本書。

最常見測量資料尺度，由最弱到最強分成下列四種不同性質的尺度：

1. 名目尺度 (nominal scale)：名目尺度是為了標示目的而指定之任意數值，亦即當研究者使用數值來辨認任何事物或類別時，這些數值便稱為名目變數或類別尺度。例如，科系、職業、宗教信仰、性別…等。此種數值彼此間並無大小、順序及比率的關係，

也就是說 1 表示男性，2 表示女性時，1 與 2 並無順序大小之分，也無順序關係，即不能說成 1 小於 2，故女性比男性大或好。又種族分成白人、黑人、黃人。因名目尺度數值本身無任何意義，因此其加減乘除之運算毫無意義，是四種尺度中最弱者。

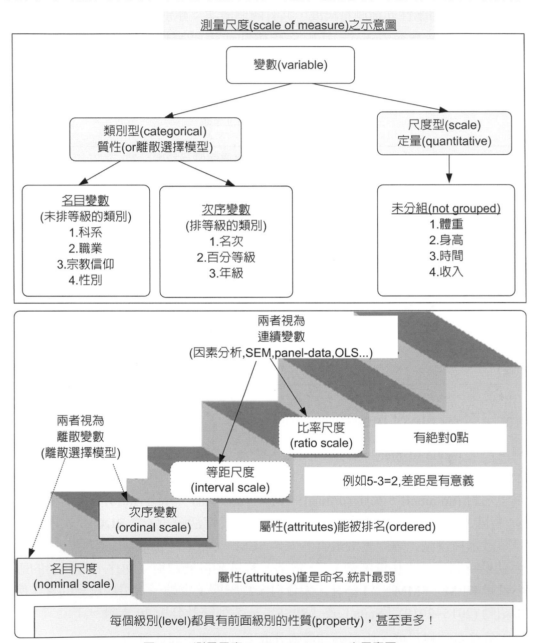

圖 1-11　測量尺度 (scale of measure) 之示意圖

2. 順序尺度 (ordinal scale)：順序尺度是次高階的測量資料尺度的一種方法，此尺度不僅可表示類別，也可表示出事物間之等級或順序，即每筆資料有明顯的順序排列，如由最壞到最好、最小到最大 ...，但這不表示不同順序或等級間之差異大小及程度，

換言之，它只能指出等級與順序，不能測量不同等級間的距離。例如，名次、百分等級、年級…。故順序變數可比大小及前後，但前後距離不一定相等。例如，5 > 4，但 5-4 ≠ 1。例如，研究者常用 Likert 五點計分量表所得資料，可能是 1~5 分，亦可能是 -2~+2 分，這種資料屬於順序變數。然而，在實際上，Likert 量表所代表的順序變數進行統計分析時，常將這些順序變數提昇為區間變數來處理，因而可以執行因素分析、迴歸分析、集群分析、結構模型分析……。

3. 等距尺度 (interval scale)：等距尺度又稱為區間尺度，不僅可表示名稱及順序或等級，還可表示不同等級間之距離。區間資料具有前兩者的資料特性，且可以比較差距。前後距離相等，但沒有倍數關係，所以沒有絕對的 0(有距離，但沒有絕對的零點)。例如，5-4=1，但 4 ≠ 2×2。例如，年度、智商、溫度、明暗或音強等皆屬於此類尺度。此種尺度已可測量各數值間之差異，如 15℃ 及 20℃ 與 30℃ 及 35℃ 之溫差皆為 5℃，但此變數在測量時並無真正之原點 (任意選定)，故不能做倍數之解釋。例如，你不可說溫度 30℃ 為 10℃ 熱度之 3 倍。

4. 比率尺度 (ratio scale)：比例資料具有前三者的資料特性，且可以做倍數比較。有距離，有絕對的零點。例如，4=2×2。比率尺度為最好的測量尺度，其與等距尺度的區別在於比率尺度有絕對之原點「0」，亦即所使用之數量須代表從自然原點 (natural origin) 開始起算的一段距離。例如，距離、時間、長度、體重、價格及薪資等。而此種尺度各數位間可做任何加減乘除之運算，亦可做倍數的解釋，如身高 160 公分的人是身高 80 公分的兩倍。

上述變數可供選擇之統計方法，整理成表 1-2 所示。

表 1- 2 四種不同尺度之統計方法

變數類型	數值運算	敘述統計	推論統計
名目尺度	計數	次數分析、眾數	列聯表分析、卡方檢定、Logistic 迴歸分析等
順序尺度	計數、排列順序	次數分析、眾數，並可排列順序、計算百分等級	列聯表分析、卡方檢定、等級相關分析、離散選擇模型 * 等
等距尺度	可作算術的加、減運算	平均數、變異數、標準差	t 檢定、ANOVA、OLS 迴歸分析、因素分析、集群分析、多層次模型 (HLM)、有限混合模型 (FMM) 等
比率尺度	實數值 (有小數點) 可作任何運算	適合各種統計方法	適合各種統計方法 (含 AI 統計)

註：*，實作請參考作者《 邏輯斯迴歸及離散選擇模型：應用 STaTa 統計》一書。

六、Big data 的科學基礎

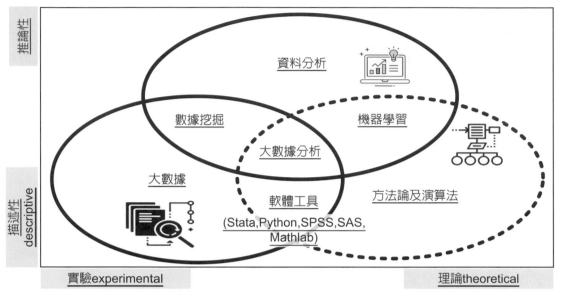

圖 1-12　大數據是跨領域

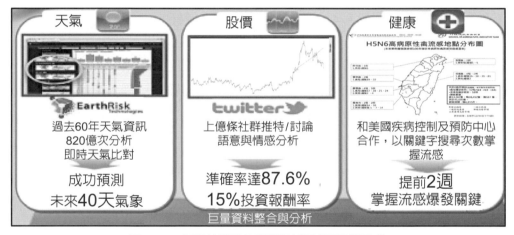

圖 1-13　槓桿社群與公開性資料提升預測準確性

1-1-2　大數據的機會及成功案例

一、哪種類型數據源 (data source)，最有發展機會？

(一) 開放數據 (open data sources) 是什麼？

　　開放數據是大型數據集，任何與 Internet 連接的人都可使用它。

　　這些開放數據源自世界各地的外部來源。從政府機構收集的公共數據到銀行及金融集團的經濟趨勢綜述，一切都可以。

　　開放數據是任何人都可以使用的公開知識。為什麼開放數據很重要，因為在業務方面，這些數據旨在預測情報及預測。例如，揭示母群統計群體的 (購買) 行為模式、尋找創新的新機會等等。

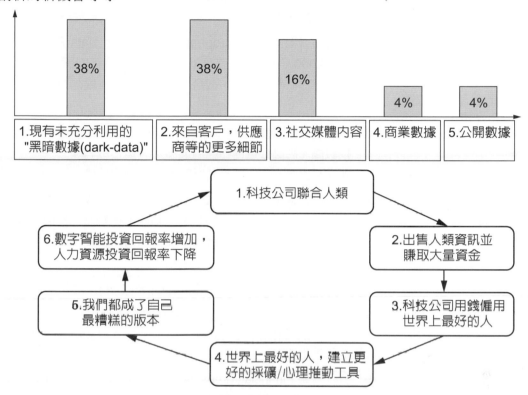

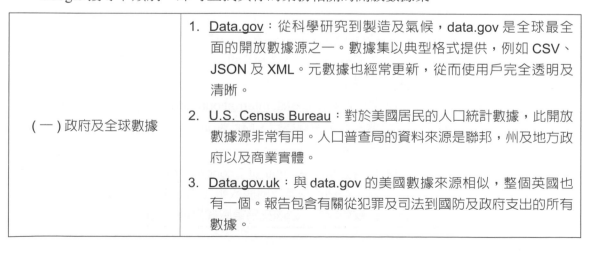

圖 1-14　哪種類型數據源，最有發展機會？

　　隨著大數據的到來，業務不應該被自己的數據所消耗。因此，Pickell(2019) 整彙 50 個開放數據源 (如下表)。

　　Google 搜尋下類別，即可查找與你的業務相關的開放數據集。

(一) 政府及全球數據	1. **Data.gov**：從科學研究到製造及氣候，data.gov 是全球最全面的開放數據源之一。數據集以典型格式提供，例如 CSV、JSON 及 XML。元數據也經常更新，從而使用戶完全透明及清晰。
	2. **U.S. Census Bureau**：對於美國居民的人口統計數據，此開放數據源非常有用。人口普查局的資料來源是聯邦，州及地方政府以及商業實體。
	3. **Data.gov.uk**：與 data.gov 的美國數據來源相似，整個英國也有一個。報告包含有關從犯罪及司法到國防及政府支出的所有數據。

（一）政府及全球數據 （續）	4. <u>UK Data Service</u>：UK Data Service 是 data.gov.uk 的完美補充，UK Search Service 是搜索引擎的搜索引擎，該數據集是關於社交媒體趨勢、政治、金融、國際關係以及英國更多活動的最新數據集。 5. 歐盟開放數據門戶 <u>European Union Open Data Portal</u>：擁有近 14,000 個數據集，EUROPA 是歐盟最佳的開放數據源之一，可提供有關能源、教育、商業、農業、國際問題等方面的見解。 6. <u>Open Data Network</u>：該資源允許用戶使用強大的搜索引擎查找數據。將高級過濾器應用於搜索，並獲取有關公共安全、金融、基礎設施、住房及發展等所有方面的數據。 7. 聯合國兒童基金會 UNICEF：這些寶貴的開放數據集可以監控並報告各地兒童及婦女的狀況。有關疾病暴發、性別及教育，對社會規範的態度以及其他數據集的最新更新，可以透過兒童基金會以及數據可視化廣泛獲得。
（二）財務及經濟數據	8. 世界銀行開放數據 <u>World Bank Open Data</u>：這是最經常更新及完整的開放數據源之一，用於獲取 GDP 率，物流，全球能源消耗，全球資金的支付及管理等資訊。甚至還有一些數據集的可視化工具。 9. 金融時報 <u>Financial Times</u> 看起來像線上報紙，但實際上是針對全球市場，美洲，歐洲及非洲以及亞太地區的最強大的開放數據源之一。 10. 全球金融數據 <u>Global Financial Data</u>：透過免費訂閱，用戶可以訪問 GFD 的完整數據集並進行研究以分析主要的全球市場及經濟。資料來源是期刊，書籍及大量檔案。 11. 聯合國 Comtrade 資料庫 <u>UN Comtrade Database</u>：由 Comtrade Labs 策劃，該免費訪問資料庫保存著全球貿易的大數據集，可透過 API 訪問。還提供數據可視化及數據提取工具。 12. 國際貨幣基金組織 <u>International Monetary Fund</u>：有關全球經濟前景，金融穩定，財政監督等方面的見解，應該涵蓋 IMF 數據集。 13. 經濟分析局 <u>Bureau of Economic Analysis</u>：由美國商務部策劃，這個範圍廣泛的開放數據源經常使用 GDP，商品及服務的國際貿易，國際交易等數據集進行更新。

（二）財務及經濟數據 （續）	14.美國證券交易委員會 U.S. Securities and Exchange Commission：追溯到 2009 年的每個季度，SEC 都發布有關公司財務報表及披露資訊的開放數據集。 15.國家經濟研究局 National Bureau of Economic Research：NEBR 是定性及定量研究的絕佳開放數據源。其中的一些示例包括名義工資，基於年齡的財產免稅，住房後蕭條信貸條件等數據集。 16.美聯儲經濟資料庫 Federal Reserve Economic Database：美聯儲產生近 530,000 個美國及國際數據集。包括：消費物價指數、GDP、工業生產指數、匯率等。
（三）犯罪及毒品數據	17.統一犯罪舉報計劃 Uniform Crime Reporting Program：由聯邦調查局策劃的 UCR 計劃匯總源自 18,000 多個城市，大學及學院，縣，州，部落及聯邦執法機構的數據點。 18.司法統計局 Bureau of Justice Statistics：儘管 UCR 計劃具有更多針對犯罪的統計資訊，但此開放數據源收集了從逮捕相關的死亡及 CPDO 共識到急診室統計數據及年度槍支查詢等所有方面的數據。 19.國家刑事司法數據檔案館 National Archive of Criminal Justice Data：NACJD 是一個綜合資源，可用於發現有關累犯，幫派暴力，恐怖主義，仇恨犯罪等等的公共及受限訪問數據集。 20.國家藥物濫用研究所 National Institute on Drug Abuse：NIDA 是美國煙草，酒精，非法藥物及處方阿片類藥物濫用數據集的重要資源。 21.聯合國毒品及犯罪問題 United Nations Office on Drugs and Crime：關於毒品生產及販運的數據集，關於兇殺率，有組織犯罪，腐敗等問題的全球研究，毒品及犯罪問題辦公室經常更新出版物。
（四）健康及科學數據	22.World Health Organization：世界衛生組織是全球死亡率、疾病暴發、精神疾病、衛生籌資等方面最完整的開放數據儲存庫之一。 23.食品及藥物管理局 Food and Drug Administration，通常稱為 FDA，它是一個教育圖書館，內容涵蓋從食源性疾病及污染物到飲食補充新聞及美國召回事件。 24.HealthData.gov：在超過 125 年的時間裡包含 3,000 多個數據集，此開放數據源致力於使組織家，研究人員及決策者可以訪問高價值數據。

（四）健康及科學數據 （續）	25. 博大研究所 <u>Broad Institute</u>：博大研究所是一個明確的開放數據源，其健康及科學研究專門針對多種類型的癌症。
	26. 國家癌症研究所 <u>National Cancer Institute</u>：NIH 是 Broad 研究所的補充。使用高級過濾器，用戶可以為與癌症有關的各種開放數據集創建超針對性的搜索結果。
	27. 疾病控制中心 <u>Center for Disease Control</u>：透過 CDC 訪問有關慢性病，癌症，心髒病，先天缺陷等各種開放數據集。
	28. NHS Digital：對於英格蘭健康及社會護理系統狀況的高品質數據集，NHS Digital 是一項易於使用的免費服務，值得考慮。
	29. 開放式科學數據云：OSDC 擁有超過 PB 的大數據集，使科研人員可以輕鬆管理，共享及分析開放數據。
	30. NASA 行星數據系統：需要行星數據嗎？好吧，NASA 覆蓋了你。無論你是研究人員、教育工作者、學生還是只是一部分普通大眾，都可以在太陽系行星上搜索成千上萬個開放數據集。
	31. NASA 地球數據：想要將其擴展到僅地球？訪問 NASA 完整的地球科學開放數據源。監視大氣、冰凍圈、陸地、海洋、校準輻射及太陽輻射。
（五）學術資料	32. Google 學術搜索：Google 學術搜索使用戶可以像搜索其他任何 Google 搜索一樣搜索數據集。查找有關任何主題的經教育，同行評審的數據源！
	33. Pew 研究中心：Pew 是美國最大的開放數據源之一，其數據集透過高品質的調查匯總。源自調查的數據通常在發布報告後的兩年內發布。你必須創建免費登錄才能訪問 Pew 研究中心。
	34. 國家教育統計中心 <u>National Center for Education Statistics</u>：像 NCES 這樣的開放數據集已在當今的教育機構中廣泛使用，以提高學生的保留率，學位程度，了解學習習慣等。
（六）環境數據	35. 線上氣候數據 <u>Climate Data Online</u>：對於全球的歷史及近實時氣候數據集，CDO 可以作為一個很好的開放數據源。搜索每日摘要、海洋數據、天氣雷達等。
	36. 國家環境衛生中心 <u>National Center for Environmental Health</u>：由疾病預防控制中心 (CDC) 策劃，該開放數據源突出顯示了可以收集公共衛生及環境數據的全國范圍内的主要數據系統。
	37. IEA 能源地圖集 <u>IEA Atlas of Energy</u>：關於全球能源及電力消耗率，IEA 包括開放的數據集及地圖可視化效果，每個人都可以使用。

（七）業務目錄數據	38. <u>Glassdoor</u>：職位審查站點還擁有大量可供分析的開放數據。例如：Glassdoor 經常更新的性別薪酬分析、月薪報告、本地薪酬報告等等。 39. <u>Yelp</u>：使用 Yelp 的開放數據集挖掘成千上萬的現有業務評論，以更深刻地了解組織的情緒以及任何模式及趨勢。 40. 開放式公司 <u>Open Corporates</u>：世界上最大的開放式公司資料庫之一，幾乎在任何國家都擁有數以億計的數據集。
（八）媒體及新聞數據	41. FiveThirtyEight：是從政治到體育一切最全面，最優質的開放數據源之一。 42. 紐約時報開發者網路：透過創建帳戶並註冊你的應用程序，你可以點擊 NYT 的摘要，鏈接，多媒體，書籍，清單，故事以及其他可追溯到 1851 年的媒體。 43. 美聯社開發人員：與 NYT 開發人員網路類似，你可以與美聯社為開發人員的服務建立強大的集成。這包括新聞內容、輪詢數據、元數據等。
（九）行銷及社交媒體數據	44. Graph API：由 Facebook 策劃，Graph API 是應用讀取及寫入 Facebook 社交圖的主要方式。它本質上是現在及過去在 Facebook 上所有資訊的表示。 45. Social Mention：使用社交提及搜索引擎獲取有關社交情緒，關鍵字使用，用戶及主題標籤的實時數據。 46. Google Trends：使用有關最新搜索趨勢的 Google 趨勢數據集搜索整個世界。行銷人員可以使用此數據來確定及時的廣告系列。
（十）雜項數據	47. Kaggle：在 Google 的監督下，Kaggle 是一個由數據科學家組成的線上社區，他們發布了看似隨機的數據集，涉及從跟蹤網路模因的頻率到「死囚牢房遺言」的所有內容。 48. <u>Datasets Subreddit</u>：Reddit 是一個龐大的線上社區，這個特殊的資源由 Redditor 組成，他們使用 R 編程語言從網上抓取有趣的數據集。 49. <u>DBpedia</u>：想想 Wikipedia，只有資料庫除外。使用 DBpedia，用戶可以瀏覽 Wikipedia 上的數百萬個條目以及每個關係。這已幫助蘋果、谷歌及 IBM 等公司支持 AI 專案。 50. Google Public Data Explorer：此列表中包括的許多資源實際上已合併到 Google Public Data Explorer 中。如果不確定從哪裡開始提取數據，那麼這可能是一個很好的起點。你還可以免費訪問 Google 數據集搜索引擎。

(二) 大數據的機會 (opportunities)

　　大數據創造的機會，例如，供應鏈創新就有 12 個大數據機會：加強訊息管理、提高運營效率和維護、提高供應鏈的可見度和透明度、反應速度更快、增強產品和市場策略、改善需求管理和生產計劃、促進創新和產品設計、主動積極的財務影響、更多的整合與協作、加強後勤、更有效的庫存管理、改善風險管理。圖 1-15 為大數據的機會示意圖。

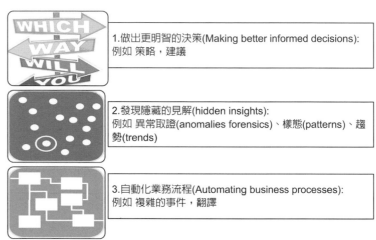

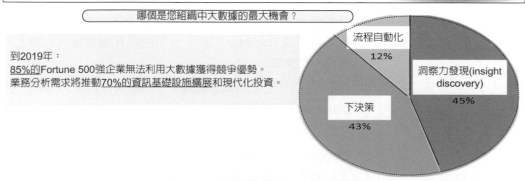

圖 1-15　大數據的機會 (opportunities)

(三) 大數據的成功案例

案例 1　辨識保險詐欺 (insurance fraud)：INFINITY 汽車保險公司

- **機會**

  減少詐欺性的汽車保險索賠來節省及賺錢。

- **數據及分析**

  針對多年歷史索賠及覆蓋數據的預測分析。

  文本挖掘調整器報告隱藏的線索，例如：缺少事實、不一致、改變了故事。

- **結果**

  追求詐欺性索賠的成功率從 50% 提高到 88%、減少詐欺性索賠調查時間 95%。

  向詐欺傾向較低的個人進行行銷。

> **定義：MapReduce**
>
> 「黑暗數據 (dark-data)」，只是圍繞著可改變業務流程？
>
> 未使用的運營數據。市場研究公司 Gartner Inc，將黑暗數據描述為「組織在其日常業務活動過程中收集、處理及儲存的資訊資產，但通常不能用於其他目的。」

案例 2　品質改進：McDonald 速食店

- **機會**

  從手動到自動檢查漢堡包生產，以確保及提高品質。

- **數據及分析**

  對每種顏色，形狀及種子分佈進行超過 1000 個包子的照片分析。

  不斷調整烤箱並自動處理。

- **結果**

  每年消除 1000 磅的浪費產品、速度生產、節約能源、減少手工勞動力成本。

- **建議**

  公司是否使用其所有 "senses" 來觀察，衡量及優化業務流程？

案例 3　改善組織形象：MORTON'S 牛排屋

- **機會**

  利用社交媒體提高聲譽、品牌及嗡嗡聲。

- **數據及分析**

不斷掃描 twitterverse 以提及他們的業務。

將推特與其強大的客戶管理系統集合在一起。

- **結果**

看到一位頂級客戶在晚班飛機上發出推文 - 沒時間在 MORTON'S 餐廳用餐。

穿著燕尾服的服務員等著他，帶著一個裝著他最喜歡的牛排的袋子著陸，按照他通常喜歡的方式準備了所有的固定裝置。

- **建議**

公司如何即時監聽、分析及回應？

1-1-3 大數據與傳統數據集 (data set) 有何不同？

你可以看到傳統數據集可能非常大，但它們傳統上是在電子表格或資料庫格式化，往往是靜態的，它是推論統計，旨在證明假設。

相比之下，大數據具有 5 V 並可用機器學習，查看大數據集中的工作原理來推出解決方案，它是探索性統計。

資料特性	大數據 (Big data)	傳統分析
1. 資料型態 (type)	非結構格式 (formats)	Columns 及 rows 格式化
2. 資料量體 (volume)	100 terabytes(2^{40}) 至 petabytes(2^{50})	10s of terabytes
3. 資料流 (flow)	Continual flow	靜態的混合資料 (pool of data)
4. 分析方法 (methods)	機器學習	假設為基礎的統計
5. 主要目的	Data-based 產品	內部決策及服務

一、誰在產生大數據 (Who's generating Big data)

大數據是機器或人類產生的資訊洪流，其數量巨大，以至於傳統數據庫無法對其進行處理。圖 1-16 列出誰產生大數據的示意圖。

二、誰在推動大數據 (Who's driving Big data)

探討誰在推動大數據，可從兩個不同的角度尋找這些驅動因素：業務和技術。圖 1-17 為誰在推動大數據示意圖。

(1) 業務：涉及事物的市場、銷售和財務方面。

(2) 技術：具有針對事物的技術和 IT 基礎架構方面的指標 / 驅動程序。

來源 3‧移動設備(mobile devices)
始終跟踪所有對象(tracking all objects all the time)

來源 1‧社交媒體和網絡
(我們所有人隨時都在生成數據)

來源 2‧科學儀器
(收集各類型的數據)

來源 4‧感測器(sensor)技術和網絡
(測量各種數據)

收集數據的能力不再妨礙進步和創新
但是，通過及時、可擴展地管理、分析、匯總、可視化和發現所收集數據中的知識的能力

生成/消費數據模型已經改變：
舊模型：很少有公司在生成數據，其他所有公司都在使用數據
新模型：我們所有人都在生成數據，我們所有人都在使用數據

圖 1-16　誰在產生大數據 (Who's generating Big data)

來源：slideplayer.com(2019). What is Big data? Analog starage vs digital. https://slideplayer.com/slide/5839610/

三、數據的不確定性 (uncertainty of data)

在電腦科學中，不確定數據 (uncertain data) 是包含噪聲 (noise) 的數據，這些噪聲使其偏離正確的、預期的或原始的值。在大數據時代，不確定性或數據準確性是數據的定義特徵之一。今日，數據的量體、種類、速度及不確定性都在不斷增長。如今，在組織中不確定的數據，包括：結構化 vs. 非結構化都源自網路、傳感器網路、組織內部交易。例如，組織數據集中的顧戶地址太老舊或因傳感器的老化導至收集的溫度讀數可能存在不確定性。為了根據真實數據做出可靠的業務決策，分析必須考慮大數據中會滲雜不同種類的不確定性。這種不確定數據的分析亦將影響後續決策的品質，不容忽視。

在傳感器網路區域發現不確定的數據。例如，社交媒體就混雜 noise 文字；組織內部的結構和非結構化數據亦可能過舊或不正確。故在建模過程中，數學模型可能只是實際過程的近似值。當表示這樣的 noise 數據的資料庫，所求的一些概率值的正確性也需要估計一下。

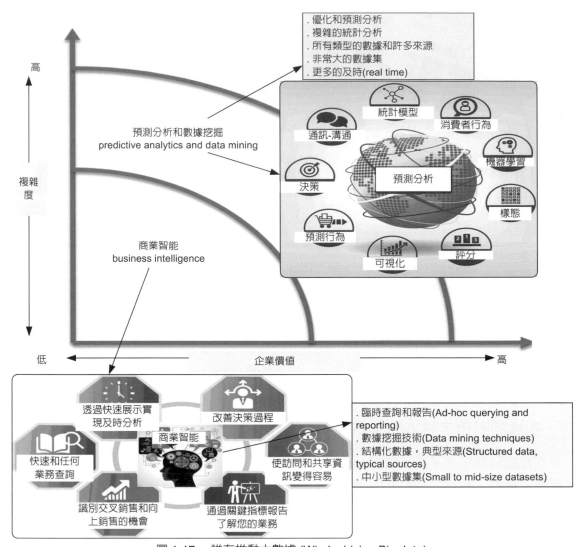

圖 1-17 誰在推動大數據 (Who's driving Big data)

不確定性 (uncertainty) 是指涉及不完整或未知資訊的情況。它適用於未來事件的預測，已經進行的 physical 測量或未知事件的預測。不確定性出現在部分可觀察及／或隨機環境中，以及由於無知，懶惰或兩者兼而有之。它出現在許多領域，包括統計學、經濟學、金融學、保險、心理學、社會學、物理學、工程學、計量經濟、氣象學、生態學及資訊科學…。

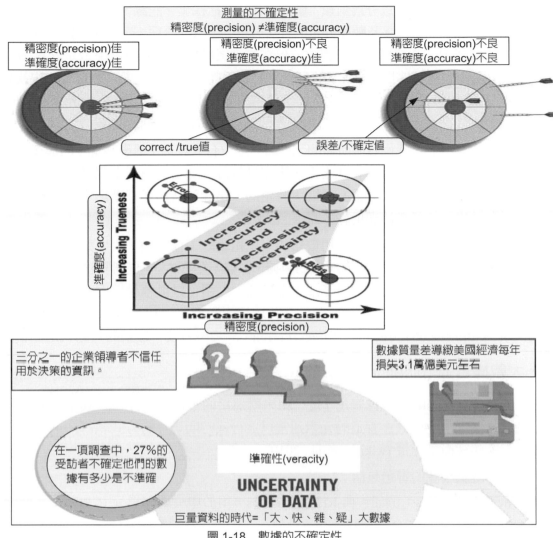

圖 1-18　數據的不確定性

1-2　處理大數據的原則 (principle)

　　數據分析管道 (pipeline)，包括採集及記錄、萃取、清潔及註釋、分析及建模、及詮釋 (acquisition and recording; extraction, cleaning, and annotation; analysis and modeling; and interpretation)。

　　批量計算 (batch computation) 的擴展並不困難 - 幾十年來人們一直致力於解決這個問題，並且有一個支援它的基礎設施。但是，人類的可擴展性很難；隨著數據大小的增加，分析師更難以探索數據空間。並指出，從數據到知識的路徑是以人為本的，並且有許多複雜的元素。

　　數據分析管道任務可以分為兩類：**數據準備** (包括採集、記錄、萃取、清理、註釋、整合、aggregation 及表示) 及**數據分析** (包括分析 / 建模及詮釋)。其中，數據科學包括統計學、機器學習、數據挖掘及可視化。但在許多機構中，它與機器學習是同義詞。迄今，數據可視化的重要性日益增加，並且相應需要對其進行額外培訓。數據管道很複雜，圖 1-19 所示的內容仍過於簡單化。例如，通常管道不是線性的。還有研究來源的也很重要：應該抓住探索過程的來源，以實現透明度，可重複性及知識重用

　　人們往往會低估了準備數據所需的工作量。很少有人具備「準備數據」的專業知識，但對數據準備的需求欲很高。相比之下，專家進行許多分析，但「準備數據」所需的時間相對較少。故數據準備需要很長時間、特定的。迄今新數據集不斷為大數據提供新的挑戰，現有基礎設施仍無法滿足許多需求。

　　例如，有人將數據科學原理應用於紐約市出租車的工作的例子。原始數據集包括每天 500,000 次旅行，3 年就產生 150 GB 的數據。數據不是很大，但它們很複雜，具有「空間 - 時間」屬性。數據顯示出不同尋常的規律性，人們可以很容易地看到與週末及假期相關的時間變化。目標是允許城市官員直觀地探索數據。這項工作涉及開發一個基於 out-of-core k-dimensional tree 的時空指數 (Ferreira 等，2013) 及一個新的互動式地圖視圖。

一、大數據管道 (pipeline)

　　在計算中，**pipeline**(數據管道) 是一組串聯連接的數據處理元件，其中一個元件的輸出是下一個元件的輸入。管道的元素通常以並行或時間切片的方式執行。通常在元素之間插入一些緩衝儲存量 (wiki.pipeline, 2019)。

　　常見，電腦相關的管道包括：

1. Instruction pipelines：例如古典 RISC pipelines，用於中央處理單元 (CPU) 及其他微處理器，以允許多個指令與相同電路重疊執行。電路通常被分成幾個階段，每個階段一次處理一個指令的特定部分，將部分結果傳遞給下一個階段。階段的示例是指令解碼，算術 / 邏輯及寄存器提取。它們與超標量執行、操作數轉發、推測執行及無序執行技術有關。

2. 圖形管線：在大多數圖形處理單元 (GPU) 中找到，由多個算術單元或完整的 CPU 組成，實現常見渲染操作的各個階段 (透視投影、窗口裁剪、顏色及光線計算、渲染等)。

3. 軟體管道：由一系列計算過程 (commands, program runs, tasks, threads, procedures, etc.) 組成，在概念上並行執行，一個進程的輸出流自動作為下一個輸入流輸入。Unix 系統調用管道是這個概念的典型例子。

4. HTTP pipelines 技術：即透過相同的 TCP 連接發出多個 HTTP 請求的技術，無需在發出新的 HTTP 連接之前，等待前一個 HTTP 請求完成。

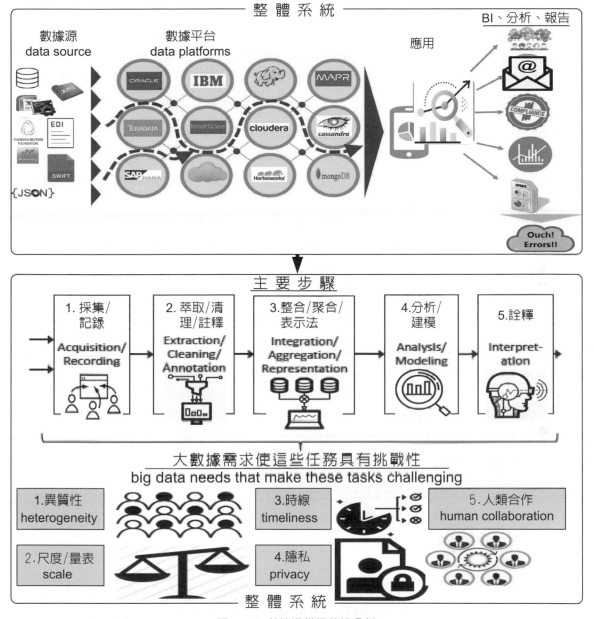

圖 1-19　數據準備及數據分析

　　例如，AWS Data Pipeline 是一種雲端資料工作流程服務，可協助你在不同 AWS 服務及現場部署資料來源之間處理及移動資料。

　　AWS Data Pipeline 是一種 Web 服務，可用於自動化數據的移動及轉換。使用 AWS Data Pipeline，可以定義數據驅動的工作流，以便任務可以依賴於先前任務的成功完成。你可以定義數據轉換的參數，AWS Data Pipeline 會強制執行你設置的邏輯。

　　AWS Data Pipeline 有以下組件協同工作以管理數據：

1. pipeline definition 指定數據管理的業務邏輯。

2. pipeline schedules 透過 Amazon EC2 實例來執行定義的工作活動來計劃及運行任務。你將管道定義上傳到管道，然後激活管道。你可以編輯正在運行的管道的管道定義，並再次激活管道以使其生效。你可以停用管道，修改數據源，然後再次激活管道。完成管道後，可以將其刪除。

3. Task Runner 輪詢任務然後執行這些任務。例如，Task Runner 可以將日誌文件複製到 Amazon S3 並啓動 Amazon EMR 集群。任務運行器已安裝並在管道定義建立的資源上自動運行。你可以編寫自定義任務運行器應用程序，亦可使用 AWS Data Pipeline 提供的 Task Runner 應用程序。

二、大數據難在數據擴展性 (scalability in Big data processing)

　　大數據不僅是流行語。當今商業領域，對於許多成功公司，大數據是極爲重要。廣泛的分析平台所帶來的優勢可將「動態組織與低迷的同行」分開，並獲得了利潤。況且，現在可用大數據是以驚人速度在成長。例如，從社交媒體網站，到搜索引擎結果，再到廣告，希望利用客戶資訊的公司，都可以輕鬆獲得寶藏。

　　但是，隨著生產及處理的數據量的指數增長，許多公司的資料庫正面臨著數據氾濫的狀況。爲了管理、儲存及處理這種數據溢出，許多處理爆炸數據集的組織都需要一種稱爲「數據擴展 (data scalability)」的技術。可擴展的數據平台可以適應流量或量體數據的快速增長。這些平台利用增加的硬體或軟體來增加數據的輸出及儲存。當一家公司擁有可擴展的數據平台時，它也爲其數據需求的增長潛力做好了準備。

(一) 常見的性能瓶頸 (common performance bottlenecks)

　　在出現性能問題時，公司應該在其組織中實施可擴展性。這些問題可能會對工作流程、效率及客戶保留產生負面影響。有三個常見的關鍵性能瓶頸，通常指向透過數據擴展實現正確解決的方式：

1. 高 CPU 使用率是最常見的瓶頸，也是最明顯的瓶頸。緩慢而不穩定的性能是高 CPU 使用率的關鍵指標，通常可以成爲其他問題的預兆。用戶 CPU 意味著 CPU 正在進行高效工作，但需要升級服務器；系統 CPU 是指操作系統消耗的使用量，通常與軟體有關；I/O 等待時間是指 CPU 等待 I/O 子系統引起的閒置時間。

2. 低內存也是常見的瓶頸。沒有足夠內存來處理應用程序負載的服務器會使應用程序完全變慢。低內存可能需要 RAM 升級，但這也可能是內存洩漏的指標，這需要在應用程序碼來查找及修復洩漏。

3. 高 disk 使用率是另一個瓶頸。

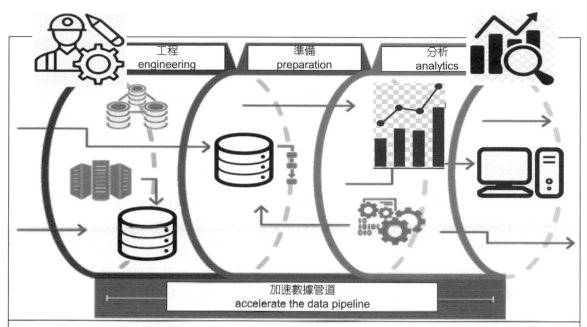

工程 engineering | 準備 preparation | 分析 analytics

加速數據管道
accelerate the data pipeline

為什麼你在同一句話中使用<u>數據</u>和<u>管道</u>？
對於那些不了解它的人，數據管道是一組從各種來源提取數據（或直接分析和可視化）的操作。
這是一個自動化過程：從這個數據庫獲取這些列，將它們與此API中的這些列合併，根據值將子集行合併，用中位數替換NAs(not available)並將其加載到此其他數據庫中。 這被稱為"工作job"，管道由許多工作組成。

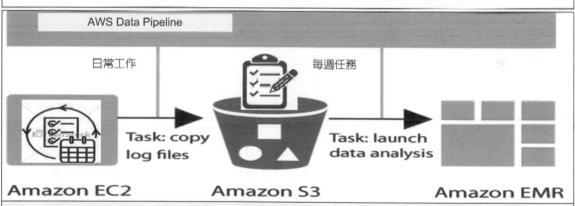

例如，使用AWS Data Pipeline將Web服務器的日誌存檔到Amazon Simple Storage Service(Amazon S3)，然後在這些日誌上運行每週Amazon EMR(Amazon EMR)群集以生成流量報告。 AWS Data Pipeline計劃每日任務以復制數據，每週任務計劃以啟動Amazon EMR集群。 AWS Data Pipeline還確保Amazon EMR在開始分析之前等待最後一天的數據上傳到Amazon S3，即使上傳日誌時出現無法預料的延遲。
Amazon S3，即使上傳日誌時出現無法預料的延遲。

圖 1-20　從頭開始建構數據管道 (Building a Data Pipeline from Scratch)

(二) 向上擴展 vs 向外擴展 (scaling up vs. scaling out)

　　一旦決定了數據 Scaling，就必須選擇特定的縮放方法。有兩種常用的數據縮放類型，即向上及向外：

1. Scaling up 或垂直 Scaling 涉及獲得具有更強大處理器及更多內存的更快服務器。該解決方案使用較少的網路硬體，並且消耗更少的電力。但最終，許多平台可能只提供短期解決方案，特別是若預計會持續增長。

2. Scaling out 或橫向 Scaling 涉及為並行計算添加服務器。橫向 Scaling 技術是一種長期解決方案，因為可以在需要時添加越來越多的服務器。但是從一個單片系統到這種類型的集群可能是一個困難的，雖然非常有效的解決方案。

(三) 什麼時候縮放？(When to Scale?)

　　Scaling 可能很困難，但在成功的數據驅動型公司的成長中絕對必要。有一些跡象表明是時候實施 Scaling 平台。當用戶開始抱怨性能下降或服務中斷時，就該進行 Scaling 了。不要等待問題成為客戶心中的主要爭議來源。這可能會對留住這些客戶產生巨大的負面影響。若可能，嘗試在問題變得嚴重之前就預測問題。除此之外，應用程序延遲增加，讀取查詢速度慢，資料庫寫入也是需要 Scaling 的重要指標。

　　開發全面的可 Scaling 數據平台是公司發展的關鍵。若你的數據需求不斷增長，確保系統能夠處理不斷變化的資訊流是保留客戶及保持效率的關鍵，並最終為你的公司未來做好準備。

三、大數據準備 & 分析 (preparation vs. analysis)

1. 數據準備是大數據成功的關鍵

　　數據準備的組成部分包括預處理 (pre-processing)、分析 (profiling)、清理 (cleansing)、驗證 (validation) 及轉換 (transformation)；它通常還涉及將源自不同內部系統及外部源的數據匯總在一起。

　　數據準備工作由資訊技術 (IT) 及商業智慧 (BI) 團隊完成，因為他們將數據集集成到資料倉庫，NoSQL 資料庫或 Hadoop 數據湖儲存庫中。此外，數據分析師可以使用自助數據準備工具來收集及準備數據，以便在使用 Tableau 等數據可視化工具時進行分析。

2. 數據準備的目的

　　數據準備的目的之一是確保準備好的資訊用於分析是準確及一致的，才能確保 BI 及分析應用程序的結果是有效的。通常採用缺失值、不準確或其他錯誤資料越多，模型的偏誤就越大。此外，儲存在單獨文件或資料庫中的數據集，你需協調的不同格式 (format) 資料。因此，校正不準確性、執行驗證及加入數據集的過程都是數據準備過程的重要工作。

　　在大數據應用程序中，很多數據準備是採自動化，因為 IT 人員或數據分析者，可能需要花好幾年的工作才能手動校正：分析中使用的每個文件中的每個字段。例如，Google 採用機器學習演算法，透過檢查數據字段並自動填充空白值或重新命名某些字段來加快速度，來確保在連接數據文件時保持一致性。

3. 大數據分析的重要性

在專業分析系統 (及軟體) 與高性能計算系統的推動下，大數據分析能提供商業利益，包括：新的收入機會、更好的客戶服務、更有效的行銷、更高的運營效率以及超越競爭對手的競爭優勢。

大數據分析應用程序，促使大數據分析師、數據科學家、統計人員、預測建模人員，能夠分析：(1) 不斷增長的結構化交易數據量，以及 (2) 傳統商業智慧 (BI) 及分析程序通常尚未開發的其他形式的數據。這包括半結構化 (非結構化) 數據的混合，例如，Internet 點擊流數據、Web 服務器日誌、社交媒體內容、源自客戶電子郵件及調查回應的文本、移動電話記錄以及連接到 IoT 的感測器捕獲的機器數據…。

4. 大數據分析的出現及發展

大數據最初是指 90 年代中期數據量的增加。大數據的概念有三：「volumes、velocity、variety」 稱爲大數據的 3V。

加上，Hadoop 分散式處理框架於 2006 年誕生，爲商用硬體構建的集群平台種下種子。大數據分析開始在組織及公眾眼中發光發熱，Hadoop 引發了各種相關大數據技術。

隨著 Hadoop 生態系統的成熟推出，大數據應用程序主要是大型 Internet 及電子商務公司，如雅虎、Google 及 Facebook，分析及行銷服務提供商。隨後，大數據分析也被醫療保健組織、零售商、金融服務公司，保險公司、製造商、交通 / 能源公司所接受。

5. 大數據分析技術及工具

關係資料庫 (relational database) 是數值資料庫，也是一種軟體用於維護關係資料庫系統是一個關係資料庫管理系統 (RDBMS)。許多關係資料庫系統都可以選擇使用 SQL(結構化查詢語言) 來查詢和維護資料庫。

非結構化 (半結構化) 數據類型通常不適合傳統結構化數據集 (SQL) 的關係資料庫。此外，資料倉庫亦無法處理需要經常更新的大數據集所構成的處理需求，例如股票交易的即時數據，網站 access 者的線上活動 或移動應用程序的性能。

因此，許多收集、處理及分析大數據的組織改而採用 NoSQL 資料庫，以及 Hadoop 及其配套工具，包括：

(1) YARN：集群管理技術及第二代 Hadoop 的關鍵特性之一。

(2) MapReduce：軟體框架，允許開發人員編寫程序，在分散式處理器或獨立電腦集群中並行處理大量非結構化數據。

(3) Spark：open source 的並行處理框架，使用戶能夠跨集群 (cross-cluster) 系統運行大規模數據分析應用程序。

(4) HBase：是一個開源的非關係型分散式資料庫 (NoSQL)，它參考了 Google 的 BigTable 建模，實現的程式語言爲 Java。它是 Apache 的 Hadoop 專案的一部分。構建在 Hadoop 分散式檔案系統 (HDFS) 之上運行。

(5) Apache Hive：是一個建立在 Hadoop 架構之上的數據倉庫。它能夠提供數據的精煉、查詢和分析。Apache Hive 起初由 Facebook 開發，目前也有其他公司使用和開發 Apache Hive，例如 Netflix 等。Hive 是用於查詢及分析儲存在 Hadoop 文件中的大型數據集。

(6) Kafka：是開源流處理平台，由 Scala 和 Java 編寫。專門處理即時資料提供一個統一、高吞吐、低延遲的平台。其持久化層本質上是一個「按照分散式事務紀錄檔架構的大規模發布 / 訂閱資料佇列」，這使它作為組織級基礎設施來處理串流資料非常有價值。此外，Kafka 可以透過 Kafka Connect 連接到外部系統 (用於資料輸入 / 輸出)，並提供 Kafka Streams：一個 Java 串流處理庫。Kafka 是分散式發布 / 訂閱消息系統，旨在取代傳統的消息代理。

(7) Pig：是在 Hadoop 集群上執行的 MapReduce 作業的並行編程提供高級機制。該平台的語言稱為 Pig Latin。Pig 可在 MapReduce、Apache Tez 或 Apache Spark 中執行其 Hadoop 作業。Pig 的 MapReduce 編程水準高，類似的 SQL 的關係數據庫管理系統。Pig Latin 可以使用用戶可以使用 Java，Python 編寫的自定義函數 (UDF) 進行擴展。JavaScript，Ruby 或 Groovy，然後直接從該語言調用。

6. 大數據分析的工作原理

在某些情況下，Hadoop 集群及 NoSQL 系統主要用作數據的登錄平台 (臨時區域)，然後將其載入到資料倉庫或分析資料庫再進行分析 (通常採用更有利於關係結構的匯總形式)。

大數據分析用戶多數採用 Hadoop 數據湖 (data lake) 的概念，該數據湖充當傳入原始數據流的主要儲存庫。在這種體系結構中，可直接在 Hadoop 集群中分析數據，亦可透過 Spark 等處理引擎執行數據。與資料倉庫一樣，聲音數據管理也是大數據分析過程至關重要的第一步。必須正確組織、配置及分區儲存在 Hadoop 分散式檔案系統中的數據，方便你從提取、轉換及載入 (ETL) 集成作業及分析查詢中獲得良好的性能。

數據準備就緒後，可透過常用於高級分析過程的軟體來進行分析。其中包括用於數據挖掘的工具，「Rapid Miner,Orange,Weka,KNIME,Sisense...」這些工具可以：

(1) 篩選數據集以搜索模式及關係。

(2) 預測分析：建立預測客戶行為及其他未來發展的模型。

(3) 機器學習：利用演算法分析大數據集。

(4) 深度學習：更先進的機器學習分支。

　　文本挖掘 (text mining) 及統計分析軟體亦可在大數據分析過程中發揮作用，亦可將 BI 軟體及數據可視化工具作為主流。對於 ETL 及分析應用程序，可以使用 R、Python、Scala 及 SQL 等編程語言在 MapReduce 中編寫查詢，這些語言是透過 SQL-on-Hadoop 技術支援的關係資料庫的標準語言。

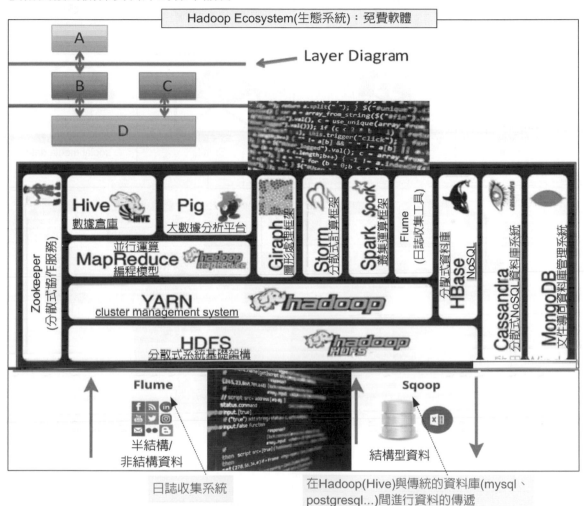

圖 1-21　Hadoop 生態系統 (Hadoop ecosystem)

來源：data-flair.training (2019). https://data-flair.training/blogs/hadoop-ecosystem-components/

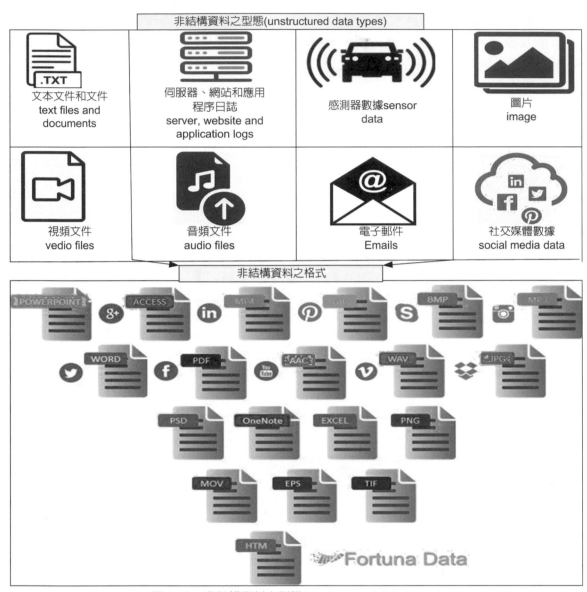

圖 1-22　非結構資料之型態 (unstructured data types)

來源：pinterest.com(2019). https://www.pinterest.com/pin/14073817568719936/?nic=1a

四、大數據探索 (exploration)

　　數據探索不是透過傳統的數據管理系統，它是數據分析的第一步，用戶可用非結構化的方式來探索大型數據集，以發現初始 patterns、特性和興趣點。這些特性可以包括數據量、數據的完整性、數據的正確性、數據元素 (data elements)(或文件 / 表) 之間的可能關係。

　　這個過程並不意味著揭示數據集所擁有的每一個訊息，而是有助於創建重要趨勢和要點的廣泛圖片，以進行更詳細的研究。

通常，數據探索使用自動 (或手動) 活動來組合。其中，自動化活動可以包括數據分析或數據可視化或表格報告，以便分析者初步了解數據之關鍵特性。

有時也會用，手動 drill-down 或過濾數據，來辨識透過自動化操作辨識的異常或 patterns。數據探索還可能需要手動編寫腳本及查詢數據 (例如使用 SQL、Python 或 R 等語言) 或使用 Excel 或類似工具來查看原始數據。

所以這些活動都在建立一個清晰的心理模型，並理解分析師心中的數據，並定義可用於進一步分析數據集的 metadata (統計、結構、關係)。

一旦對數據進行了初步了解，就可以透過刪除不可用的數據部分，修正格式不良的元素以及跨數據集定義相關關係來修剪或改進數據。這個過程也稱為確定數據品質。

數據探索還可參考數據的 ad hoc 查詢及可視化 (visualization)，來辨識可能隱藏在數據中的潛在關係或見解。

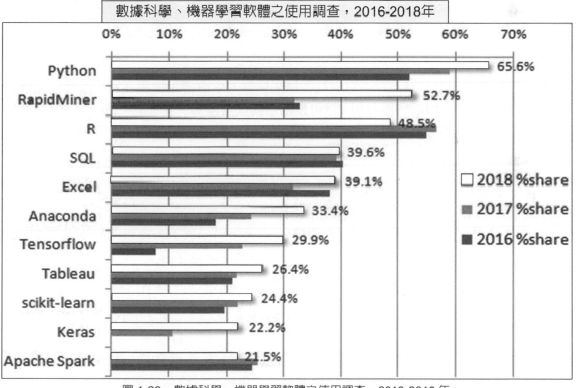

圖 1-23　數據科學、機器學習軟體之使用調查，2016-2018 年

來源：kdnuggets.com(2019). https://www.kdnuggets.com/2018/05/poll-tools-analytics-data-science-machine-learning-results.html

什麼是數據科學？

數據科學是更廣泛的領域，使用各種演算法及流程從非結構化及結構化數據中提取有意義的見解。使用傳統的數據提取方法無法從非結構化數據集中獲取洞察力，因此數據科學是該部分的重要領域。

1-3　「大數據與人工智慧」的整合應用

談到 AI，你總是會很容易想到像是《機械公敵》(Enemy of the State)、《A.I. 人工智慧》(A.I. Artificial Intelligence) 等的科幻電影，或是打敗頂尖圍棋棋士的 Alpha Go。AI 的範疇相當寬廣，包括機器學習、深度學習 ...。

最近，AI 及大數據都是熱門話題。這兩種技術無疑是各種技術創新背後的驅動力。下面將探究 AI 及大數據是什麼？它們如何協同工作，以及兩者如何創新破壞數位時代。

(一)AI 定義

早期，電腦只專注於計算；但透過 AI，電腦就可學習進而求出結論。

AI 大致可分為兩個學科：機器學習及深度學習。其中，機器學習涉及建立可以從數據中學習的電腦及軟體，然後將這些知識應用於新的數據集。深度學習創造了神經網路，旨在與人類大腦相似。深度學習用於處理聲音 (Siri) 及圖像 (人臉辨識) 等數據。

(二) 大數據定義

沒有數據，AI 就無法運行。它消耗數據來學習。大數據是指現在可用於此目的的大數據。這些數據集可以由機器分析。這可以揭示模式及趨勢，並有助於進行未來的預測。這些數據集源自各種來源。其中一些是公開的、一些是私人持有的。

(三) 大數據與 AI 相結合

AI 並不新鮮，早期它一直是一個概念及行動。直到今天，事情發生了變化。所有類型的數據都很多，這包括圖像、音頻及文本數據。

想想看，每次填寫表格，或電腦記錄就會將資訊添加到大數據集中的決定。數據亦可源自物聯網、Internet 交易或其他來源 (e.g. 車聯網、工業 4.0)。

大組織玩 AI，是用「AI+」的概念，以 AI 技術做出產品，讓 AI 自己和使用者對話。例如，Google Duplex 能自己幫使用者預約剪頭髮的時間，並做到讓使用者沒有察覺是 AI 在和自己對話。

相對地，中小組織採取「+AI」模式，把自己的產品加上 AI 功能，用 AI 來加值商品，例如長照利用 AI 監控年長者狀況，判斷哪個老人生病，以提高效率。

(四)AI 及數據導致中斷的地方

有幾個行業的 AI 已經或準備造成嚴重的破壞，包括：

1. 電子商務及零售

大多數線上購物者已用聊天機器人，個性化購物體驗及策劃產品推薦的形式來體驗 AI 技術。例如，AI 可用於預測下一季的的客戶訂單。這將使零售商能夠更好地參與庫存計劃及採購，以及預測及控製成本。

2. 數位行銷及內容

當你恰當地策劃廣告內容，且尋找適當的觀眾時，數位行銷才有效。AI 可幫助行銷個別化及定位電子郵件內容，辨識要使用的主題，當然還可以分析內容行銷活動的結果。

根據 Trust My Paper，AI 也可能在內容建立領域發揮重要作用。它將改善對必要數據的 access，甚至可用於促進機器上有關各種主題的文章。事實上，美聯社正在其內容創作過程中使用 AI。

3. 汽車

不久的將來，部分 (或完全) 自動駕駛汽車將問世。AI 是推動這一趨勢的重要技術，它將重新解構未來的運輸空間。控制自動駕駛車輛的軟體可與：雷達系統、車道控制功能、事故避免功能、攝影機、GPS 等搭配使用。這些軟體技術大部分都是基於 AI 的，再搭配影像處理所需的數據來運行。

4. 工業與製造業

製造領域的自動化是 AI 長成最大的領域。尤其在機器人技術，機器人正在以前所未有的方式改造製造業的營運模型。例如，Benz 多數生產線已採用機器人來代替人工。

從某種意義上說，AI 提供大腦，機器人提供四肢 / 肌肉。由於這兩個領域的技術的搭配，所開發出機器人的功能強大，它已可執行以往不可能完成的任務。這些新機器人不再局限地域性之重複任務；相反，它們可以在整個生產線 / 倉庫中任意移動，甚至可與人們進行交談並進行協作。

除了在車間，AI 在研發方面也有重要貢獻。AI 軟體 (偵錯) 已可用於產品測試 (偵錯)、模擬 (simulations) 建立、預測維護需求及成本。

5. 智慧家居助理

雖然基於文本的搜索不會完全消失，但是不可能否認語音搜索越來越流行。由於 AI 最大進步是：自然語言處理及語音辨識方面也有顯著改進。例如，智慧手機 / 智慧家庭揚聲器及其他數位助理在理解命令及查詢的能力方面變得更加準確。

6. 衛生保健

AI 是幾項重要醫療保健發展背後的重要技術，包括虛擬診斷，改進患者後勤 (長照)，甚至機器人來輔助手術。從長遠來看，AI 將繼續帶來更好的醫療保健成果。

◆ 小結：AI 的全球經濟影響

AI 對全球經濟產生兩大影響：(1)AI 有可能在經濟中發揮重要作用。(2)AI 可能有助於擴大國家、工人及組織之間已經存在的差距。

◆ 大數據與人工智整合

隨著大數據與 AI 浪潮席捲而來，相關應用與發展正逐步改變人類的生活及產業型態。例如，爲醫療領域帶來新的機遇。台灣擁有先進的醫療技術、醫療服務，以及高度發展的資訊通訊 (ICT) 產業，在此優勢下，如何發揮領域合作效益，已成爲醫療院所、系統整合商、軟硬體服務供應商等領域相關業者共同關注的議題。

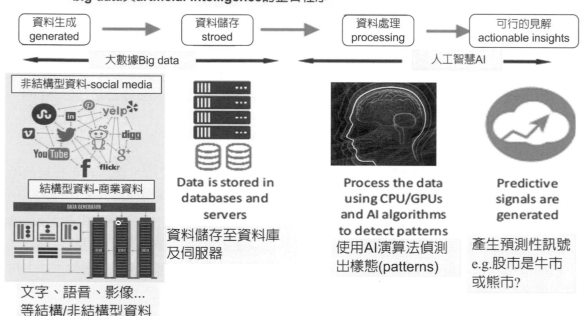

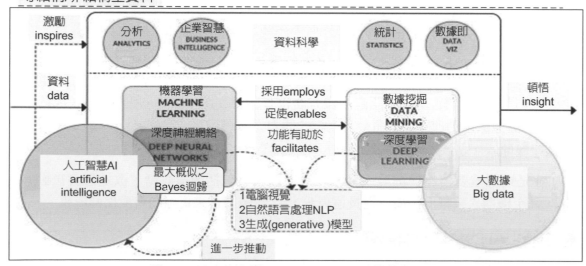

圖 1-24　Big data 與 artificial intelligence 的整合程序

未來，通訊技術提升、圖形處理器 (GPU) 快速發展、智慧物聯網 (IoT) 裝置普及等科技變革，將爲醫療 / 健康產業所帶來的創新發展： 包含深度學習在醫學影像及電腦輔

助診斷系統上的應用，以及各種醫療 / 健康大數據的蒐集、資料分析與整合評估演算法
所帶來的效益。在實際應用案例方面，可探討如何運用機器學習、大數據分析，降低醫
療疏失、增進用藥安全。例如，糖尿病視網膜病變診斷，如何透過 AI 與醫師專業知識
的「人腦、AI」雙腦協作，協助糖尿病眼底鏡影像細微病變的判讀。

1. 圖 1-24，商務智慧 (business intelligence) 指用現代資料倉儲技術、線上分析處理技術、
   數據挖掘進行數據分析，再以圖形化的介面或報表呈現以實現商業價值。

人們每天上傳至雲端的檔案數量，多達一億張相片、十億份文件… 更別提數位影
音、交易、生物醫療… 每天全球所創造的資料量高達 2.5 艾位元組 (exabyes，即
1000,000,000,000,000,000,000，百萬兆)。

2. **預測分析** (predictive analytics) 是指透過預測模型、機器學習、資料挖掘等技術來分析
   現有及歷史的事實數據，對未來作出預測的數據分析方法。

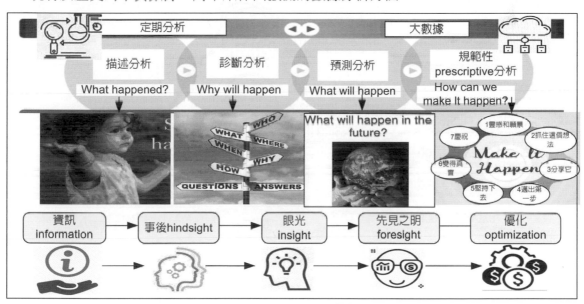

圖 1-25　分析光譜 (spectrum)：從描述性到規範性分析

1-4　AI ⊃ 機器學習

　　如圖 1-26，你可以看到許多這些領域與你人類每天所做的事情有關：學習、處理語
言 (聽)、談話 (語音)、計劃 (優化)、移動 (機器人) 及看 (視覺)。

　　AI 會紅不是偶然的。AI 的種子植根於神經網路，它是一種數學模型，用於將人類
思維 (神經元) 的第一原理轉化為數學，然後轉化為電腦對該數學的解釋。

1-4-1　AI 的三大應用領域

　　人工智慧 (artificial intelligence,AI) 是指以人工方式來實現人類所具有之智慧的技術。旨在研究如何以電腦的程式技巧，來執行一些由人類執行時，需要智慧才能完成的工作。

　　圖 1-26 所述的 AI 範圍，實行起來的難度是頗高，需要細分成許多的研究領域。由於 Internet 的興起，AI 找到了另一個可以發揮的舞台。像是利用一些「代理人 (gents)」的程式，來代替原本需要人工操作的工作。以 Yahoo 為例。在 Yahoo 的網站上蒐集了許多的超連結，這些超連結是怎麼來的呢？難道是你每天掛在 Internet 上瀏覽，然後再把網址蒐集、整理起來嗎？當然不是！這些動作都可以由「代理人」程式來代勞，而這就是 AI 應用在 Internet 上的一個例子。

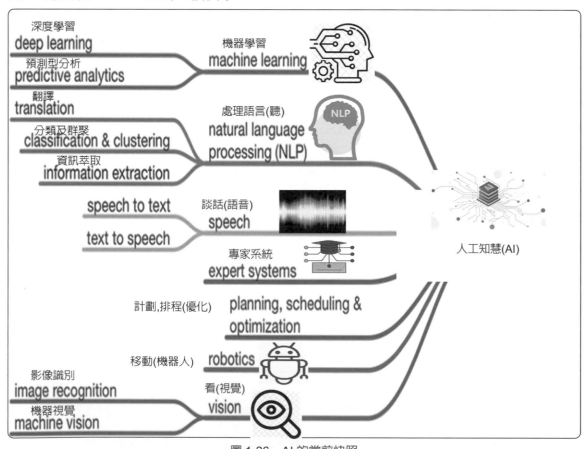

圖 1-26　AI 的當前快照

　　AI 除了研究傳統的個人思維、決策、信仰、感情、企圖、學習、適應等認知能力外，更開始重視團隊的分工合作、溝通、協調、信任、權利義務的委託與指派等人類的社會認知行為。目前熱門的組織用大型電子商務軟體產品，應用 AI 的技術包括：E-marketplace 的自動媒合、數據挖掘 (data mining)、客戶關係管理 (CRM)、個人化服務、知識管理⋯

等。未來 AI 的應用，趨向在數位圖書館、遠距學習與教育、自駕車、電子化政府的服務、數位長照、虛擬組織與電子商務等與人類生活息息相關的資訊互動範疇中。

　　AI 應用並不局限在資訊科學，還有許多其他不同學科領域與 AI 相關。例如，在機械、控制、汽車、AI 醫療、工業工程方面與機器人結合。AI 的技術也被應用在人類基因圖譜的完成與生物科技所需的資料解碼、分類等。在企管、財經等管理科學上以及醫學上，決策與診斷模式的研究也用到 AI。在經濟、政治等社會科學方面也有學者利用 AI 的技術來建構社會互動的理論模型。此外，在心理學及認知科學方面，AI 的技術則被用來模擬人類的行為，以驗證理論的正確性。目前很多國內許多軟體公司的產品也開始融入了人。

　　目前，AI 最常應用領域有：語音辨識、影像辨識以及自然語言處理等三部分。

1. 語音辨識 (speech recognition)

　　語音辨識技術，旨在以電腦自動將人類的語音內容轉換為相應的文字 (Siri)。與說話人辨識及說話人確認不同，後者嘗試辨識或確認發出語音的說話人而非其中所包含的詞彙內容 (techtarget.com,2019)。

　　語音辨識技術的應用包括語音撥號、語音導航、室內裝置控制、語音文件檢索、簡單的聽寫資料錄入等。語音辨識技術與其他自然語言處理技術的整合，有機器翻譯及語音合成技術相結合，並構建出更加複雜的應用，例如語音到語音的翻譯。

　　語音辨識技術所涉及的領域包括：訊號處理、圖型識別、概率論、資訊理論、發聲機理、聽覺機理和人工智慧等等。

　　例如：Apple、Google、Amazon 提出語音辨識大量應用於日常生活的服務，其成熟度已達到實用等級。

2. 影像辨識 (image recognition)

　　影像辨識領域是深度學習最蓬勃發展的領域，舉凡智慧家居、自駕車、生產瑕疵品檢測、安防監控、醫療影像等應用，都和深度學習影像辨識技術息息相關 (wiki.image_analysis, 2019)。

　　影像辨識技術用在一般圖片的辨識上，AI 已有同等於人類的辨識率，但動態影像的辨識準確度卻仍比不上人類，目前還在進行各種演算法的測試。其中，目前影像辨識最火熱的應用場景是自動駕駛。

　　影像辨識應用在汽車、資通訊產業，最紅的是自駕車，例如：Tesla、Google 都大力進行自動駕駛的研究，TOYOTA 也在美國設立豐田研究所，可以知道現階段的開發已十分接近實用化。

3. 自然語言處理 (ntural language processing, NLP)

自然語言處理是試著讓 AI 能理解人類所寫的文字及所說的話語。NLP 首先會分解詞性，稱之「語素分析 (morphemic analysis)」，在分解出最小的字義單位後，接著會進行「語法分析 (syntactic analysis)」，最後再透過「語意分析 (semantic analysis)」來瞭解含意。

輸出部分，自然語言處理也與產生文法 (generative grammar) 密切相關。產生文法理論認為，只要遵循規則即可產生文句。這也代表著，只要把規則組合在一起，便可能產生文章。

在自然語言處理中，最具代表性的應用就是「聊天機器人 (Chatbot)」了，它是仿真人，可透過文字資料與人對話的程式。例如，臉書推出「Facebook Messenger Platform」，Line 也推出了「Messaging API」，因而促使這種搭載 NLP 技術的聊天機器人成為矚目的焦點。

另外，由 IBM 所開發的華生 (IBM Watson) 人工醫生，也是應用 NLP 的人工智慧而成。華生可以從維基百科等語料庫中抽取知識，學習詞彙與詞彙之間的相關性。現在，就連軟體銀行 (SoftBank) 機器人 Pepper 也是搭載華生系統。

1-4-2 深度學習法 (deep learning)vs. 增強式學習

AI 領域旨在用機器來完成任務，但仍需引入人類的智能。AI 涵蓋機器學習，機器可以透過經驗學習並獲得技能，且無需人工參與。深度學習是機器學習的一個子集，其中人工神經網路 (受人腦 heuristic 的演算法) 從大數據中學習。與你從經驗中學習的方法類似，深度學習算法將重複執行任務，每次對其進行一些微調以提高效果。為何叫「深度學習」？因為神經網路具有支持學習的各種 (深度) 層。幾乎所有需要「思考」才能解決的問題，都是深度學習可以解決的問題。

迄今，深度學習模型深受生物神經系統中資訊處理及通信模式的模糊啟發，但與生物大腦 (尤其是人類大腦) 的結構及功能特性存在各種差異，這使得它們與神經科學證據不相容。

近來 AI、機器學習與深度學習等技術已逐漸再整合，在影像處理與語音處理上，亦發展出比傳統方法更優秀的效能。

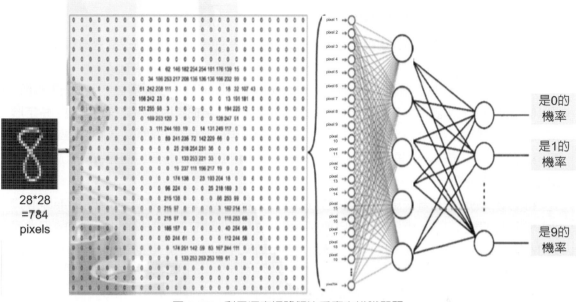

圖 1-27　利用深度網路解決手寫字辨識問題

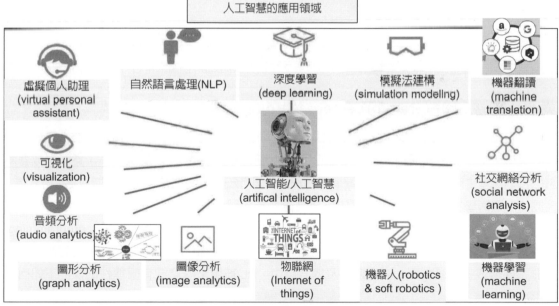

圖 1-28　人工智慧 AI 的應用領域

定義：深度學習 (deep learning)

是機器學習的分支，試圖用複雜結構或多重非線性變換構成的多個處理層對資料進行高層抽象的演算法。

深度學習是一種基於對資料進行特徵 (features) 學習的演算法。觀測值 (例如一張圖像) 可以使用多種方式來表示，如每個像素強度值的向量，或者更抽象地表示之一系列邊、特定形狀的區域等。而使用某些特定的表示方法更容易從例項中學習任務 (例如，人臉辨識或面部表情辨識)。深度學習的好處是用非監督式或半監督式的特徵學習及分層特徵提取高效演算法來替代手工擷取特徵。

特徵學習的目標是尋求更好的表示方法並建立更好的模型來從大規模未標記 (un-lablel) 資料中學習這些表示方法。表示方法源自神經科學，並鬆散地建立在類似神經系統中的資訊處理及對通訊模式的理解上，如神經編碼，試圖定義拉動神經元的反應之間的關係以及大腦中的神經元的電活動之間的關係。

至今著名深度學習框架、舒深度神經網路、卷積神經網路及深度置信網路及遞迴神經網路，全部應用在電腦視覺、語音辨識、自然語言處理、音訊辨識與生物資訊學等領域並獲得了極好的效果。

另外，「深度學習」已成為類似術語，或者說是神經網路的品牌重塑。

有關機器學習法之範例實作，請見張紹勳 (2019)《人工智慧與 Bayesian 迴歸的整合：應用 STaTa 分析》一書。

定義：增強式學習 (reinforcement learning，RL)

它是機器學習中的一支，強調如何基於環境而行動，以獲得最大化的預期利益。其靈感源自心理學中的行為主義理論，即有機體如何在環境給予的獎勵或懲罰的刺激下，逐步形成對刺激的預期，產生能獲得最大利益的習慣性行為。這個方法具有普適性，應用領域包括：博弈論、控制論、運籌學、資訊理論、模擬優化、多主體系統學習、群體智慧、統計學以及遺傳演算法。在運籌學及控制理論研究，RL 稱作「近似動態規劃」(approximate dynamic programming, ADP)。在最優控制理論中也有研究這個問題，雖然大部分的研究是關於最優解的存在及特性，並非是學習或者近似方面。在經濟學及博弈論中，RL 被用來解釋在有限理性的條件下如何出現平衡。

在機器學習問題中，環境常被規範為馬可夫決策過程 (MDP)，所以許多 RL 演算法在這種情況下使用動態規劃技巧。傳統的技術及 RL 演算法的主要區別是，後者不需要關於 MDP 的知識，而且針對無法找到確切方法的大規模 MDP。

RL 及標準的監督式學習之間的區別在於，它並不需要出現正確的輸入 / 輸出對，也不需要精確校正次優化的行為。RL 更加專注於線上規劃，需要在探索 (在未知的領域) 及遵從 (現有知識) 之間找到平衡。RL 中的「探索 - 遵從」的交換，在多臂老虎機問題及有限 MDP 中研究得最多。

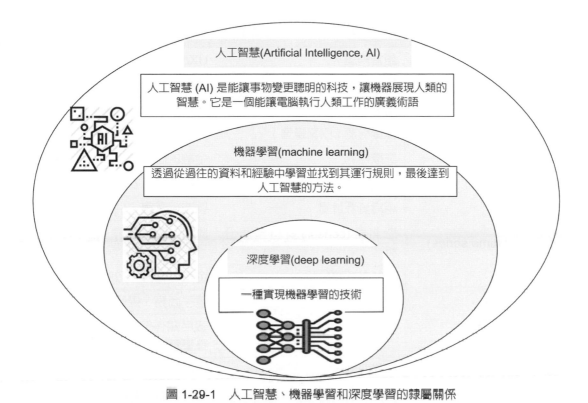

圖 1-29-1　人工智慧、機器學習和深度學習的隸屬關係

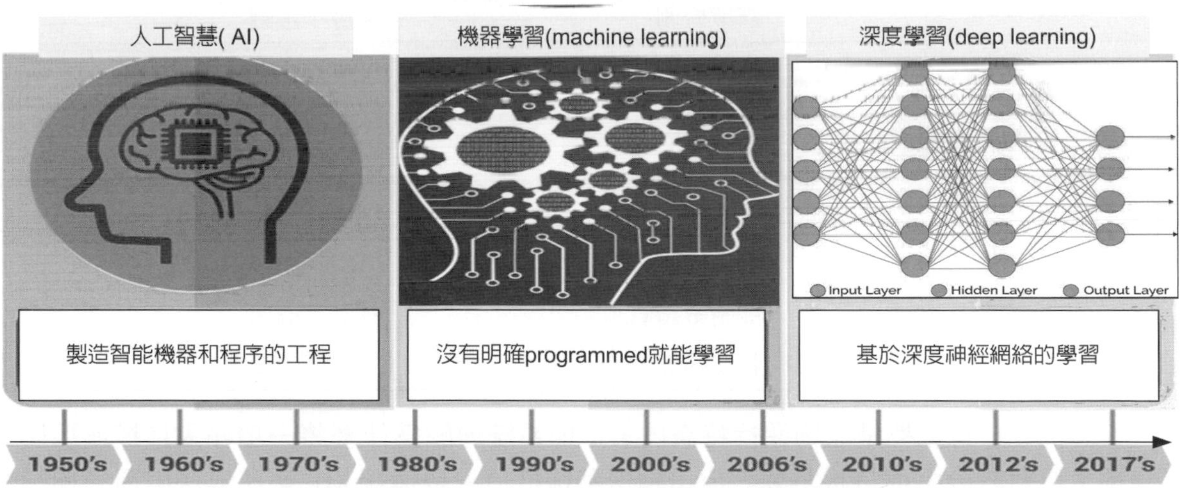

圖 1-29-2　人工智慧、機器學習和深度學習的隸屬關係

（一）深度學習之應用案例 (cases)

　　深度學習擅長辨識非結構化資料中的模式，而大多數人熟知的圖像、聲音、視頻、文本等媒體均屬於此類資料。下表列出了常見的應用類型及相關的行業。

	應用類型	行業
1. 聲音 (audio)	語音辨識	UX/UI、汽車、安保、物聯網
	語音搜索	手機製造、電信
	情感分析	客戶關係管理 (CRM)
	探傷檢測 (引擎噪音)	汽車、航空
	詐欺檢測	金融、信用卡
2. 時間序列 (time series)	日誌分析 / 風險檢測	資料中心、安保、金融
	組織資源計畫	製造、汽車、供應鏈
	感測器 (sensor) 資料預測分析	聯網、智慧家居、硬體製造
	商業與經濟分析	金融、會計、政府
	推薦引擎	電子商務、媒體、社交網路
3. 文本 (text)	情感分析	客戶關係管理 (CRM)、社交媒體、聲譽管理
	增強搜索、主題檢測	金融
	威脅偵測	社交媒體、政府
	詐欺檢測	保險、金融
4. 圖像 (image)	人臉辨識	平臺登入、政府、電眼
	圖像搜索	社交媒體
	機器視覺	汽車、航空
	相片聚類	電信、手機製造
5. 視頻 (video)	動作檢測	遊戲、UX/UI
	即時威脅偵測	安保、機場
	特徵內省	機場、內安

　　傳統 ML 的優勢是能夠進行特徵內省：即系統理解為什麼將一項輸入這樣或那樣分類，這對於分析而言很重要。但這種優勢卻恰恰導致傳統 ML 系統無法處理未標記 (unlabel)、非結構化的資料，也無法像最新的深度學習模型那樣達到前所未有的準確度。特徵工程是傳統 ML 的主要瓶頸之一，因為很少有人能把特徵工程做得又快又好，適應資料變化的速度。

　　對於必須進行特徵內省的應用情景 (例如法律規定，以預測的信用風險為由拒絕貸款申請時必須提供依據)，你建議使用與多種傳統 ML 演算法相集成的深度神經網路，讓每種演算法都有投票權，發揮各自的長處。或者亦可對深度神經網路的結果進行各類分析，進而推測網路的決策原理。

(二) 技術創新應用案例

技術領域	應用	說明
深度學習之認知領域 (cognitive domain)	影像辨識	Microsoft 的 ResNet(Deep Residual Networks) 與 Google 的 GoogLeNet(v4) 都是傑出的影像辨識系統，在 ImageNet 的影像分類工作中已超越人類。
	語音辨識	搜尋引擎的語音的文字轉換服務，現已在類似的工作中勝過人類。
	深度學習應用在醫學影像	電腦斷層為例，傳統方法是如何重建出橫斷人體的影像呢？在收到 X 光的資料後，你必須有一個明確的 physical 模型，來描述偵測器收到的資料與影像之間的關係；你所收到的 X 光訊號，會被任何位於從 X 光發射器到接受器的直線路徑上的物質阻礙而衰減。而各種物質的密度、大小與位置，都會改變信號的衰減程度。基於這個 physical 模型，加上電腦斷層系統的描述 (例如 X 光發射器與接收器的位置)，你就可以利用數學工具「解出」人體的斷層影像。 上述的例子也可推廣到其他的種類的醫學影像上，像是核磁共振影像 (magnetic resonance imaging，MRI) 的影像重建，也需要知道人體各個部分是如何產生不同的核磁共振信號 (信號的大小與隨時間衰減的快慢)。在結合 MRI 系統的影像參數後，你才能建立一套明確的 physical 模型，將影像重建出來。
深度學習之認知領域 (cognitive domain) (續)	機器翻譯	Google 上市神經機器翻譯 (Google Neural Machine Translation, GNMT) 技術，並聲稱相較於過去最先進的機器翻譯，這項新技術帶來顯著的改善。
深度學習之非認知領域 (noncognitive domain)	詐騙偵測	PayPal 正運用深度學習技術做為阻擋詐騙支付的最先進方法。
	推薦系統	Amazon 已將深度學習技術應用於最先進的產品推薦服務。
	醫療保健	美國 Quire 公司的預測分析演算法可以解析大量的臨床資料，並為醫療服務供應方提供病患行為的預測模型。
預測分析 (predictive analytics)	設備維護管理	英國 Warwick Analytics 公司的預測分析技術提供自動化的異常偵測功能，有助於判斷設備的狀態，並及早解決可能發生的問題。
	混合雲基礎設備	美國 Perspica 公司運用機器學習演算法，協助辨識混合雲 (Hybrid Clouds) 基礎設備內的應用程式異常。
	行車安全	美國 Omnitracs 公司研發的行車系統會針對駕駛人可能遭遇的意外狀況提供預測資訊，尤其是注意力失焦導致車輛失控的情形。

1-5 大數據 vs. 資料探勘 (data mining)

大數據、資料科學、機器學習等一直都是近期非常熱門話題，許多資料都告訴你，「資料」在未來只會變得越來越重要，涉入生活的程度越來越深，小至上網時看見的廣告，大到防疫、氣候變遷等議題都會有關係。

一、大數據 (Big data 或 Megadata)

或稱巨量資料、海量資料、大數據，意指資料量體巨大到無法透過人工，在合理時間內達到擷取、管理、處理、並整理成為人類所能解讀的資訊。在總資料量相同的情況下，與個別分析獨立的小型資料集 (data set) 相比，將各個小型資料集合併後進行分析可得出許多額外的資訊及資料關聯性，可用來察覺商業趨勢、判定研究品質、長照長者健康診斷、避免疾病擴散、打擊犯罪或測定即時交通路況等；這樣的用途正是大型資料集盛行的原因。

二、資料探勘 (data mining)

它是資料庫知識發現 (knowledge-discovery in databases, KDD) 中的一個步驟。資料探勘一般是指從大量的資料中自動搜尋隱藏於其中的有著特殊關聯性 (association rule learning) 的資訊的過程。資料挖掘通常與電腦科學有關，並透過統計、線上分析處理、情報檢索、機器學習、專家系統 (依靠過去的經驗法則) 及 pattern 辨識等諸多方法來實現上述目標。資料探勘有以下這些不同的定義：

1. 從資料中萃取出隱含的過去未知的有價值的潛在資訊。

2. 一門從大量資料或者資料庫中萃取有用資訊的科學。

組織及政府共享他們收集的資訊，目的是交叉引用它，以查找有關其資料庫中跟蹤的人員的更多資訊。

數據挖掘的組成部分主要包括 5 個 levels，即：

1. 將數據萃取、轉換並加載到倉庫中 (extract, transform and load data into warehouse)。

2. 儲存及管理。

3. 提供數據 access(通信)。

4. 分析 (過程 / 結果)。

5. 用戶介面 (向用戶顯示視覺化數據)。

◆ 為何需要數據挖掘

分析儲存的交易數據中的關係及 pattern，以獲取有助於更好的業務決策的資訊。

例如，數據挖掘有助於信用評級，有針對性的行銷，詐欺檢測，例如哪種類型的交易透過檢查用戶的過去交易，檢查客戶關係，如哪些客戶忠誠以及哪些將留給其他公司來詐欺。

你可以使用數據挖掘來做 4 個關係：

1. 分類 (classes)：用於定位目標

2. 集群 (clusters)：它將數據項分組為邏輯關係

3. 關聯 (association)：數據之間的關係

4. 順序態樣 (sequential pattern)：預測行為模式及趨勢

三、大數據與數據挖掘之間的關係

1. 大數據

大數據是指可以結構化、半結構化和非結構化的海量數據。它包含 5 Vs，即
(1) 量體：指的是大數據時的數據量或數據大小。
(2) 種類：指的是不同類型的數據，例如：社交媒體，Web 服務器日誌等。
(3) 速度：它指的是數據增長的速度，數據呈指數增長並且以非常快的速度增長。
(4) 準確性：它是指數據的不確定性，例如：社交媒體意味著數據是否可以信任。
(5) 價值：它指的是你正在儲存和處理的數據是有價值的，以及你如何從海量數據中受益。

2. 數據挖掘

數據挖掘也稱為數據知識發現 (knowledge-discovery in databases, KDD)，是指從大數據中提取知識。它主要用於統計，機器學習和人工智能。這是"數據庫中的知識發現"的步驟。

大數據及數據挖掘是 2 個獨立的概念而異，這些概念描述了與擴展數據源的互動。當然，大數據及數據挖掘仍然是相關的，都屬於商業智能領域。雖然大數據的定義確實有所不同，但它通常稱為專案或概念，而數據挖掘則被視為一種行為。例如，在某些情況下，數據挖掘可能涉及篩選大數據源。

根據定義，大數據確實包括處理大型數據集的操作。相反，數據挖掘更多的是收集及辨識數據。數據挖掘通常是 access 大數據之前的步驟，或 access 大數據源所需的操作。商業智能 (BI) 用這兩個組成來協同工作，來確定最佳數據集，以便為你組織的問題提供答案。根據數據挖掘與大數據相關的流程，分析師可以開始評估數據，並最終根據他們的發現提供業務流程改進建議。

表 1-3 傳統的數據挖掘與大數據分析的比較 (traditional data mining vs Big data analysis)

	傳統的數據挖掘	大數據分析
記憶體擷取 (memory access)	數據儲存在集中式 RAM 中，可以多次有效掃描	數據儲存在高分散式數據源上。在巨大的連續數據流 (streams) 的情況下，僅在單次掃描中訪問數據。
計算處理及架構	序列 (Serial)、集中化處理。使用更好的硬體進行擴展的單一電腦平台就足夠。	平行及分散式架構可能是必要的。可能需要使用多個節點進行擴展的群集平台 (cluster platforms)。
數據類型	數據源相對同質 (homogeneous)。數據是靜態的、資料量是合理的。	數據源自多個數據源，這些數據源可能是異質的及複雜的。數據可能是動態的及不斷發展的。可能需要適應其數據更改。

1-6　大數據案例及軟硬體配備的需求

　　大數據爲組織服務的最後一步，就是研究可幫助你充分利用大數據分析的技術。此時，你可考慮：

1. 便宜、大容量的儲存空間。
2. 更快的處理器。
3. 經濟實惠的 open source，分散式大數據平台，如 Hadoop。
4. 並行處理、集群、Massive Parallel Processing(MPP)、虛擬化、大型網格環境、高連接性及高吞吐量。
5. 雲計算及其他靈活的資源分配安排。

二、大數據生態系統 :Hadoop 的家族軟體

定義：Hadoop 分散式檔案系統 (HadoopDistributed File System, HDFS)

　　由多達數百萬個叢集 (cluster) 所組成，每個叢集有近數千台用來儲存資料的伺服器，稱為「節點」(node)。其中包括主伺服器 (master node) 與從伺服器 (slave node)。

　　每一份大型檔案儲存進來時，都會被切割成一個個的資料塊 (block)，並同時將每個資料塊複製成多份、放在從伺服器上保管。

簡單來說，Hadoop 預設的想法是所有的 Node 都有機會壞掉，所以會用大量備份的方式預防資料發生問題。當某台伺服器出問題時、導致資料塊遺失或遭破壞時，主伺服器就會在其他從伺服器上尋找副本複製一個新的版本，維持每一個資料塊都備有好幾份的狀態。

此外，儲存在該系統上的資料雖然相當龐大、又被分散到數個不同的伺服器，但透過特殊技術，當 Hadoop 讀取檔案時，看起來仍會是連續的資料，使用者不會察覺資料是零碎的被切割儲存起來。

二、並行處理系統 (massively parallel processing, MPP)

大規模並行處理 (massively parallel processing, MPP) 是多個處理器 (processor) 處理同一程式之不同部分時該程式的協調過程，每個處理器運用自身的作業系統 (operating system) 及記憶體。大規模並行處理器一般運用通訊介面交流。在一些執行過程中，高達兩百甚至更多的處理器為同一應用程式工作。資料通路的互連設置允許各處理器相互傳遞資訊。一般來說，大規模並行處理 (MPP) 的建設很複雜，這需要掌握在各處理器間區分共同資料庫及給各資料庫分派工作的方法。大規模並行處理系統也叫做「鬆散耦合」或「無共用」系統 (techtarget.com, 2019)。

大規模並行處理系統 (MPP)，它是由許多鬆耦合的處理單元組成的，要注意這裡指的是處理單元而不是處理器。每個單元內的 CPU 都有自己私有的資源，如匯流排、記憶體、硬碟等。在每個單元內都有作業系統及管理資料庫的實例複本。這種結構最大的特點在於不共用資源。

一般認為，對於允許平行搜索大量資料庫的應用程式，大規模並行處理 (MPP, massively parallel processing) 系統比對稱式並行處理系統 (SMP) 更好。這些包括決策支援系統 (decision support system) 及資料倉庫 (data warehouse) 應用程式。

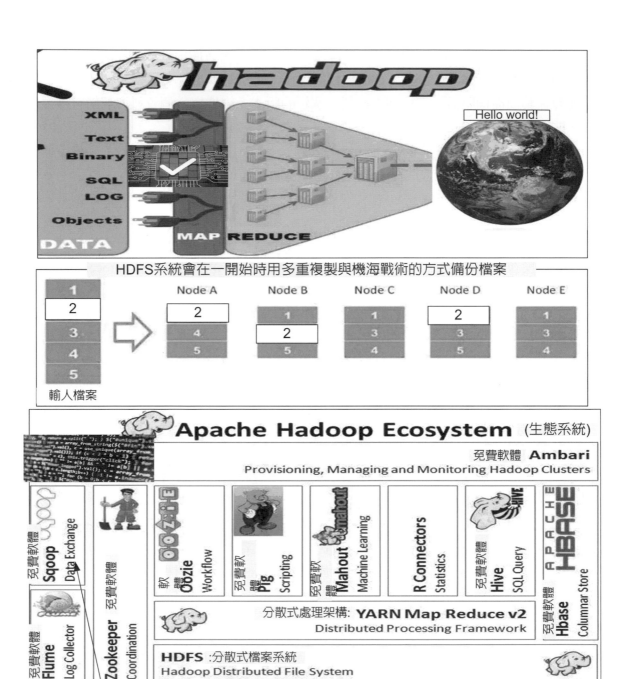

圖 1-30 Hadoop 分散式檔案系統

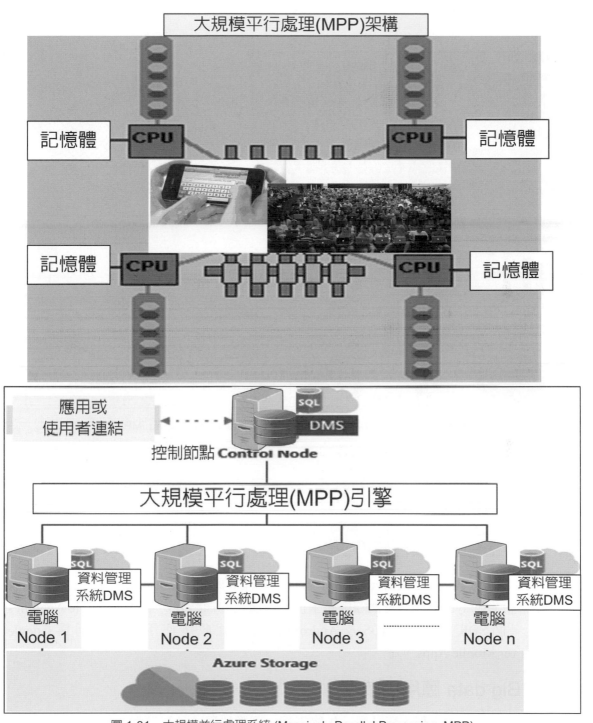

圖 1-31　大規模並行處理系統 (Massively Parallel Processing, MPP)

來源：docs.microsoft.com(2019). https://docs.microsoft.com/zh-tw/azure/sql-data-warehouse/massively-
parallel-processing-mpp-architecture

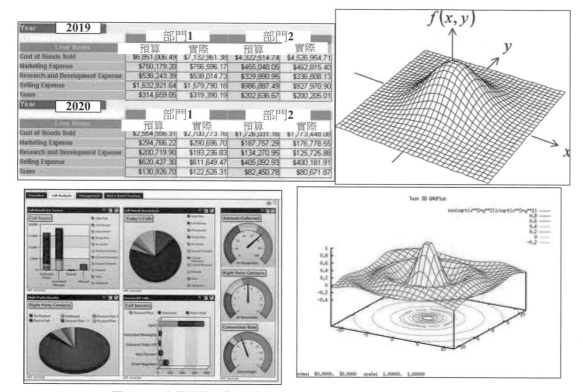

圖 1-32 大規模並行處理系統 (Massively Parallel Processing, MPP)

來源：docs.microsoft.com(2019). https://docs.microsoft.com/zh-tw/azure/sql-data-warehouse/massively-parallel-processing-mpp-architecture

1-7 大數據的應用案例

　　Google 分析 (Google Analytics) 是一個由 Google 所提供的網站流量統計服務。Google 分析 (Analytics) 現在是網際網路上使用最廣泛的網路分析服務。Google Analytics 還提供一個 SDK，允許從 iOS 及 Android 應用程式收集使用資料，稱為 Google Analytics for Mobile Apps。

1-7-1 Big data 應用領域

　　千禧年開始，天文學、海洋學、生物工程、電腦科學，到智慧型手機的流行，科學家發現：仰賴於科技的進步 (感測器、智慧型手機)，資料的取得成本相比過去開始大幅地下降——過去十多年蒐集的資料，今朝一夕之間即能達成。

　　也因為取得數據不再是科學研究最大的困難，如何「儲存」、「挖掘」海量數據，並成功地「溝通」分析結果，成為新的瓶頸與研究重點。

　　大數據的應用範例包括大科學、RFID、感測裝置網路、天文學、大氣學、交通運輸、基因組學、生物學、大社會資料分析、網際網路檔案處理、製作網際網路搜尋引擎索引、通訊記錄明細、軍事偵查、金融大數據，醫療大數據，社群網路、通勤時間預測、醫療記錄、相片圖像及影像封存、大規模的電子商務等。

(一) 巨大科學

　　大型強子對撞機中有 1 億 5000 萬個感測器，每秒傳送 4000 萬次的資料。實驗中每秒產生將近 6 億次的對撞，在過濾去除 99.999% 的撞擊資料後，得到約 100 次的有用撞擊資料。

　　將撞擊結果資料過濾處理後僅記錄 0.001% 的有用資料，全部四個對撞機的資料量複製前每年產生 25 拍位元組 (PB)，複製後為 200 拍位元組。

　　若將所有實驗中的資料在不過濾的情況下全部記錄，資料量將會變得過度龐大且極難處理。每年資料量在複製前將會達到 1.5 億拍位元組，等於每天有近 500 艾位元組 (EB) 的資料量。這個數位代表每天實驗將產生相當於 500 垓 ($5×1020$) 位元組的資料，是全世界所有資料來源總及的 200 倍。

(二) 科學研究

　　科學方法 (scientific method) 指的是檢查自然現象、獲取新知識或修正與整合先前已得的知識，所使用的一整套技術。為了合乎科學精神，這方法必須建立於收集可觀察、可實證 (empirical)、可量度的證據，並且合乎明確的推理原則。

(三) 衛生保健

　　病歷、治療計劃、處方資訊、在醫療保健方面，一切都需要快速，準確地完成 - 並且在某些情況下，具有足夠的透明度以滿足嚴格的行業法規。當有效管理大數據時，醫療保健提供者可以發現隱藏的見解，改善患者護理。

　　國際衛生學教授 Hans Rosling 曾用「Trendalyzer」工具軟體呈現兩百多年以來全球人類的人口統計資料，跟其他資料交叉比對，例如收入、宗教、能源使用量等。

　　美國 Ginger.io 公司就是將 Big data 結合健康，透過智慧型手機的數據比對告訴用戶健康問題，更能監測到用戶的所在位置、與誰通話來預測身體當時狀況。目前除了能預測感冒外，還可用於觀察糖尿病、憂鬱症以及心血管疾病等問題。另外，還提供後台數據讓用戶可以觀察過去的行為分析曲線，預測什麼時候會出現癥狀。目前這些數據的行為分析源自大量的匿名用戶，在之前的測試中，這個應用能夠正確判斷 60% ~90% 人們日常的生理症狀及普通呼吸情況。

(四) 公共部門

　　當政府機構能夠利用及應用分析數據時，他們在管理公用事業，運營機構，處理交通擁堵或預防犯罪方面獲得重要成果。但是，雖然大數據有許多優點，但政府還必須解決透明度及隱私問題。

　　目前，已開發國家的政府部門開始推廣大數據的應用。2012 年美國政府投資近兩億美元開始推行《大數據的研究與發展計劃》，本計劃整合美國國防部、美國衛生與公共服務部門等多個聯邦部門及機構，意在從大型複雜的的資料中提取知識的能力，進而加快科學及工程的開發，保障國家安全。

1. 資訊審查

　　中國計劃建立全面的個人信用評分體系 (e.g. 反送中)，其包含不少對個人行為的評定，有關指標會影響到個人貸款、工作、簽證等生活活動。高科技公司在被政治介入及指揮下為其目的服務，個人大部分行為及社交關係受掌控，幾乎無人可免於監控。除獲取網路資料外，中國政府還希望從科技公司獲得分類及分析資訊的雲端計算能力，透過閉路電視、智慧型手機、政府資料庫等蒐集資料，以建造所謂的智慧型城市及安全城市。人權觀察駐香港研究員王松蓮指出，整個安全城市構想無非是一個龐大的監視專案。

2. 天文學

　　總體而言，科學研究，尤其是天文學，當然應該像使用電腦之前那樣受益於新的數據處理工具，例如深度學習 (機器學習和疼痛識別的活躍研究領域) 將提供絕佳的機會。

　　天文學確實是大數據科學的範例。地面和空間天文台的不斷發展，包括大型天空調查，將天文學帶入大數據時代。蓋亞 (Gaia) 或歐幾里得 (Euclid) 都是太空中的例子，而且新的地面專案，例如 LSST 或 SKA，亦更加需要新工具。

(五) 民間部門

　　「儲存成本」與「資料擷取成本」因科技進步而大幅下降，造就了這個年代大數據的興起。30 年前，1 TB 檔案儲存的成本為 16 億美金，如今一個 1 TB 的硬碟不到 4000元台 。

1. 像 Amazon.com 及 Overstock.com 這樣的線上零售商是依靠分析來競爭的大批量運營商。

    (1) 當你進入他們的網站時，會在你的 PC 上放置一個 cookie 並記錄所有點擊。

    (2) 根據你的點擊次數及任何搜索條件，推薦引擎會決定要顯示的產品。

    (3) 購買商品後，他們會在行銷活動中使用其他資訊。

    (4) 客戶細分分析用於決定向你發送的促銷活動。

    (5) 你的盈利能力如何影響客戶服務中心如何對待你。

(6) 定價團隊幫助設定價格並決定清除商品所需的價格。

(7) 預測模型用於確定要為庫存訂購的商品數量。

(8) 儀表板監控 (dashboards monitor) 組織績效的所有方面

2. 沃爾瑪可以在 1 小時內處理百萬以上顧客的消費處理。相當於美國議會圖書館所藏的書籍之 167 倍的情報量。

3. Google 每天要處理超過 24 千兆位元組的資料，這意味著其每天的資料處理量是美國國家圖書館所有紙質出版物所含資料量的上千倍。

4. Facebook，處理 500 億枚的使用者相片，每天人們在網站上點擊「讚」(Like) 按鈕、或留言次數大約有數十億次。

5. 在生物醫學領域，新型的基因儀三天內即可測序 1.8 TB 的量體，使的以往傳統定序方法需花 10 年的工作，現在 1 天即可完成。在金融領域，以銀行卡、股票、外匯等金融業務為例，該類業務的交易峰值每秒可達萬筆之上。

(六) 社會學

　　大數據產生的背景離不開 Facebook 等社群網路的興起，人們每天自媒體傳播資訊或者溝通交流，由此產生的資訊被網路記錄下來，社會學家可以在這些資料的基礎上分析人類的行為模式、交往方式等。美國的涂爾幹計劃就是依據個人在社群網路上的資料分析其自殺傾向，該計劃從美軍退役士兵中揀選受試者，透過 Facebook 的行動 APP 收集資料，並將用戶的活動資料傳送到一個醫療資料庫。收集完成的資料會接受 AI 系統分析，接著利用預測程式來即時監視受測者是否出現一般認為具傷害性的行為。

(七) 其他行業

1. 銀行業

　　隨著大量資訊從無數來源流入，(網路) 銀行面臨著尋找新的及創新的方法來管理大數據。雖然了解客戶並提高他們的滿意度很重要，但保持合規性的風險及詐欺降低也是同樣重要。為此，大數據可帶來很大的洞察力，故金融機構也透過高級分析來 FinTech 的領先地步。

2. 教育

　　擁有數據驅動洞察力的教育工作者可以對學校系統、學生及課程產生重大影響。透過分析大數據，他們可以辨識有風險的高關懷學生，以確保學生的進步 / 防止偏差行為，並可實作更好的評估系統支援教師及校長。

3. 製造業

　　憑藉大數據所能提供的洞察力，製造商就可提高品質及產量、減少浪費，這些流程在當今競爭激烈的市場中至關重要。越來越多的製造商正在開發：基於分析的文化，來更快地解決問題並做出更敏捷的業務決策。

4. 零售

　　對零售行業，管理大數據，建立客戶關係的最佳方式是管理大數據。畢竟，零售商需了解如何向客戶推銷的最佳方式，處理交易的最有效方式，以及恢復失效業務的最具戰略性的方法。此時，大數據仍然是所有這些事情的核心。

1-7-2 大數據之教學單元：Google Course Builder MOOC 為例

一、大數據之教學課程：Google Course Builder MOOC

　　Google 在 2012 年發展出一個開放資源的 MOOCs 課程平台發展工具 Course Builder，並開了一門課 Power Searching with Google。在 2013 年他們則宣佈與同樣是 open source 平台的 edX 合作，希望共同打造 MOOC.org 平台，就像 YouTube 讓每個人可以輕易上傳影片一樣，未來透過 MOOC.org，每個人都能自由地開課分享自己的知識，讓 MOOC 的主導權從高等教育轉向社會大眾每一個人。

◆ MOOC 三大平台─EdX

　　麻省理工學院 (MIT) 開啟第一門線上課程 6.002x「電子電路導論」，將近 155000 人註冊，在討論區產生 230 萬筆互動記錄。接著，MIT 及哈佛再宣布投資 edx，並承諾這將是非營利且開放資源的平台，讓其他學校可以降低提供課程的阻礙，而且他們相信在全世界持續使用及檢驗後會產生最好的平台。

　　這個由史丹佛大學、加州柏克萊大學、昆士蘭大學共同貢獻原始碼的平台的確在 2013 年開放給大眾，最基本的平台包含自行控制的學習、線上討論小組、維基協作、學習評鑑、線上實驗室。法國、中東就利用 Open edX 建立了各自在地的 MOOC 平台─XeutangX、France Universite Numerique、Edraak，台灣也正在進行 Open edX 平台的開發研究。

1-7-3 大數據之個案 (case)：'Nowcasting'哥倫比亞的經濟活動

　　你若用 IE、Chrome 瀏覽器，查：「economic activity in Colombia dataset」關健字，則會出現 Colombia 經濟指標資料庫，讓你查詢世界各國之經濟指標，包括：Markets、GDP、Labour、Prices、Money... 等。圖 1-33 以台灣為例。

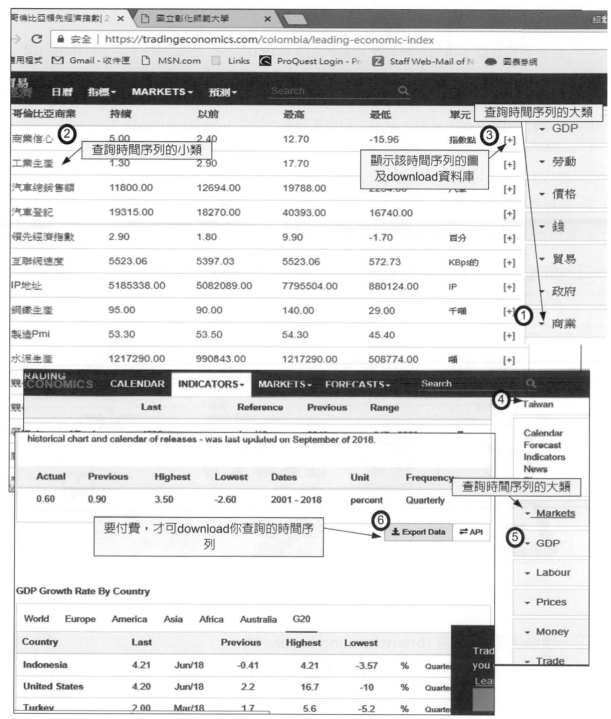

圖 1-33　Colombia 政府：經濟指標查詢網 (以台灣為例)

來源：https://tradingeconomics.com/taiwan/indicators

一、情況 (Situation)

由於哥倫比亞，用於分析經濟活動的領先指標 (leading economic indicators) 平均滯後 (average lag)10 週。這為適時設計經濟政策及監測經濟衝擊或趨勢提出了挑戰。

故哥倫比亞財政部尋找可以跟蹤經濟活動短期趨勢 (short-term trends) 的同步指標 (coincident indicators)。此時，哥倫比亞需要數據的特性 (characteristics)，包括：

1. 即時的 (Real-time)。

2. 嚴格按行業，地理等分類 (Highly disaggregated：by sector, geography, etc.)。

3. 要與主要經濟趨勢 (key economic trends)(e.g. 消費、GDP 等) 的統計相關性。

4. 足夠 robust 的樣本可以代表整個經濟。

二、群組討論：大數據的來源？

哥倫比亞財政部可能使用哪些大數據來源，即時 (real time) 可靠地估算部門經濟活動？

圖 1-34　經濟活動領先指標的大數據來源

三、頭腦激盪的突圍 (brainstorming breakout)

在 3-4 人小組中，需要花 5 到 10 分鐘的時間，集體討論該部如何處理以下問題：

1. 它應該考慮使用哪些數據？

2. 該部已經提供這些數據，還是要求該部獲得全新的數據來源？

3. 獲取這些數據的成本：(1) 無論是透過自己的收集還是透過外部數據合作。(2) 與使用它的預期收益相比如何？

4. 若這個數據是該部的新數據，那麼哪些實體可能已擁有這些數據？

5. 該部如何確保其工作人員具備擷取、管理及使用這些數據所需的技能？這些數據是否非常複雜，以至於它可能需要更高級或全新的技能組合？

6. 該部應該在數據儲存及安全方面考慮什麼？它可能需要多大儲存量？

四、解答 (solution)：你該挑選哪些廠商

1. Google Trends 廠商：初步的共整合分析 (cointegration analysis)

Google Trends(GT) 根據 Google 用戶的網路搜索，提供有關特定地理區域內給定搜索字詞的查詢量之每日資訊。對哥倫比亞而言，GT 數據可在部門級別以及最大的城市獲得。

哥倫比亞國家統計局 (DANE) 將使用 GT 數據建立的指數 (indexes)，要與官方自身經濟活動數據 (總體水平、部門層面) 相結合：兩者均可公開獲取，並建構領先指標，即時確定不同經濟部門的短期趨勢及其轉折點。

從某種意義上說，GT 數據取代了傳統的消費者情緒調查。例如，對於某個關鍵字 (certain keyword)(例如某個產品的品牌) 的數據使用可能是合理的，因為網路搜索該關鍵字的下降或激增可能與其需求的下降或增加有關，因此，生產該產品的特定部門的產量較低或較高。

案例 1　Google Trends 搜索「"Ahorro" vs. Unemployment Rate」

Ahorro 是輕鬆記帳，簡單理財之 Google Play 應用程式，如圖 1-35 所示。

共整合分析 (cointegration analysis) 旨在檢定領先指標及落後指標之間的因果關係，詳情請見作者《STaTa 在總體經濟與財務金融分析的應用》一書。

◆【小結】進入大數據空間的挑戰

1. 複雜基礎設施 (infrastructure)

透過豐富的最佳大數據工具及解決方案生態系統平衡核心功能及基礎架構。

2. 數據科學人才 (talent)

找到合適的人力資源，不僅要回答新的大數據問題，還要讓業務負責人能夠提出正確的數據問題。

3. 組織級解決方案 (enterprise-grade solutions)

維護關鍵應用程序的組織級安全性，可靠性及性能，同時將新工具與現有基礎架構投資相集成。

4. 財務窘境 (financial constraints)

在投資之前，為分析及大數據專案提供明確的投資回報率的壓力越來越大。

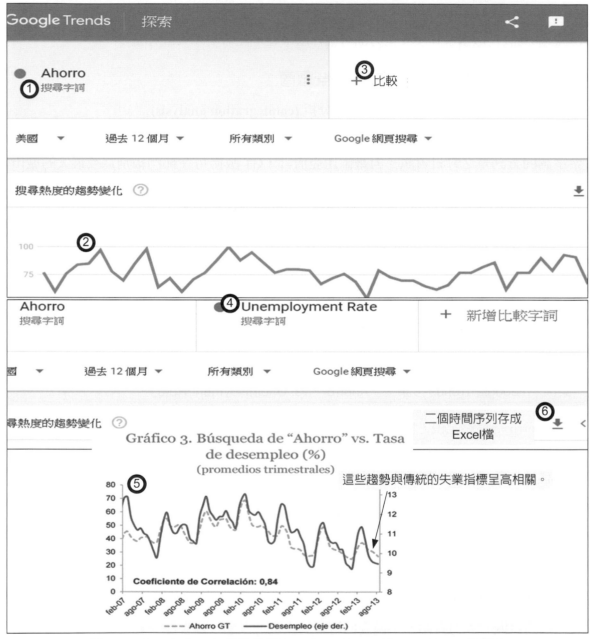

圖 1-35　Google Trends 搜索「"Ahorro" vs. Unemployment Rate」之畫面

來源：Google Trends(2019). https://trends.google.com/trends/?geo=US

1-8　大數據在商務智慧之分析

　　有人調查近百國家多名資訊技術 (IT) 專業人士，發現：無論是商業或學術界對於「商務智慧及分析」(BI & A, business intelligence & analytics) 都覺得越來越重要。

一、什麼是商務智慧 (business intelligence, BI)？

　　商務智慧，又稱商務智慧，指用現代資料倉庫技術、線上分析處理技術、數據挖掘及數據展現技術進行數據分析以實現商務價值。BI 旨在揭示趨勢、patterns 及見解。基於數據的結果可以準確，精確地查看公司流程以及這些流程產生的結果。除了財務指標等標準指標外，深入的商業智慧還揭示了當前實踐對員工績效、整體公司滿意度、轉換率、媒體覆蓋面以及其他一些因素的影響 (MBA 智庫, 2019)。

(一) 導入 BI 的目的

1. 促進組織決策流程 (facilitate the business decision-making process)：BIS 增進組織的資訊整合與資訊分析的能力，彙總公司內、外部的資料，整合成有效的決策資訊，讓組織經理人大幅增進決策效率與改善決策品質。

2. 降低整體營運成本 (power the bottom line)：BIS 改善組織的資訊取得能力，大幅降低 IT 人員撰寫程式、Poweruser 製作報表的時間與人力成本，而彈性的模組設計介面，完全不需撰寫程式的特色也讓日後的維護成本大幅降低。

3. 協同組織目標與行動 (achieve a fully coordinated organization)：BIS 加強組織的資訊傳播能力，消除資訊需求者與 IT 人員之間的認知差距，並可讓更多人獲得更有意義的資訊。全面改善組織之體質，使組織內的每個人目標一致、齊心協力。

(二) 商務智慧領域的技術應用

1. 商務智慧的技術體系主要有資料倉庫 (data warehouse,DW)、聯機分析處理 (OLAP) 以及數據挖掘 (data mining,DM) 三部分組成。

2. 資料倉庫是商務智慧的基礎，許多基本報表可以由此產生，但它更大的用處是作為進一步分析的數據源。所謂資料倉庫 (DW) 就是面向主題的、集成的、穩定的、不同時間的數據集合，用以支援經營管理中的決策制定過程。多維分析及數據挖掘是最常聽到的例子, 資料倉庫能供給它們所需要的、整齊一致的數據。

3. 線上分析處理 (OLAP) 技術則幫助分析者、管理人員從多種角度把從原始數據中轉化出來、能夠真正為用戶所理解的、並真實反映數據維特性的資訊，進行快速、一致、互動地 access，從而獲得對數據的更深入瞭解的一類軟體技術。

4. 數據挖掘 (DM) 是一種決策支援過程，它主要基於 AI、機器學習、統計學等技術，高度自動化地分析組織原有的數據，做出歸納性的推理，從中挖掘出潛在的模式，預測客戶的行為，幫助組織的決策者調整市場策略，減少風險，做出正確的決策。

　　2011 年 IBM 技術趨勢報告，已將運用「大數據分析」的「商務智慧及分析」列為未來資訊發展的四大技術趨勢之一。

二、使用資料庫改組織務績效及決策

(一) 網路挖掘 (Web mining)

1. 發現及分析源自 Web 的有用模式及資訊

- 了解客戶行為
- 評估網站的有效性，等等

2.Web 內容挖掘

- 挖掘網頁內容

3.Web 結構挖掘

- 分析與網頁之間的鏈接

4.Web 使用挖掘

- 挖掘 Web 服務器記錄的用戶互動數據

(二) 文本挖掘 (text mining)

1. 從大型非結構化數據集中提取關鍵元素

- 儲存的電子郵件
- 呼叫中心成績單
- 法律案件
- 專利說明
- 服務報告等

2. 情緒分析軟體 (Sentiment analysis software)

- 挖掘電子郵件，博客，社交媒體以發現意見

三、商務智慧 (BI) 及分析演進的 3 階段

　　「智慧 (力)(intelligence)」，該字彙早在 1950 年代已被許多人使用，「商務智慧」(Business Intelligence)，則在 1990 年代成為商業及 IT 環境中相當熱門的詞彙，而在 2000~2010 年期間的後期引入了商業分析 (Business Analytics)，使得商務智慧 (BI) 加入了分析 (Analytics) 的行為 (Davenport 2006)，而成為商務智慧及分析 (BI & A)。

圖 1-36　商務智慧 (Business Intelligence, BI) 之流程

　　業務分析 / 商務智慧 (Business intelligence,BI) 是一個廣泛的應用程序，技術及流程類別，透過：蒐集、儲存、擷取 (accessing) 及分析數據，來幫助組織用戶做出更好的決策。

　　商務智慧旨在幫助組織更好地利用資料提高決策品質的技術集合，是從大量的資料中鑽取資訊與知識的過程。簡單講就是業務、資料、資料價值應用的過程。

　　傳統的交易系統完成的是 Business 到 Data 的過程，而 BI 要做的事情是在 Data 的基礎上，讓 Data 產生價值，這個產生價值的過程就是 Business Intelligence analyse 的過程。如何實現 Business Intelligence analyse 的過程，從技術角度來說，是一個複雜的技術集合，它包含 Extraction-Transformation-Loading(ETL)、Data Warehouse(DW)、OLAP、Data Mining(DM) 等多環節，基本過程可用圖 1-36 描述：

　　依據圖 1-36 的流程，簡單的說就是把交易系統已經發生過的資料，透過 ETL 工具抽取到主題明確的資料倉庫中，OLAP 後產生 Cube 或報表，透過 Portal 展現給用戶，用戶利用這些經過分類 (classification)、聚類 (clustering)、描述及可視化 (visualization)的資料，支援業務決策。

(一) 說明

　　BI 不能產生決策，而是利用 BI 過程處理後的資料來支援決策。那麼 BI 所謂的智慧到底是什麼呢？(理清這個概念，有助於對 BI 的應用。)BI 最終展現給用戶的資訊就是報表或圖視，但它不同于傳統的靜態報表或圖視，它顛覆了傳統報表或圖視的提供與閱讀的方式，產生的資料集合就象玩具「魔方」一樣，可以任意快速的旋轉組合報表或圖視，有力的保障了用戶分析資料時操作的簡單性、報表或圖視直觀性及思維的連慣性。

　　IDC 將商務智慧定義為下列軟體工具的集合：

　　OLAP 工具。提供多維資料管理環境，其典型的應用是對商業問題的建模與商業資料分析。OLAP 也稱為多維分析、資料挖掘 (data mining) 軟體。使用諸如神經網路、規則歸納等技術，用來發現資料之間的關係，做出基於資料的推斷。

　　資料集市 (data mart) 及資料倉庫 (data warehouse) 產品。包括資料轉換、管理及存取等方面的預配置軟體，通常還包括一些業務模型，如財務分析模型。

　　隨著科技及分析工具的進步 (包括現在的大數據分析)，使得商務智慧及分析區分為三個階段，就以最近最流行的分類方式進行分類，分別是商務智慧及分析 1.0 階段、2.0階段及 3.0 階段，以下將進行詳細說明。

(二) 商務智慧及分析歷經 3 階段

　　雖然商務智慧及分析 2.0 階段吸引了許多單位的積極投入及研究，但商務智慧及分析 3.0 階段正悄悄地進入到你生活的周遭。2011 年「經濟學人」指出，當年手機及平板電腦數量 (約 4.8 億台) 已超過筆記本電腦及桌上型電腦 (約 3.8 億台)。移動設備的數

量在 2020 年將達到 100 億，所謂移動設備，是指 iPad、iPhone 及其他智慧手機，及其可下載應用程式的完整生態系統，讓消費者的生活能夠即時又短暫地從旅遊到遊戲玩家、從教育到醫療保健、從娛樂到政府，此現象正積極地改變社會各種不同的面向。同時，配備可閱讀條碼 (bar code)、無線電標籤 (RFID，並與物聯網 (IoT) 串聯，其他令人興奮的相關移動介面，包括：可視化 (虛擬實境 (virtual reality, VR)、擴增實境 (augmented reality, AR) 及人機互動 (human：computer interaction, HCI) 設計等，也是極有前途的發展領域

　　儘管 Web 3.0 移動及感測器 (sensor) 時代己經的來臨，但是如何在移動的行動裝置大規模的數據 (Big data)、流動的狀況下進行資料收集、處理、分析及可視化顯示，正是商務智慧及分析 3.0 階段的挑戰。

四、商務智慧 (BI) 的演變

　　商業智慧 (Business Intelligence，BI)，又稱商業智慧或商務智慧，指用現代資料倉庫技術、線上分析處理技術、數據挖掘及數據展現技術進行數據分析以實現商業價值。

　　商業智慧作為一個工具，是用來處理組織中現有數據，並將其轉換成知識、分析及結論，輔助業務或者決策者做出正確且明智的決定。是幫助組織更好地利用數據捉高決策品質的技術，包含了從資料倉庫到分析型系統等。

　　商業智慧型的概念經由 Howard Dresner(1989 年) 的通俗化而被人們廣泛瞭解。當時將商業智慧型定義為一類由資料倉儲 (或資訊市集)、查詢報表、資料分析、資料探勘、資料備份及恢復等部分組成的、以幫助組織決策為目的技術及其應用。

　　目前，商業智慧型通常被理解為將組織中現有的資料轉化為知識，幫助組織做出明智的業務經營決策的工具。這裡所談的資料包括源自組織業務系統的訂單、庫存、交易賬目、客戶及供應商資料及源自組織所處行業及競爭對手的資料，以及源自組織所處的其他外部環境中的各種資料。而商業智慧型能夠輔助的業務經營決策既可以是作業層的，亦可是管理層及策略層的決策。

　　為了將資料轉化為知識，需要利用資料倉儲、線上分析處理 (OLAP) 工具及資料探勘等技術。因此，從技術層面上講，商業智慧型不是什麼新技術，它只是 ETL、資料倉儲、OLAP、資料探勘、資料展現等技術的綜合運用。

　　把商業智慧型看成是一種解決方案應該比較恰當。商業智慧型的關鍵是從許多源自不同的組織運作系統的資料中提取出有用的資料並進行清理，以保證資料的正確性，然後經過抽取 (Extraction)、轉換 (Transformation) 及裝載 (Load)，即 ETL 過程，合併到一個組織級的資料倉庫裡，從而得到組織資料的一個全局視圖，在此基礎上利用合適的查詢及分析工具、資料挖掘工具、OLAP 工具等對其進行分析及處理 (這時資訊變為輔助決策的知識)，最後將知識呈現給管理者，為管理者的決策過程提供支援。

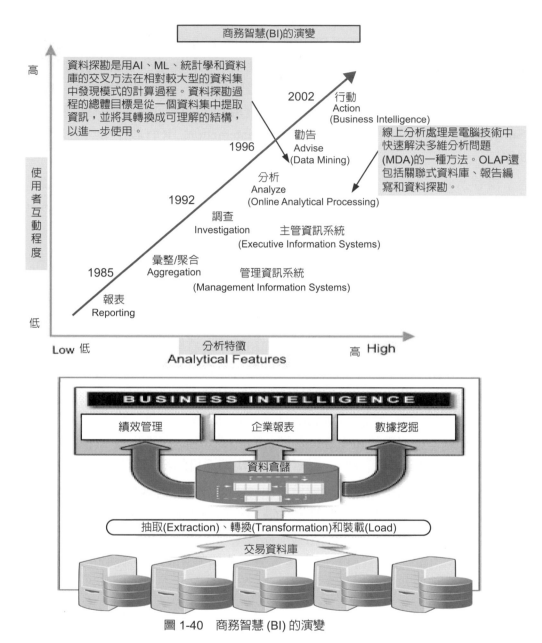

圖 1-40 商務智慧 (BI) 的演變

來源：pinterest.com(2019).Evolution of BI. https://www.pinterest.com/pin/289356344779590364/

習 題

1. 什麼是大數據？

2. 大數據與人工智慧如何結合？

3. 處理大數據的原則 (principle)

4. 大數據 vs. 資料探勘 (data mining) 的異同？

5. 大數據軟硬體配備的需求？

NOTE

大數據分析

本章綱要

◆ 傳統研究法 vs 大數據方法的比較

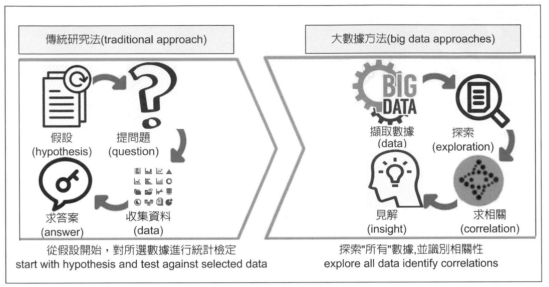

圖 2-1　傳統研究法 vs 大數據方法的比較 (traditional and Big data approaches in research)

2-1　大數據分析 (Big data analytics, BDA)

　　數據 (data) 為 AI 提供動力的燃料，大型數據集使機器學習應用程序 (機器學習是 AI 的一個分支) 可以獨立快速地學習。以下是數據及 AI 相互搭配的幾種方式：

1. 收集大數據為 AI 提供辨識差異所需的範例，增加了 pattern 辨識功能。

2. AI 使你能夠理解大數據集，那些是不適合資料庫 (行及列) 的非結構化數據。AI 也可幫助組織從以前被鎖定在電子郵件、開會文稿、視頻及圖像中的數據中建立新決策模型。

3. 迄日資料庫 (data base) 變得越來越通用且強大。除了傳統的關係 SQL 資料庫，現在已有功能強大的圖形資料庫，它們能夠更好地連接數據點及發現關係，以及專門用於文檔管理的資料庫。

◆ 坊間著名圖形資料庫

　　包　括：GraphDB Lite、Neo4j、OrientDB、Graph Engine、HyperGraphDB、MapGraph、ArangoDB、Titan。

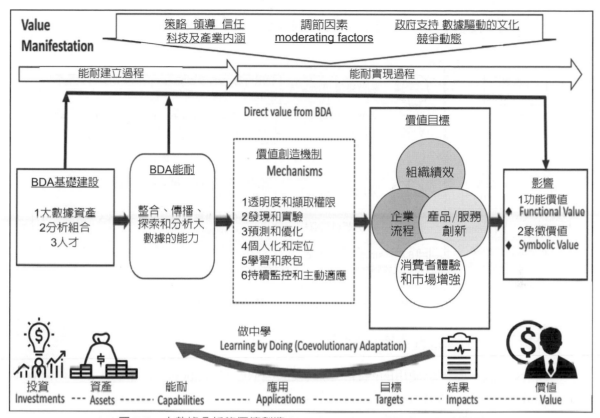

圖 2-2　大數據分析的價值創造 (value creation by Big data analytics)

來源：Grover et al.(2018)

2-1-1 大數據分析：旨在讓大數據發揮作用

　　分析 (analysis) 是數據中有意義模式的發現、解釋及交流。分析依賴於統計 (Stata, SPSS)，電腦編程 (Python, C) 及運營研究的同步應用來量化性能。

　　組織可以將分析應用於業務數據，來描述、預測及改善業務績效。細部來看，分析領域包括：描述性分析、預測分析、規範分析、企業決策管理、認知分析、大數據分析、診斷分析、供應鏈分析、商店分類及庫存單位優化、營銷優化及營銷組合建模、Web 分析、呼叫分析、語音分析、交通流量調整及優化、價格及促銷建模、預測科學、信用風險分析及詐欺分析。由於分析需要大量計算：分析的演算法及電腦軟體，最新的統計學及數學方法。

　　這不只是關於數據而已，更重要是，要了解 Big data sets(大型、非結構化、快速及不確定數據) 與「大數據分析」的區別 (如圖 2-3)。

圖 2-3　Big data sets vs. 大數據分析內涵

一、分析需要五個關鍵要素的組合

　　大數據分析，要了解使用的內容、方式及原因 (It's also about what, how, and why you use it)(slideplayer.com,2019)。

　　大數據分析是利用大數據來產生可行動的見解 (actionable insights) 的過程，它有五個關鍵要素的組合 (如圖 2-4)。

圖 2-4　大數據分析也要五個關鍵要素的組合

二、大數據分析的能耐 (capabilities) 有 16 種

迄今，電腦處理能力的不斷提高，已有一系列先進演算法及建模技術，這些技術都可讓你從大數據中獲得有價值的見解。

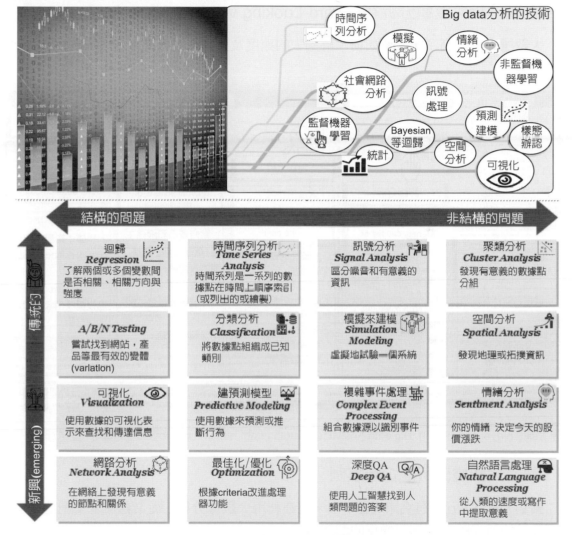

圖 2-5　大數據分析的 16 種能耐

來源：slideplayer.com(2019). Big data Analytics Learning Lab. https://slideplayer.com/slide/15717885/

現代大數據，多數用於預測分析、用戶行為分析或從數據中提取價值的方法，鮮少涉及特定大小的數據集。毫無疑問，現在可用的數據量體確實很大，但這並不是新數據生態系統最相關的特徵。大數據分析旨在找到：商業趨勢、預防疾病、診斷、打擊犯罪等相關因素。科學家常遇到的局限性 e-Science 工作，包括：氣象、基因組學、連接組學、複雜的物理模擬、生物學及環境研究。

為何數據集迅速增長？部分原因是坊間已有越來越多廉價且眾多的資訊設備收集器，包括：移動設備、航空 (遙感)、軟體日誌、照相機、麥克風、射頻辨識 (RFID) 閱讀器及無線感測器。

三、前瞻分析與後顧分析 (Forward-Looking vs. Rear-View Analytics)

大數據分析提高了，人類如何了解過去的速度及效率，並為準備適應未來開闢了全新的途徑。

圖 2-6　前瞻分析與後顧分析之功能

來源：slideplayer.com(2019). Big data Analytics Learning Lab. https://slideplayer.com/slide/15717885/

四、執行大數據分析之企業案例

圖 2-7 列出，五家有名市場領導者，正在利用大數據分析，從業務需求來創造價值，並專注於快速果斷地實施可操作的洞察力。

2-1-2　最佳數據分析軟體之排名

1. 企業智能 (BI) 工具的「大數據分析工具比較 (Big data analytics tools comparison)」

在 google 中搜尋「"Big data" analysis software ranking」，會出現如圖 2-8 所示之畫面。

2. 2019 年，資料分析 / 機器學習工具之調查

2019 年 KDnuggets 調查，資料分析及機器學習，大家喜歡什麼樣的工具？結果發現：Python 持續最受大家喜愛；近半用戶曾使用深度學習工具；PyTorch 市佔增長速度是 Tensorflow 的 13 倍⋯。Python 依舊是最熱程式語言，但 R 語言持續下降。

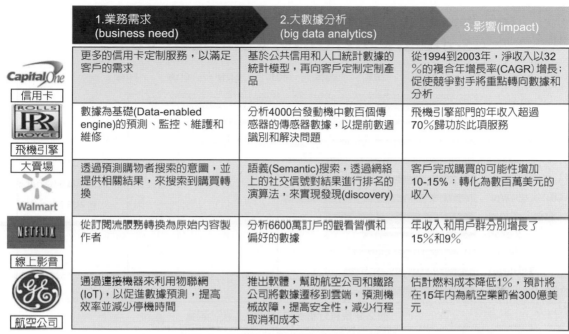

	1.業務需求 (business need)	2.大數據分析 (big data analytics)	3.影響(impact)
信用卡	更多的信用卡定制服務，以滿足客戶的需求	基於公共信用和人口統計數據的統計模型，再向客戶定制定制產品	從1994到2003年，淨收入以32％的複合年增長率(CAGR)增長；促使競爭對手將重點轉向數據和分析
飛機引擎	數據為基礎(Data-enabled engine)的預測、監控、維護和維修	分析4000台發動機中數百個傳感器的傳感器數據，以提前數週識別和解決問題	飛機引擎部門的年收入超過70％歸功於此項服務
大賣場	透過預測購物者搜索的意圖，並提供相關結果，來搜索到購買轉換	語義(Semantic)搜索，透過網絡上的社交信號對結果進行排名的演算法，來實現發現(discovery)	客戶完成購買的可能性增加10-15％；轉化為數百萬美元的收入
線上影音	從訂閱流服務轉換為原始內容製作者	分析6600萬訂戶的觀看習慣和偏好的數據	年收入和用戶群分別增長了15％和9％
航空公司	通過連接機器來利用物聯網(IoT)，以促進數據預測，提高效率並減少停機時間	推出軟體，幫助航空公司和鐵路公司將數據遷移到雲端，預測機械故障，提高安全性，減少行程取消和成本	估計燃料成本降低1％，預計將在15年內為航空業節省300億美元

圖 2-7　五家大企業採用大數據之示意圖

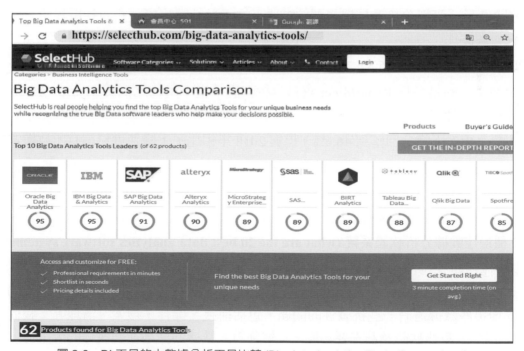

圖 2-8　BI 工具的大數據分析工具比較 (Big data Analytics Tools Comparison)

網址：https://selecthub.com/big-data-analytics-tools/

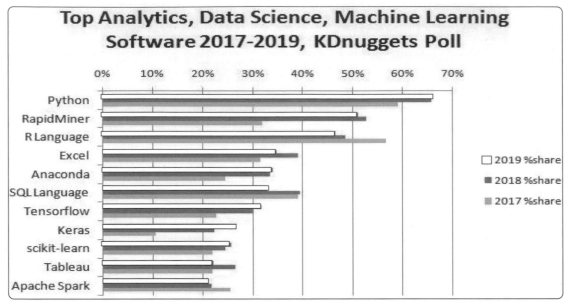

圖 2-9 資料分析及機器學習工具之調查

來源：Predictive analytics (2019). https://www.kdnuggets.com/2018/05/poll-tools-analytics-data-science-machine-learning-results.html

圖 2-9 是「資料分析及機器學習領域所有的工具」總排榜，它包括編程語言、框架等放在一起評比：

Python 市佔比例為 65.8%，與 2018 及 2017 年相比持續增長。

排名第二的是名為 RapidMiner 資料分析軟體平臺，市佔比例為 51.2%，與 2018 年相比，略有下降。

R 語言再次下降，回落到 46.6%。但與 2018 年相比，下降速度已經有所放緩。

被 Salesforce 花費 157 億美元重金收購的 Tableau，排名第十，市佔比例為 22.1%。

在這個總榜中，深度學習框架 Tensorflow(31.7%) 及 Keras(26.6%) 等也都現身，不過增速與 2018 年相比，都有放緩。

3. 20 種最佳數據分析軟體系統 (what are the 20 best data analytics software systems)

隨著數據的指數增長，大量類型的數據 (即結構化、半結構化和非結構化) 正在大量生產。因此，在傳統的 RDBMS 系統中管理這些不斷增長的數據是完全不可能的。此外，處理這些數據還有一些挑戰性的問題，包括捕獲、儲存、搜索、清理等。我們概述 20 種最佳的大數據軟體及其主要功能，以增強對大數據的興趣並開發你的大數據。

【前 20 名「大數據軟體 (big data software)」名單】(https://www.ubuntupit.com/top-20-best-big-data-tools-and-software-that-you-can-use/)

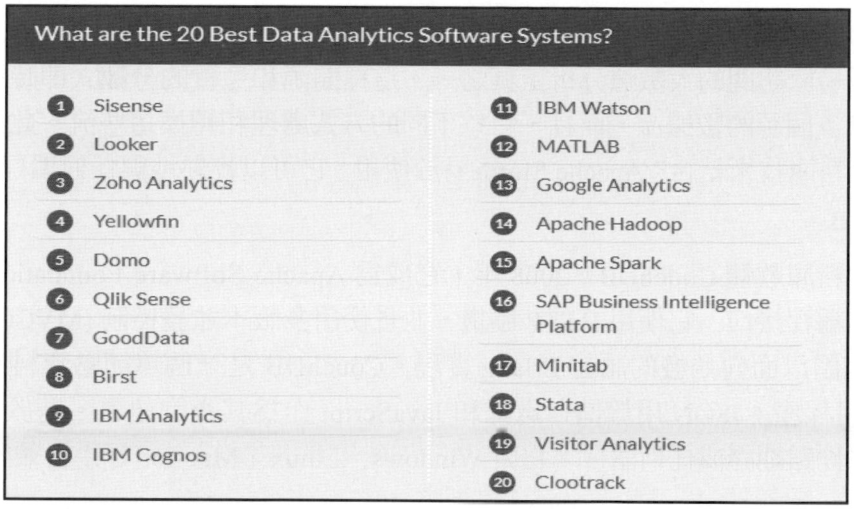

What are the 20 Best Data Analytics Software Systems?

1. Sisense
2. Looker
3. Zoho Analytics
4. Yellowfin
5. Domo
6. Qlik Sense
7. GoodData
8. Birst
9. IBM Analytics
10. IBM Cognos
11. IBM Watson
12. MATLAB
13. Google Analytics
14. Apache Hadoop
15. Apache Spark
16. SAP Business Intelligence Platform
17. Minitab
18. Stata
19. Visitor Analytics
20. Clootrack

圖 2-10 20 種最佳數據分析軟體系統 (data analytics software systems)

來源：https://financesonline.com/data-analytics/

(1) Hadoop

Apache Hadoop 是最著名的工具。這種開放源 (open source) 代碼框架允許跨計算機群集對數據集中的大量數據進行可靠的分散式處理。基本上，它是為將單個服務器擴展到多個服務器而設計的。它可以在應用程序層識別和處理故障。一些組織將 Hadoop 用於其研究和生產目的。Hadoop 由幾個模塊組成：Hadoop Common、Hadoop 分散式文件系統、Hadoop YARN、Hadoop MapReduce。

(2) Quoble

Quoble 是雲端數據平台，可在企業規模上開發機器學習模型。該工具的願景是專注於數據激活。它允許處理所有類型的數據集以提取見解並建置基於人工智慧的應用程序。該工具允許易於使用的最終用戶工具，即 SQL 查詢工具、筆記本和 Dashboard。它提供了一個共享平台，使用戶能夠跨 Hadoop、Apache Spark、TensorFlow、Hive 等開源引擎更有效地驅動 ETL 與分析人工智慧和機器學習應用程序。

(3) HPCC

LexisNexis Risk Solution 開發了 HPCC。該開源工具為數據處理提供了單一平台，單一架構。易於學習、更新和編程 (programming)。此外，易於整合數據和管理集群。

(4) Cassandra

該工具是一個免費的開源 NoSQL 分散式資料庫管理系統。對於其分散式基礎架構，Cassandra 可以跨商品服務器處理大量非結構化數據。

(5) MongoDB

資料庫管理工具 MongoDB 是一個跨平台的文檔資料庫，它提供了一些查詢和索引功能，例如高性能，高可用性和可伸縮性。MongoDB Inc. 開發了此工具，並根據 SSPL(服務器端公共許可證) 獲得了許可。它基於收集和文檔的想法。

(6) Apache Storm

它是最易於訪問的大數據分析工具之一。這種開源和免費的分散式即時計算框架可以消耗來自多個源的數據流。而且，它以不同的方式處理和轉換這些流。此外，它可以與排隊和資料庫技術結合。Apache Storm 易於使用。它可以輕鬆地與任何編程語言集成。

(7) CouchDB

開源資料庫軟體 CouchDB。2008 年，它成爲 Apache Software Foundation 的一個專案。對於主編程接口，它使用 HTTP 協議，並且使用多版本並發控制 (MVCC) 模型進行並發。該軟體以面向並發的語言 Erlang 實現。CouchDB 是一個單節點資料庫，更適合於 Web 應用程序。JSON 用於儲存數據和 JavaScript 作爲其查詢語言。基於 JSON 的文檔格式可以輕鬆翻譯成任何語言。它與 Windows、Linux、Mac-ios 等平台兼容。

(8) Statwing

Statwing 是易用且高效的數據科學，也是一種統計工具。它是爲大數據分析師，業務用戶和市場研究人員而建置的。它的現代界面可以自動執行任何統計操作。

(9) Flink

開源框架 Apache Flink 是流處理的分散式引擎，用於對數據進行狀態計算。它可以是有界的或無界的。該工具的出色規範是它可以在所有已知的集群環境中運行，例如 Hadoop YARN、Apache Mesos 和 Kubernetes。而且，它可以以內存速度和任何規模執行其任務。

(10) Pentaho

Pentaho 允許通過輕鬆訪問分析 (例如圖表、可視化等) 來檢查數據。它支持各種大數據源。無需編碼。它可以輕鬆地將數據交付給您的企業。

(11) Hive

Hive 是一個開源 ETL(提取、轉換和加載) 和數據倉庫工具。它是基於 HDFS 開發的。它可以輕鬆執行多項操作，例如數據封裝、臨時查詢和海量數據集分析。對於數據檢索，它應用了分區和儲存桶概念。

(12) Rapidminer

它是一個開源，完全透明的端到端平台。該工具用於數據準備，機器學習和模型開發。它支持多種數據管理技術，並允許許多產品開發新的資料探勘流程並進行預測分析。

(13) Cloudera

高度安全的大數據平台，它提供了用於監視和檢測的即時見解。該工具啓動並終止集群，僅支付所需的費用。

(14) DataCleaner

數據概要分析引擎 DataCleaner 用於發現和分析數據質量。它具有一些出色的功能，例如支持 HDFS 數據儲存，固定寬度的大型機、重複檢測、數據質量生態系統等等。您可以使用其免費試用版。

(15) Openrefine

它可以處理您的混亂數據並清理它們並將其轉換為另一種格式。而且，它可以將這些數據與 Web 服務和外部數據集成在一起。提供多種語言的版本，包括英語、德語、菲律賓語等。Google 新聞計劃支持此工具。

(16) Talend

Talend 工具是 ETL(提取，轉換和加載) 工具。該平台為數據集成、質量、管理、準備等提供服務。Talend 是唯一具有插件的 ETL 工具，可輕鬆、有效地與大數據生態系統集成。

(17) Apache SAMOA

Apache SAMOA 用於資料探勘的分散式流。該工具還用於其他機器學習任務，包括分類、聚類、回歸等。它在 DSPE(分散式流處理引擎) 的頂部運行。它具有可插拔結構。此外，它可以在多個 DSPE 上運行，即 Storm、Apache S4、Apache Samza、Flink。

(18) Neo4j

它是可訪問的圖形資料庫和密碼查詢語言 (CQL) 之一。該工具是用 Java 編寫的。它提供了一個靈活的數據模型，並基於即時數據提供了輸出。而且，連接數據的檢索比其他資料庫更快。

(19) Teradata

關係資料庫管理系統 Teradata 是很好工具。該系統提供了數據倉庫的端到端解決方案。它是基於 MPP(大規模並行處理) 體系結構開發的。

(20) Tableau

主要目標是專注於商業智能。用戶無需編寫程序即可創建地圖、圖表等。對於可視化中的即時數據，最近他們探索了 Web 連接器來連接資料庫或 API。

2-2　大數據分析與機器學習的整合

◆ 機器學習

機器學習是 AI 領域，其使用統計技術使電腦系統能夠從數據「學習」(例如，逐步提高特定任務的性能) 而無需明確編程 (programming)。

　　機器學習旨在研究學習及預測數據的演算法 (algorithm) 或模型，這種演算法透過數據驅動的預測式 (或決策) 來克服嚴格的靜態程序指令，建立模型係源自樣本輸入。機器學習常用於一系列計算任務，其中設計及編程具有良好性能的顯式演算法。機器學習的應用案例，包括：電子郵件過濾、網路入侵者檢測及電腦視覺 (人臉辦識、瑕疵檢測)。

　　機器學習與計算 / 統計都有密切相關 (並且經常重疊)，計算統計旨在使用電腦進行預測，它與數學優化有很強的聯繫，可以爲現場提供方法、理論及應用領域。機器學習有時與數據挖掘 (DM) 相混淆，後者較側重於探索性數據分析，稱爲無監督學習。

> 數據挖掘是識別出巨量資料中有效的、新穎的、潛在有用的、最終可理解的模式的非平凡過程，顧名思義，資料挖掘就是試圖從巨量資料中找出有用的知識。

> 人工智慧的目的是爲了去創造有智力的電腦。希望這個電腦可以像有智力的人一樣處理一個任務。因此，理論上人工智慧幾乎包括了所有和機器能做的內容，當然也包括了資料挖掘和機器學習的內容，同時還會有監視 (monitor) 和控制進程 (process control) 的內容。

> 機器學習爲利用經驗來改善電腦系統的自身性能。事實上，由於 "經驗" 在電腦系統中主要是以資料的形式存在的，因此機器學習需要設法對資料進行分析，這就使得它逐漸成爲智慧資料分析技術的創新源之一，並且爲此而受到越來越多的關注。
> 機器學習已經有了十分廣泛的應用，例如：數據挖掘、計算機視覺、自然語言處理、生物特徵識別、搜索引擎、醫學診斷、檢測信用卡欺詐、證券市場分析、DNA序列測序、語音和手寫識別、戰略遊戲和機器人運用。

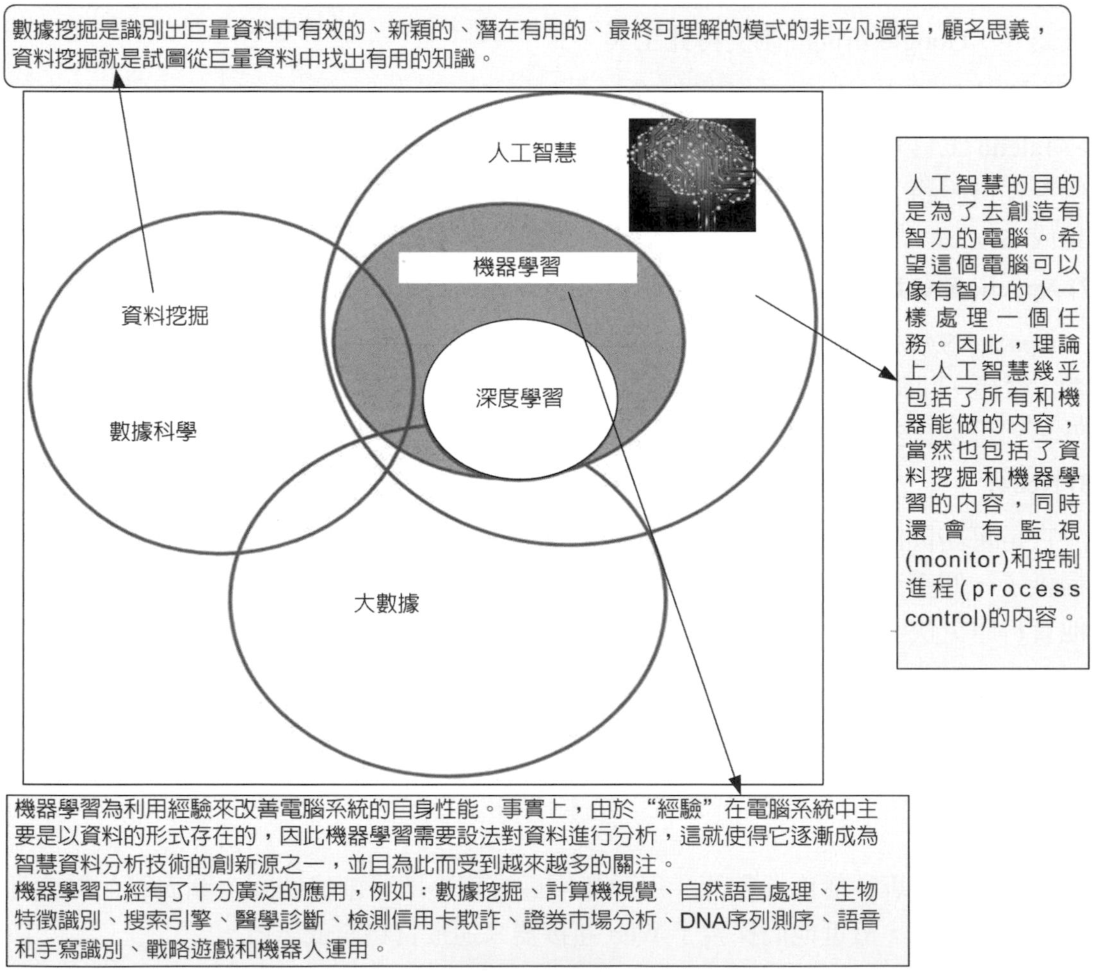

圖 2-11　資料挖掘與機器學習是什麼關係？

　　在數據分析領域，機器學習是一種用於設計複雜模型及演算法，旨在做預測 / 分類。這些分析模型使研究者、數據科學家、工程師及分析師能夠「透過從歷史關係及數據趨勢中學習」來「產生可靠、可重複的決策及結果」，進而發現「隱藏的見解」。

一、資料處理及機器學習方法 (data processing and machine learning methods)

1. 數據處理 (data processing) 的演進

(1) 傳統 ETL(extract, transform, load)(萃取、轉換、加載)

(2) 數據儲存 (Hbase 資料庫，......)：Hadoop 使用分散式檔系統，用於儲存大數據，並使用 MapReduce 來處理。Hadoop 擅長於儲存各種格式的龐大的資料，任意的格式甚至非結構化的處理。

Hadoop 的限制：Hadoop 只能執行批量處理，並且只以順序方式 access 資料。這意味著必須搜索整個資料集，即使是最簡單的搜索工作。

(3) 串流處理的工具 (tools for processing of streaming)，例如：多媒體及批量數據 (multimedia & batch data)：串流資料是由數千個資料來源持續產生的資料，通常會同時傳入資料記錄，且大小不大 (約幾 KB)。串流資料包含各式各樣的資料，例如，客戶使用你的行動或 Web 應用程式產生的日誌檔、電子商務採購、遊戲中的玩家活動、源自社交網路、金融交易所或地理空間服務的資訊，以及源自連線裝置或資料中心儀器的遙測結果。

這些資料需要依照個別記錄或移動時段，按順序以遞增的方式處理，並用於相互關聯、彙總、篩選及抽樣等多種分析。這類分析衍生而來的資訊可讓公司深入了解其業務及客戶活動的許多層面，像是服務使用量 (用於計量 / 計費)、伺服器活動、網站點擊數、裝置，以及實體商品的地理位置，這樣才能快速因應所發生的各種狀況。例如，企業可持續分析社交媒體串流以追蹤大眾對其品牌及產品的情緒變化，並在需要時即時做出反應。

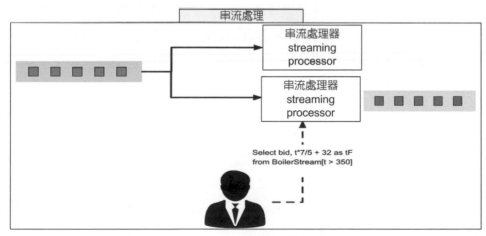

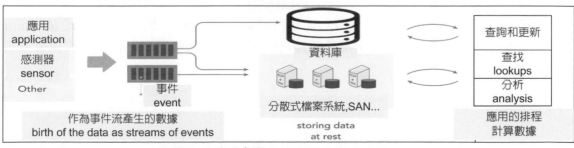

圖 2-12 串流處理 (processing of streaming)

2. 機器學習 (machine learning) 主要技術有四種

(1) 分類 (classification)：在機器學習及統計中，分類是基於包含其類別成員資格已知的觀察 (或實例 instances) 的訓練數據集來辨識新觀察所屬的一組類別 (sub-populations) 中的哪一個的問題。

(2) 迴歸 (regression)：是一種統計學上分析數據的方法，目的在於了解兩個或多個變數間是否相關、相關方向與強度，並建立數學模型以便觀察特定變數來預測研究者感興趣的變數。更具體的來說，迴歸分析可以幫助人們了解在只有一個自變數變化時應變數的變化量。一般來說，透過迴歸分析可以由給出的自變數估計應變數的條件期望。

(3) 聚類 (clustering)：基本上它是一種無監督學習方法。無監督學習方法是一種方法，你從沒有標記響應的輸入數據組成的數據集中繪製參考。通常，它被用作查找有意義的結構，解釋性底層過程，產生特徵及一組示例中固有的分組的過程。

聚類是將 population 或數據點劃分為多個組的任務，使得相同組中的數據點與同一組中的其他數據點更相似，並且與其他組中的數據點不同。它基本上是基於它們之間的相似性 (不相似性) 的 object 的集合。

(4) 協同過濾 (collaborative filtering)：是利用某興趣相投、擁有共同經驗之群體的喜好來推薦使用者感興趣的資訊，個人透過合作的機制給予資訊相當程度的回應 (如評分)，並記錄下來以達到過濾的目的進而幫助別人篩選資訊，回應不一定侷限於特別感興趣的，特別不感興趣資訊的紀錄也相當重要。協同過濾又可分為評比 (rating) 或者群體過濾 (social filtering)。

其後成為電子商務當中很重要的一環，即根據某顧客以往的購買行為以及從具有相似購買行為的顧客群的購買行為去推薦這個顧客其「可能喜歡的品項」，也就是藉由社群的喜好提供個人化的資訊、商品等的推薦服務。除了推薦之外，近年來也發展出數學運算讓系統自動計算喜好的強弱，進而去蕪存菁使得過濾的內容更有依據，也許不是百分之百完全準確，但由於加入了強弱的評比讓這個概念的應用更為廣泛，除了電子商務之外尚有資訊檢索領域、網路個人影音櫃、個人書架等的應用等。

機器學習也是電腦科學的一門。常利用統計學的技巧，機器學習程式 (machine learning algorithms) 能夠自動學習辨識數據內的規律。憑藉機器學習找到的規律，電腦程式能作出高度準確的預測。

　　機器學習/人工智慧的子領域在過去幾年越來越受歡迎。目前大數據在科技行業相當炙手可熱，而基於大量資料來進行預測或者得出建議的機器學習無疑是非常強大的。一些最常見的機器學習例子，比如 Netflix 的演算法可以根據以前看過的電影來進行電影推薦，而 Amazon 的演算法則可以根據以前買過的書來推薦書籍。

　　機器學習演算法可以分爲三大類：監督學習、無監督學習及增強式學習。監督學習可用於一個特定的資料集 (訓練集) 具有某一屬性 (標籤)，但是其他資料沒有標籤或者需要預測標籤的情況。無監督學習可用於給定的沒有標籤的資料集 (資料不是預分配好的)，目的就是要找出資料間的潛在關係。增強式學習位於這兩者之間，每次預測都有一定形式的回饋，但是沒有精確的標籤或者錯誤資訊。以下爲 10 個關於監督學習及無監督學習的演算法。

二、機器學習工程師必知的十大演算法

監督學習	1. 決策樹 (decision trees)
	2. 樸素貝葉斯分類 (naive bayesian classification)
	3. 最小平方法 (ordinary least squares regression)
	4. 邏輯回歸 (logistic regression)
	5. 支持向量機 (support vector machine, SVM)
	6. 集成方法 (ensemble methods)
無監督學習	7. 聚類演算法 (clustering algorithms)
	8. 主成分分析 (principal component analysis, PCA)
	9. 奇異值分解 (singular value decomposition, SVD)
	10.獨立成分分析 (independent component analysis, ICA)

三、深度學習結構

　　深度神經網路是一種「至少」具備一個隱層的神經網路。與淺層神經網路類似，深度神經網路也能夠爲複雜非線性系統提供建模，但多出的層次爲模型提供更高的抽象層次，因而提高了模型的能力。深度神經網路通常都是前饋神經網路，但也有語言建模等方面的研究將其拓展到遞迴神經網路。卷積深度神經網路 (convolutional neural networks, CNN) 在電腦視覺領域得到了成功的應用。此後，卷積神經網路也作爲聽覺模型被使用在自動語音辨識領域，比較以往的方法獲得了更優的結果。

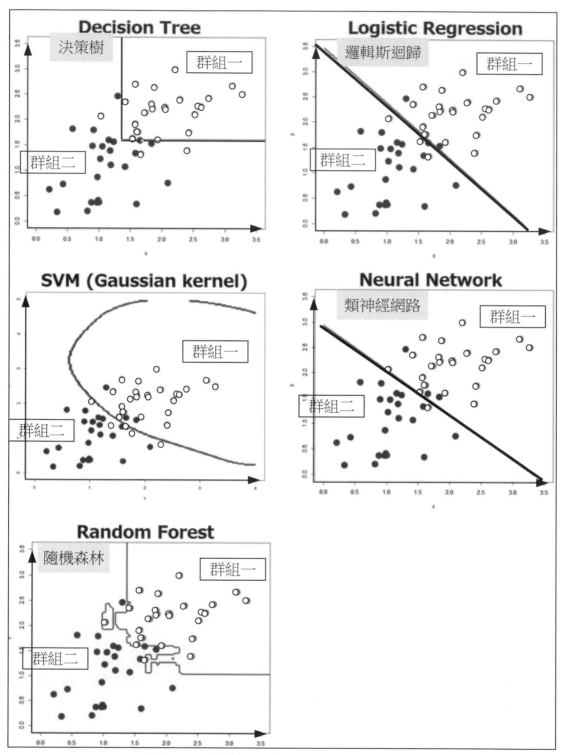

圖 2-13 五種機器學習演算法（分類用途，分二群）

1. 深度神經網路

深度神經網路 (deep neural networks, DNN) 是一種判別模型，可以使用反向傳播演算法進行訓練。權重更新可以使用下列公式進行隨機梯度下降法求解：

$$\Delta w_{ij}(t+1) = \Delta w_{ij}(t) + \eta \frac{\partial C}{\partial w_{ij}}$$

其中，η 為學習率，C 為代價函式。這一函式的選擇與學習的類型（例如：監督學習、無監督學習、增強學習）以及啓用功能相關。例如，為了在一個多分類問題上進行監督學習，通常的選擇是使用 ReLU 作為啓用功能，而使用交叉熵作為代價函式。Softmax 函式定義為 $p_j = \dfrac{\exp(\chi_j)}{\sum_k \exp(\chi_k)}$，其中 p_j 代表類別 j 的概率，而 χ_j 和 χ_k 分別代表對單元 j 和 k 的輸入。交叉熵定義為 $C = -\sum_j d_j \log(p_j)$，其中 d_j 代表輸出單元 p_j 的目標概率，代表應用了啓用功能後對單元 j 的概率輸出。

2. 深度信念網路

深度信念網路 (deep belief networks, DBN) 是一種包含多層隱單元的機率產生模型，可被視為多層簡單學習模型組合而成的複合模型。

深度信念網路可以作為深度神經網路的預訓練部分，並為網路提供初始權重，再使用反向傳播或者其他判定演算法作為調優的手段。這在訓練資料較為缺乏時很有價值，因為不恰當的初始化權重會顯著影響最終模型的效能，而預訓練獲得的權重在權值空間中比隨機權重更接近最佳的權重。這不僅提升了模型的效能，也加快了調優階段的收斂速度。

深度信念網路中的每一層都是典型的受限玻爾茲曼機 (restricted Boltzmann machine, RBM)，可以使用高效的無監督逐層訓練方法進行訓練。受限玻爾茲曼機是一種無向的基於能量的產生模型，包含一個輸入層及一個隱層。圖中對的邊僅在輸入層及隱層之間存在，而輸入層節點內部及隱層節點內部則不存在邊。

單層 RBM 的訓練方法最初由傑弗里·辛頓在訓練「專家乘積」中提出，稱為對比分歧 (contrast divergence, CD)。對比分歧提供一種對最大概似的近似，被理想地用於學習受限玻爾茲曼機的權重。當單層 RBM 被訓練完畢後，另一層 RBM 可被堆疊在已經訓練完成的 RBM 上，形成一個多層模型。每次堆疊時，原有的多層網路輸入層被初始化為訓練樣本，權重為先前訓練得到的權重，該網路的輸出作為新增 RBM 的輸入，新的 RBM 重複先前的單層訓練過程，整個過程可以持續進行，直到達到某個期望中的終止條件。

儘管對比分歧對最大概似的近似十分粗略 (對比分歧並不在任何函式的梯度方向上)，但經驗結果證實該方法是訓練深度結構的一種有效的方法。

3. 卷積神經網路

卷積神經網路 (convolutional neural networks, CNN) 由一個或多個卷積層及頂端的全連通層 (對應傳統的神經網路) 組成，同時也包括關聯權重及池化層 (pooling layer)。這一結構使得卷積神經網路能夠利用輸入資料的二維結構。與其他深度學習結構相比，卷積神經網路在圖像及語音辨識方面能夠給出更優的結果。這一模型也可以使用反向傳播演算法進行訓練。相比較其他深度、前饋神經網路，卷積神經網路需要估計的參數更少，使之成為一種頗具吸引力的深度學習結構。

4. 卷積深度信念網路

卷積深度信念網路 (convolutional deep belief networks, CDBN) 是深度學習領域較新的分支。在結構上，卷積深度信念網路與卷積神經網路在結構上相似。因此，與卷積神經網路類似，卷積深度信念網路也具備利用圖像二維結構的能力，與此同時，卷積深度信念網路也擁有深度信念網路的預訓練優勢。卷積深度信念網路提供一種能被用於訊號及圖像處理任務的通用結構，也能夠使用類似深度信念網路的訓練方法進行訓練。

◆ **小結**

機器學習 (machine learning, ML) 是一門多領域交叉學科，涉及概率論、統計學、逼近論、凸分析、演算法複雜度理論等多門學科。專門研究電腦怎樣類比或實現人類的學習行為，以獲取新的知識或技能，重新組織已有的知識結構使之不斷改善自身的性能。

機器學習是人工智慧的核心，是使電腦具有智慧的根本途徑，其應用遍及人工智慧的各個領域，它主要使用歸納、綜合而不是演繹。

2-3　文本挖掘 (text mining,TM)：Tree-Based 分析

近年來，產業界、學術界的研究單位針對大數據 (Big data) 與數據挖掘 (data mining) 投入大量的資源，希望能透過 TM 技術從大量多形式資料中取得傳統方式無法取得的推論，從而運用於營運來提昇收益或取得新發現 (Feldman, & Sanger, 2007)。

數據挖掘 / 資料挖掘 (data mining,DM) 與文字挖掘 (text mining) 關係緊密。

1. **數據挖掘**：有顯著的結構化，有規律且有結構的表格、資料庫，每一表格內的數值或是參數都已經事先由設計者定義好，只需依照 user 所需的資訊，利用相關指令或是事先定義的規則，即可查得結果。

2. **文字挖掘**：沒有任何的規則、有長有短、毫無可定義的原始資料，它只是你日常生活中所講出家常話，或是由某些關係而延生出來的句子。例如，網路上的社群網站、BBS/FB/YouTube 或其他智慧型手持裝置所產生。

　　最近 10 年，Google、推特等搜尋引擎的方便即時性，已顛覆了傳統邏輯思維，改寫了資訊檢索的定律、創造新價值 (推荐新內容)。入口網對於使用者的需求，只需要輸入相關關鍵字，即可搜尋到符合之文字、影片、網頁、圖片搜尋外，更能完善相關核心技術，包括 (Feldman, & Sanger, 2007)：

1. **網路爬蟲 (web crawler)/ 網路蜘蛛 (spider)**：為自動瀏覽全球資訊網的網路機器人。其目的一般為編纂網路索引。網路搜尋引擎等站點透過爬蟲軟體更新自身的網站內容或其對其他網站的索引。網路爬蟲可以將自己所存取的頁面儲存下來，以便搜尋引擎事後產生索引供用戶搜尋。

2. **中文自動分詞**：使用電腦自動對中文文字進行詞語的切分，即像英文那樣使得中文句子中的詞之間有空格以標識。中文自動分詞被認為是中文自然語言處理中的一個最基本的環節。

3. **排序演算法 (sorting algorithm)**：是一種能將一串資料依照特定排序方式進行排列的一種演算法。最常用到的排序方式是數值順序以及字典順序。有效的排序演算法在一些演算法 (例如搜尋演算法與合併演算法) 中是重要的，如此這些演算法才能得到正確解答。排序演算法也用在處理文字資料以及產生人類可讀的輸出結果。

4. **文本挖掘**：從大量文本數據中抽取事先未知的、可理解的、最終可用的知識的過程，同時運用這些知識更好地組織資訊以便將來參考。直觀的說，當數據挖掘的 object 完全由文本這種數據類型組成時，這個過程就稱為文本挖掘。

5. **大數據儲存**：數據儲存是數據流在加工過程中產生的臨時文件或加工過程中需要查找的資訊。數據以某種格式記錄在電腦內部或外部儲存介質上。常用的儲存介質為磁碟及磁帶。在磁帶上數據僅按順序文件方式存取；在磁碟上則可按使用要求採用順序存取或直接存取方式。數據儲存方式與數據文件組織密切相關，其關鍵在於建立記錄的邏輯與物理順序間對應關係，確定儲存地址，以提高數據存取速度。數據儲存要命名，這種命名要反映資訊特徵的組成含義。數據流反映了系統中流動的數據，表現出動態數據的特徵；數據儲存反映系統中靜止的數據，表現出靜態數據的特徵。

6. **分散式計算 (distributed computing)/ 分布式計算**。主要研究分散式系統如何進行計算。分散式系統是一組電腦，透過網路相互連接傳遞訊息與通訊後，並協調它們的行為而形成的系統。元件之間彼此進行互動以實現一個共同的目標。

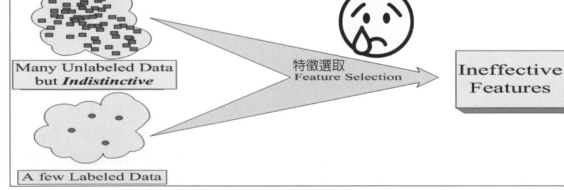

圖 2-14　文本挖掘 (text mining)

一、文本挖掘及領域及程序

　　文本挖掘有時也稱為文字挖掘、文本數據挖掘等，大致相當於文字分析，一般指文本處理過程中產生高質量的資訊。高質量的資訊通常透過分類及預測來產生，如 pattern

辨識。文本挖掘通常涉及輸入文本的處理過程 (通常進行分析，同時加上一些衍生語言特徵以及消除雜音，隨後插入到資料庫中)，產生結構化數據，並最終評價及解釋輸出。

　　「高品質」的文本挖掘通常是指某種組合的相關性、新穎性及趣味性。典型的文本挖掘方法包括文本分類、文本聚類、概念 / 實體挖掘、生產精確分類、觀點分析、文檔摘要及實體關係模型 (即，學習已命名實體之間的關係)。文本分析包括了資訊檢索、詞典分析來研究詞語的頻數分布、pattern 辨識、標籤 \ 注釋、資訊抽取、數據挖掘技術包括連結及關聯分析、可視化及預測分析。本質上，首要的任務是透過自然語言處理 (NLP) 及分析方法，將文本轉化爲數據進行分析 (Feldman, & Sanger, 2007)。

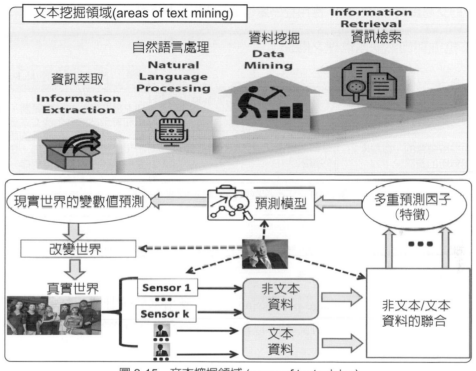

圖 2-15　文本挖掘領域 (areas of text mining)

二、文本挖掘的應用

1. 安全應用

2. 生物醫學應用

3. 軟體應用

4. 線上媒體應用

5. 營銷應用

6. 情感分析

7. 學術應用

8. 數位人文學與計算社會學

三、文本挖掘與自然語言處理之關係

(一) 文本挖掘與自然語言處理：是什麼、如何使用？

資料挖掘 (data minging)	文本挖掘 (text minging)
直接處理	語言處理或自然語言處理 linguistic processing or natural language processing (NLP)
認定因果關係	發現迄今未知的資訊
結構資料	半結構 / 非結構資料
結構數值的交易資料	應用程序處理更多樣化，並折衷系統及格式集合

(二) 文本挖掘與自然語言處理之關係

資料挖掘(data minging)	文本挖掘(text minging)	自然語言處理(NLP)
從數據中提取隱含的，以前未知的和可能有用的資訊。	分析大量自然語言文本，並檢測詞彙或語言使用模式以提取可能有用的資訊	NLP是理論上的動機範圍，用於分析和表示自然發生的文本的計算技術。在一個或多個層面的語言分析，以達到類人的目的。語言處理是一系列任務或應用程序。

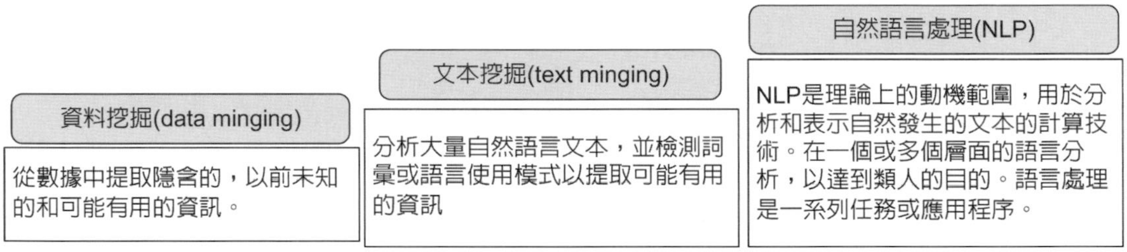

圖 2-16　文本挖掘與自然語言處理之解說

(三) 文本挖掘

1. 文本挖掘 (text mining) 代表一種統計分析及分類算法系統，用於探索自然語言文本組並辨識有用的模式、關係及知識。

2. 自然語言處理 (natural language processing, NLP) 應用基於統計或規則的計算技術來評估及模擬各種語言分析水平的文本，以辨識關鍵概念，實現智能處理及繪製推論。

四、坊間著名最佳文本分析系統

下表整理出文本挖掘的工具包 (kits)、辨識及分析單個 (或一組) 文本中的功能。

工具	說明	分析形態 (type)	
RapidMiner	用於機器學習，數據挖掘，文本挖掘，預測分析及業務分析的 open source 環境。	• 文件分類 • 情緒分析 • 主題跟蹤	• 數據挖掘 • 傳統分析
SAS Text Miner	一套文本處理及分析工具。	• 文本解析 • 過濾	• 特徵提取 • 主題聚類
VisualText	用於建立資訊提取系統，自然語言處理系統及文本分析器的集成開發環境。	• 資訊提取 • 綜述 • 分類	• 數據挖掘 • 文檔過濾 • 自然語言搜索

工具	說明	分析形態 (type)	
SAS Sentiment Analysis	專注於客戶情感分析的商業工具。	• 客戶情緒監測	• 情緒發現
Textifier	使用公眾意見分析工具包 (PCAT) 對大量非結構化文本進行排序的工具。	• 主題建模 • 資訊檢索	• 文件分析 • 社交媒體分析
Infinite Insight	用於自動準備非結構化文本屬性並將其轉換為結構化表示的系統。	• 術詞頻率 • 術語頻率反轉 • 文件頻率 • 根詞編碼 • 同義詞辨識	• 自定義停用詞 • 成癮 (Stemming) 規則 • 概念合併
Clustify	用於將相關文檔分組到群集中的軟體，提供文檔集的概述並幫助分類。	• 文檔集群	
Attensity Analyze	客戶分析應用程序，可幫助分析跨多個渠道的大量客戶對話。	• 非結構化通信分析 • 情緒分析	• 消費者分析
ReVerb	從英語句子中自動辨識及提取二元關係 (binary relationships) 的程序。	• 資訊提取 • 主題辨識	• 主題鏈接
Open text summarizer	用於匯總文本的 open source 工具。	• 文件摘要	
Open Calais	基於 Web 的 API，用於分析內容並提取主題或資訊。	• 屬性 / 特徵提取	• 事實辨識
Knowledge Search	用於搜索及組織大型數據集的技術工具系列。	• 語義分析	
KH Coder	定量內容分析或文本挖掘的免費軟體。	• 文本剖析 (parsing) • 文件搜索	• 網路分析

上表中，數據挖掘 (data mining, DM)，是資料庫知識發現 (knowledge-discovery in databases, KDD) 中的一個步驟。DM 是從大量的資料中自動搜尋隱藏於其中的有著特殊關聯性 (association rule learning) 的資訊的過程。DM 通常與電腦科學有關，並透過統計、線上分析處理、情報檢索、機器學習、專家系統 (依靠過去的經驗法則) 及 pattern 辨識等諸多方法來實現上述目標。DM 有以下這些不同的定義：

1. 從資料中提取出隱含的過去未知的有價值的潛在資訊。

2. 一門從大量資料或者資料庫中提取有用資訊的科學。

　　目前並沒有特定的大數據分析及 / 或數據挖掘之整合資訊系統，研究者通常必須要透過資料庫系統 (例如：MS SQL Server、IBM DB2 Database 等)、統計分析軟體 (例如：Stata、SPSS、SAS 等)、DM 軟體 (例如：Rapid Miner, Orange, Weka, KNIME, Sisense, Apache Mahout, Oracle Data Mining) 或數學軟體 (例如：Mathlab 等)，來人工整合前述工具並挖掘出一些有趣的資訊。

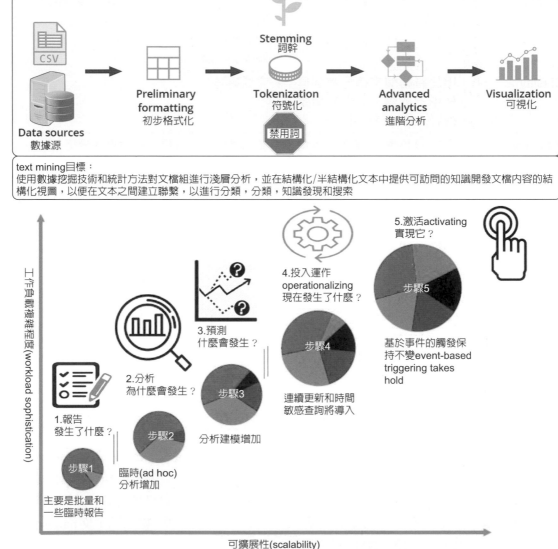

圖 2-17　文本挖掘 (text mining) 之示意圖

2-4　自然語言處理 (NLP)：Tree-Based 分析

　　自然語言處理 (natural language processing, NLP) 是電腦科學，資訊工程及 AI 的子領域，涉及電腦與人類 (自然) 語言之間的互動，特別是如何對電腦進行編程以處理及分析大量自然語言數據。自然語言處理旨在，探討如何處理及運用自然語言；自然語言認知則是指讓電腦「懂」人類的語言 (Jurafsky & Martin,2019)。

　　NLP 產生系統把電腦數據轉化為自然語言。自然語言理解系統把自然語言轉化為電腦程序更易於處理的形式。NLP 處理中的挑戰通常涉及語音辨識，自然語言理解及自然語言產生。

　　坊間著名 8 個最佳的 NLP 工具和程式庫 (libraries)：

1.　NLTK

2.　Stanford Core NLP

3.　Apache OpenNLP

4.　SpaCy

5.　AllenNLP

6.　GenSim

7.　TextBlob Library

8.　Intel NLP Architect

一、NLP 歷史

　　1980 年代，多數自然語言處理系統是以一套複雜、人工訂定的規則為基礎。1980 年代末期，語言處理引進了機器學習的演算法，NLP 產生革新。有些最早期使用的機器學習演算法，例如決策樹，是硬性的「if …then」規則所組成的系統，類似當時既有的人工訂定的規則。不過詞性標記將隱馬爾可夫模型引入 NLP，研究聚焦趨向軟性的、以機率做決定的統計模型，基礎是將輸入資料裡每一個特性賦予代表其份量的數值。許多語音辨識現今依賴的快取語言模型即是一種統計模型的例子。這種模型通常足以處理非預期的輸入數據，尤其是輸入有錯誤 (真實世界的數據總免不了)，並且在整合到包含多個子任務的較大系統時，結果比較可靠。

　　早期 NLP 是屬於機器翻譯領域，逐漸發展出更複雜的統計模型。這些系統得以利用加拿大及歐盟現有的語料庫，因為其法律規定政府的會議必須翻譯成所有的官方語言。不過，其他大部分系統必須特別打造自己的語料庫，一直到現在，這些都是阻礙其成功的重要因素，於是大量研究改從有限的數據來有效地學習。

近來的研究更加聚焦於非監督式學習及半監督學習的演算法。這種演算法，能夠從沒有人工註解理想答案的資料裡學習。大體而言，這種學習比監督學習困難，並且在同量的數據下，通常產生的結果較不準確。不過沒有註解的數據量極巨 (包含了全球資訊網)，彌補了較不準確的缺點。

近年來，深度學習技巧也在自然語言處理方面獲得最尖端的成果，例如語言模型、語法分析等等 (Jurafsky & Martin,2019)。

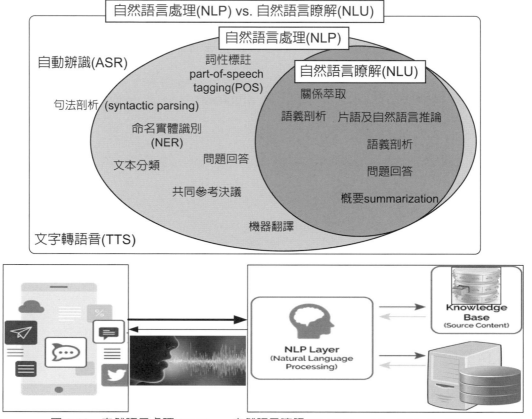

圖 2-18　自然語言處理 (NLP) vs. 自然語言瞭解 (NLU) (Jurafsky & Martin,2019)

二、任務及限制

理論上，NLP 是很吸引人的人機互動方式。早期的語言處理系統 (如 SHRDLU)，當它們處於一個有限的「積木世界」，運用有限的詞彙來會話時，運做得相當好。這使得研究員們對此系統相當樂觀，然而，當把這個系統拓展到充滿了現實世界的含糊與不確定性的環境中時，他們很快喪失了信心。

由於理解 (understanding) 自然語言，需要關於外在世界的廣泛知識以及運用操作這些知識的能力，自然語言認知，同時也被視為一個 AI 完備 (AI-complete) 的問題。同時，在自然語言處理中，「理解」的定義也變成一個主要的問題 (Jurafsky & Martin,2019)。

三、自然語言處理的研究範疇

1. 文本朗讀 (text to speech)/ 語音合成 (speech synthesis)

2. 語音辨識 (speech recognition)

3. 中文自動分詞 (chinese word segmentation)

4. 詞性標註 (part-of-speech tagging)

5. 句法分析 (parsing)

6. 自然語言產生 (natural language generation)

7. 文本分類 (text categorization)

8. 資訊檢索 (information retrieval)

9. 資訊抽取 (information extraction)

10. 文字校對 (text-proofing)

11. 問答系統 (question answering)

12. 給一句人類語言的問句，決定其答案。典型問題有特定答案 (像是美國的首都叫什麼 ?)，但也考慮些開放式問句 (像是工作意義是是甚麼 ?)

13. 機器翻譯 (machine translation)

14. 將某種人類語言自動翻譯至另一種語言

15. 自動摘要 (automatic summarization)

16. 產生一段文字的大意，通常用於提供已知領域的文章摘要，例如產生報紙上某篇文章之摘要

17. 文字蘊涵 (textual entailment)

四、自然語言處理 (NLP) 的主要評估及任務

　　以下是自然語言處理中最常研究的任務的清單。其中有些任務具有直接的實際應用程序，而其他任務通常用作用於幫助解決更大任務的子任務。

　　雖然自然語言處理任務緊密相連，NLP 又細分下面 4 類別 (Goldsmith, 2019)：

(一) 語法 (grammar)

1. 語法歸納 (grammar induction)

　　產生描述語言語法的正式語法。

2. 詞形還原 (lemmatization)

　　語言學中的語法化是將單詞的變形形式組合在一起的過程，因此它們可以作為單個專案進行分析，由單詞的引理或字典形式標識。

3. 形態分割 (morphological segmentation)

在語言學中，形態學是對單詞的研究，它們是如何形成的，以及它們與同一語言中其他單詞的關係。它分析單詞及單詞部分的結構，如詞幹、詞根、prefix and suffix。形態學還關注詞性，語調及壓力，以及語境可以改變單詞的發音及意義的方式。形態學與形態類型 (typology) 學不同，形態類型學是基於詞彙使用的語言分類，以及詞彙學，即詞彙的研究以及它們如何構成語言的詞彙。

將單詞分成單獨的語素 (morpheme) 並辨識語素的類別。其難處是所考慮的語言的形態 (即詞的結構) 的複雜性。英語具有相當簡單的形態，尤其是屈折形態，因此通常可以完全忽略該任務，並簡單地將單詞的所有可能形式 (例如："open, open up, turn on, switch on, unfold, spread") 建模為單獨的單詞。在土耳其語或 Meitei 等語言中，高度凝聚。然而，印度語這種方法是不可能的，因為每個詞典條目都有數千種可能的單詞形式。

4. 詞性標註 (part-of-speech tagging)

給定一個句子，確定每個詞之詞性。許多單詞，尤其是常用單詞，可以作為多個詞性。例如："book" 可以是名詞 (" 桌上的書 ") 或動詞 (" 預訂航班 ")；"set" 可以是名詞、動詞或形容詞；"out" 可以是至少五個不同詞性中的任何一個。有些語言比其他語言更模糊。例如：英語，特別容易出現這種模糊性。很容易出現這種歧義，因為它在語言表達過程中是一種音調語言。這種變形不容易透過拼寫法中使用的實體傳達以傳達預期的含義 (Jurafsky & Martin,2019)。

5. 剖析 (parsing)

確定某句子的剖析樹 (語法分析)。該語法對 NLP 是模糊的及典型的句子有多種可能的分析。事實上，對於某典型的句子，它可能有成千上萬的潛在剖析 (其中大多數對人類來說似乎完全沒有意義)。有兩種主要類型的剖析：依賴性剖析及選區剖析。

(1) 依賴性剖析側重於句子中單詞之間的關係 (標記主要 object 及謂詞)

(2) 選區剖析則側重於使用概率無上下文語法建立剖析樹。

6. 句子斷點 (sentence breaking)：也稱為句子邊界消歧

給定一大塊文本，找到句子邊界。句子邊界通常用句點或其他標點符號標記，但這些相同的字符可用於其他目的 (例如標記縮寫)。

7. 詞幹 (stemming)

在語言形態學及資訊檢索中，詞幹是將變形詞減少到詞幹、詞根或詞形的過程。莖不必與該詞的形態根相同。通常，相關的單詞映射到同一個詞幹就足夠了，即使這個詞幹本身不是有效詞根，迄今已經在電腦科學中研究了用於詞乾化的演算法。許多搜索引擎亦將具有相同詞幹的單詞視為一種查詢擴展，即一種稱為混淆的過程 (Jurafsky & Martin,2019)。

8. 分詞 (word segmentation)

將一大塊連續文本分成單獨的單詞。對於像英語這樣的語言，這是相當微不足道的，因為單詞通常用空格分隔。然而，一些書面語言如中文、日文及泰文不會以這種方式標記單詞邊界，並且在這些語言中，文本分割是一項重要任務，需要知道語言中單詞的詞彙及形態。有時，此過程也用於數據挖掘中的 Bag of Words (BOW) 建立等情況。

9. 術語萃取 (Terminology extraction)

術語提取的目標是從給定的語料庫中自動提取相關術語。

(二) 語義 (semantics)(Hkiri 等人 ,2019)

1. 詞彙語義 (lexical semantics)

上下文中單個詞的計算含義是什麼？

2. 機器翻譯 (machine translation)

自動將文本從一種人類語言翻譯成另一種語言。這是最困難的問題之一，並且是一類通俗地稱為 "AI-complete" 的問題的成員，即需要人類擁有的所有不同類型的知識 (語法，語義，關於現實世界的事實等) 來解決。

3. 命名實體辨識 (named entity recognition, NER)

給定文本流，確定文本映射中的哪些項目才為正確的名稱，例如人或地點，以及每個這樣的名稱的類型 (例如，人、位置、組織)。請注意，雖然英文大寫可以幫助辨識諸如英語之類的語言中的命名實體，但是這些資訊無助於確定命名實體的類型，並且在任何情況下通常都是不準確或不充分的。

例如，句子的第一個單詞也是大寫的，命名實體通常跨越幾個單詞，其中只有一些是大寫的。此外，非西方文字中的許多其他語言 (例如中文或阿拉伯文) 根本沒有任何大寫字母，即使是大寫的語言也不一定用它來區分名稱。例如，德語將所有名詞大寫，無論它們是否是名稱，而法語及西班牙語不會將作為形容詞的名稱大寫。

4. 自然語言產生 (natural language generation)

將電腦資料庫或語義意圖中的資訊轉換為可讀的人類語言。

5. 自然語言瞭解 (natural language understanding)

將文本塊轉換為更正式的表示形式，例如易於電腦程序操作的一階邏輯結構。自然語言理解涉及從多個可能的語義中辨識預期的語義，這些語義可以從自然語言表達中導出，該自然語言表達通常採用自然語言概念的有組織符號的形式。語言元模型及本體的引入及建立是有效的，但是經驗解決方案。自然語言語義的顯式形式化，不會與隱式假設混淆，例如封閉世界假設 (CWA) 與開放世界假設，或主觀的是 / 否與客觀真 / 假是建立語義形式化基礎的預期。

6. 光學字符辨識 (optical character recognition,OCR)

給定表示打印文本的圖像，確定相應的文本。

7. 問題回答 (question answering)

給定一個人類語言問題，確定其答案。典型的問題有一個特定的正確答案 (例如：「加拿大的資本是什麼？」)，但有時也會考慮開放式問題 (例如：「生命的意義是什麼？」)。最近的作品研究了更複雜的問題。

8. 認識到文本蘊涵 (recognizing Textual entailment)

給定兩個文本片段，確定一個是眞的是否需要另一個，需要另一個否定，或者允許另一個是眞或假。

9. 關係萃取 (relationship extraction)

給定一大塊文本，確定命名實體之間的關係 (例如：「誰與誰結婚」)。

10. 情緒分析 / 多模態情緒分析 (sentiment analysis/ multimodal sentiment analysis)

通常從一組文檔中提取主觀資訊，通常使用線上評論來確定特定 object 的「極性」。對於營銷目的，它對於辨識社交媒體中的公眾輿論趨勢特別有用。

11. 主題分割及辨識 (topic segmentation and recognition)

給定一大塊文本，將其分成多個段，每個段專門用於主題，並標識段的主題。

12. 詞義消歧 (word sense disambiguation)

許多詞語都有不止一個含義；必須選擇在上下文中最有意義的含義。對於這個問題，你通常給出一個單詞及相關單詞意義的列表，例如，源自字典或源自諸如 WordNet 的線上資源。

(三) 論述 (Discourse)

1. 自動摘要 (automatic summarization)

產生一大塊文本的可讀摘要。通常用於提供已知類型的文本摘要，例如報紙財務部分中的文章。

2. 共同決議 (coreference resolution)

給定一個句子或更大的文本塊，確定哪些詞 (「提及 mentions」) 引用相同的 object (「實體 entities」)。回指解決 (anaphora resolution) 是這項任務的一個具體例子，特別關注的是將代詞與他們所指的名詞或名稱相匹配。共同解決的更一般任務還包括辨識涉及引用表達的所謂「橋接關係」。例如，在諸如「他透過前門進入約翰的房子」這樣的句子中，「前門」是一個引用的表達，並且要辨識的橋接關係是稱爲約翰的前門的事實。房子 (而不是可能也稱爲的其他一些結構)。

3. 論述分析 (Discourse analysis)

該量規 (rubric) 包括許多相關任務。一個任務是辨識連接文本的論述結構，即句子之間論述關係的本質 (例如，闡述、解釋、對比)。另一個可能的任務是辨識及分類一大塊文本中的語音行為 (例如，是 - 無問題、內容問題、陳述、斷言等) (Jurafsky & Martin,2019)。

(四) 演講 (speech)

1. 語音辨識 (Speech recognition)

給定人或人說話的聲音片段，確定語音的文本表示。這是文本到語音的對立面，並且是通俗地稱為 " AI-complete " 的極其困難的問題之一 (見上文)。在自然語音中，連續單詞之間幾乎沒有任何暫停，因此語音分詞是語音辨識的必要子任務 (見下文)。還要注意，在大多數口語中，表示連續字母的聲音在稱為共衛的過程中相互融合，因此將模擬信號轉換為離散字符可能是一個非常困難的過程。

2. 語音分割 (Speech segmentation)

給出一個人或人說話的聲音片段，將其分成單詞。語音辨識的子任務，通常與其組合。

3. 文字轉語音 (Text-to-speech)

給定文本，轉換這些單位並產生口頭表達。文字轉語音可用於幫助視障人士 (Jurafsky & Martin,2019)。

五、自然語言處理 (NLP) 的工具

NLP 工具及 API，提供解析及建立自然語言文本以進行機器分析的功能 (Jurafsky & Martin,2019)。

工具	說明	分析形態 (type)	
OpenNLP	基於機器學習的工具包，用於處理自然語言文本。	• 符號化 tokenization • 句子分割 • 詞性標註 part-of-speech tagging	• 命名實體提取 • 分塊，剖析 • 共同決議
GATE	一套 Java 工具，可以為多種語言執行自然語言處理任務。	• 資訊萃取 • 詞性標註 part of speech tagging	• 標記產生器 tokenizer • 句子分裂器 sentence splitter

工具	說明	分析形態 (type)	
NLTK	一套用於符號及統計自然語言處理 Python 的庫及程序。	• 資訊萃取 • 詞性標註 part of speech tagging • 標記產生器 tokenizer	• 單詞分類 • 文字分類
Stanford NLP	用於各種計算語言學問題的統計 NLP 工具包，可以結合到具有人類語言技術需求的應用程序中。	• 標記化 tokenization • 詞性標註 part-of-speech tagging • 命名實體辨識 • 剖析	• 分類 • 分割 segmentation • 共同決議
LingPipe	使用計算語言學處理文本的工具包。	• 情緒分析 • 實體辨識 • 集群 • 主題分類	• 詞性標註 • 句子檢測 • 消歧 disambiguation
MontyLingua	一套用於 Python 及 Java 的符號及統計自然語言處理的庫及程序。	• 資訊萃取 • 詞性標註 • 標記產生器 • 單詞分類 word categorization	• 文本產生 text generation • 詞幹 stemming • 片語分塊 phrase chunking
Rosetta Linguistic Platform	一套語言分析組件，集成到用於挖掘非結構化數據的應用程序中。	• 語言辨識 • 名稱、地點及關鍵概念萃取	• 名稱匹配 • 名稱翻譯

六、自然語言處理：Tree-Base 分析

(一) 樹狀圖句法

1. 句子的構造：樹狀圖觀點

　　句子是一串有規律的組合結構體。而樹狀圖是解剖句子裡結構成分 (contstituent) 之間關係的最佳方式：何種結構成分在句子裡有何文法功能，都可以透過樹狀圖清楚的呈現。例如圖 2-20 樹狀圖。

　　在此樹狀圖裡，S(sentence) 代表句子；NP(noun phrase) 為名詞片語；VP(verb phrase) 為動詞片語；N(noun) 為名詞；PP(prepositional phrase) 為介系詞片語；P(preposition) 為介系詞；DET(determiner) 為名詞限定詞，例如，冠詞 (a, the)、指示代名詞 (this, that, these, those, etc)、量詞 (many, much, more, few, etc)、所有格 (my, his, John's, etc)、數詞 (one, first, two, third, etc)；而 V(verb) 為動詞。

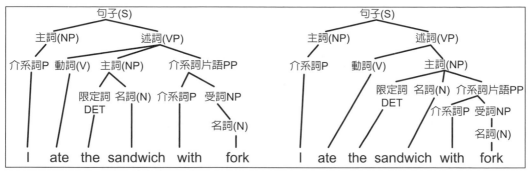

1.通過短語識別，詞性標註和單詞消歧來深入分析和構建單個文本
2.通過語言分析識別文本的資訊或意義：
句法 – 句子結構或細分
詞彙 – 使用語境中的詞語含義
語義 – 短語或文本的邏輯意義
話語 – 定義主題的句子和短語之間的聯繫
3.使用上下文文本或知識庫生成自然語言句子或文本作為對輸入/問題的反應

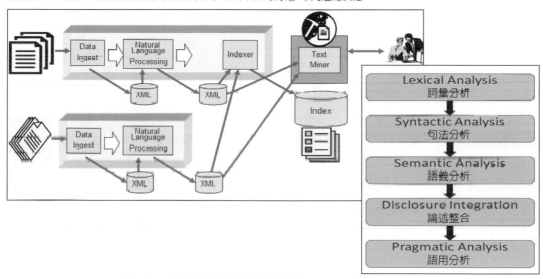

圖 2-19　自然語言處理之示意圖 (Jurafsky & Martin,2019)

　　每個字、片語、子句都擁有自己的文法詞類屬性，透過這種文法詞類屬性的使用，可以使結構簡單明瞭。一個結構成分其文法範疇的界定，通常以其所出現的句子位置為原則，而不是以意義來區分。樹狀圖上的每個文法詞類屬性符號，都可以容納無限多的相同結構成分，透過使用文法詞類屬性符號的方式，樹狀圖就可用來描繪各式各樣的句構。這樣的結構剖析在句法學上稱為，片語結構樹狀圖 (phrase structure trees)。

　　透過片語結構樹狀圖的結構剖析，便可以清楚的看出：

(1)　句子由何種結構組成

(2)　片語由何種結構組成

(3)　主詞及述詞含有那些結構成分

(4)　句子裡單字及片語的結構關係

(5)　字與字之間左右前後的文法順序關係

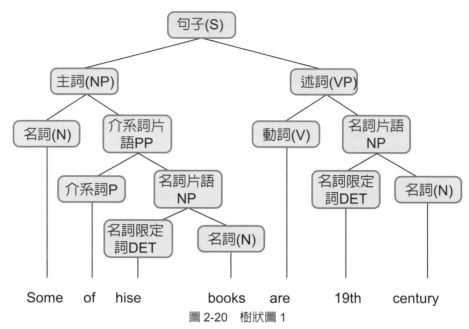

圖 2-20　樹狀圖 1

　　因而，以上述 some of his books are19th century 的樹狀圖結構而言，你可在此句裡，清楚地看出句子 (S) 所含有的兩大結構成分：主詞 (NP) 及述詞 (VP)。主詞 (NP) 由主要中心名詞 some 及修飾 some 的介系詞片語 of his books 組成；述詞 (VP) 則由動詞 are 及當主詞補語的 NP, 19th century, 組成。在介系詞片語 of his books 裡，也可清楚看出此介系詞片語是由介系詞 P, of, 及當其受詞的 NP, his books, 組成。主詞補語的 NP 則是由名詞限定詞 (DET) 及此名詞片語的主要中心名詞 century 組成。

2. 結構成分 (Constituents)

　　什麼是結構成分？ 一個結構成分就是一個完整語意的句構單位，因而，每個字、片語、句子，通通都是一個結構成分。所以，上面樹狀圖裡的結構符號 S, NP, VP, PP, N, P, Det, V 都各自代表著一個結構成分。根據此定義，從上面的樹狀圖，可以檢視出以下哪一組結構是「結構成分」。

- S　→　結構成分 (本身為一符合文法結構的句子)
- N + V　→　非結構成分 (無法組成完整語意的句構單位)
- N + PP　→　結構成分 (組成更大的完整 NP 句構單位)
- N + PP + V　→　非結構成分 (無法組成完整語意的句構單位)
- NP + VP　→　結構成分 (組成一符合文法結構的句子 S)
- Det + N　→　結構成分 (組成更大的完整 NP 句構單位)

- P＋N   → 非結構成分 (無法組成完整語意的句構單位)
- V＋NP   → 結構成分 (組成更大的完整 VP 句構單位)

由以上解析得知，顯然你對句子裡的單字及片語的概念，並非只是一串隨意結構而已，事實上，在學習語言的時候，是用結構成分的概念來瞭解句子的。

3. 樹狀圖的意義

若知道了句子中每個結構成分的文法詞類屬性，就可以透過片語結構樹狀圖，把此句的結構表現出來。例如，His explanation is beyond me 這個句子，可以透過如下片語結構樹狀圖，把此句的結構表現出來：

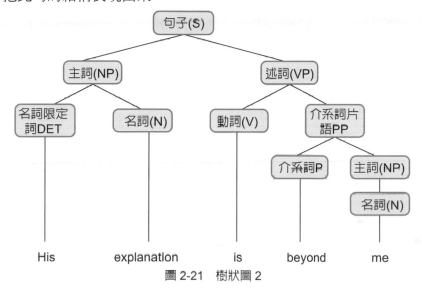

圖 2-21　樹狀圖 2

在樹狀圖裡，每個文法詞類屬性的符號都是一個結 (node)。例如，S 結 (S node), NP 結 (NP node)…等等。S 是 NP 結及 VP 結的母結 (mother node)，NP 結及 VP 結則互爲姐妹結 (sister nodes)，同理，NP 是 Det 結及 N 結的母結，Det 結及 N 結則互爲姐妹結。VP 則是 V 結及 PP 結的母結，V 結及 PP 結則互爲姐妹結。PP 是 P 結及 NP 結的母結，P 結及 NP 結則互爲姐妹結。NP 結爲 N 結的母結， 但是，N 結在此無姐妹結。

另外，你也說，S 結支配 (dominate) 了以下所有的範圍，但只直接地支配 (immediately dominate) 了 NP 結及 VP 結。在圖 2-21His explanation is beyond me 這個句子裡，主詞的 NP 結由於只含有 Det 結及 N 結，你說 NP 結不但支配 (dominate) 了 Det 結及 N 結，也同時直接地支配 (immediately dominate) 了 Det 結及 N 結。VP 結構，同理類推，VP 結支配了以下所有的範圍，但只直接地支配了 V 結及 PP 結。PP 結則支配了以下所有的範圍，但只直接地支配了 P 結及 NP 結。

樹狀圖本身其實也說明了句子的文法規則，稱爲片語結構規律 (phrase structure rules)。例如，以 His explanation is beyond me 的樹狀圖而言，S 是 NP 結及 VP 結的母結的文法規則就是，S → NP VP (= 句子含有一個名詞片語及跟隨其後的動詞片語)；NP

結是 Det 及 N 的母結的文法規則就是，NP → Det N (= 名詞片語含有一個名詞限定詞及跟隨其後的名詞)；VP 結是 V 及 PP 的母結的文法規則就是，VP → V PP (= 動詞片語含有一個動詞及跟隨其後的介系詞片語)；PP 結是 P 及 NP 的母結的文法規則就是， PP → P NP (= 介系詞片語含有一個介系詞及跟隨其後的名詞片語)。當句子含有子句時，結構上則須要有把句子轉變成補語的文法詞類屬性符號 CP (Complementizer Phrase)，補語化結構成分片語，來表示。例如：

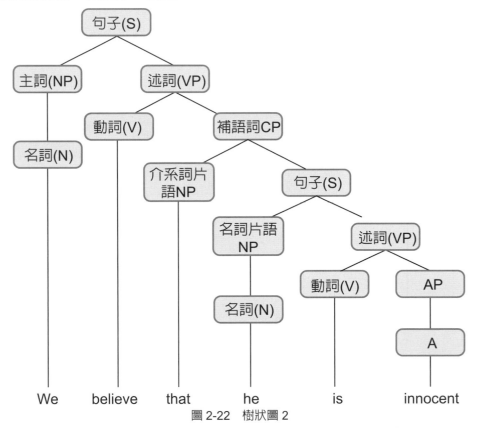

圖 2-22　樹狀圖 2

這一句裡的 CP 含有一個把句子 he is innocent 轉變成補語的補語化結構成分 C(omplementizer) 及其後的子句 S。所以，CP 結是 C 及 S 的母結的文法規則就是 CP → C S (=「補語化結構成分片語」含有一個補語化結構成分及跟隨其後的句子)。

六、自然語言處理：研究的難處 (Jurafsky & Martin,2019)

1. 單詞的邊界界定

在口語中，詞與詞之間通常是連貫的，而界定字詞邊界通常使用的辦法是取用能讓給定的上下文最為通順且在文法上無誤的一種最佳組合。在書寫上，漢語也沒有詞與詞之間的邊界。

2. 句法的模糊性

　　自然語言的文法通常是模稜兩可的，針對一個句子通常可能會剖析 (Parse) 出多棵剖析樹 (Parse Tree)，而你必須要仰賴語意及前後文的資訊才能在其中選擇一棵最為適合的剖析樹。

3. 有瑕疵的或不規範的輸入

　　例如，語音處理時遇到外國口音或地方口音，或者在文本的處理中處理拼寫，語法或者光學字元辨識 (OCR) 的錯誤。

4. 語言行為與計劃

　　句子常常並不只是字面上的意思；例如，「你能把鹽遞過來嗎」，一個好的回答應當是動手把鹽遞過去；在大多數上下文環境中，「能」將是糟糕的回答，雖說回答「不」或者「太遠了我拿不到」也是可以接受的。再者，若一門課程去年沒開設，對於提問「這門課程去年有多少學生沒修過？」回答「去年沒開這門課」要比回答「沒人沒修過」好。

七、當前自然語言處理：研究的發展趨勢

1. 傳統的基於句法 - 語義規則的理性主義方法受到質疑，隨著語料庫建設及語料庫語言學的崛起，大規模真實文本的處理成為自然語言處理的主要策略目標。

2. 統計數學方法越來越受到重視，自然語言處理中越來越多地使用機器自動學習的方法來獲取語言知識。

3. 淺層處理與深層處理並重，統計與規則方法並重，形成混合式的系統。

4. 自然語言處理中越來越重視詞彙的作用，出現了強烈的「詞彙主義」的傾向。詞彙知識庫的建造成為了普遍關注的問題。

八、統計自然語言處理

　　統計自然語言處理運用了推測學、機率、統計的方法來解決上述，尤其是針對容易高度模糊的長串句子，當套用實際文法進行分析產生出成千上萬筆可能性時所引發之難題。處理這些高度模糊句子所採用消歧的方法通常運用到語料庫以及馬可夫模型 (Markov models)。統計自然語言處理的技術主要由同樣自人工智慧下與學習行為相關的子領域：機器學習及資料探掘所演進而成。

2-5　機器學習：最大概似 (ML) 之 Tree-Based 家族

　　值得一提著名機器學習法之一：最大概似 (ML) 之 Bayesian 迴歸，分析範例請見作者《人工智慧與 Bayesian 迴歸的整合：應用 STaTa 分析》，該書內容包括：機器學

習及貝氏定理、Bayesian 45 種迴歸、最大概似 (ML) 之各家族 (family)、Bayesian 線性迴歸、Metropolis-Hastings 演算法之 Bayesian 模型、Bayesian 邏輯斯迴歸、Bayesian multivariate 迴歸、非線性迴歸：廣義線性模型、survival 模型、多層次模型。

　　機器學習之程式語言及程式庫 (Libraries)：

1. 坊間已有許多強大的 open source 工具可供使用，其中，Python/Stata/MATLAB 都是機器學習的主流語言。

2. 初始，使用語言團隊成員要適應於：

　　(1)　問題的解決方案比語言 / 庫更重要

　　(2)　允許有效地探索解決方案

3. 找到解決方案後，單一語言來重新實作。

　　初期投資可以節省大量時間 (例如：除錯 debug)。

一、決策樹

　　本章節想以一個例子作為直觀引入，來介紹決策樹的結構、學習過程以及具體方法在學習過程中的差異。(注：構造下面的成績示例資料，來說明決策樹的構造過程)

　　假設某次學生的考試成績，第 1 column 表示只員工編號，第 2 column 表示成績，第 3、4column 分別劃分兩個不同的等級。資料如下表所示：

員工	成績 Score	等級 1	等級 2
1	82	良好	透過
2	74	中等	不透過
3	68	中等	不透過
4	91	優秀	透過
5	88	良好	透過
6	53	較差	不透過
7	76	良好	透過
8	62	中等	不透過
9	58	較差	不透過
10	97	優秀	透過

　　定義劃分等級的標準：

1. " 等級 1" 把資料劃分為 4 個區間：

分數區間	[90, 100]	[75, 90)	[60, 75)	[0, 60)
等級 1	優秀	良好	中等	較差

2. " 等級 2" 的劃分 假設這次考試，成績超過 75 分算透過；小於 75 分不透過。得到劃分標準如下：

分數區間	score ≥ 75	0 ≤ score<75
等級 2	透過	不透過

按照樹結構展示出來，如圖 2-23 所示：

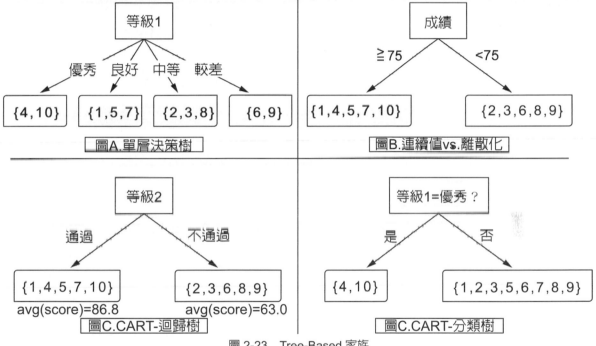

圖 2-23　Tree-Based 家族

若按照 " 等級 1" 作為劃分標準，取值 " 優秀 "，" 良好 "，" 中等 " 及 " 較差 " 分別對應 4 個分支，如圖 A 所示。由於只有一個劃分特徵，它對應的是一個單層決策樹，亦稱作 " 決策樹樁 " (Decision Stump)。

決策樹樁的特點是：只有一個非葉節點，或者說它的根節點等於內部節點 (待介紹決策樹多層結構時再介紹)。

" 等級 1" 取值類型是分類 (category)，而在實際資料中，一些特徵取值可能是連續值 (如這裡的 score 特徵)。若用決策樹模型解決一些迴歸或分類問題的化，在學習的過程中就需要有將連續值轉化為離散值的方法在裡面，在特徵工程中稱為特徵離散化。

在圖 B 中，把連續值劃分為兩個區域，分別是 score ≥ 75 及 0 ≤ score<75

　　圖 C 及圖 D 屬於 CART(classification and regression tree，分類與迴歸樹) 模型。CART 假設決策樹是二叉樹，根節點及內部節點的特徵取值為「是」或「否」，節點的左分支對應「是」，右分支對應「否」，每一次劃分特徵選擇都會把當前特徵對應的樣本子集劃分到兩個區域。

　　在 CART 學習過程中，不論特徵原有取值是連續值 (如圖 B) 或離散值 (圖 C，圖 D)，也要轉化為離散二值形式。

　　直觀上看，迴歸樹與分類樹的區別取決於實際的應用場景 (迴歸問題還是分類問題) 以及對應的 "Label" 取值類型。

　　(1)當 Label 是連續值，通常對應的是迴歸樹；(2) 當 Label 是 category 時，對應的是分類樹模型。

　　後面會提到，CART 學習的過程中最核心的是**透過遍歷**選擇最優劃分特徵及對應的特徵值。那麼二者的區別也體現在具體最優劃分特徵的方法上。

　　同樣，為了直觀瞭解本節要介紹的內容，這裡用一個表格來說明：

決策樹演算法	特徵選擇方法	參考文獻
ID3	資訊增益	Quinlan. 1986. (Iterative Dichotomiser 疊代二分器)
C4.5	增益率	Quinlan. 1993.
CART	迴歸樹：最小平方法 分類樹：基尼指數	Breiman. 1984. (Classification and Regression Tree 分類與迴歸樹)

二、決策樹學習過程

　　圖 2-23 給出的僅僅是單層決策樹，只有一個非葉節點 (對應一個特徵)。那麼對於含有多個特徵的分類問題來說，決策樹的學習過程通常是一個透過遞迴選擇最優劃分特徵，並根據該特徵的取值情況對訓練資料進行分割，使得切割後對應的資料子集有一個較好的分類的過程。

　　為了更直觀的解釋決策樹的學習過程，假設根據天氣情況決定是否出去玩，資料資訊如下：

ID	陰晴	溫度	濕度	颱風	玩
1	sunny	hot	high	false	否
2	sunny	hot	high	true	否
3	overcast	hot	high	false	是
4	rainy	mild	high	false	是

ID	陰晴	溫度	濕度	颱風	玩
5	rainy	cool	normal	false	是
6	rainy	cool	normal	true	否
7	overcast	cool	normal	true	是
8	sunny	mild	high	false	否
9	sunny	cool	normal	false	是
10	rainy	mild	normal	false	是
11	sunny	mild	normal	true	是
12	overcast	mild	high	true	是
13	overcast	hot	normal	false	是
14	rainy	mild	high	true	否

　　利用 ID3 演算法中的資訊增益特徵選擇方法，遞迴的學習一棵決策樹，得到樹結構，如圖 2-24 所示：

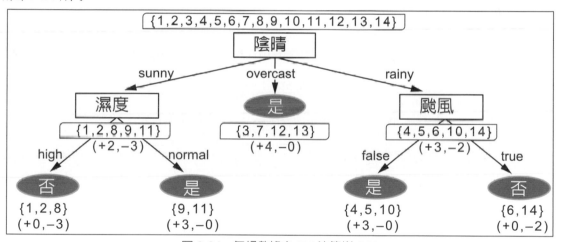

圖 2-24　氣候數據之 ID3 決策樹 (IG)

　　假設訓練資料集：$D = \{(x^{(1)}, y^{(1)}), (x^{(2)}, y^{(2)}), \cdots, (x^{(m)}, y^{(m)})\}$（特徵用離散值表示），候選特徵集合 $F = \{f^1, f^2, ..., f^n\}$ 開始建立根節點，將所有訓練資料都置於根節點 (m 條樣本)。從特徵集合 F 中選擇一個最優特徵 f^*，按照 f^* 取值講訓練資料集切分成若干子集，使得各個自己有一個在當前條件下最好的分類。

　　若子集中樣本類別基本相同，那麼建立葉節點，並將資料子集劃分給對應的葉節點；若子集中樣本類別差異較大，不能被基本正確分類，需要在剩下的特徵集合 (F-{ f^* }) 中選擇新的最優特徵，建立回應的內部節點，繼續對資料子集進行切分。如此遞迴地進行下去，直至所有資料自己都能被基本正確分類，或者沒有合適的最優特徵為止。

這樣最終結果是每個子集都被分到葉節點上，對應著一個明確的類別。那麼，遞迴產生的層級結構即為一棵決策樹。將上面的文字描述用偽代碼形式表達出來，即為：

輸入：訓練數據集 $D = \{(x^{(1)}, y^{(1)}), (x^{(2)}, y^{(2)}), \cdots, (x^{(m)}, y^{(m)})\}$（特徵用離散值表示）; 候選特徵集 $F = \{f^1, f^2, ..., f^n\}$

輸出：一顆決策樹 $T(D,F)$

學習過程：

```
{
01. 建立節點 node;
02. if    D 中樣本全屬於同一類別 C; then
03.      將 node 作為葉節點，用類別 C 標記，返回;
04. end if
05. if    F 為空 (F= ∅) or D 中樣本在 F 的取值相同; then
06.      將 node 作為葉節點，其類別標記為 D 中樣本數最多的類（多數表決），返回;
07. 選擇 F 中最優特徵，得到 f* (f* ∈ F);
08. 標記節點 node 為 f*
09. for    f* 中的每一個已知值 fi*;  do
10.    為節點 node 產生一個分支；令 Di 表示 D 中在特徵 f* 上取值為 fi* 的樣本子集; // 劃分子集
11.    if  Di 為空; then
12.        將分支節點標記為葉節點，其類別標記為 Di 中樣本最多的類; then
13.    else
14.        以 T(Di, F-{f*}) ) 為分支節點; // 遞迴過程
15.    endif
16. done
}
```

決策樹學習過程中遞迴的每一步，在選擇最優特徵後，根據特徵取值切割當前節點的資料集，得到若干資料子集。由於決策樹學習過程是遞迴的選擇最優特徵，因此可以理解為這是一個特徵空間劃分的過程。每一個特徵子空間對應決策樹中的一個葉子節點，特徵子空間相應的類別就是葉子節點對應資料子集中樣本數最多的類別。

(一) 特徵選擇方法

上面多次提到遞迴地選擇最優特徵，根據特徵取值切割資料集，使得對應的資料子集有一個較好的分類。從偽代碼中也可以看出，在決策樹學習過程中，最重要的是 (上表) 第 07 行，即如何選擇最優特徵？也就是你常說的特徵選擇選擇問題。

顧名思義，特徵選擇就是將特徵的重要程度量化之後再進行選擇，而如何量化特徵的重要性，就成了各種方法間最大的區別。

例如卡方檢驗、斯皮爾曼法 (Spearman)、互資訊等使用「feature(特徵當迴歸的自變數), label(標籤當迴歸的類別變數)」之間的關聯性來進行量化 feature(特徵) 的重要程度。關聯性越強，特徵得分越高，該特徵越應該被優先選擇。

定義：互資訊

若說相對熵 (KL) 距離衡量的是相同事件空間裡的兩個事件的相似度大小，那麼，互資訊通常用來衡量不同事件空間裡的兩個資訊 (隨機事件、變數) 的相關性大小。

在這裡，希望隨著特徵選擇過程地不斷進行，決策樹的分支節點所包含的樣本盡可能屬於同一類別，即希望節點的 " 純度 (purity)" 越來越高。

若子集中的樣本都屬於同一個類別，當然是最好的結果；若說大多數的樣本類型相同，只有少部分樣本不同，也可以接受。

那麼如何才能做到選擇的特徵對應的樣本子集純度最高呢？

ID3 演算法用資訊增益來刻畫樣例集的純度，C4.5 演算法採用增益率，CART 演算法採用基尼指數來刻畫樣例集純度。

(二) 資訊增益

資訊增益 (Information Gain，簡稱 IG) 衡量特徵的重要性是根據當前特徵為劃分帶來多少資訊量，帶來的資訊越多，該特徵就越重要，此時節點的「純度」也就越高。

分類系統的資訊熵，計算公式如下：

對一個分類系統來說，假設類別 C 可能的取值為 $c_1, c_2, \cdots, c_k$(k 是類別總數)，每一個類別出現的概率分別是 $p(c_1), p(c_2), \cdots, p(c_k)$。此時，分類系統的熵可以表示為：

$$H(C) = -\sum_{i=1}^{k} p(c_i) \cdot \log_2 p(c_i)$$

分類系統的作用就是輸出一個特徵向量 (文本特徵、ID 特徵、特徵特徵等) 屬於哪個類別的值，而這個值可能是 $c_1, c_2, \cdots, c_k$，因此這個值所攜帶的資訊量就是上面公式這麼多。

假設離散特徵 t 的取值有 I 個，H(C|t=ti) 表示特徵 tt 被取值為 ti 時的條件熵；$H(C|t)$ 是指特徵 t 被固定時的條件熵。二者之間的關係是：

$$H(C|t) = p_1 \cdot H(C|t=t_1) + p_2 \cdot H(C|t=t_2) + ... + p_k \cdot H(C|t=t_n)$$
$$= \sum_{i=1}^{I} p_i \cdot H(C|t=t_i)$$

假設總樣本數有 m 條，特徵 $t = t_i$ 時的樣本數 m_i，$P_i = \dfrac{m_i}{m}$。

接下來，如何求 $P(C \mid T = t_i)$？

以二分類為例 (正例為 1，負例為 0)，總樣本數為 m 條，特徵 t 的取值為 I 個，其中特徵 $t = t_i$ 對應的樣本數為 m_i 條，其中正例 m_{i1} 條，負例 m_{i0} 條 (即 $m_i = m_{i0} + m_{i1}$)。那麼有：

$$P(C \mid T = t_i) = -\frac{m_{i1}}{m_i} \cdot \log_2 \frac{m_{i1}}{m_i} - \frac{m_{i0}}{m_i} \cdot \log_2 \frac{m_{i0}}{m_i}$$

$$= -\sum_{j=0}^{k-1} \frac{m_{ij}}{m_i} \cdot \log_2 \frac{m_{ij}}{m_i}$$

這裡 k=2 表示分類的類別數，公式 $\dfrac{m_{ij}}{m_i}$ 物理含義是當 $t = t_i$ 且 $C = c_j$ 的概率，即條件概率 $p(c_j \mid t_i)$。

因此，條件熵計算公式為：

$$H(C \mid t) = \sum_{i=1}^{I} p(t_i) \cdot H(C \mid t = t_i)$$

$$= -\sum_{i=1}^{I} p(t_i) \cdot \sum_{j=0}^{k-1} p(c_j \mid t_i) \cdot \log_2 p(c_j \mid t_i)$$

$$= -\sum_{i=1}^{I} \sum_{j=0}^{k-1} p(c_j \mid t_i) \cdot \log_2 p(c_j \mid t_i)$$

特徵 t 給系統帶來的資訊增益等於系統原有的熵與固定特徵 t 後的條件熵之差，公式表示如下：

$$IG(T) = H(C) - H(C \mid T)$$

$$= -\sum_{i=1}^{k} p(c_i) \cdot \log_2 p(c_i) + \sum_{i=1}^{n} \sum_{j=1}^{k} p(c_j, t_i) \cdot \log_2 p(c_j \mid t_i)$$

n 表示特徵 t 取值個數，k 表示類別 C 個數，則每一個類別對應的熵：

$$\sum_{j=0}^{n-1} \frac{m_{ij}}{m_i} \cdot \log_2 \frac{m_{ij}}{m_i}$$

下面以氣候資料為例，介紹透過資訊增益選擇最優特徵的工作過程：

根據陰晴、溫度、濕度及颱風來決定是否出去玩。樣本中總共有 14 條記錄，取值為「是」及「否」的 yangebnshu 分別是 9 及 5，即 9 個正樣本、5 個負樣本，用 $S(9+,5-)S(9+,5-)$ 表示，S 表示樣本 (sample) 的意思。

1. 分類系統的熵：

$$Entropy(S) = info(9,5) = -\frac{9}{14}log_2(\frac{9}{14}) - \frac{5}{14}log_2(\frac{5}{14}) = 0.940 \text{ 位}$$

2. 若以特徵 " 陰晴 " 作爲根節點。" 陰晴 " 取值爲 {sunny, overcast, rainy}，分別對應的正負樣本數分別爲 (2+,3-)、(4+,0-)、(3+,2-)，那麼在這三個節點上的資訊熵分別爲：

Entropy(S | " 陰晴 " = sunny) = info(2,3) = 0.971 位

Entropy(S | " 陰晴 " = overcast) = info(4,0) = 0 位

Entropy(S | " 陰晴 " = rainy) = info(3,2) = 0.971 位

Entropy(S | " 陰晴 " = sunny) = info(2,3) = 0.971 位

Entropy(S | " 陰晴 " = overcast) = info(4,0) = 0 位

Entropy(S | " 陰晴 " = rainy) = info(3,2) = 0.971 位 (exp.1.3.2.3)

以特 " 陰晴 " 爲根節點，平均資訊值 (即條件熵) 爲：

$$Entropy \, S| \, ("\text{陰晴}") = \frac{5}{14}*0.971 + \frac{4}{14} + \frac{5}{14}*0.971 = 0.693 \text{ 位}$$

3. 計算特徵 " 陰晴 " 對應的資訊增益：

IG(" 陰晴 ")=Entropy(S)　Entropy(S|" 陰晴 ")=0.247 位

同樣的計算方法，可得每個特徵對應的資訊增益，即

IG(" 颱風 ")=Entropy(S)　Entropy(S | " 颱風 ")=0.048 位

IG(" 濕度 ")=Entropy(S)　Entropy(S | " 濕度 ")=0.152 位

IG(" 溫度 ")=Entropy(S)　Entropy(S | " 溫度 ")=0.029 位

顯然，特徵 " 陰晴 " 的資訊增益最大，於是把它作爲劃分特徵。基於 " 陰晴 " 對根節點進行劃分的結果。決策樹學習演算法對子節點進一步劃分，重複上面的計算步驟。

用資訊增益選擇最優特徵，並不是完美的，存在問題或缺點主要有以下兩個：

(1)傾向於選擇擁有較多取值的特徵

尤其特徵集中包含 ID 類特徵時，ID 類特徵會最先被選擇爲分裂特徵，但在該類特徵上的分支對預測未知樣本的類別並無意義，降低了決策樹模型的泛化能力，也容易使模型易發生過擬合。

(2)只能考察特徵對整個系統的貢獻，而不能具體到某個類別上

資訊增益只適合用來做所謂 " 全局 " 的特徵選擇 (指所有的類都使用相同的特徵集合)，而無法做 " 本地 " 的特徵選擇 (對於文本分類來講，每個類別有自己的特徵集合，因爲有的詞項 (word item) 對一個類別很有區分度，對另一個類別則無足輕重)。

爲了彌補資訊增益這一缺點，一個稱爲增益率 (Gain Ratio) 的修正方法被用來做最優特徵選擇。

(三) 增益率

與資訊增益不同，資訊增益率的計算考慮了特徵分裂資料集後所產生的子節點的數量及規模，而忽略任何有關類別的資訊。

以資訊增益示例為例，按照特徵 " 陰晴 " 將資料集分裂成 3 個子集，規模分別為 5、4 及 5，因此不考慮子集中所包含的類別，產生一個分裂資訊為：

$$SplitInfo(" 陰晴 ") = info(5,4,5) = 1.577 \text{ 位}$$

分裂資訊熵 (Split Information) 可簡單地理解為表示資訊分支所需要的資訊量。

那麼資訊增益率：

$$IG_{ratio}(T) = \frac{IG(T)}{SplitInfo(T)}$$

在這裡，特徵 " 陰晴 " 的資訊增益率為 IG_{ratio} (陰晴) $= \dfrac{0.247}{1.577} = 0.157$。減少資訊增益方法對取值數較多的特徵的影響。

基尼指數 (Gini Index) 是 CART 中分類樹的特徵選擇方法。這部分會在下面的「分類與迴歸樹－二叉分類樹」一節中介紹。

三、分類與迴歸樹

分類與迴歸樹 (Classification And Regression Tree，簡稱 CART) 模型在 Tree-Based 家族中是應用最廣泛的學習方法之一。它既可以用於分類也可以用於迴歸，Boosting 家族的核心成員－ Gradient Boosting 就是以該模型作為基本學習器 (base learner)。

CART 模型是在給定輸入隨機變數 X 條件下，求得輸出隨機變數 Y 的條件概率分佈的學習方法。

CART 假設決策樹時二叉樹結構，內部節點特徵取值為「是」及「否」，左分支對應取值為「是」的分支，右分支對應為「否」的分支。這樣 CART 學習過程等價於遞迴地二分每個特徵，將輸入空間 (在這裡等價特徵空間) 劃分為有限個字空間 (單元)，並在這些字空間上確定預測的概率分佈，也就是在輸入給定的條件下，輸出對應的條件概率分佈。

可以看出 CART 演算法在葉節點表示上不同於 ID3、C4.5 方法，後二者葉節點對應資料子集透過「多數表決」的方式來確定一個類別 (固定一個值)；而 CART 演算法的葉節點對應類別的概率分佈。如此看來，你可以很容易地用 CART 來學習一個 multi-label / multi-class / multi-task 的分類任務。

與其他決策樹演算法學習過程類別，CART 演算法也主要由兩步驟組成：

Step-1： 決策樹的產生：基於訓練資料集產生一棵二分決策樹。

Step-2： 決策樹的剪枝：用驗證集對已產生的二叉決策樹進行剪枝，剪枝的標準爲損失函數最小化。

由於分類樹與迴歸樹在遞迴地建立二叉決策樹的過程中，選擇特徵劃分的準則不同。二叉分類樹建立過程中採用基尼指數 (Gini Index) 爲特徵選擇標準；二叉迴歸樹採用平方誤差最小化作爲特徵選擇標準。

四、二叉分類樹

二叉分類樹中用基尼指數 (Gini Index) 作爲最優特徵選擇的度量標準。基尼指數定義如下：

同樣以分類系統爲例，資料集 D 中類別 C 可能的取值爲 $c_1, c_2, \cdots, c_k$ (k 是類別數)，一個樣本屬於類別 c_i 的概率爲 p(i)。那麼概率分佈的基尼指數公式表示爲：

$$Gini(D) = 1 - \sum_{i=1}^{k} p_i^{\,2}$$

其中， $p_i = \dfrac{類別屬於 c_i 的樣本數}{總樣本數}$ 。若所有的樣本類別相同，則

$p_1 = 1, p_2 = p_3 = \cdots = p_k = 0$ ，則有 *Gini(C)*=0，此時數據不純度最低。*Gini(D)* 的物理含義是表示資料集 *D* 的不確定性。數值越大，表明其不確定性越大 (這一點與資訊熵相似)。

若 k=2(二分類問題，類別命名爲正類及負類)，若樣本屬於正類的概率是 p，那麼對應基尼指數爲：

Gini(D)=2p(1 − p)

若資料集 D 根據特徵 f 是否取某一可能值 f_*，將 D 劃分爲 D_1 及 D_2 兩部分，即 $D_1 = \{(x, y) \in D \mid f(x) =\}$, $D_2 = D - D_1$。那麼特徵 f 在資料集 D 基尼指數定義爲：

$$Gini(D, f = f_*) = \frac{|D_1|}{|D|} Gini(D_1) + \frac{|D_2|}{|D|} Gini(D_2)$$

在實際操作中，透過遍歷所有特徵 (若是連續值，需做離散化) 及其取值，選擇基尼指數最小所對應的特徵及特徵值。

這裡仍然以天氣資料爲例，給出特徵 " 陰晴 " 的基尼指數計算過程。

1. 當特徵 " 陰晴 " 取值爲 "sunny" 時，

   $D_1 = \{1, 2, 8, 9, 11\}$, |D1|=5;

   $D_2 = \{3, 4, 5, 6, 7, 10, 12, 13, 14\}$, |D2|=9。

D_1、D_2 資料自己對應的類別數分別為 (+2, 3)、(+7, −2)。因此

$$Gini(D_1) = 2 \cdot \frac{3}{5} \cdot \frac{2}{5} = \frac{12}{25};$$

$$Gini(D_2) = 2 \cdot \frac{7}{9} \cdot \frac{2}{9} = \frac{28}{81}$$

對應的基尼指數為：

$$Gini(C, "陰晴" = "sunny") = \frac{5}{14} Gini(D_1) + \frac{9}{14} Gini(D_2) = \frac{5}{14} \times \frac{12}{25} + \frac{9}{14} \times \frac{28}{81} = 0.394$$

2. 當特徵 " 陰晴 " 取值為 "overcast" 時，D_1={2,7,12,13}, |D1|=4; D_2={1,2,4,5,6,8,9,10,11,14},|D2|=10。D_1、D_2 資料自己對應的類別數分別為 (+4, −0)、(+5, −5)。因此：

$$Gini(D_1) = 2 \cdot 1 \cdot 0 = 0 \quad Gini(D_2) = 2 \cdot \frac{5}{10} \cdot \frac{5}{10} = \frac{1}{2}$$

對應的基尼指數為：

$$Gini(C, "陰晴" = "sunny") = \frac{4}{14} Gini(D_1) + \frac{10}{14} Gini(D_2) = 0 + \frac{10}{14} \times \frac{1}{2} = 0.357$$

3. 當特徵 " 陰晴 " 取值為 "rainy" 時，

$D_1 = \{4,5,6,10,14\}$, $|D_1| = 5$; $D_2 = \{1,2,3,7,8,9,11,12,13\}$, $|D2| = 9$。D_1、D_2 資料自己對應的類別數分別為 (+3, −2)、(+6, −3)。因此：

$$Gini(D_1) = 2 \cdot \frac{3}{5} \cdot \frac{2}{5} = \frac{12}{25}; Gini(D_2) = 2 \cdot \frac{6}{9} \cdot \frac{3}{9} = \frac{4}{9}$$

對應的基尼指數為：

$$Gini(C, "陰晴" = "sunny") = \frac{5}{14} Gini(D_1) + \frac{9}{14} Gini(D_2) = \frac{5}{14} \times \frac{12}{25} + \frac{9}{14} \times \frac{4}{9} = 0.457$$

若特徵 " 陰晴 " 是最優特徵的話，那麼特徵取值為 "overcast" 應作為劃分節點。

2-6 音頻分析 (audio analytics)

一、音頻分析：能耐及洞察？

如何從可用於增強其他數據或分析的聲音中，獲取哪些數據呢？請見圖 2-25 所示。

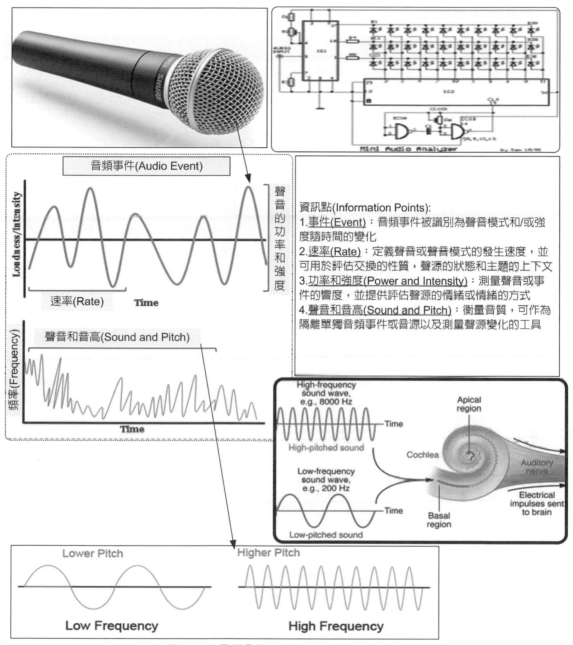

圖 2-25 音頻分析：capabilities and insights

來源：EEWeb(2019). https://www.eeweb.com/circuit-projects/mini-spectrum-analyzer-for-audiosound-by-lm3915

學習網：https://www.youtube.com/watch?v=0ALKGR0I5MA (Sound Processing in Python)

二、音頻分析的應用

應用	分析	目標
1. 聲音辨識 voice recognition	分析會話來將語音捕獲為基於文本的對話框	1. 捕獲並建立對話內容 2. 利用結構化語音作為文本挖掘及自然語言處理能力的輸入 3. 將基於電話的對話與其他互動數據集相結合
2. 聲音匹配 sound matching	分析聲音片段來辨識發生的特定事件	1. 監控客戶互動或業務操作,即時 (real time) 捕獲事件 2. 使用捕獲的事件與其他數據點進行比較、分類及分析
3. 情感分析 sentiment analysis	監控與客戶的電話,來發現對體驗及 / 或產品 / 服務的情緒	1. 捕獲對話內容並根據單詞選擇進行情緒分析 2. 分析消費者言語的音調、響度及速率,以辨識對話期間的情緒狀態及其原因
4. 招僱員工 employee	監控客戶及求職者的對話,從單詞使用及語音模式中提取資訊,從而告知或改進篩選過程	1. 分析預篩選電話對話,以評估求職者的個性、對工作的興趣以及適合工作要求 2. 分析客戶對話以評估風險等級,並在申請產品或提交索賠 / 投訴時誠實地進行

三、音頻分析 (audio analytics) 的應用:DeepQA 智慧問答系統

1. DeepQA 構成了 Watson 的核心,即開放域名問題分析及回答系統。

2. DeepQA 堆疊 (stack) 由一組搜索,NLP,學習及評分算法組成。

3. DeepQA 在分散式計算基礎架構上運行,該基礎架構利用 Map Reduce 及非結構化資訊管理架構。

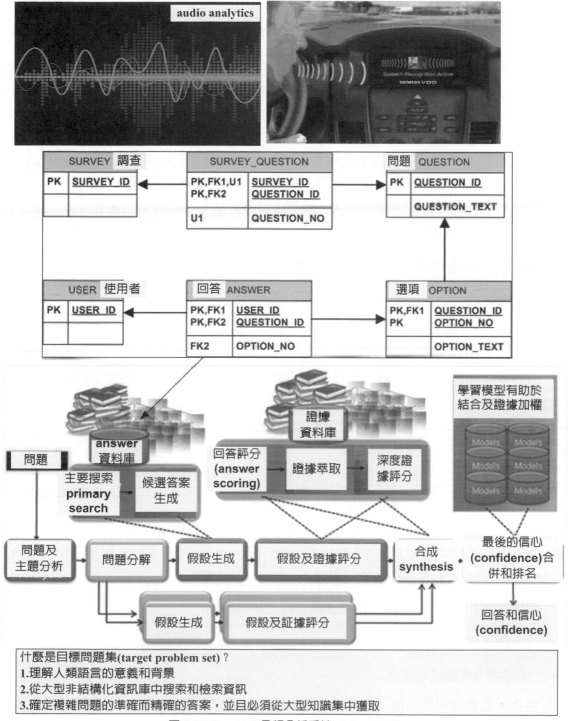

圖 2-26 DeepQA 音頻分析系統　(Yao, 2019)

2-7　圖像分析 (image analytics)

　　圖像分析 (image analysis) 和圖像處理 (image processing) 有關係密切，兩者有一定程度的交集。圖像處理側重於訊號處理方面的研究，比如圖像對比度的調節、圖像編碼、去噪以及各種濾波的研究。但是圖像分析更側重點在於研究圖像的內容，包括但不局限於使用圖像處理的各種技術，它更傾向於對圖像內容的分析、解釋、和辨識。因而，圖像分析和電腦科學領域中的圖型識別、電腦視覺關係更密切一些 (wiki.image analytics, 2019)。

　　圖像分析一般利用數學模型並結合圖像處理的技術來分析底層特徵和上層結構，從而提取具有一定智慧型性的資訊。

一、如何從圖像及視頻中提取洞察力？

　　圖像分析的創造性破壞之應用程序有 5 個：

1. 認出那張臉是誰？

2. 圖像分析可加速機場交通

　　許多美國機場正在獲得升級的技術，該技術可將手指或虹膜掃描等生物識別技術用作替代性安全檢查措施。新加坡的樟宜機場即將開放具有自動人臉識別功能的新航站樓。

3. 分析失蹤者的社交媒體圖像

　　Facebook 作爲透過與失蹤者交朋友來傳播消息的快速方法。

4. 使用圖像分析進行實時車輛損壞評估

　　保險公司使用 AI 技術，自動的車輛損壞分析功能，可以更一致，更及時地估算成本。該公司僅需使用無油漆的凹痕修復工具即可評估汽車，重型車輛和輕型損壞的總數。

5. 圖像分析爲醫生提供診斷的第二意見

　　深度學習和 AI 可改善醫療保健實踐並防止錯誤診斷。

二、圖像分析工具

(一) 如何選擇圖像識別工具

　　首先，在選擇圖像識別工具之前，請先問問以下六個關鍵問題。它們都有優點和缺點，因此這將幫助你準確地確定所需的內容。

1. 你可以搜索任何徽章嗎？

　　靈活性和選擇顯然很重要。某些服務只能搜索有限數量的徽章，而其他服務則允許你選擇自己喜歡的徽章 (包括徽章變體)。

2. 你能找到徽章的一小部分嗎？

徽章通常在圖片中模糊不清或很小。找出你正在使用的工具是否可以處理這些情況而不會檢測到徽章。

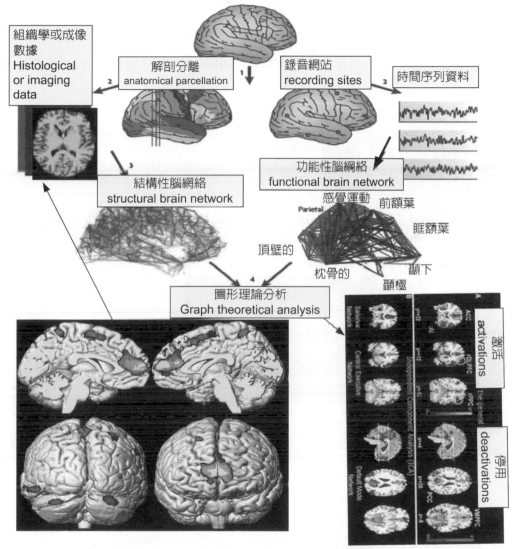

圖 2-27　腦神經科 (Brain neurology) 之圖像分析

來源：Wiki Neurology (2019). https://en.wikipedia.org/wiki/Neurology

3. 添加新徽章需要多長時間？

某些服務可能需要很長時間才能檢測到徽章 (某些情況下需要五週)。速度很重要，尤其是對於即時對話跟蹤。其他工具最多可以最快幾個小時或幾天來跟蹤你的徽章 (例如 Image Insights 產品)。

4. 僞陽性率 (false-positive rate) 是多少？

誤報是指在圖像中錯誤地檢測到徽章時，例如認爲徽章中不存在徽章的工具。選擇工具時請務必進行調查，因爲不同技術的假陽性率會有所不同。

5. 你可以比較圖像提及與文字提及之間的對話主題嗎？

　　重要的是能夠在一個地方比較和對比源自麻煩的圖像和文字提及的數據。這意味著你可以了解整個類型，同時了解兩種類型的不同。

6. 該工具是否允許你在不使用關鍵字的情況下搜索徽章？

　　一些平臺只能識別與用戶提供的特定關鍵字相關的圖片。這意味著你將錯過很多相似詞。

概述：
1從圖像或圖像集中提取相關資訊以進行高級分類和傳統分析的過程
2應用圖像捕獲，圖像處理和機器學習技術來提取，量化和構建圖像資訊

優點：
提供一種結構，組織和搜索存儲在圖像中的資訊的方法
提供額外的數據集，可用於了解消費者行為，自動化業務流程以及發現知識企業內容

圖 2-28　圖像分析 (image analytics)

(二) 圖像識別工具的挑選

坊間著名的頂級圖像識別工具，有 8 個。依序為：

1. Google Image Recognition

2. Brandwatch Image Insights

3. Amazon Rekognition

4. Clarifai

5. Google Vision AI

6. GumGum

7. LogoGrab

8. IBM Image Detection

目前很少有獨立的軟體包能夠執行強大的圖像分析；但仍可使用現有框架及分析工具包 (toolkits) 來開發解決方案。

工具	概述	影像處理	電腦視覺	機器學習
OpenCV	電腦視覺功能，可透過 C、Java 及 Python 程式的 open source library 來實作	○	○	○
PAXit Image Analysis	整合圖像分析平臺，提供基本的功能辨識功能	○	○	
ImageJ	基於 Java 的圖像處理平臺，可透過 API 介面並使用自定義插件來進行擴展	○		
PIL	Python 圖像處理庫	○		
PyBrain	用於 Python 的模組化之機器學習庫			○

2-8 社交網路分析 (social network analysis)

一、社會網路分析 (social network analysis，SNA) 是什麼？

社會網路分析法是由社會學家根據數學方法、圖論等發展起來的定量分析方法，近年來，該方法在職業流動、城市化對個體幸福的影響、世界政治及經濟體系、國際貿易等領域廣泛應用，併發揮了重要作用。社會網路分析是社會學領域比較成熟的分析方法，社會學家們利用它可以比較得心應手地來解釋一些社會學問題。許多學科的專家如經濟學、管理學等領域的學者們在新經濟時代：知識經濟時代，面臨許多挑戰時，開始考慮借鑒其他學科的研究方法，社會網路分析就是其中的一種 (Denny, 2014)。

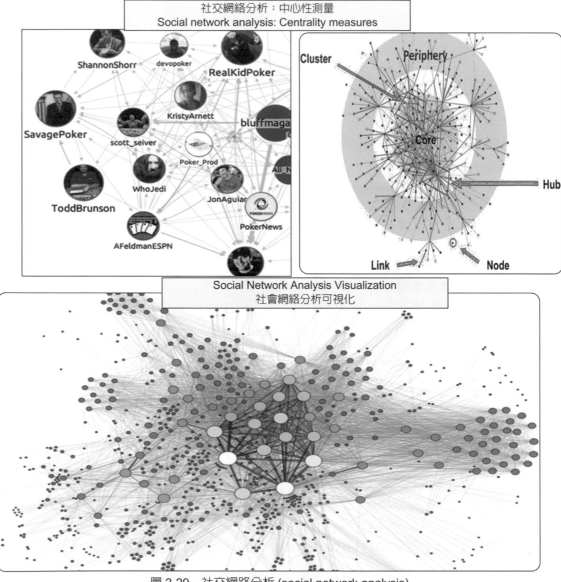

網路指的是各種關聯，社會網路是社會關係所構成的結構，其分析問題源竹自物理學的適應性網路，透過研究網路關係，有助於結合：個體間關係、「微觀」網路與大規模的社會系統的「巨集觀」結構，透過數學方法、圖論等定量分析方法。

社會網路分析不僅僅是一種工具，更是一種關係論的思維方式。可以利用來解釋一些社會學、經濟學、管理學等領域問題。近年來，該方法在職業流動、城市化對個體幸福的影響、世界政治及經濟體系、國際貿易等領域廣泛應用，也發揮重要作用。

圖 2-29　社交網路分析 (social network analysis)

來源：Wiki social network analysis (2019). https://en.wikipedia.org/wiki/Image_analysis

二、社交網路分析軟體 (SNA 軟體)

它是透過數位或視覺表示來描述網路的特徵，促進社交網路的定量或定性分析的軟體 (Denny, 2014)。

1. 概述

網路可以包括家庭、專案團隊、教室、運動隊、立法機構、民族國家、疾病媒介、Twitter 或 Facebook 等網路網站的會員資格、甚至 Internet。網路可以包括節點之間的直接鏈接或基於共享屬性的間接鏈接，共享的事件參與或共同關聯。網路功能可以在單個節點、二元組、三元組的級別，領帶或邊緣，或整個網路。例如，節點級功能可以包括網路現象，例如中介及中心，或個人屬性，如年齡，性別或收入。SNA 軟體從邊緣列表，鄰接列表或鄰接矩陣 (也稱爲 sociomatrix) 格式化的原始網路數據產生這些特徵，通常與 (個體 / 節點級) 屬性數據組合。雖然大多數網路分析軟體使用純文本 ASCII 數據格式，但某些軟體包包含利用關係資料庫導入及 / 或儲存網路功能的功能 (Wiki.social network analysis, 2019)。

2. 功能

社交網路的可視化表示對於理解網路數據及傳達分析結果非常重要。可視化通常還有助於網路數據的定性解釋。關於可視化，網路分析工具用於改變網路表示的佈局，顏色，大小及其他屬性。

一些 SNA 軟體可以執行預測分析。這包括使用諸如平局之類的網路現象來預測個人水平結果 (通常稱爲同伴影響或傳染建模)，使用個體水平現象來預測網路結果，例如形成平局 / 邊緣 (通常稱爲同性戀模型) 或特定類型的三元組，或使用網路現象來預測其他網路現象，例如在時間 0 使用三元組形成來預測時間 1 處的平局形成。

3. 免費的社交網路分析工具，有 10 種

網路分析軟體通常由基於圖形用戶介面 (GUI) 的包或者爲腳本 / 編程語言建立的包組成。

社交網路分析工具可以通過視覺或數位表示來描述網路的功能，從而有助於對社交網路進行定性或定量分析。它通常使用網路或圖論來檢查社會結構。主要組件是節點（人）和連接它們的邊。他們中的一些人也進行預測分析。著名社交網路分析工具，有下列 10 種 (Kumar, 2018)：

(1) Pajek：用於分析和可視化包含多達十億個頂點的大型網路。該程序通過使用六種數據類型來執行此操作 - 圖形、頂點、向量（頂點的屬性）、聚類（頂點的子集）、排列（頂點的重新排序）和層次結構（頂點上的一般樹結構）。

(2) Gephi：通常是用 Java 編寫的圖形瀏覽和操縱軟體。它提供一種簡便的方法來創建社交數據連接器，以繪製社區組織和小型世界網路的地圖。與社交網路分

析一起，它執行探索性數據和鏈接分析以及生物網路分析。也許是最先進的免費分析工具。

(3) R 編程語言，社會網路分析的套件 (packed) 有：(a)igraph 為通用網路分析，(b) network 為操作和顯示網路 object，(c) sna 為社會計量分析，(d) tnet 為進行加權或縱向網路的分析，(e) Bergm 為貝葉斯分析指數隨機圖模型，(f)networksis 用於模擬具有固定邊際的二分網路，以及更多其他功能。

(4) NodeXL：是 Microsoft Excel 的開源模板，用於網路分析和可視化。它允許你在 Excel 窗口的熟悉環境中，在工作表中輸入網路邊緣列表，單擊按鈕並可視化圖形。該工具支持提取電子郵件、YouTube、Facebook、Twitter、WWW 和 Flickr 社交網路。你可以輕鬆地處理和過濾電子表格格式的基礎數據。

(5) GraphStream：設計用於動態圖的建模和分析。它可以創建、導入、導出、成形和可視化它們。圖不僅定義為一組邊和節點，還定義為「圖事件流」。事件告訴邊緣，節點或關聯組件何時更改。因此，圖不是描述為固定表示，而是圖元素的整個演變歷史。

(6) NetworKit：是一個發展中的大規模網路分析平台，範圍從數千到十億個邊緣。它實現了高效的圖形算法，其中大多數並行使用多核架構。他們應該計算網路分析的標準度量，例如聚類係數，度數序列和集中度度量。此外，它旨在支持各種輸入和輸出格式。

(7) UNISoN：是一個 Java 應用程序，可以分析消息以將其保存到 Pajek 格式的文件中以進行社交網路分析。它使用每個帖子的作者生成網路。如果某人與帖子進行交互，則會創建從該帖子的作者到他們所回復的消息的作者的單向鏈接。此外，還有一個預覽面板以可視方式顯示網路。

(8) SocioViz：是一個面向數位記者，社會研究者和媒體營銷者的社交媒體分析平台。它使你可以分析任何主題，術語或主題標籤，識別關鍵影響者，意見和內容，並以 Gephi 格式導出數據以進行進一步分析。

(9) NetMiner：具有 14 天的試用期。它用於基於社交網路分析對大量網路數據進行分析和可視化。數據轉換，網路數據可視化，圖表和 Python 腳本語言等功能可幫助你檢測網路的底層模式和結構。

(10) Graphviz：該圖可視化軟體將結構資訊表示為抽像圖和網路圖。Graphviz 具有許多適用於社交網路可視化的圖形佈局程序。它以簡單的文本語言描述圖形，並以有用的格式創建圖形，例如 PDF 包含在其他文檔中，在交互式圖形瀏覽器中顯示或在 SVG 網頁中顯示。

二、社會網路 (social network) 分析概述

　　網路指的是各種關聯，而社會網路即可簡單地稱為社會關係所構成的結構。故從這一方面來說，社會網路代表著一種結構關係，它可反映行動者之間的社會關係。構成社會網路的主要要素有：

　　行動者 (actor)：這裡的行動者不但指具體的個人，還可指一個群體、公司或其他集體性的社會單位。每個行動者在網路中的位置稱為 " 結點 (node)"。

　　關係紐帶 (relational tie)：行動者之間相互的關聯即稱關係紐帶。人們之間的關係形式是多種多樣的，如親屬關係、合作關係、交換關係、對抗關係等，這些都構成了不同的關係紐帶 (Denny, 2014)。

1. 二人組 (dyad)：由兩個行動者所構成的關係。這是社會網路的最簡單或最基本的形式，是你分析各種關係紐帶的基礎。

2. 三人組 (triad)：由三個行動者所構成的關係。

3. 子群 (subgroup)：指行動者之間的任何形式關係的子集。

4. 群體 (group)：其關係得到測量的所有行動者的集合。

　　社會網路分析是對社會網路的關係結構及其屬性加以分析的一套規範及方法。它又被稱結構分析法 (structural analysis)，因為它主要分析的是不同社會單位 (個體、群體或社會) 所構成的社會關係的結構及其屬性。

　　從這個意義上說，社會網路分析不僅是對關係或結構加以分析的一套技術，還是一種理論方法 (結構分析思想)。因為在社會網路分析學者看來，社會學所研究的 object 就是社會結構，而這種結構即表現為行動者之間的關係模式。社會網路分析家韋爾曼 (Barry Wellman) 指出：「網路分析探究的是深層結構 (隱藏在複雜的社會系統錶面之下的一定的網路模式)。」例如，網路分析者特別關註特定網路中的關聯模式如何透過提供不同的機會或限制，從而影響到人們的行動 (Wiki.social network analysis, 2019)。

三、社會網路分析的原理

　　韋爾曼指出，作為一種研究社會結構的基本方法，社會網路分析具有如下基本原理 (Denny, 2014)：

1. 關係紐帶經常是不對稱地相互作用著的，在內容及強度上都有所不同。

2. 關係紐帶間接或直接地把網路成員連接在一起；故必須在更大的網路結構背景中對其加以分析。

3. 社會紐帶結構產生了非隨機的網路，因而形成了網路群 (network clusters)、網路界限及交叉關聯。

4. 交叉關聯把網路群以及個體聯繫在一起。

5. 不對稱的紐帶及複雜網路使稀缺資源的分配不平等。

6. 網路產生了以獲取稀缺資源爲目的的合作及競爭行爲。

四、社會網路分析法的分析角度

社會網路分析法可以從多個不同角度對社會網路進行分析，包括中心性分析、凝聚子群分析、核心 - 邊緣結構分析以及結構對等性分析等，這裡僅介紹前 3 種 (Denny, 2014)。

1. 中心性 (centrality) 分析

「中心性」是社會網路分析的重點之一。個人或組織在其社會網路中具有怎樣的權力，或者說居於怎樣的中心地位，這一思想是社會網路分析者最早探討的內容之一。個體的中心度 (centrality) 是測量個體處於網路中心的程度，反映了該點在網路中的重要性程度。因此一個網路中有多少個行動者／節點，就有多少個個體的中心度。除了計算網路中個體的中心度外，還可以計算整個網路的集中趨勢 (可簡稱爲中心勢) (centralization)。與個體中心度刻畫的是個體特性不同，網路中心勢刻畫的是整個網路中各個點的差異性程度，因此一個網路只有一個中心勢。根據計算方法的不同，中心度及中心勢都可以分爲 3 種：點度中心度／點度中心勢，中間中心度／中間中心勢，接近中心度／接近中心勢。

(1) **點度中心性**在一個社會網路中，若一個行動者與其他行動者之間存在直接聯繫，那麼該行動者就居於中心地位，在該網路中擁有較大的「權力」。在這種思路的指導下，網路中一個點的點度中心度，就可以網路中與該點之間有聯繫的點的數目來衡量，這就是點度中心度。網路中心勢指的是網路中點的集中趨勢，它是根據以下思想進行計算的：首先找到圖中的最大中心度數值；然後計算該值與任何其他點的中心度的差，從而得出多個「差值」；再計算這些「差值」的總及；最後用這個總及除以各個「差值」總及的最大可能值。

(2) **中間中心性**在網路中，若一個行動者處於許多其他兩點之間的路徑上，可以認爲該行動者居於重要地位，因爲他具有控制其他兩個行動者之間的交往能力。根據這種思想來刻畫行動者個體中心度的指標是中間中心度，它測量的是行動者對資源控制的程度。一個行動者在網路中占據這樣的位置越多，就越代表它具有很高的中間中心性，就有越多的行動者需要透過它才能發生聯繫。中間中心勢也是分析網路整體結構的一個指數，其含義是網路中中間中心性最高的節

點的中間中心性與其他節點的中間中心性的差距。該節點與別的節點的差距越大，則網路的中間中心勢越高，表示該網路中的節點可能分為多個小團體而且過於依賴某一個節點傳遞關係，該節點在網路中處於極其重要的地位。

(3) **接近中心性**點度中心度刻畫的是局部的中心指數，衡量的是網路中行動者與他人聯繫的多少，沒有考慮到行動者能否控制他人。而中間中心度測量的是一個行動者「控制」他人行動的能力。有時還要研究網路中的行動者不受他人「控制」的能力，這種能力就用接近中心性來描述。在計算接近中心度的時候，你關註的是捷徑，而不是直接關係。若一個點透過比較短的路徑與許多其他點相連，你就說該點具有較高的接近中心性。對一個社會網路來說，接近中心勢越高，表明網路中節點的差異性越大，反之，則表明網路中節點間的差異越小。

2　凝聚子群分析

當網路中某些行動者之間的關係特別緊密，以至於結合成一個次級團體時，這樣的團體在社會網路分析中稱為凝聚子群。分析網路中存在多少個這樣的子群，子群內部成員之間關係的特點，子群之間關係特點，一個子群的成員與另一個子群成員之間的關係特點等就是凝聚子群分析。由於凝聚子群成員之間的關係十分緊密，因此有的學者也將凝聚子群分析形象地稱為「小團體分析」。

凝聚子群根據理論思想及計算方法的不同，存在不同類型的凝聚子群定義及分析方法。

(1) **派系 (Cliques)**。在一個無向網路圖中，「派系」指的是至少包含 3 個點的最大完備子圖。這個概念包含 3 層含義：①一個派系至少包含三個點。②派系是完備的，根據完備圖的定義，派系中任何兩點之間都存在直接聯繫。③派系是「最大」的，即向這個子圖中增加任何一點，將改變其「完備」的性質。

(2) **n- 派系 (n-Cliques)**。對於一個總圖來說，若其中的一個子圖滿足如下條件，就稱之為 n- 派系：在該子圖中，任何兩點之間在總圖中的距離 (即捷徑的長度) 最大不超過 n。從形式化角度說，令 $d(i,j)$ 代表兩點及 n 在總圖中的距離，那麼一個 n- 派系的形式化定義就是一個滿足如下條件的擁有點集的子圖，即：$d(i,J) \leq n$，對於所有的 N 來說，在總圖中不存在與子圖中的任何點的距離不超過 n 的點。

(3) **n- 宗派 (n—Clan)**。所謂 n- 宗派 (n—Clan) 是指滿足以下條件的 n- 派系，即其中任何兩點之間的捷徑的距離都不超過 n。可見，所有的 n- 宗派都是 n- 派系。

(4) **k- 叢 (k-Plex)**。一個 k- 叢就是滿足下列條件的一個凝聚子群，即在這樣一個子群中，每個點都至少與除了 k 個點之外的其他點直接相連。也就是說，當這個凝聚子群的規模為 n 時，其中每個點至少都與該凝聚子群中 n-k 個點有直接聯繫，即每個點的度數都至少為 n-k。

2 凝聚子群密度 (External-Internal Index，E-I Index) 主要用來衡量一個大的網路中小團體現象是否十分嚴重。這在分析組織管理等問題時十分有用。最糟糕的情形是大團體很散漫，核心小團體卻有高度內聚力。另外一種情況就是大團體中有許多內聚力很高的小團體，很可能就會出現小團體間相互鬥爭的現象。凝聚子群密度的取值範圍為 [-1，+1]。該值越向 1 靠近，意味著派系林立的程度越大；該值越接近 -1，意味著派系林立的程度越小；該值越接近 0，表明關係越趨向於隨機分佈，看不出派系林立的情形。

E-I Index 可以說是企業管理者的一個重要的危機指數。當一個企業的 E-I Index 過高時，就表示該企業中的小團體有可能結合緊密而開始圖謀小團體私利，從而傷害到整個企業的利益。其實 E-I Index 不僅僅可以應用到企業管理領域，也可以應用到其他領域，比如用來研究某一學科領域學者之間的關係。若該網路存在凝聚子群，並且凝聚子群的密度較高，說明處於這個凝聚子群內部的這部分學者之間聯繫緊密，在資訊分享及科研合作方面交往頻繁，而處於子群外部的成員則不能得到足夠的資訊及科研合作機會。從一定程度上來說，這種情況也是不利於該學科領域發展的。

3. 核心 - 邊緣結構分析

核心 - 邊緣 (Core-Periphery) 結構分析的目的是研究社會網路中哪些節點處於核心地位，哪些節點處於邊緣地位。核心邊緣結構分析具有較廣的應用性，可用於分析精英網路、科學引文關係網路以及組織關係網路等多種社會現象中的核心 - 邊緣結構。

根據關係數據的類型 (定類數據及定比數據)，核心 - 邊緣結構有不同的形式。定類數據及定比數據是統計學中的基本概念，一般來說，定類數據是用類別來表示的，通常用數位表示這些類別，但是這些數值不能用來進行數學計算；而定比數據是用數值來表示的，可以用來進行數學計算。若數據是定類數據，可以建立離散的核心 - 邊緣模型；若數據是定比數據，可以建立連續的核心 - 邊緣模型。而離散的核心 - 邊緣模型根據核心成員及邊緣成員之間關係的有無及關係的緊密程度，又可分為 3 種：

①核心 - 邊緣全關聯模型。

②核心 - 邊緣局部關聯模型。

③核心 - 邊緣關係缺失模型。

若把核心及邊緣之間的關係看成是缺失值，就構成了核心 - 邊緣關係缺失模型。這裡介紹適用於定類數據的 4 種離散的核心 - 邊緣模型。

(1) 核心 - 邊緣**全關聯模型**。網路中的所有節點分為兩組，其中一組的成員之間聯繫緊密，可以看成是一個凝聚子群 (核心)，另外一組的成員之間沒有聯繫，但是，該組成員與核心組的所有成員之間都存在關係。

(2) 核心 - 邊緣**無關模型**。網路中的所有節點分為兩組，其中一組的成員之間聯繫緊密，可以看成是一個凝聚子群 (核心)，而另外一組成員之間則沒有任何聯繫，並且同核心組成員之間也沒有聯繫。

(3) 核心 - 邊緣局部關聯模型。網路中的所有節點分為兩組，其中一組的成員之間聯繫緊密，可以看成是一個凝聚子群 (核心)，而另外一組成員之間則沒有任何聯繫，但是它們同核心組的部分成員之間存在聯繫。

(4) 核心 - 邊緣關係缺失模型。網路中的所有節點分為兩組，其中一組的成員之間的密度達到最大值，可以看成是一個凝聚子群 (核心)，另外一組成員之間的密度達到最小值，但是並不考慮這兩組成員之間關係密度，而是把它看作缺失值。

五、社會網路分析的意義

這種結構分析的方法論意義是：社會科學研究的 object 應是社會結構，而不是個體。透過研究網路關係，有助於把個體間關係、「微觀」網路與大規模的社會系統的「巨集觀」結構結合起來。

傳統上對社會現象的研究存在著個體主義方法論與整體主義方法論的對立。前者強調個體行動及其意義，認為對社會的研究可以轉換為對個體行動的研究。如韋伯明確指出，社會學的研究 object 就是獨立的個體的行動。但整體主義方法論強調只有結構是真實的，認為個體行動只是結構的派生物 (Denny, 2014)。

儘管整體主義方法論者重視對社會結構的研究，但他們對結構概念的使用也有很大的分歧。其實，在社會學中，社會結構是在各不相同的層次上使用的。它既可用以說明微觀的社會互動關係模式，也可說明巨集觀的社會關係模式。也就是說，從社會角色到整個社會，都存在著結構關係。

通常，社會學家們是在如下幾個層次上使用社會結構概念的 (Denny, 2014)：

1. 社會角色層次的結構 (微觀結構)：即最基本的社會關係是角色關係。角色常常不是單一的、孤立的，而是以角色叢的形式存在著。它所體現的是人們的社會地位或身份關係，如教師—學生。

2. 組織或群體層次的結構 (中觀結構)：是指社會構成要素之間的關係，這種結構關係不是體現在個體活動之間。如職業結構，它所反映的是人們之間在社會職業地位及擁有資源等方面的關係。

3. 社會制度層次的結構 (巨集觀結構)：是指社會作為一個整體的巨集觀結構。如階級結構，它所體現的是社會中主要利益集團之間的關係，或者是社會的制度特徵。

因此，社會結構有多重含義。但從新的結構分析觀來說，社會結構是社會存在的一般形式，而非具體內容。所以，許多結構分析的社會學家都主張社會學的研究 object 應是社會關係，而非具體的社會個體。因為作為個體的人是千差萬別、變化多端的，而惟有其關係是相對穩定的。故有人主張：社會學首先研究的是社會形式，而不是研究這些形式的具體內容。網路分析研究的就是這些關係形式，它類似於幾何學。例如，運用社

會網路分析可以研究人們社會交往的形式、特徵，也可以分析不同群體或組織之間的關係結構。這有助於認識不同群體的關係屬性及其對人們的行為的影響。

六、社交網路的應用

1. 分析組織結構，來確保可改善溝通、生產力及協同的機會。

2. 分析網路結構、通信渠道及資訊流，來確定運營增強功能。

應用	分析	目標
1. 協同分析 (collaboration analysis)	評估團隊結構、團隊成員之間的資訊流以及與其他團隊的資訊交流，以改善工作結構	1. 認定無效的團隊結構 2. 認定非正式的組織結構 3 認定對協同工作環境有影響的個人/角色或團體
2. 內容/知識管理	評估在組織內如何傳播及 access 知識或內容	1. 改進內容及知識分配 2. 認定內容瓶頸，開放通信流並建立渠道 3. 探索新通信方法的影響
3. 社區採礦 (community mining)	辨識共享知識，經常溝通，解決問題或共同執行特定任務的團隊或非正式團隊	1. 改進關鍵組織職能的結構。 2. 改進資訊流 3. 認定組織職能的潛在瓶頸 4. 認定建立其他社區的文化模式
4. 組織發展 (organization development)	探索正式及非正式的組織結構以及個人如何相互合作以改進組織的設計	1. 改善組織的等級及結構，以更好地與非正式做法保持一致 2. 認定作為有效領導者的團隊成員，若晉升，將對組織產生影響
5. 災難恢復計劃	評估與在災難恢復計劃中發揮作用的組相關的組織結構及通信模式	1. 認定災難恢復團隊的通信改進 2. 認定功能組之間的薄弱環節，以改善恢復計劃執行期間的協同
6. 數據/資訊傳播	評估數據點或資訊集如何在整個企業中發起或分發到預期目標	1. 認定重疊的資訊集及資訊傳播的瓶頸 2. 評估組織結構或資訊體系結構如何影響資訊流向其目標

應用	分析	目標
7. 詐欺檢測 / 預防過程	評估組織或外部網路，以辨識與已知詐欺活動一致的通信或協同模式	1. 辨識與已知詐欺代理協同的網路代理 2. 認定與已知詐欺行為一致的活動
8. 發現 / 改進	分析組織結構及溝通模式，以發現流程改進或辨識新流程	1. 透過發現隱藏的流程步驟，通信流及參與者來認定流程改進 2. 發現隱藏在頻繁協同及通信路徑中的無證或非正式流程
9. 供應鏈分析	評估供應網路的結構以及構成網路的實體之間的相互作用，以認定差距，瓶頸及採購策略	1. 認定可能影響相關流程或操作的溝通差距 2. 認定 略關係以優化供應網路 3. 認定導致效率低下的供應節點
10. 新奇 / 情感擴散分析	觀察特定主題，新聞文章或情緒如何透過消費者網路傳播	1. 評估目標消費者 / 市場對一條新聞或活動的反應 2. 評估系統內保留的新聞，數據或情緒的持續時間以及傳播的範圍
11. 市場影響者辨識	監控及分析社交媒體網路中的連接，以辨識在社區內具有影響力的市場或消費者	1. 認定影響市場及採用的個人或團體 2. 認定尚未開發的市場 3. 將細分市場認定為廣告活動的目標，以提高產品 / 服務的採用率
12. 消費者細分	分析目標市場中的連接及消費者屬性，以發現具有共同特徵的社區或群組	1. 根據連接消費者市場的屬性來改進產品或服務產品 2. 根據已辨識的細分特徵制定針對新消費者或現有消費者的策略
13. 產品或品牌擴散分析	透過細分市場分析溝通或想法的流程，以評估產品如何分散	1. 認定可能是早期採用者的細分市場或個人 2. 認定可提高產品 / 服務採用率的激勵措施或活動
14. 推薦系統	分析消費者網路連接及消費者的共同特徵，以製定建議	1. 認定產品及服務的新功能集 2. 評估銷售類似產品或新產品的新市場 3. 使用特定產品或服務定位消費者

七、社交網路分析的工具

坊間著名的 Social network analysis 工具，如下表：

1. Commetrix	11. Keynetiq	17. R 通用分析工具
2. Cuttlefish	12. MeerKat	18. SocNetV
3. Cytoscape	13. Netlytic	19. Socioviz
4. EgoNet	14. NetMiner	20. Sentinel Visualizer
5. Gephi	15. Network Workbench	21. Statnet 是 R 中的軟體包
6. Graph-tool	16. NetworKit	22. SVAT
7. GraphChi	17. NetworkX	23. Tulip
8. Graphviz	14. Microsoft 的 NodeXL	24. Visone
9. InFlow	15. Pajek	25. XANALYS
10. JUNG(Java 通用網路)	16. Polinode	

其中，網路分析工具，坊間排名前 5 名為：

1. **Gephi**：此開放圖可視化平臺是市場上領先的勘探軟體之一，也是最受歡迎的網路可視化軟體包。該軟體不需要任何編程知識，已廣泛用於產生高質量的可視化效果。它也可以處理相對較大的圖 - 實際大小取決於你的基礎結構 (特別是 RAM)，但是你應該能夠最多容納 100,000 個節點。它確實能夠計算一些更常見的指標，例如 degree、中心度等，但它是比分析功能更強大的可視化工具。

2. **Cytoscape**：這是另一個開源可視化平臺，開發者可以使用台式機版本和 Javascript 版本。它主要用於生物學領域，但也能夠產生高質量的可視化效果。Cytoscape 還擁有大量用於網路操縱的算法和可視化工具。

3. **Ucinet**：Ucinet 主要用於學術界，它提供具有大量指標的各種分析功能。但是可視化並不是它的主要吸引力，它可以計算通用指標以及神秘指標。將這些結果轉換為清晰呈現的可視化效果也不好。它還需要 Windows 進行安裝，因此 Mac 用戶必須透過使用模擬器來發揮創造力。

4. **NodeXL**：此 Excel 加載項可能無法在高質量可視化方面提供 Gephi 的所有靈活性，但也可能會限制 Mac 用戶。該軟體直接與 SNAP 庫連接以進行分析，從而使它可以訪問廣泛的有效算法來進行度量計算。NodeXL 的主要優勢在於其可視化，分析功能以及與 Twitter API 良好結合的數據收集功能。研究者發布了社交媒體數據的可視化和分析結果，從而為 NodeXL 提供多種使用案例。

5. **Social Network Visualizer**：此用戶友好的開放源代碼工具被用作跨平臺的圖形應用程序，用於分析和可視化社交網路。它使開發者可以創建和修改社交網路以及更改節點

屬性。其他功能包括分析社會和數學屬性以及有效地應用可視化佈局以在論文中進行演示。對於社會科學家來說，這是一個非常有用的工具，可以與隨機網路一起應用於社會數據集。使用此工具，研究者可以計算基本圖形屬性，例如密度、直徑、大地測量學、連通性、偏心率，以及為社交網路分析提供先進的測量手段，例如中心性和聲望指數 (定義為三重母群普查、集團、聚類係數)。

2-9　位置分析、空間決策及大數據：空間自迴歸、Moran's I 相關值

2-9-1 位置分析

位置分析 (locational) 是人類地理學的一種方法，其重點是現象的空間排列。

坊間，位置智能軟體 (location intelligence software)，如下表：

1. ArcGIS	18. Connected2Fiber	34. Polaris Location Intelligence
2. Moz Local	19. Footprints for Retail	35. Presence ORB
3. Wolfram Mathematica	20. Galigeo	36. proximi.io
4. Maptitude	21. geoblInk	37. Radar
5. eSpatial	22. GeoC2	38. Render
6. CARTO	23. GeoSpin	39. SGSI MapEngines
7. uberall	24. Intelocate	40. SITU8ED
8. CleverAnalytics	25. Logistrics	41. Skyfii IO
9. MapAnything	26. Magnify	42. SpatialKey
10. Herow	27. MAPCITE	43. Spectrum Spatial Analyst
11. Herow	28. Maptive	44. STS Tracker
12. TopPlace	29. Moving Audiences Decisions	45. TargomoLOOP
13. GapMaps	30. MyWifi Networks	46. Territory Manager
14. GroundTruth	31. OMEN	47. Vectaury
15. Clara	32. Open Terra	48. VISIT Local
16. Commander	33. PLUS Activate	49. WIGeoWeb
17. Boulevard Foresight		

來源：https://www.capterra.com/location-intelligence-software/

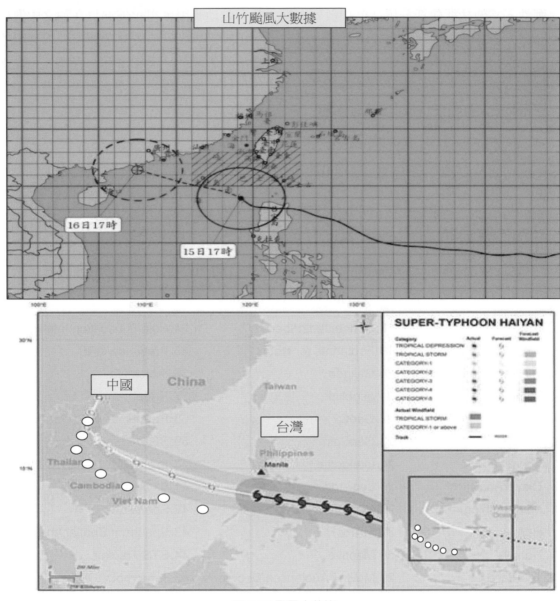

圖 2-30 颱風大數據

來源：颱風 (2019). https://news.ltn.com.tw/news/society/breakingnews/2552341

2-9-2　空間大數據 (spatial Big data) 是什麼？

　　空間自相關(spatial autocorrelation)是空間數據分析之一。範例請見張紹勳(2019)《空間自相關：應用 Stata 分析》一書。

　　更具體地說，空間自相關是單個變數的值之間的相關性，嚴格來說，這是由於引入了與經典統計數據的獨立觀察假設之間的偏差，而導致地理空間中這些值的接近性（Griffith，2003）。

　　在統計上，透過相關分析 (correlation analysis) 可以檢測兩種現象 (統計量) 的變化是否存在相關性，例如：稻米的產量，往往與其所處的土壤肥沃程度相關。若其分析之統計量係為不同觀察 object 之同一屬性變量，則稱之為「自相關」(autocorrelation)。是故，所謂的空間自相關 (spatial autocorrelation) 乃是研究「空間中，某空間單元與其周圍單元間，就某種特徵值，透過統計方法，進行空間自相關性程度的計算，以分析這些空間單元在空間上分佈現象的特性」。

　　計算空間自相關的方法有許多種，然最為知名也最為常用的有：Moran's I、Geary's C、Getis、Join count 等等。但這些方法各有其功用，同時亦有其適用範疇與限制，當然自有其優缺點。一般來說，方法在功用上可大致分為兩大類：一為全域型 (Global Spatial Autocorrelation)，另一則為區域型 (Local Spatial Autocorrelation) 兩種。

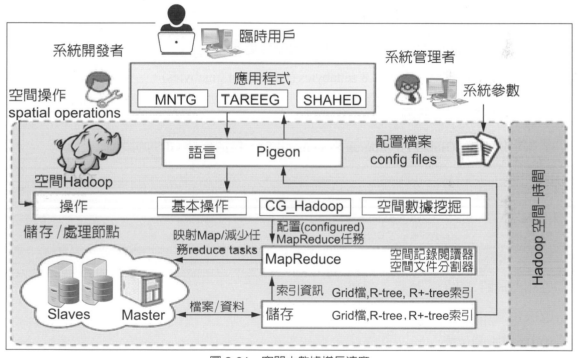

圖 2-31　空間大數據增長速度

一、目標：解決空間大數據問題

1. 例如，考慮一下你是否掌握了在美國留學的所有研究生的數據，根據美國教育部的數據，有 170 萬人。

2. 你正在透過即時更新分析他們的錄音，因為數據每天都在變化。每天都有 2 年的數據更新。對於每個研究生，你有位置 (緯度 - 經度)、25 個特徵、照片、學生背景及準備情況的自由形式錄音，以及學生討論他 / 她的研究生學習目標的樣本視頻。

3. 你將如何處理組織數據，因此希望研究研究生目標及興趣趨勢的分析師可以縮小數據範圍並進行必要的分析以獲得價值？請記住，數據的格式有多種 (數位、地址 (x-y)、文本、資料庫、視頻、音頻)。

　　這些類型的問題，是本書要解決技巧的問題。

二、空間大數據的定義

1. Big data 是「數據集太大，無法透過常見的資料庫管理系統有效處理」(Dasgupta, 2013)。

2. Big data 的容量為 100TB 到 PB，具有結構化及非結構化格式，並且具有恆定的數據流 (Davenport, 2014)

3. 空間大數據以空間層及屬性的形式表示大數據。大數據或空間大數據的最小規模沒有標準閾值，儘管 2013 年的大數據被認為是 1PB (1,000 terabytes) 或更大 (Dasgupta, 2013)。

4. 大數據變得難以信念

   • 今天每天捕獲的視頻比最初 50 年的電視節目更多。

   • 今天可用的數據量。超過 2.8 zettabytes (2.8 trillion gigabytes)。

三、空間大數據的來源

1. 全球定位系統 (Global Positioning System, GPS)，包括支持 GPS 的設備
2. 衛星遙測
3. 航測
4. 雷達
5. 激光 / 雷達
6. 感測器網路
7. 數位相機
8. RFID 讀數的位置
9. 移動設備 (智慧手錶、智慧手機)
10. 物聯網

四、空間大數據的 5 V

1. 資料量體 (volume)

   • 衛星圖像覆蓋全球，因此廣闊。

   • 感測器正在迅速擴展到全球。

   • 透過空間參考手機，數位相機已經達到數十億。

   • 一項估計表明，全球每天產生 2.5 quintillion bytes，即 2.5 有 18 個零。

2. **資料多樣性 (variety)**

　　數據形式基於配置爲 vector 或 raster 圖像的 2-D 或 3-D 點。這與傳統的大數據完全不同，傳統的大數據是字母數位或基於像素 (類似 raster 但不是 vector)

3. **資料輸入輸出速度 (velocity)**

　　速度非常快，因爲圖像以光速傳播。

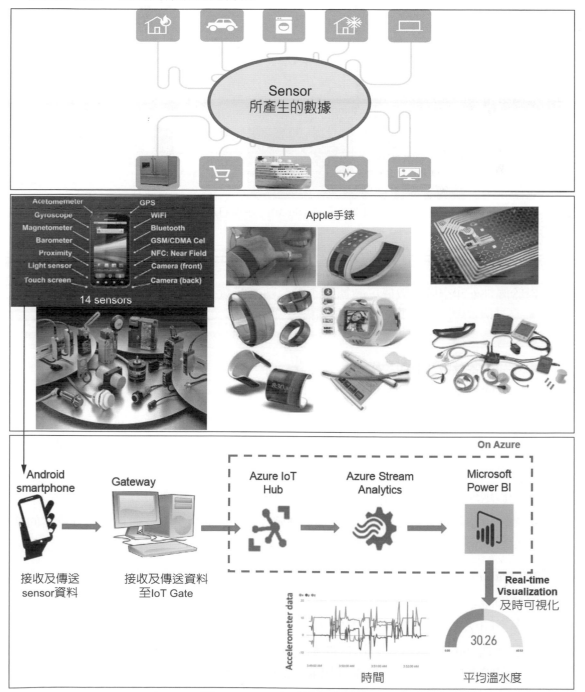

圖 2-32　Sensor 所產生的數據

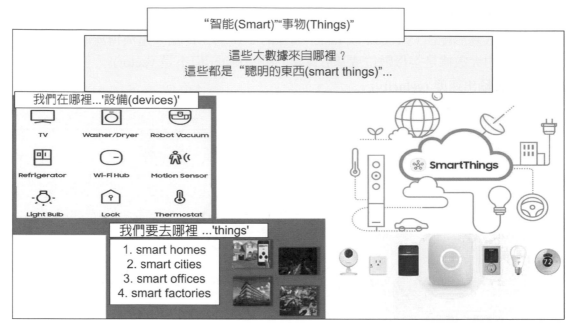

圖 2-33　智能 (Smart)、事物 (Things)

4. **準確性 (veracity)**

(1) 屬性準確性

對於屬性 (非空間) 數據，數據是否符合數據質量，測試有三？

◆ 交叉檢查總計與其他來源或歷史趨勢。

◆ 檢查異常值

◆ 審查及審計數據收集技術

(2) 空間準確性

◆ 對於 vector 數據 (基於點，線及多邊形的圖像)，質量會有所不同。這取決於這些點是由 GPS 確定的，還是由未知來源或手動確定的。此外，分辨率及投影問題可以改變準確性。

◆ 對於地理編碼點，地址表及與地址相關的點位置算法中可能存在錯誤

◆ 對於柵格數據 (基於像素的圖像)，準確性取決於衛星或航空設備中記錄儀器的準確性以即時效性。

5. **價值 (value)**

對於即時空間大數據，可以透過可視化氣候，交通，基於社交媒體的態度及大量庫存位置等空間現象的動態變化來增強決策。

對數據趨勢的探索可以包括空間鄰近性及關係。一旦建立了空間大數據，就可以應用正式的空間分析，例如空間自相關 (spatial autocorrelation)、疊加 (overlays)、緩衝 (buffering)、空間聚類技術 (spatial cluster techniques) 及 location quotients。

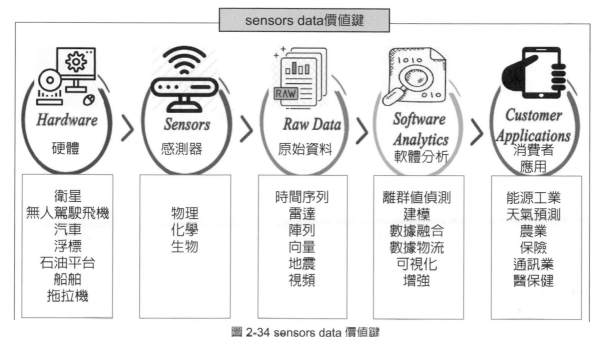

圖 2-34 sensors data 價值鍵

空間自相關：Stata 指令
Stata 提供空間自相關包括：
- .xsmle 指令：Spatial panel-data models。
- .anketest 指令：Spatial panel-data models。
- .pautoc 指令：modules to calculate spatial autocorrelation (moran and geary measures)。
- .spmstardhxt 指　令：module to estimate (m-STAR) Spatial Multiparametric Spatio Temporal AutoRegressive Regression。
……

五、大數據與傳統數據集有何不同？

你可以看到傳統數據集可能非常大，但它們傳統上是在電子表格或資料庫中格式化，往往是**靜態的**，旨在**證明假設**。

相比之下，大數據具有 5 V 並且可以使用**機器學習**，透過查看大數據集中的工作原理來推出**解決方案**。統計術語是**探索性**的。

2-9-3 空間大數據分析：應用領域

空間大數據分析：應用在 10 個領域

你如何將大數據用於時空 (spatial-temporal) 呢，請看下面 10 個應用領域？

1. **政治**：研究的內容涉及對博客文章、國會演講及新聞稿進行電腦智能化分析…等，希望藉此洞察政治觀點是如何傳播的。

2. **交通運輸 (transportation)**：高速公路 Big data 之分析應用，如圖 2-35 所示。

3. **供應鏈管理**：大數據可以為供應商網路 (Supplier Networks) 提供更好的數據準確性 (Accuracy)、清晰度 (Clarity) 及洞察力 (Insights)，從而在共享的供應網路中實現更多的情境智能 (Contextual Intelligence) 供應鏈管理之大數據，如圖 2-36 所示。。

　　有前瞻目光的製造商們正在將 80% 或更大比例的供應網路經營活動建立在其企業外部，他們利用大數據及雲計算技術來突破傳統 ERP 系統及供應鏈系統的局限性。

4. **公共安全**：大數據時代下日益複雜多變的公共安全形勢為維護國家公共安全提出了更高的要求。深入研究利用大數據技術推動公共安全治理，對維護我國公共安全環境具有十分重要的意義。分析了當前我國公共安全形勢及維護公共安全面臨的挑戰以及大數據時代公共安全治理的現實狀況，闡述了我國公共安全治理面臨的困境，提出需依託大數據技術在治理能力、技術手段、思維方式、新領域 4 個方面推動公共安全治理創新。

5. **城市交通**：想停車找不到停車位？若你總有不得不的理由在尖峰時段的台北市開車，一定對這樣的情況心有戚戚焉。車主對即時停車動態的需求無所不在，市面上能有效率解決車主龐大需求的應用程式服務卻很稀少交通之大數據示意圖，如圖 2-37 所示。

6. **緊急管理 (emergency management)**：分析及觀察大數據模式不僅是企業內部的有益實踐，還可以提高應急及災害管理組織的效率及效率。由於智能手機及社交媒體的可用性及使用，災難可以透過即時資訊進行衡量，並得到快速，準確及準確的響應。大數據能夠透過利用社區資訊並將受害者與緊急救援者及家人聯繫起來，從而加強災難恢復。緊急管理之大數據示意圖，如圖 2-38 所示。

　　當應急者能夠 access 強調受影響最嚴重地區的即時資訊時，可以最大限度地縮短搜索時間並最大限度地縮短恢復時間。透過專業洞察力及衛星圖像，大數據已經啟動了已經拯救生命並在應急管理領域證明有效的趨勢。

7. **醫療保健**：大數據改變任何行業數據的管理、分析方式。醫療保健是最有希望的領域。醫療保健分析可：降低治療成本，預測流行病的爆發，避免可預防的疾病，並提高整體生活質量。與企業家一樣，衛生專業者能夠收集大數據並尋找使用這些數位的最佳策略，如圖 2-39 所示。

8. **能源與環境**：能源，包括消費，發現及實施。能源的重要性，特別是可再生，可重複使用及負擔得起的能源。能源與環境之大數據示意圖，如圖 2-40 所示。

9. **氣候科學**：全球氣候變化及其對人類生活的影響已成為現代最大的挑戰之一。儘管存在緊迫性，但儘管氣候數據豐富，但數據科學對進一步加深你對地球的了解幾乎沒有影響。數據科學介紹了開採大型氣候數據集的挑戰及機遇。

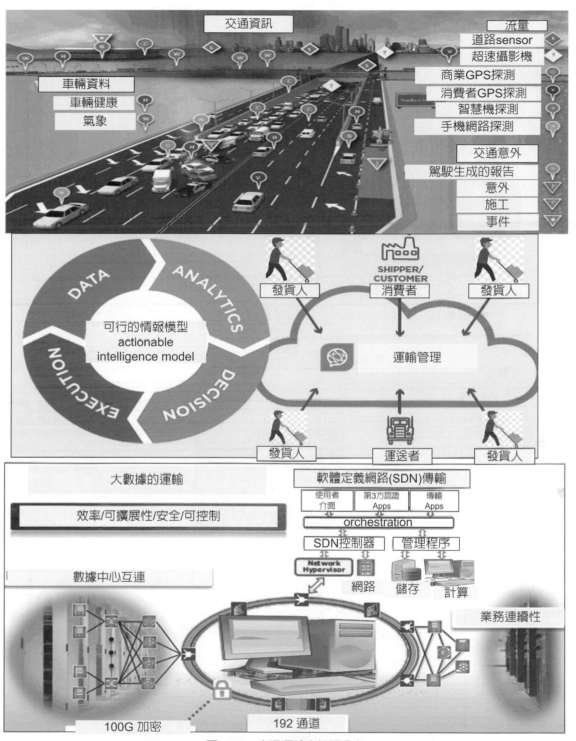

圖 2-35　交通運輸之地理分布

來源：Transport forum (2019). https://www.slideshare.net/TristanWiggill/big-data-and-public-transport

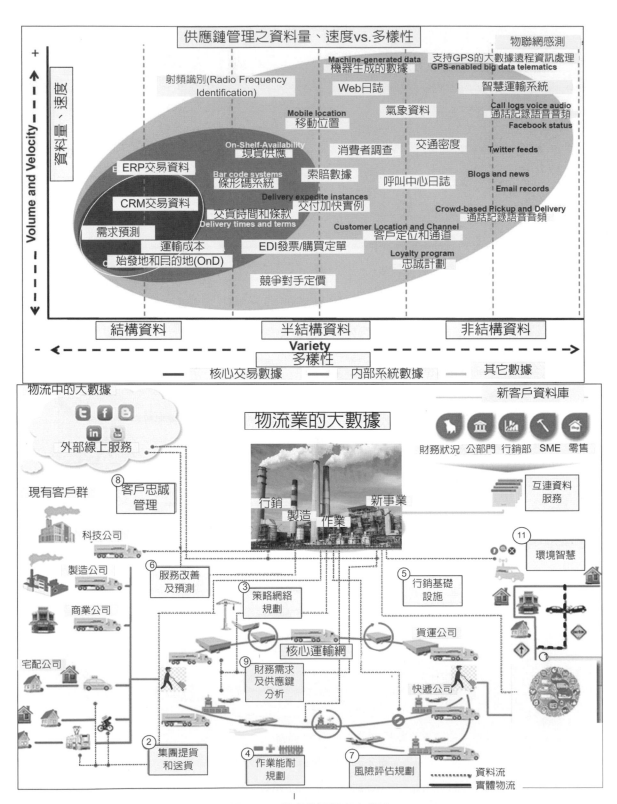

圖 2-36　供應鏈管理之大數據

來源：Big data in Logistics (2019). https://www.supplychain247.com/article/big_data_in_logistics_move_beyond_the_hype/Big_Data

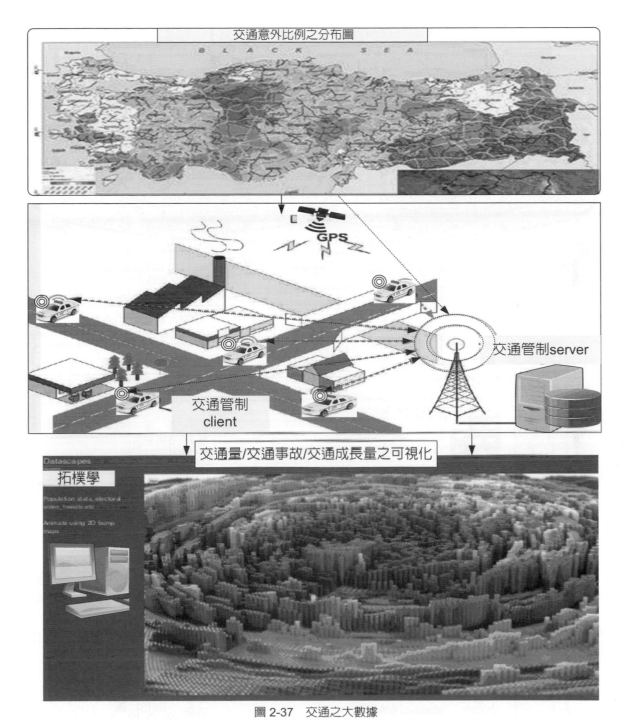

圖 2-37　交通之大數據

來源：SciELO (2019). http://www.scielo.br/scielo.php?script=sci_arttext&pid=S1982-21702015000100169

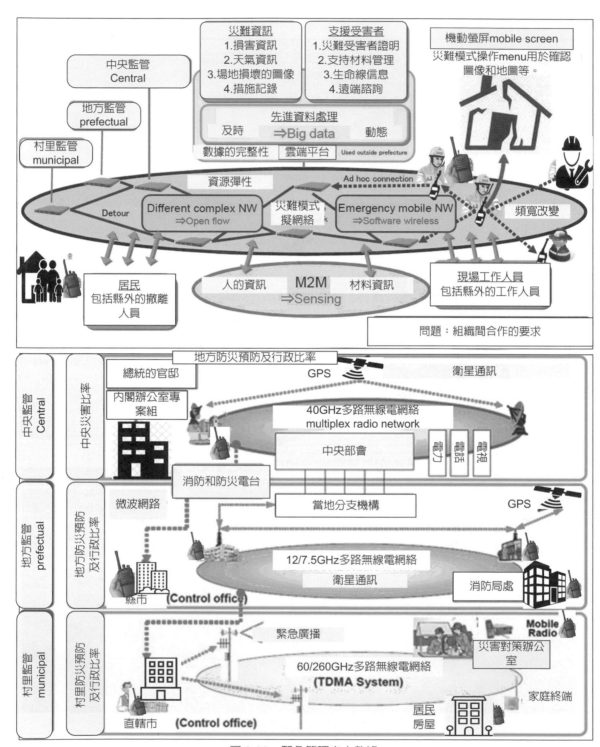

圖 2-38 緊急管理之大數據

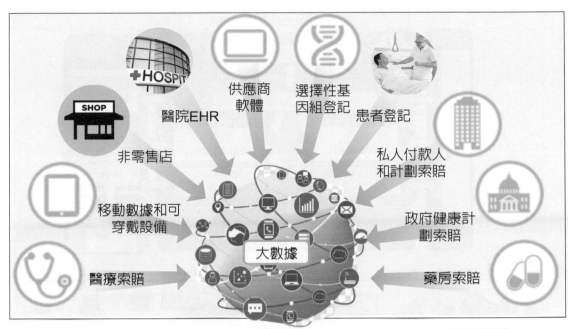

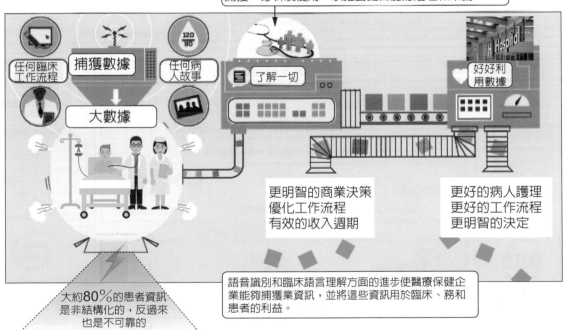

圖 2-39　醫療保健之大數據

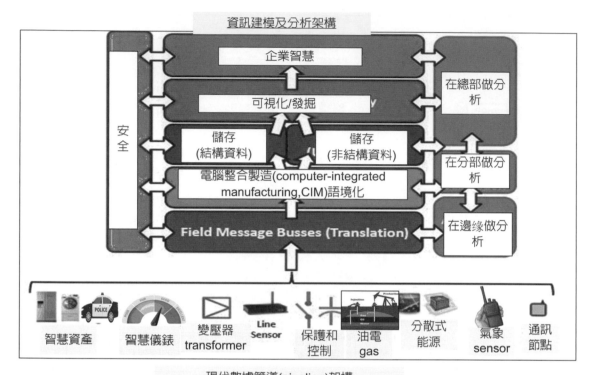

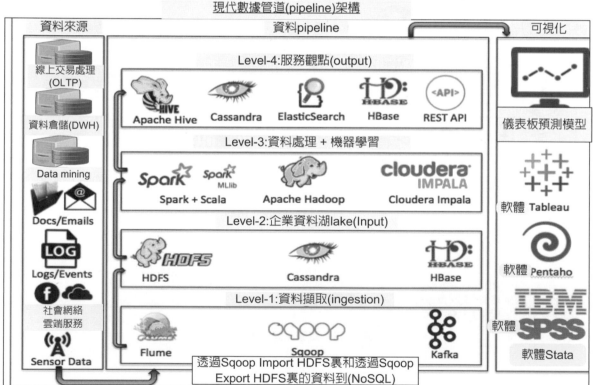

圖 2-40 能源與環境之大數據

10. 市場營銷 / 廣告

　　"5P" 理論認爲營銷策略一般是指價格策略 (Price)、渠道策略 (Place)、促銷策略 (Promotion)、包裝策略 (Package) 及產品策略 (Product)。市場營銷廣告之大數據示意圖，如圖 2-41 所示，

　　根據跨國公司的調查數據顯示，在消費終端，有 63% 的消費者是根據商品的包裝及裝潢進行商品決策的；而到超級市場購買的家庭主婦，由於精美的包裝及裝潢的吸引，其消費量往往超過她們原先預計 45%。由此可見，有商品的「第一印象」之稱的包裝是在市場實戰中越來越發揮不可忽視的作用。所以，將包裝 (Package) 稱爲與市場營銷 4P(Product, Promotion, Price, Place) 組合平行的第 5 個 P，使之合稱爲新市場營銷的 5P 理論也不爲過也。

　　大數據對行銷的好處：

1. 更好的決策。

2. 更好地實施關鍵戰略舉措。

3. 與客戶建立更好的關係。

4. 更好的風險意識。

5. 更好的財務績效等。

◆ 小結：大數據尚待解決的問題？

1. 空間大數據將如何影響組織過程。

　　在數十年的權力下放之後，一種可能的趨勢是實現雲中數據的集中化。

2. 關注隱私侵犯及大數據定位。

   • 對毫無戒心的用戶的吸引力可能源自社交媒體 (Foursquare) 或零售折扣中的「穿著」。

   • 可能會對此入侵產生強烈反對

3. 大數據及分析如何改變決策制定。

4. 人類管理者及決策者在多大程度上會超越大數據的結果。

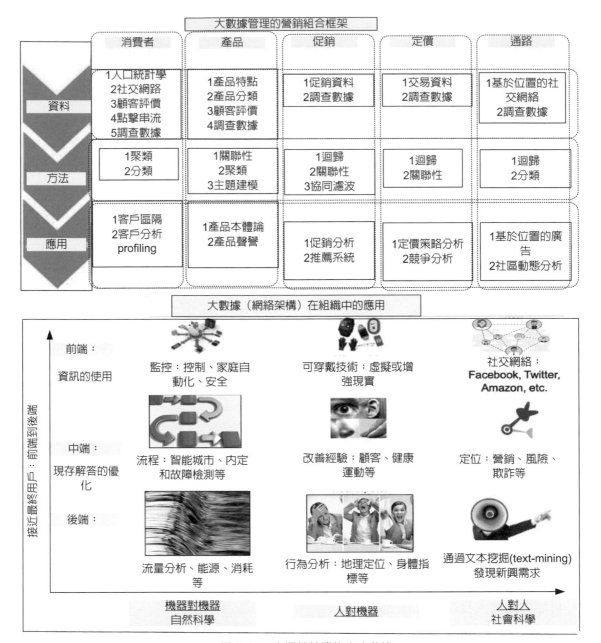

圖 2-41　市場營銷廣告之大數據

◆ 總結：大數據，空間大數據及分析

1. 大數據是指溢出 (overflow) 普通數據管理系統的龐大數據集。

2. 5V 定義大數據，包括 Volume、Variety、 Velocity、Veracity、Value。

3. 空間大數據是空間參考的大數據，因此除了常見的分析技術外，還可以應用映射及空間分析 (mapping and spatial analytics)。

4. 普通的小數據方法不起作用，因爲大多數傳統技術無法對大數據集進行探索。

5. 大數據方法允許多維篩　(multidimensional screening) 及「資料挖掘」，以定位顯示有趣關係，趨勢或比較的質量部分。

6. 大數據集的那些有趣部分可以分類爲小數據集，這些數據集可以應用更強大的傳統分析方法。

7. 大數據的管理問題尚未弄清楚。

8. 需要從管理及組織的角度研究成功，以了解什麼在管理上有效，並產生利潤及其他好處。

2-9-4 可視化 (visualization)：可用 Stata、SPSS、R 統計軟體

一、數據可視化 (data visualization)

它是關於數據之視覺表現形式的研究；其中，這種數據的視覺表現形式被定義爲一種以某種概要形式抽提出來的資訊，包括相應資訊單位的各種屬性和變數。

數據可視化主要旨在藉助於圖形化手段，清晰有效地傳達與溝通資訊。但是，這並不就意味著，數據可視化就會因爲要實現其功能用途而令人感到枯燥乏味，或者是爲了看上去絢麗多彩而顯得極端複雜。爲了有效地傳達思想概念，美學形式與功能需要齊頭併進，透過直觀地傳達關鍵的方面與特徵，從而實現對於相當稀疏而又複雜的數據集的深入洞察。然而，設計者往往並不能很好地把握設計與功能之間的平衡，從而創造出華而不實的數據可視化形式，無法達到其主要目的，也就是傳達與溝通資訊 (wiki.mbalib, 2019)。

數據可視化與資訊圖形、資訊可視化、科學可視化以及統計圖形密切相關。當前，在研究、教學和開發領域，數據可視化乃是一個極爲活躍而又關鍵的方面。

二、數據可視化工具

坊間著名的數據可視化工具，包括：

1. Sisense

是市場上發展最快的產品之一，爲公司提供廣泛而全面的商業智能套件，其中包含一些可用的最強大的可視化工具。該公司的平臺包括增強了 AI 的分析引擎，自然語言查詢以及創建滿足各種需求的個性化和完全可定制的儀表板的能力。

2. Domo

非常適合市場上的許多公司提供自助服務分析和可視化解決方案。該平臺專注於社交協作，允許用戶透過消息傳遞，上下文數據和通知進行通信，這些通知將所有利益相關者的數據集更新和更改通知所有利益相關者。

　　Domo 以其輕鬆訪問數據而著稱。該平臺可能具有最多的可用數據集連接器，其中包括最受歡迎的數據源，例如 Amazon Web Services，Google Analytics(分析) 以及 350 多個其他流。更重要的是，其針對各種行業的預構建解決方案使其成爲靈活而動態的工具。

3. Zoho Reports

　　如果你需要一個輕巧而靈活的可視化和分析平臺，Zoho 的基於 Web 的界面將提供一個有趣的解決方案。該公司的工具專注於報告和分析，並且可以在短時間內提供各種見解，包括圖表，摘要視圖和完整的儀表板。

　　Zoho 還具有強大的可視化功能，允許用戶使用拖放功能快速創建自己的報告，並能夠合併源自 Google Analytics(分析) 等來源的數據。

4. Tableau

　　是市場上最古老，最著名的「自助」可視化和分析套件之一，這是有充分理由的。該平臺旨在處理海量且不斷變化的數據集，例如由 AI 和機器學習應用程序創建的數據集，還包括針對移動設備和台式機的快速可視化和報告。

　　Tableau 的平臺提供多種分析方法，使用戶可以透過多種方式檢查和操作數據，甚至創建自己的分析模板。此外，透過輕鬆的共享和權限，組織可以在訪問數據和安全性之間建立適當的平衡。對於企業級公司和有大數據需求的公司來說，Tableau 是一個不錯的選擇。

5. QlikView

　　QlikVi 是高度的可定制性和多種功能。該應用程序具有易於使用的分析和 BI 套件，其中包括企業報告，可視化效果和簡化的界面，從而消除了某些 BI 工具創建的混亂情況。

　　QlikView 通常與數據發現工具 QlikSense 結合使用，它是最專用的用戶社區之一，擁有大量的第三方修改和擴展市場，可以進一步根據不同組織的獨特需求定制平臺。此外，QlikView 允許獨特的腳本編寫，因此組織可以根據需要構建自己的應用程序。透過高權限訪問，組織還可以創建更可靠和透明的數據分析套件。

6. Infogram

　　如果你的需求更偏向於可視化而不是商業智能的分析，那麼 Infogram 提供一個簡單而有效的解決方案。該平臺旨在創建可視化效果和現成的報告，並具有按需產生圖表，地圖，社交媒體視覺效果和其他圖表的功能。此外，Infogram 包括用於報告和可視化的各種現成模板，並允許用戶基於現有數據在幾秒鐘內發送報告。

三、可視化：獲取頓悟 / 眼光 (insight)

1. 許多人及機構擁有可能「隱藏」基本關係的數據，包括：

- 房地產經紀人
- 銀行家
- 航空交通管理員
- 詐欺調查員
- 工程師

2. 這些人希望能夠查看該數據的一些圖形表示，可能與之互動。

四、例子：詐欺檢測 (Fraud Detection)

1. 嚴重詐欺辦公室 (Serious Fraud Office, SFO)，利用大數據來分析涉嫌抵押詐欺案。
2. SFO 提供 12 個文件歸檔櫃。
3. 在 12 年後，確定了一名嫌犯，且該嫌犯被逮捕、審判並被定罪。
4. 數據以電子形式提供。
5. 可視化工具 (Netmap 軟體) 用於檢查數據。
6. 在 4 個星期後，確定了同一個嫌疑人。
7. 還發現了詐欺背後的主犯。

五、資訊可視化有用嗎？ (Is Information Visualization Useful?)

1. 德州儀器 (Texas Instruments) 公司

　　在矽晶片上製造微處理器，在幾週內完成 400 片。監控此過程，收集有關每個晶圓的 140,000 條資訊。在那個數據堆中的某個地方可能會出現關於出錯的警告。在製造壞芯片之前及早發現錯誤。德州儀器使用可視化工具使檢測過程更加輕鬆。

2. Eli Lilly 公司

　　有 1500 名科學家使用先進的資訊可視化工具 (Spotfire 軟體) 進行決策。「由於它能夠代表多種資訊來源並以互動方式改變你的觀點，因此有助於特定分子歸巢 (for homing in on specific molecules)，並決定是否應對其進行進一步測試」。

六、地理可視化：霍亂流行病 (The Cholera Epidemic, London 1845)

　　倫敦醫療官 John Snow 博士調查 1845 年，在 Soho 的霍亂疫情。他描繪了死亡事件，並指出死亡事件，如圖 2-42 係以點數 (by points) 表示，往往發生在 Broad Street 泵附近。進而關閉該泵，即可減少該地區霍亂發生。

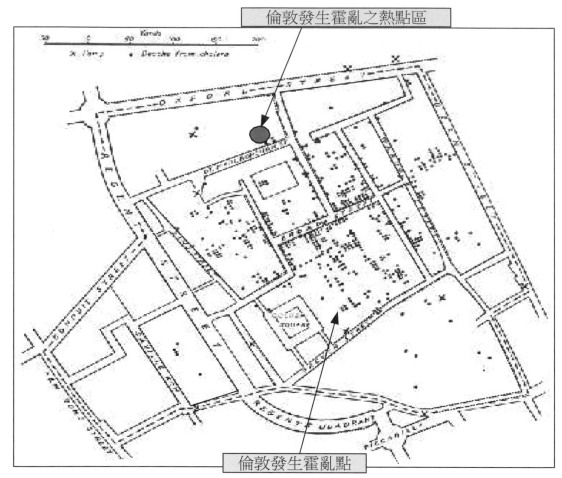

圖 2-42　倫敦發生霍亂之地理可視化

來源：Geography Education (2019). https://www.pinterest.com/pin/323485185705316471/

七、太空梭：挑戰者的災難 (Challenger Disaster)

　　1986 年 1 月 28 日，美圖挑戰者號航天飛機爆炸，7 名宇航員死亡，只因兩枚橡膠 O 型油封的洩漏。前一天，設計火箭的工程師反對發射，擔心 O 型環不會在預報溫度 (25 到 29°F) 下密封。經過多次討論後，決定繼續進行。

1. 事故原因：無法評估早期航班的低溫及 O 型油封損壞之間的關聯。

2. 只因當時很多太空梭的圖表都很糟糕。

八、可視化 (visualization) 之例子

1. 指創新使用圖像及互動技術來探索大型高密度數據集

2. 幫助用戶，查看在文本列表中難以看到的模式及關係

   - 豐富的圖表
   - 儀表板
   - 地圖

3. 越來越多用於辨識，對諸如區域的結構化及非結構化數據的洞察

   - 運營效率
   - 盈利能力
   - 策略計劃

案例 1：地理數據映射 (Geo data mapping)

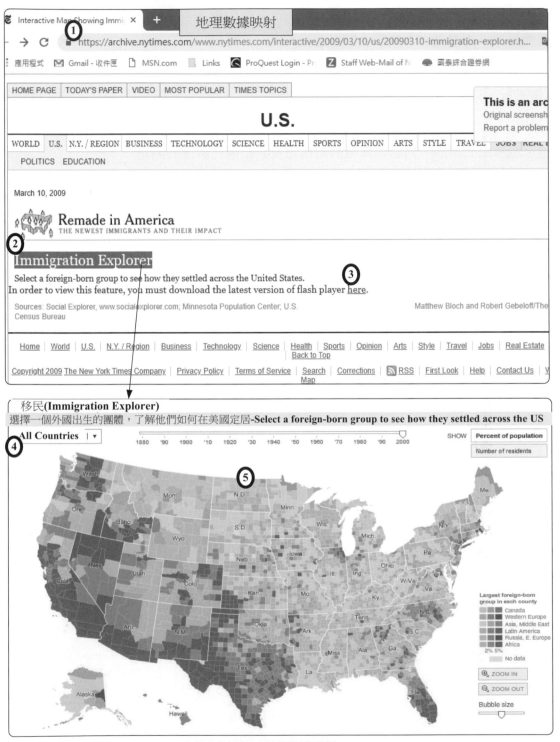

圖 2-43 可視化例子 1：地理數據映射 (Geo data mapping)

來源：https://archive.nytimes.com/www.nytimes.com/interactive/2009/03/10/us/20090310-immigration-explorer.html

2-9-5 空間決策支持系統 (spatial decision support system)

　　空間決策支持系統 (SDSS) 是一個互動的，基於電腦的系統，旨在幫助決策，同時解決半結構化的空間問題。SDSS 旨在協助空間規劃者制定土地使用決策的指導。可以使用對決策建模的系統來幫助確定最有效的決策路徑 (Sprague & Carlson ,1982)。

　　SDSS 又稱爲策略支持系統，並且包括決策支持系統 (DSS) 及地理資訊系統 (GIS)。這需要使用資料庫管理系統 (DBMS) 來保存及處理地理數據；可用於預測決策可能結果的潛在模型庫；以及幫助用戶與電腦系統互動並協助分析結果的介面。

一、SDSS 流程 (process)

　　SDSS 通常以電腦模型的形式或相互關聯的電腦模型的集合存在，包括土地使用模型。雖然有各種技術可用於模擬土地利用動態，但兩種類型特別適合 SDSS。這些是基於細胞自動機 (cellular automata, CA) 模型 (White & Engelen,2000) 及基於代理模型 (agent based models, ABM)(Parker 等人 , 2003)。

　　SDSS 通常使用各種空間及非空間資訊，如土地使用、運輸、水管理、population 統計、農業、氣候、流行病學、資源管理或就業等數據。透過使用歷史中的兩個或更多已知點，可以校準模型，然後可以對未來進行預測以分析不同的空間策略選項。使用這些技術，空間規劃者可以調查不同情景的影響，並提供資訊以做出明智的決策。爲了允許用戶容易地調整系統以處理可能的干預可能性，介面允許進行簡單的修改。

二、智能決策支持系統是什麼？

　　智能決策支持系統 (IDDS) 是人工智慧 (AI) 和 DSS 相結合，應用專家系統 (expert system) 技術，使 DSS 能夠更充分地應用人類的知識，如關於決策問題的描述性知識，決策過程中的過程性知識，求解問題的推理性知識，透過邏輯推理來幫助解決複雜的決策問題的輔助決策系統。

─ 習 題 ─

1. 最佳數據分析軟體之排名？

2. 資料處理及機器學習方法如何整合？

3. 何謂文本挖掘 (text mining,TM)？

4. 何謂自然語言處理 (NLP)？

5. 何謂音頻分析？

6. 圖像分析是什麼？

數據科學之分析技術及工具

數據科學 (data science) 是一門解決實際問題的學問。數據科學、機器學習及人工智慧等術語在技術流行語的「萬神殿」中，便能找到的熱門術詞。

數據科學，又稱資料科學，是一門利用數據學習知識的學科，其目標是透過從數據中提取出有價值的部分來生產數據產品。它結合了諸多領域中的理論及技術，包括應用數學、統計、態樣 (pattern) 辨識、機器學習、數據可視化 (使用 Python、Stata, SPSS, R 語言)、數據倉儲，以及高性能計算。此外，數據科學也對商業競爭有極大的幫助。

迄今，大數據 (Big data) 與數據科學 (data science) 已是大眾耳熟能詳的詞彙，各行各業正在積極運用且開發大數據的價值，這些大數據也帶來了巨大的商機。

例如，體育數據分析公司 SciSports 開發了一種名為 BallJames 的攝像系統，用於捕捉現場所有沒有球的球員的大數據：這是傳統方法的延伸。這種即時跟蹤技術可自動產生位於體育場周圍的 14 個攝像機的視頻中的三維數據，以記錄玩家的每一個動作。BallJames 產生球員數據，如傳球的精確度、方向及速度、短跑力量及跳躍力量，這就是大數據。

數位工業革命產生影響包括：

大數據、學習分析、物聯網、納米 (nanotechnology) 技術、智能塵埃、道德、隱私及監視、機器人技術、再生醫學 (regenerative medicine)、腦機 (brain-computer) 介面、電腦的人類智慧、augmented 人類、超人類主義 (transhumanism)。

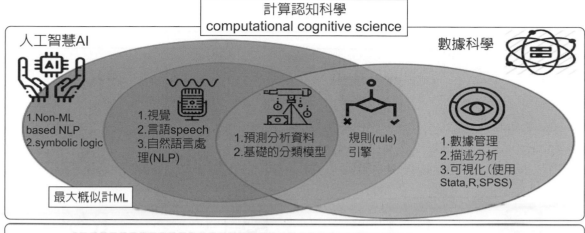

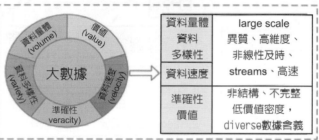

1.代表法學習 representation learning	**2.深度學習**	**3.分散式及平行學習**	
1.特徵(feature)選擇 2.特徵萃取 3.維度縮減	學習深度架構	1.平行及分散式計算 2.可擴展(scalable)的學習方法	
4.轉換學習 Transfer learning	**5.主動學習** active learning	**6.核基礎學習** Kernelbase	**機器學習法資料庫**
1.知識轉換 2.多領域學習	1.查詢策略和重新採樣 2.selectively labeling patterns	1.非線性心資料處理 2.高維度mapping	
7.線上學習 extreme learning machine	**8.極端學習機**	....	
1.Streaming processing 2.Sequential learning	1.極端快速學習 2.良好的廣泛性能 3.減少人為干預	....	

9.ADMM,MapReduce Hadoop	10.雲端計算	11.矩陣恢復(matrix recovery)/完成	12.認知,本體論(ontology)及語意	.....
1.分散式理論框架 2.平行程式平台或分散式檔案系統	強大的存儲和計算能力(powerful storage and computinf ability)	不確定和不完整的處理(uncertain and incomplete processing)	1.智慧理論 2.上下文感知(context-aware)技術	.....

支持技術
enabling technologies

圖 3-1　計算認知科學 =AI+ 數據科學

一、做大數據所需的必要技能

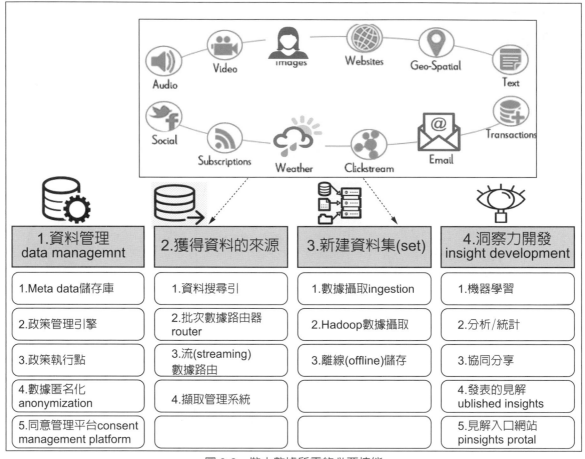

圖 3-2 做大數據所需的必要技能

二、將大數據轉化為知識

將大數據轉化為知識示意圖,如圖 3-3-1 與圖 3-3-2 所示。

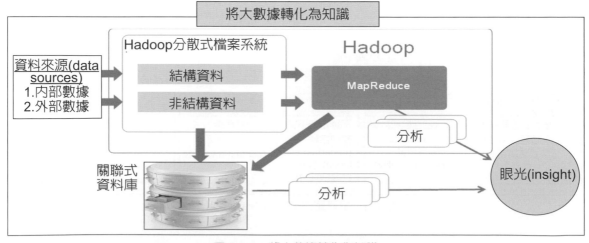

圖 3-3-1 將大數據轉化為知識

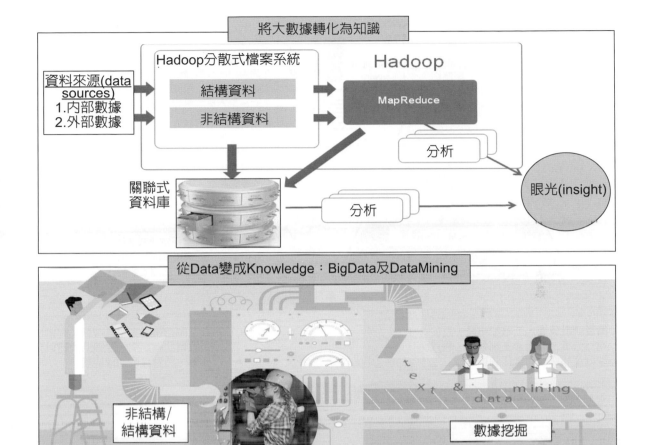

圖 3-3-2　將大數據轉化為知識（續）

3-1　創立一個支持大數據的組織：將大數據帶回家的步驟

Step 1　做你自己 (Be Yourself)：迴歸至你的組織策略

　　先從清楚瞭解，你打算使用大數據分析要解決特定問題是什麼？才有助於指導部署的位置及數據解決方案。如圖 3-4 所示。

Step 2　安全人員及技能 (Secure People & Skills)

　　分析組織中「數據科學家」專案，所需的能力，要源自多方面技能領域。如圖 3-5 所示。

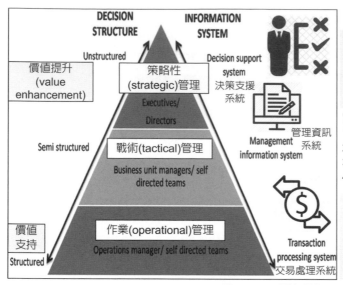

圖 3-4 三層次的管理面

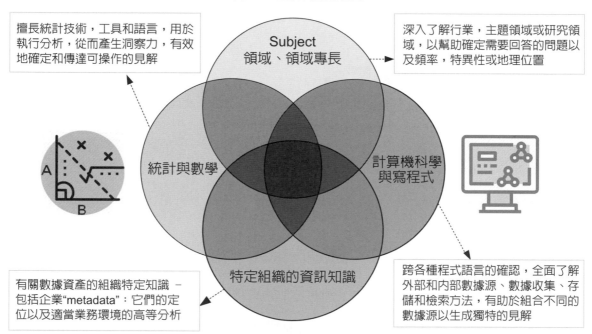

圖 3-5 大數據專家源自四大領域

Step 3 讓目標決定結構，千萬不要相反 (Let objectives dictate structure, not vice versa)

分析工作 (efforts)、組織的結構：報告是採縱向式還是橫向式呢？互連或自主單獨部門？資源及成功又該如何共用：可以影響效率及影響。常見大數據的組織結構，包括：分散式分析 (distributed analytics)、聯合分析 (federated analytics)、集中分析 (centralized analytics)。

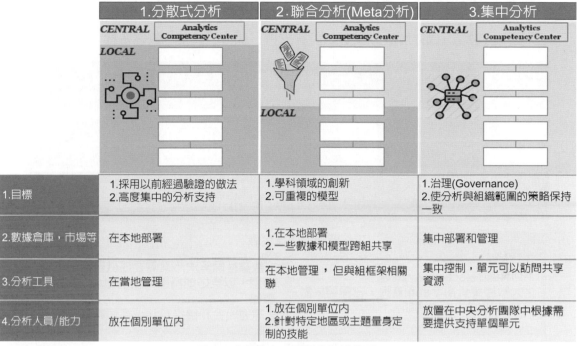

	1.分散式分析	2.聯合分析(Meta分析)	3.集中分析
1.目標	1.採用以前經過驗證的做法 2.高度集中的分析支持	1.學科領域的創新 2.可重複的模型	1.治理(Governance) 2.使分析與組織範圍的策略保持一致
2.數據倉庫，市場等	在本地部署	1.在本地部署 2.一些數據和模型跨組共享	集中部署和管理
3.分析工具	在當地管理	在本地管理，但與組框架相關聯	集中控制，單元可以訪問共享資源
4.分析人員/能力	放在個別單位內	1.放在個別單位內 2.針對特定地區或主題量身定制的技能	放置在中央分析團隊中根據需要提供支持單個單元

圖 3-6 大數據有三種組織結構可選

Step 4　投資適當的基礎設施

　　大數據引入，造成了傳統數據基礎建設，已無法再支持的新數據結構相關的挑戰，包括：數據量及多樣性，處理限制 (data volume and variety, processing constraints)，故思維也要跟著改變。

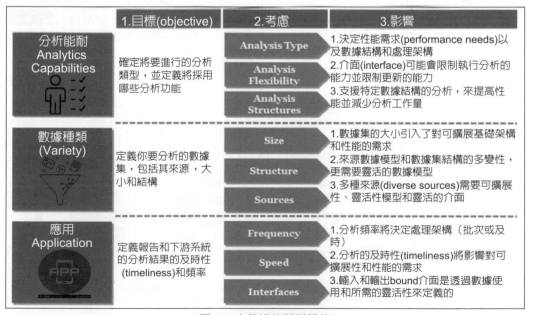

	1.目標(objective)	2.考慮	3.影響
分析能耐 Analytics Capabilities	確定將要進行的分析類型，並定義將採用哪些分析功能	Analysis Type Analysis Flexibility Analysis Structures	1.決定性能需求(performance needs)以及數據結構和處理架構 2.介面(interface)可能會限制執行分析的能力並限制更新的能力 3.支援特定數據結構的分析，來提高性能並減少分析工作量
數據種類 (Variety)	定義你要分析的數據集，包括其來源，大小和結構	Size Structure Sources	1.數據集的大小引入了對可擴展基礎架構和性能的需求 2.來源數據模型和數據集結構的多變性，更需要靈活的數據模型 3.多種來源(diverse sources)需要可擴展性、靈活性模型和靈活的介面
應用 Application	定義報告和下游系統的分析結果的及時性(timeliness)和頻率	Frequency Speed Interfaces	1.分析頻率將決定處理架構（批次或及時） 2.分析的及時性(timeliness)將影響對可擴展性和性能的需求 3.輸入和輸出bound介面是透過數據使用和所需的靈活性來定義的

圖 3-7 大數據的基礎設施

一、新興基礎設施的三選擇 (Emerging Infrastructure Options)

要利用大數據，儲存解決方案必須能夠支持目標分析功能，數據多樣性及性能需求。

Distributed Processing
1.分散式處理系統

Hadoop和類似的解決方案，在商用硬體上提供可擴展的分佈式存儲和分佈式計算

NoSQL
2.NoSQL伺服器

嵌入式和持久存儲，係透過文檔、圖形和dictionary結構來實作數據模型

Cloud Computing
3.雲端計算

雲計算可以提高靈活性，可擴展性和成本管理，並在整個組織中實現一致的業務戰略

正在解決的傳統挑戰......

1.可伸縮性(scalability)問題
2.大數據集資訊萃取和查詢，它需要大量可快速擴展的處理週期

1.數據存儲解決方案需要提供靈活的數據模型，以更好地攝取非結構化和半結構化數據
2.需要組合和鏈接(link)多個數據來源

圖 3-8　新基礎設施的三選擇

二、大數據的上下遊供應商整合 (landscape)

大數據的上下遊供應商整合示意圖，如圖 3-9 所示。

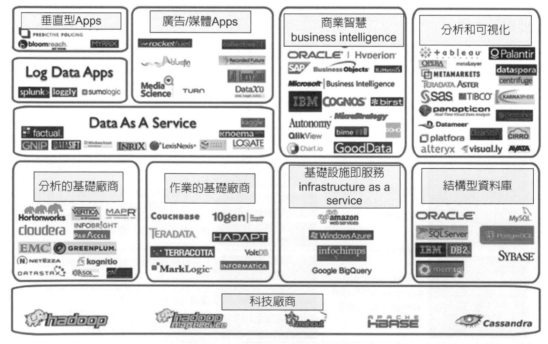

圖 3-9　大數據的上下遊廠商整合

來源：Hadoop Ecosystem(2019). https://www.quora.com/What-is-a-Hadoop-ecosystem.

三、開發一流分析組織的關鍵指導原則

指導原則：說明 (illustrative)，可量身製作。

1. 建立分析組織，作為洞察產生 (insight generation) 的客觀顧問。

2. 透過 "consolidation" 與分析功能的 " 分散 (distribution) " 的平衡，來確保對業務需求的響應能力。

3. 創新、投資及構建新的分析功能，並隨著用戶的複雜性 [例如，數據可視化 (data visualization)] 逐步推廣到業務。數據可視化是關於數據之視覺表現形式的研究，資料視覺化的技術可以幫助不同背景的工程人員溝通、理解，以達良好的設計與分析結果。

4. 優先考慮戰術產出的策略業務價值交付。

5. 充分瞭解用戶體驗。

6. 注重速度、準確性及可重用性。

7. 優化及管理工作流程，以實現最大的資源效率。

8. 在有意義的地方允許分散式分析，但要嚴格管理並確保編目。

9. 確保建立的所有輸出的反饋循環一致。

3-2　數據分析 (data analysis)：數據科學

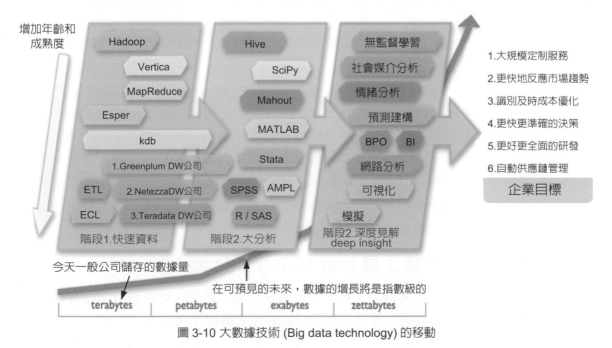

圖 3-10 大數據技術 (Big data technology) 的移動

來源：Hadoop Ecosystem(2019). https://www.quora.com/What-is-a-Hadoop-ecosystem.

1. Greenplum DW 公司

該公司成立於 2003 年，2006 年推出了首款產品，其主營業務關注在資料倉庫及商業智慧方面，Greenplum DW/BI 軟體可以在虛擬化 x86 伺服器上運行無分享 (shared-nothing) 的大規模並行處理 (MPP) 架構。

當前使用的 OLTP 程式中，用戶 access 一個中心資料庫，若採用 SMP 系統結構，它的效率要比採用 MPP 結構要快得多。而 MPP 系統在決策支援及資料挖掘方面顯示了優勢，可以這樣說，若操作相互之間沒有什麼關係，處理單元之間需要進行的通信比較少，那採用 MPP 系統就要好，相反就不合適了。

2. 資料倉儲市場發燒，IBM 引進 Netezza 產品

IBM Netezza(發音為 ne-teez-a) 是美國科技公司 IBM 的子公司，該公司設計及銷售高性能數據倉庫設備及高級分析應用程式，用於企業數據倉庫、商業智慧、預測分析及業務連續性計劃。

Netezza 的一體機設計融合儲存、資料庫與伺服器 3 大功能，可有效減低以軟體為核心的架構設計容易產生資料傳輸瓶頸而脫累效能的問題，該產品在台灣市場將鎖定具備高階分析需求，以及資料量較龐大的企業進行推廣。

市場上採用軟硬體整合裝置形式販售資料倉儲產品的代表業者，應屬自 NCR 分割出的 Teradata，在此領域耕耘最久，而資料庫市場龍頭甲骨文則自 2008 年起與惠普聯手推出 Exadata Database Machine，同樣鎖定該市場，當時甲骨文針對的假想敵，正是後來被 IBM 購併的 Netezza，不過就在隔年甲骨文購併昇陽 (Sun Microsystems) 之後，改採用昇陽硬體自行推出了 Exadata 第 2 代產品。

3. Teradata DW 公司

Teradata Corporation 為美國商業軟體公司，以大數據分析、數據倉庫及整合行銷管理解決方案為主要業務。

Teradata 為開發並銷售關聯式資料庫管理系統 (RDBMS) 的企業級軟體公司。Teradata 產品為「資料倉庫系統」與儲存並管理資訊，資料倉庫使用技術被稱作「無共用 (shared nothing)」架構，各個伺服器之間擁有獨立記憶體及處理能力，增加伺服器與節點即增加可儲存的資料量，並由資料庫軟體集中管理各伺服器間的承載負荷量。天睿資訊銷售可處理不同資料類型的應用服務與軟體，2010 年，天睿資訊軟體加入文字分析功能，藉此追蹤非結構性資料 (如文書檔案) 或半結構性資料 (如試算表)，可應用於商業分析，例如使用資料倉庫追蹤公司資料，如銷售、客戶偏好、產品位置等。

3-2-1 前 15 名大數據工具 (top 15 Big data tools)

今天市場充斥著一系列大數據工具。它們旨在將成本效率、更好的時間管理帶入數據分析任務。以下是具有關鍵功能及下載鏈接的最佳大數據工具列表。

1. Hadoop

Apache Hadoop 軟體庫是一個大數據框架 (framework)。 它允許跨電腦集群分散式處理大型數據集 (distributed processing of large data sets across)。它旨在從單個服務器擴展到數千台電腦。

特色：

(1) 使用 HTTP 代理服務器時的身份驗證改進。

(2) Hadoop 相容檔案系統工作規範。

(3) 支援 POSIX 樣式的檔系統擴展屬性。

(4) 它提供強大的生態系統，非常適合滿足開發人員的分析需求。

(5) 它帶來了數據處理的靈活性。

(6) 它允許更快的數據處理。

下載網站：https://hadoop.apache.org/releases.html

2. HPCC

HPCC 是 LexisNexis Risk Solution 開發的大數據工具。 它提供單一平臺，單一架構及單一編程語言 (single programming language)，用於數據處理。

特色：

(1) 使用更少的代碼，高效地完成大數據任務。

(2) 提供高冗餘及可用性。

(3) 它可以用於 Thor 集群上的複雜數據處理。

(4) 圖形化 IDE 用於簡化開發，測試及調試。

(5) 它會自動優化並行處理的代碼。

(6) 提供增強的可擴展性及性能。

(7) ECL 代碼編譯為優化的 C++，它也可以使用 C++ 庫進行擴展。

下載網站：https://hpccsystems.com/try-now　3.Storm

3. Storm

Storm 是一個免費的開源大數據計算系統。它提供分散式即時、容錯處理系統。具有即時計算功能。

特色：

(1) 它的基準測試是每個節點每秒處理 100 萬個 100 字節 (byte) 的消息。

(2) 它使用跨機器集群運行的並行計算。

(3) 若節點死亡，它將自動重啓。該工作程式將在另一個節點上重新啓動。

(4)　Storm 保證每個數據單元至少處理一次或完全一次。

(5)　一旦安裝部署，Storm 肯定是 Bigdata 分析最簡單的工具。

下載網站：http://storm.apache.org/downloads.html

4. Qubole

Qubole Data 是自治大數據管理平臺。它是自我管理的自我優化工具，允許數據團隊專注於業務成果。

特色：

(1)　適用於每個用例的單一平臺。

(2)　開源引擎，針對雲進行了優化。

(3)　全面的安全性，治理及合規性。

(4)　提供可操作的警報、見解及建議，以優化可靠性、性能及成本。

(5)　自動制定策略以避免執行重複的手動操作。

下載網站：https://www.qubole.com/

5. Cassandra

Apache Cassandra 資料庫如今被廣泛用於提供對大數據的有效管理。

特色：

(1)　透過為用戶提供更低的延遲，支援跨多個數據中心進行複制。

(2)　數據自動複製到多個節點以實現容錯。

(3)　它最適合不能丟失數據的應用程式，即使整個數據中心停機也是如此。

(4)　Cassandra 提供支援合同及服務，可從第三方獲得。

下載網站：http://cassandra.apache.org/download/

6. Statwing

Statwing 是一種易於使用的統計工具。它是由大數據分析師構建的。其現代介面自動選擇統計測試。

特色：

(1)　在幾秒鐘內探索任何數據。

(2)　Statwing 有助於在幾分鐘內清理數據，探索關係並建立圖表。

(3)　它允許建立導出到 Excel 或 PowerPoint 的直方圖、散點圖、熱圖及條形圖。

(4)　它還將結果翻譯成普通英語，因此分析師可不熟悉統計分析。

下載網站：https://www.statwing.com/

7. CouchDB

CouchDB 將數據儲存在 JSON 文檔 (documents) 中，可以使用 JavaScript 訪問 Web 或查詢。它提供具有容錯儲存的分散式擴展。它允許透過定義 Couch 複製協議來訪問數據。

特色：

(1) CouchDB 是一個單節點資料庫，可以像任何其他資料庫一樣工作。

(2) 它允許在任意數量的服務器上運行單個邏輯資料庫服務器。

(3) 它利用了無處不在的 HTTP 協議及 JSON 數據格式。

(4) 跨多個服務器實例輕鬆複製資料庫。

(5) 簡單的文檔插入、更新、檢索及刪除介面。

(6) 基於 JSON 的文檔格式可以跨不同語言進行翻譯。

下載網站：http://couchdb.apache.org/

8. Pentaho

Pentaho 提供大數據工具來提取、準備及混合數據。它提供可視化及分析，可以改變運營任何業務的方式。這個大數據工具可以將大數據轉化為重要的見解。

特色：

(1) 數據訪問及集成，實現有效的數據可視化。

(2) 它使用戶能夠在源頭構建大數據並將其流式傳輸以進行準確的分析。

(3) 無縫切換或組合數據處理與集群內執行，以獲得最大程度的處理。

(4) 允許透過輕鬆訪問分析來檢查數據，包括圖表，可視化及報告。

(5) 透過提供獨特的功能支援各種大數據源。

下載網站：http://www.pentaho.com/download

9. Flink

Apache Flink 是一個 open-source 流 (stream) 處理大數據工具。它是分散式，高性能，始終可用且準確的數據流應用程式。

特色：

(1) 提供準確的結果，即使對於無序或遲到的數據也是如此。

(2) 它具有狀態及容錯能力，可以從故障中恢復。

(3) 它可以在大規模上運行，在數千個節點上運行。

(4) 具有良好的吞吐量及延遲特性。

(5) 這個大數據工具支援使用事件時間語義進行流處理及窗口化。

(6) 它支援基於數據驅動視窗的時間，計數或會話的靈活窗口。

(7) 它支持各種用於數據源及接收器的第三方系統連接器。

下載網站：https://flink.apache.org/

10. Cloudera

Cloudera 是最快、最簡單、最安全的現代大數據平臺。 它允許任何人在單個可擴展平臺內的任何環境中獲取任何數據。

特色：

(1) 高性能分析。

(2) 它提供多雲的服務。

(3) 跨 AWS、Microsoft Azure 及 Google Cloud Platform 部署及管理 Cloudera Enterprise。

(4) 啓動及終止群集，只需在需要時支付所需費用。

(5) 開發及培訓數據模型。

(6) 報告、探索及自助服務商業智慧。

(7) 提供即時的監控及檢測見解。

(8) 進行準確的模型評分及服務。

下載網站：https://www.cloudera.com/

11. Openrefine

Open Refine 是一款功能強大的大數據工具。它有助於處理淩亂的數據，清理數據並將其從一種格式轉換爲另一種格式。它還允許使用 Web 服務及外部數據擴展它。

特色：

(1) OpenRefine 工具可幫助你輕鬆瀏覽大型數據集。

(2) 它可用於鏈接及擴展你的數據集與各種 Web 服務。

(3) 以各種格式導入數據。

(4) 在幾秒鐘內探索數據集。

(5) 應用基本及高級單元格轉換。

(6) 允許處理包含多個值的單元格。

(7) 在數據集之間建立即時鏈接。

(8) 在文本欄位上使用命名實體提取源自動辨識主題。

(9) 借助優化表達式語言執行高級數據操作。

下載網站：http://openrefine.org/download.html

12. Rapidminer

RapidMiner 是一個開源大數據工具。它用於數據準備，機器學習及模型部署。它提供一套產品來構建新的數據挖掘流程及設置預測分析。

特色：

(1) 允許多種數據管理方法。

(2) GUI 或批處理。

(3) 與內部資料庫集成。

(4) 互動式，可共用的儀表板。

(5) 大數據預測分析。

(6) 遠程分析處理。

(7) 數據過濾、合併、加入及聚合。

(8) 構建、培訓及驗證預測模型。

(9) 將流數據儲存到眾多資料庫中。

(10) 報告及 triggered 的通知。

下載網站：https://my.rapidminer.com/nexus/account/index.html#downloads

13. DataCleaner

DataCleaner 是一個數據質性 (quality) 分析應用程式及解決方案平臺。它具有強大的數據分析引擎。它是可擴展的，從而增加了數據清理，轉換，匹配及合併。

特色：

(1) 互動式及探索性數據分析。

(2) 模糊重複記錄檢測。

(3) 數據轉換及標準化。

(4) 數據驗證及報告。

(5) 使用參考數據清理數據。

(6) 掌握 Hadoop 數據湖中的數據提取管道。

(7) 在用戶花費在處理上的時間之前，確保有關數據的規則是正確的。

(8) 查找異常值及其他惡魔細節，以排除或修復不正確的數據。

下載網站：http://datacleaner.org/

14. Kaggle

Kaggle 是世界上最大的大數據社區。它幫助組織及研究人員發布他們的數據及統計數據。它是無縫分析數據的最佳位置。

特色：

(1) 發現及無縫分析開放數據的最佳位置 (The best place to discover and seamlessly analyze open data)。

(2) 搜索框以查找打開的數據集。

(3) 有助於開放數據移動並與其他數據愛好者聯繫。

下載網站：https://www.kaggle.com/

15. Hive

Hive 也是一個開源軟體大數據。 它允許程式員在 Hadoop 上分析大型數據集。 它有助於快速查詢及管理大型數據集。

特色：

(1) 它支持 SQL，如用於交互及數據建模的查詢語言。

(2) 它使用兩個主要任務 map 及 reducer 編譯語言。

(3) 它允許使用 Java 或 Python 定義這些任務。

(4) Hive 專為管理及查詢結構化數據而設計。

(5) Hive 的 SQL 語言將用戶與 Map Reduce 編程的複雜性區分開來。

(6) 它提供 Java 資料庫連接 (JDBC) 介面。

下載網站：https://hive.apache.org/downloads.html

3-2-2 數據分析 (basic data analysis) 是什麼？

一、資料分析的概念

資料分析是指透過建立審計分析模型對資料進行核對、檢查、複算、判斷等操作，並比較：被審計單位資料的現實狀態與理想狀態，從而發現審計線索，搜集審計證據的過程。

二、資料分析的目的與意義

資料分析的目的是把隱沒在一大批雜亂無章的資料給予集中、萃取及提煉出來，以找出所研究物件的內在規律。

　　在實用中，資料分析可幫助你作出判斷，以便採取適當行動。資料分析是組織有目的地收集資料、分析資料，使之成為資訊的過程。這一過程是品質管制體系的支持過程。在產品的整個壽命週期，包括從市場調研到售後服務及最終處置的各個過程都需要適當運用資料分析過程，以提升有效性。例如 J. 開普勒透過分析行星角位置的觀測資料，找出了行星運動規律。又如，一個企業的領導人要透過市場調查，分析所得資料以判定市場動向，從而制定合適的生產及銷售計畫。因此資料分析有極廣泛的應用範圍。

二、資料型態 (type)

1. 關係數據 (tables/transaction/legacy data)
2. 文本數據 (Web)
3. 半結構化數據 (XML)、可延伸標記式語言 (extensible markup language)。
4. 圖表數據：社交網路、語義網 (semantic Web)(RDF)、......
5. 串流資料 (streaming data)：你只能掃描一次數據

　　串流資料是由數千個資料來源持續產生的資料，通常會同時傳入資料記錄，且大小不大 (約幾 KB)。串流資料包含各式各樣的資料，例如：客戶使用你的行動或 Web 應用程式產生的日誌檔、電子商務採購、遊戲中的玩家活動、源自社交網路、金融交易所或地理空間服務的資訊，以及源自連線裝置或資料中心儀器的遙測結果。

　　這些資料需要依照個別記錄或移動時段，按順序以遞增的方式處理，並用於相互關聯、匯總、篩選及抽樣等多種分析。這類分析衍生而來的資訊可讓公司深入瞭解其業務及客戶活動的許多層面，像是服務使用量 (用於計量 / 計費)、伺服器活動、網站點擊數，以及裝置、人員及實體商品的地理位置，這樣才能快速因應所發生的各種狀況。例如，企業可持續分析社交媒體串流以追蹤大眾對其品牌及產品的情緒變化，並在需要時即時做出反應。

三、資料分析的功能

　　資料分析主要包含下面幾個功能：

1. 簡單數學運算 (simple mathematics)

　　數學 (希臘語 "knowledge, study, learning")，它包括對數量、結構、空間及變化等主題的研究。

　　數學家尋求並使用模式來製定新的猜想；他們透過數學證明來解決猜想的真實性或虛假性。當數學結構是真實現象的良好模型時，數學推理可以提供關於自然的洞察力或預測。使用抽象及邏輯，數學可從計數、計算、測量以及物理對象的形狀及運動的系統研究中發展而來。

2. 統計 (statistics)

統計學是在資料分析的基礎上，研究測定、收集、整理、歸納及分析反映資料資料，以便給出正確訊息的科學。這一門學科廣泛地應用在各門學科，從自然科學、社會科學到人文學科，甚至被用於工商業及政府的情報決策。隨著大數據 (Big data) 時代來臨，統計的面貌也逐漸改變，與資訊、計算等領域密切結合，是資料科學 (data science) 中的重要主軸之一。

譬如自一組資料中，可以摘要並且描述這份資料的集中及離散程度，稱之**描述統計學**。另外，觀察者以資料的形態，建立出一個用以解釋其隨機性及不確定性的數學模型，以之來推論研究中的步驟及母體，稱之**推論統計學**。這兩種用法都可以被稱作爲應用統計學。數理統計學則是討論背後的理論基礎的學科。

有關統計分析，進一步介紹，請見張紹勳 (2015~2019) 一系列的 Stata/SPSS 的書，包括：

(1)《STaTa 與高等統計分析的應用》一書，該書內容包括：描述性統計、樣本數的評估、變異數分析、相關、迴歸建模及診斷、重複測量…。

(2)《STaTa 在結構方程模型及試題反應理論》一書，該書內容包括：路徑分析、結構方程模型、測量工具的信效度分析、因素分析…。

(3)《STaTa 在生物醫學統計分析》一書，該書內容包括：類別資料分析 (無母數統計)、logistic 迴歸、存活分析、流行病學、配對與非配對病例對照研究資料、盛行率、發生率、相對危險率比、勝出比 (Odds Ratio) 的計算、篩檢工具與 ROC 曲線、工具變數 (2SLS)…Cox 比例危險模型、Kaplan-Meier 存活模型、脆弱性之 Cox 模型、參數存活分析有六種模型、加速失敗時間模型、panel-data 存活模型、多層次存活模型…。

(4)《Meta 統計分析實作：使用 Excel 與 CMA 程式》一書，該書內容包括：統合分析 (meta-analysis)、勝出比 (Odds Ratio)、風險比、4 種有名效果量 (ES) 公式之單位變換等。

(5) 《Panel-data 迴歸模型：STaTa 在廣義時間順序的應用》一書，該書內容包括：多層次模型、GEE、工具變數 (2SLS)、動態模型…。

(6) 《STaTa 在總體經濟與財務金融分析的應用》一書，該書內容包括：誤差異質性、動態模型、順序相關、時間順序分析、VAR、共整合…等。

(7) 《多層次模型 (HLM) 及重複測量：使用 STaTa》一書，該書內容包括：線性多層次模型、vs) 離散型多層次模型、計數型多層次模型、存活分析之多層次模型、非線性多層次模型…。

(8) 《模糊多準評估法及統計》一書，該書內容包括：AHP、ANP、TOPSIS、Fuzzy 理論、Fuzzy AHP…等理論與實作。

(9) 《 輯斯迴歸及離散選擇模型：應用 STaTa 統計》一書，該書內容包括： 輯斯迴歸、vs) 多元 輯斯迴歸、配對資料的條件 Logistic 迴歸分析、Multinomial Logistic Regression、特定方案 Rank-ordered logistic 迴歸、零膨脹 ordered probit regression 迴歸、配對資料的條件 輯斯迴歸、特定方案 conditional logit model、離散選擇模型、多層次 輯斯迴歸…。

(10) 《有限混合模型 (FMM)：STaTa 分析 (以 EM algorithm 做潛在分類再迴歸分析)》一書，該書內容包括：FMM：線性迴歸、FMM：次序迴歸、FMM：Logit 迴歸、FMM：多項 Logit 迴歸、FMM：零膨脹迴歸、FMM：參數型存活迴歸…等理論與實作。

(11) 《多變數統計之線性代數基礎：應用 STaTa 分析》一書，該書內容包括：平均數之假設檢定、多變數變異數分析 (MANOVA)、多元迴歸分析、典型相關分析、區別分析 (discriminant analysis)、主成份分析、因素分析 (factor analysis)、集群分析 (cluster analysis)、多元尺度法 (multidimensional scaling, MDS)…。

(12) 《人工智慧與 Bayesian 迴歸的整合：應用 STaTa 分析》，該書內容包括：機器學習及貝氏定理、Bayesian 45 種迴歸、最大概似 (ML) 之各家族 (family)、Bayesian 線性迴歸、Metropolis-Hastings 演算法之 Bayesian 模型、Bayesian 邏輯斯迴歸、Bayesian multivariate 迴歸、非線性迴歸：廣義線性模型、survival 模型、多層次模型。

3. 快速傅利葉變換 (fast fourier transform,FFT)

快速傅立葉變換 (Fast Fourier Transform, FFT) 是快速計算順序的離散傅立葉變換 (DFT) 或其逆變換的方法。傅立葉分析將訊號從原始域 (通常是時間或空間) 轉換到頻域的表示或者逆過來轉換。FFT 會透過把 DFT 矩陣分解為稀疏 (大多為零) 因數之積來快速計算此類變換。因此，它能夠將計算 DFT 的複雜度從只用 DFT 定義計算需要的 $O(n^2)$，降低到 $O(n\log(n))$，其中，n 為資料大小。

快速傅立葉變換廣泛的應用於工程、科學及數學領域。這裡的基本思想在 1965 年才得到普及，但早在 1805 年就已推導出來。1994 年美國數學家吉爾伯特·斯特朗把 FFT 描述為「你一生中最重要的數值演算法」，它還被 IEEE 科學與工程計算期刊列入 20 世紀十大演算法。

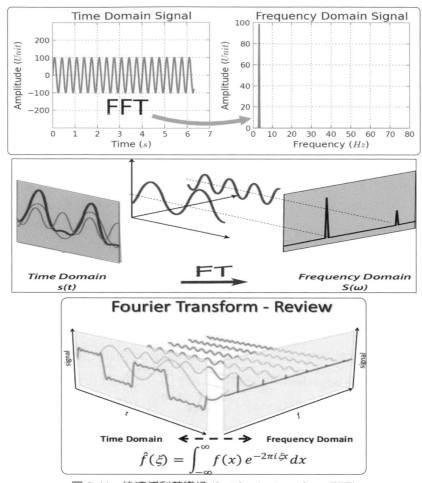

圖 3-11　快速傅利葉變換 (fast fourier transform,FFT)

來源：originlab.com(2019). https://medium.com/@diegocasmo/the-fast-fourier-transform-algorithm-6f06900c565b

4. 平滑及濾波 (smoothing and filtering)

◆ 平滑化 (smoothing)：信號處理

　　在統計學及圖像處理中，透過建立近似函數嘗試抓住數據中的主要模式，去除噪音、結構細節或瞬時現象，來平滑一個數據集。在平滑過程中，信號數據點被修改，由噪音產生的單獨數據點被降低，低於毗鄰數據點的點被提升，從而得到一個更平滑的信號。平滑可以兩種重要形式用於數據分析：一、若平滑的假設是合理的，可以從數據中獲得更多資訊；二、提供靈活而且穩健的分析。有許多不同的演算法可用於平滑。數據平滑通常透過最簡單的密度估計或直方圖完成。

　　(1)　線性平滑

　　在平滑值可寫爲觀測值線性變換的情況下，平滑操作稱爲線性平滑。表示先後的矩

陣稱爲平滑矩陣或 hat 矩陣。

　　(2)　平滑演算法 (algorithm)

　　最常用的一種演算法是「移動平均」，通常被用於在重複的統計調查中捕獲重要趨勢。在圖像處理及電腦視覺中，平滑被用於尺度空間的表示。最簡單的平滑演算法是「直角平滑」或「無加權滑動平均平滑」。此方法用 m 個鄰接點的平均值替換信號中的每個點，m 是稱爲「平滑寬度」的正整數，通常是奇數。三角平滑類似直角平滑，但實現了加權平滑函數。

　　部分平滑及過濾類型有：

- Additive smoothing
- 巴特沃斯濾波器
- 數位濾波器
- 卡爾曼濾波
- Kernel smoother
- Laplacian smoothing
- Stretched grid method
- 低通濾波器
- Recursive filter
- Savitzky–Golay smoothing filter 基於最小平方方法擬合多項式數據
- Local regression
- Smoothing spline
- 道格拉斯 - 普克演算法 (Douglas–Peucker algorithm)
- 移動平均
- Exponential smoothing 用於在時間順序數據中減少違規行爲 (隨機波動)，從而爲順序中的潛在行爲提供更清晰的視圖。其還提供預測時間順序未來值的有效方法。
- Kolmogorov–Zurbenko filter。

　　(3)　空間迴旋積 (空間卷積)

　　一張影像可以在頻率域 (frequency domain) 或空間域 (spatial domain) 進行濾波。另有專書介紹各種用在空間域率波的運算子，包括可濾除高頻雜訊的均值濾波器、中值濾波器、高斯濾波器，以及用來增強邊緣特徵的索貝爾濾波器、拉普拉斯濾波器。

　　空間濾波器 (spatial filter)h(i,j) 又稱爲 Mask/Kenel/Window，影像 f(x,y) 經過空間濾波器的運算，得到濾波後的影像 g(x,y)，$g(i, j) = h(i, j) \odot f(i, j)$。

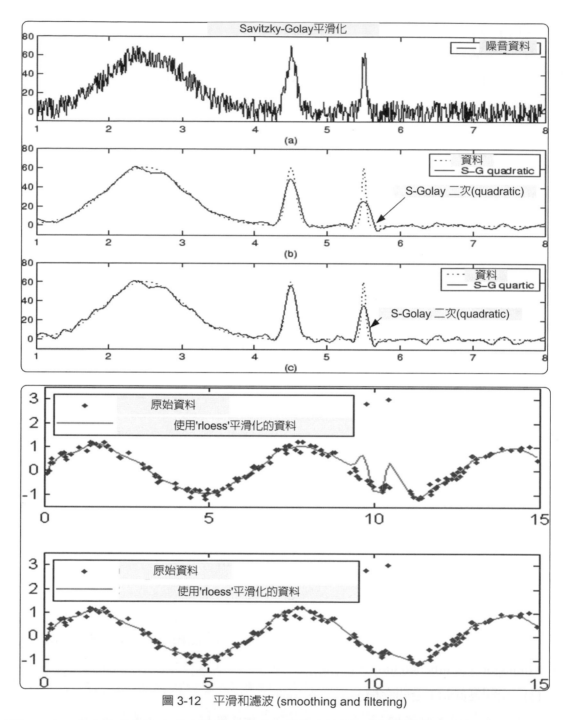

圖 3-12　平滑和濾波 (smoothing and filtering)

來源：mathworks.com(2019). https://www.mathworks.com/help/curvefit/smoothing-data.html

　　此一運算為迴旋積 (convolution)，迴旋積的運算模式為 "shift-multiplysummation"，shift 指由左到右、由上到下移動濾波器 h，針對每一次濾波器視窗所涵蓋的原始影像的

區域進行相乘，最後累加所有乘積，得到濾波影像 g 上一個像素的值。假設空間濾波器的大小是 $M \times M$ ，則我們可以寫成：

$$g(i,j) = \sum_{m=-\frac{M}{2}}^{\frac{M}{2}} \sum_{n=\frac{M}{2}}^{\frac{M}{2}} h(m,n) f(i-m, j-n)$$

◆ 過濾 (filtering)：信號處理

在信號處理中，濾波器是從信號中去除一些不需要的組件或特徵的設備或過程。濾波是一類信號處理，濾波器的定義特徵是對信號的某些方面的完全或部分抑制。大多數情況下，這意味著刪除一些頻率或頻段。但是，濾波器並不僅僅在頻域中起作用；特別是在圖像處理領域，存在許多其他用於過濾的目標。可以針對某些頻率分量移除相關性，而不必針對其他頻率分量移除相關性，而不必在頻域中起作用。濾波器廣泛用於電子產品及電信，在無線電、電視、音頻記錄、雷達、控制系統、音樂合成、圖像處理及電腦圖形學。

分類過濾器有許多不同的基礎，它們以許多不同的方式重疊；沒有簡單的分層分類。過濾器可能是：

- 線性或非線性。
- 時不變或時變，也稱為移位不變性。若濾波器在空間域中操作，則表徵是空間不變性。
- 因果關係或非因果關係：若過濾器的當前輸出取決於未來的輸入，則該過濾器是非因果關係。即時處理時域信號的濾波器必須是因果關係，而不是作用於空間域信號的濾波器或時域信號的延遲時間處理。
- 模擬或數位。
- 離散時間 (採樣) 或連續時間。
- 無源或有源類型的連續時間濾波器。
- 無限脈衝響應 (IIR) 或有限脈衝響應 (FIR) 類型的離散時間或數位濾波器。

5. **基線及峰值分析 (baseline and peak analysis)**

　　(1)　基線 (baseline)

　　基線是一條線，為基礎的測量或用於施工。

　　基線一詞可以指：

- 基線 (配置管理)，管理變更的過程。
- 基線 (海洋)，劃定沿海國家海域的起點。
- 某一國領海基線。

- 基線 (測量)，地球兩個點之間的一條線以及它們之間的方向及距離。

- 基線 (排版)，大多數位母「坐」的線，下方延伸的線。

- 基線 (預算編制)，一個財政年度預算的預算。

- 基線 (藥物)，研究開始時發現的資訊。

- 基線 (藥理學)，一個人的心態或存在，沒有藥物。

- 基線 (干涉測量法)，天文干涉儀的長度。

(2)　峰值 (peak)

　　峰值信噪比 (peak signal-to-noise ratio, PSNR) 是信號的最大可能功率與影響其表示保真度的破壞噪聲功率之間的比率的工程術語。由於許多信號具有非常寬的動態範圍，因此 PSNR 通常以對數 分貝標度表示。

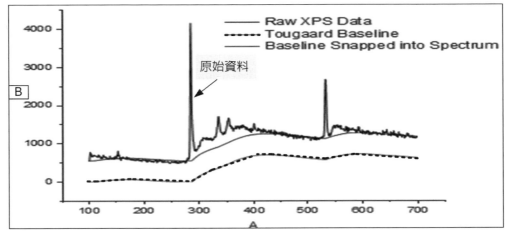

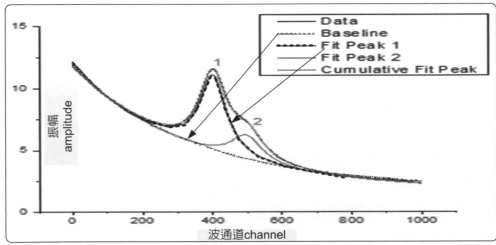

圖 3-13　基線和峰值分析 (baseline and peak analysis)

來源：originlab.com(2019). https://www.originlab.com/index.aspx?go=Products/Origin/DataAnalysis/
　　PeakAnalysis

3-3　數據 (data) 處理：資料倉儲及 OLAP

一、如何處理數據 (data)？

常見的資料處理有：匯總及統計、索引搜索及查詢、知識發現等三種：

(一) 匯總及統計 (aggregation and statistics)

1. 資料倉儲及 OLAP 的關係

資料倉儲架構示意圖，如圖 3-14 所示。

2. Snowflake/Star Schema：資料倉儲架構

Star schema 是倉儲中數據的通用組織。它包括：

(1) 事實表 (fact table)：銷售事實等非常大的累積。通常是「僅插入」。

(2) 維度表 (dimension tables)：關於事實中涉及的實體的較小的，通常是靜態的資訊。

ROLAP 有兩種形態的 table。一個 fact table 及數個 dimension tables。一般採用 Star Schema，也有採用 Snowflake Schema：

(1) Star Schema 裡的 dimension table 一般並不作正規化，以提高效率。OLAP 的資料一般很少改。

(2) Dimension table 裡的主鍵一般是由系統產生，以減少 Fact table 裡外部鍵的大小。Dimension Table 裡的屬性可以形成一個 hierarchy 或 lattice(e.g., date ->(week, month) -> year)。

(二) 索引、搜索及查詢 (indexing, searching, and querying)

1. 基於關鍵字的搜索

2. 態樣匹配 (pattern match)(XML / RDF)

　　(1) 資源描述框架 (Resource Description Framework，RDF)：

RDF 由 RDF Data Model、RDF Schema 及 RDF Syntax 三個部分組成。它是由全球資訊網協會 (W3C) 主導及結合多個元數據團體所發展而成的一個架構，是能夠對結構化的元數據進行編碼、交換及再利用的基礎架構。

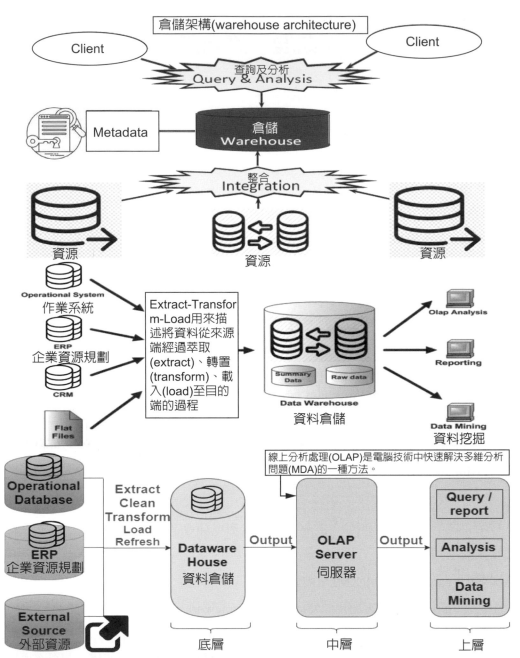

圖 3-14 資料倉儲架構 (warehouse architecture)

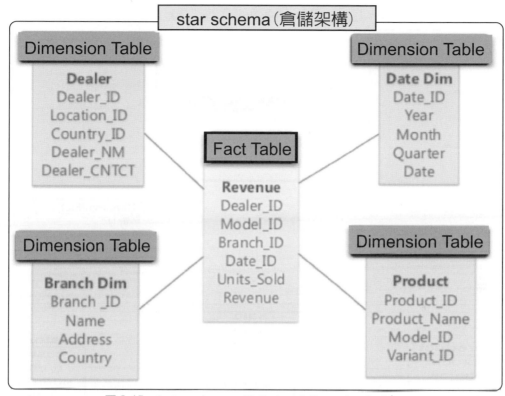

圖 3-15　A star schema with fact and dimensional tables

來源：guru99.com(2019). https://www.guru99.com/star-snowflake-data-warehousing.html

(2)　態樣辨識 (Pattern recognition)

　　就是透過電腦用數學技術方法來研究態樣的自動處理及判讀，把環境與客體統稱爲「態樣」。隨著電腦技術的發展，人類有可能研究複雜的資訊處理過程，資訊處理過程的一個重要形式是生命體對環境及客體的辨識。對人類來說，特別重要的是對光學資訊(透過視覺器官來獲得)及聲學資訊(透過聽覺器官來獲得)的辨識，這是態樣辨識的兩個重要方面。市場上可見到的代表性產品有光學字元辨識、語音辨識系統。

　　電腦辨識的顯著特點是速度快、準確性高、效率高，在將來完全可以取代人工。

　　辨識過程與人類的學習過程相似。以光學字元辨識之「漢字辨識」爲例：首先將漢字圖像進行處理，抽取主要表達特徵並將特徵與漢字的程式碼存在電腦中。就像老師教你「這個字叫什麼、如何寫」記在大腦中。這一過程叫做「訓練」。辨識過程就是將輸入的漢字圖像經處理後與電腦中的所有字進行比較，找出最相近的字就是辨識結果。這一過程叫做「符合 (match)」。

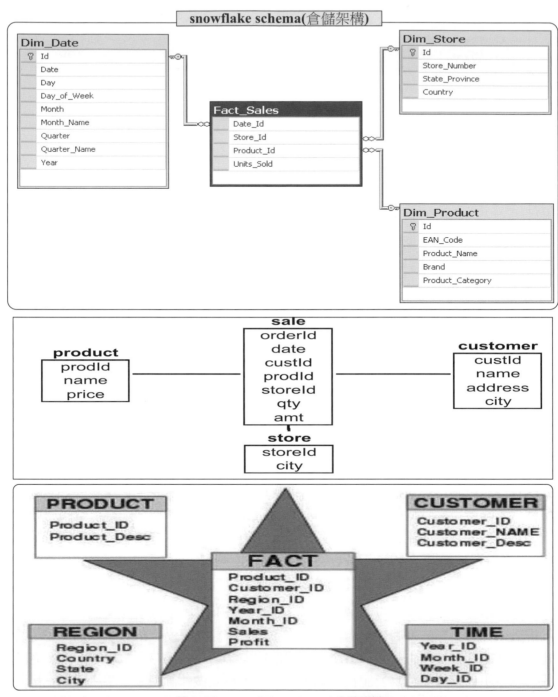

圖 3-16　snowflake schema(倉儲架構)

來源：Snowflake schema(2019). https://en.wikipedia.org/wiki/Snowflake_schema

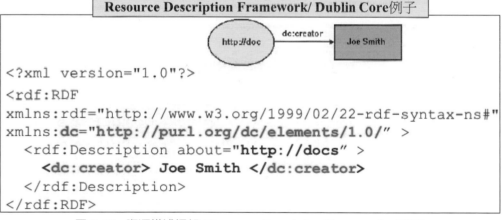

圖 3-17　資源描述框架 (Resource Description Framework，RDF)

來源：bioinf.org.uk(2019). http://www.bioinf.org.uk/talks/NettabSummary/img10.htm

(3)　態樣匹配 (pattern match)：程式設計

　　Scala 中 match 這個關鍵字的用法，相較於 Java 的 switch 來說，Pattern Matching 除了可以用列舉值的方式來決定程式的分歧執行路徑外，也可以外加額外的條件，甚至比對傳入值的型別等等。

樣態匹配(pattern match)程式

Scala `match` v Java `switch`

match

```
someFlag match {
    case 1 | 2 => doSomething()
    case 3 => doSomethingElse()
    case _ => doSomethingDefault()
}
```

switch

```
switch (someFlag) {
    case 1:
    case 2:
        doSomething();
        break;
    case 3:
        doSomethingElse();
        break;
    default:
        doSomethingDefault();
```

Constant v Variable pattern

Scala Essentials -
Pattern Match

```
val TonyStark = Civilian("Tony Stark", Fortune)
val BruceWayne = Civilian("Bruce Wayne", Fortune)
val clarkKent = Civilian("Clark Kent", Cash(1000))

TonyStark match {
    case BruceWayne => "Batman!"
    case `clarkKent` => "Superman!"
    case _ => "anybody"
}
```

樣態匹配(pattern match)例子

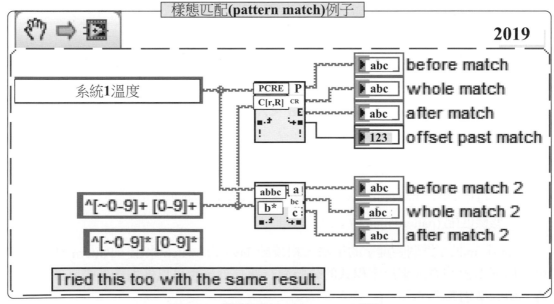

圖 3-18　態樣匹配 (pattern match) 例子

來源：c-sharpcorner.com(2019). https://www.c-sharpcorner.com/uploadfile/f5b919/pattern-matching-in-fsharp/

不過 Pattern Matching 並不只有這些功能而已，它甚至能夠在「物件」的層級進行比對。

在 Scala 中，經常用 Option[T] 這個型別來表示一個可能為空的函式回傳值，而這個型別有兩種子類別，當有值的時候你會回傳 Some(x)，並將 x 代入實際的值，而當沒有值的時候，你會回傳 None 這個物件。

而在之前的程式碼中，是使用傳統的 if / else 區塊來判斷目前的 Option[T] 物件是否有值，並決定要如何處理：

```
def printOptionContent(box: Option[Int]) {
  if(box.isDefined) {
    println(" 盒子裡放的是：" + box.get)
  } else {
    println(" 盒子裡是空的 ")
  }
}

printOptionContent(Some(12))    // 盒子裡放的是：12
printOptionContent(None)        // 盒子裡是空的
```

(三) 知識發現 (knowledge discovery)

知識發現的技術有二：

1. 數據挖掘 (data mining)

2. 統計建模 (statistical modeling)

(1) 資料挖掘 / 資料探勘：

係在一大群未經過處理的資料中，將資料丟入挖掘系統經過某一定的演算、排序、彙整出所需資料，簡單來說，就是從資料中挖掘有用的資訊或知識。

(2) 線上分析處理技術 (online analytical process,OLAP)：

OLAP 主要的功能在於提供企業在取得、查詢及分析商業資料時有最大的彈性及效率，它可幫助使用者能有效率地、方便地進行商業資訊多角度的分析。

兩者的差別：OLAP 可以幫助使用做分析以進行預測，而 Data Mining 不行。

二、資料分析步驟

資料分析 (數據分析) 是指透過建立審計分析模型對數據進行核對、檢查、復算、判斷等操作，將被審計單位數據的現實狀態與理想狀態進行比較，從而發現審計線索，搜集審計證據的過程。

資料分析有極廣泛的應用範圍。典型的資料分析可能包含以下三個步驟：

1. 探索性資料分析，當資料剛取得時，可能雜亂無章，看不出規律，透過作圖、造表、用各種形式的方程擬合，計算某些特徵量等手段探索規律性的可能形式，即往什麼方向及用何種方式去尋找及揭示隱含在資料中的規律性。

2. 模型選定分析，在探索性分析的基礎上提出一類或幾類可能的模型，然後透過進一步的分析從中挑選一定的模型。

3. 推斷分析，通常使用數理統計方法對所定模型或估計的可靠程度及精確程度作出推斷。

三、ROLAP vs. MOLAP

　　Online Analytical Processing(OLAP) 資料庫能簡化商務智慧查詢。OLAP 是一項資料庫技術，已針對查詢及報告最佳化，而非處理交易。OLAP 的來源資料為 Online Transactional Processing(OLTP) 資料庫，這些資料庫通常儲存在資料倉儲中。OLAP 資料是從這項歷史資料擷取，並且匯總為能夠進行複雜分析的結構。OLAP 資料還會按階層組織，並且儲存到 Cube 而非資料表中。這項複雜的技術是使用多維度結構提供快速的資料存取，以便進行分析。這種組織方式使樞紐分析表或樞紐分析圖報表更容易顯示較高層次的銷售匯總資料 (例如，整個國家或地區的總銷售額)，以及顯示出不同地點銷售情況好或壞的明細資料。

　　OLAP 資料庫的設計目的，是為了加快擷取資料的速度。因為是由 OLAP 伺服器，而不是 Microsoft Office Excel，計算匯總值，所以當你建立或變更報表時，需要傳送較少的資料到 Excel 上。此種方式使你能夠處理的來源資料量比以傳統資料庫 (Excel 會先擷取每一筆記錄，然後再計算匯總值) 組織的資料來的要多。

　　OLAP 資料庫包含兩種基本資料類型：測量，此為數值資料、數量及平均值，可用來進行商務決策；另一種為維度，此為用來組織這些度量的類別。OLAP 資料庫能夠藉由數層細節協助組織資料，並使用你熟悉的相同類別分析資料。

	資料庫管理系統 DBMS	OLAP	數據挖掘 Data mining
任務 (task)	萃取詳細及摘要數據	摘要、趨勢及預測	潛在態樣 (patterns) 的知識發現
結果的型態	資訊 information	分析	慧眼 (insight) 及預測
方法	演譯 (deduction) (問問題，用數據驗證)	多維度資料建模、聚合 (aggregation) 及統計	歸納 (induction)：採用新資料來建構模型

	資料庫管理系統 DBMS	OLAP	數據挖掘 Data mining
範例 example question	過去 4 年，誰 (Who) 買共同基金？	按地區劃分的共同基金 買家的平均收入是什麼 (What)？	未來 12 月，誰 (Who) 會 買共同基金？

(一) 線上分析處理 / 聯機分析處理 (on-line analytical processing，OLAP)

在 OLAP 的世界裡，主要有兩種不同的類型：多維**線上分析處理** (MOLAP) 及關聯式**線上分析處理** (ROLAP)。混合**線上分析處理**指的是 MOLAP 及 ROLAP 技術的結合。

線上分析處理的概念最早是由關係資料庫之 Codd 博士於 1993 年提出的，是一種用於組織大型商務資料庫及支持商務智慧的技術。OLAP 資料庫分為一個或多個多維數據集，每個多維數據集都由多維數據集管理員組織及設計以適應用戶檢索及分析數據的方式，從而更易於建立及使用所需的數據透視表及數據透視圖。

Codd 同時提出了關於 OLAP 的 12 條準則。OLAP 的提出引起了很大的反響，OLAP 作為一類產品同聯機事務處理 (OLTP) 明顯區分開來。

當今的數據處理大致可以分成兩大類：聯機事務處理 OLTP、**線上分析處理** OLAP。OLTP 是傳統的關係型資料庫的主要應用，主要是基本的、日常的事務處理，例如銀行交易。OLAP 是數據倉儲系統的主要應用，支持複雜的分析操作，側重決策支援，並且提供直觀易懂的查詢結果。下表列出了 OLTP 與 OLAP 之間的比較。

	ROLAP	MOLAP
用戶	操作人員、低層管理人員	決策人員、高級管理人員
功能	日常操作處理	分析決策
DB 設計	面嚮應用	面向主題
數據	當前的、最新的細節的、二維的分立的	歷史的、聚集的、多維的集成的、統一的
存取	讀 / 寫數十條記錄	讀上百萬條記錄
工作單位	簡單的事務	複雜的查詢
用戶數	上千個	上百個
DB 大小	100MB-GB	100GB-TB

1. Multi-Dimensional On-Line Analytical Processing(MOLAP)

ROLAP 是線上分析處理 (OLAP) 的一種，它對儲存在關聯資料庫 (而非多維資料庫) 中的資料作動態多維分析。

　　資料處理可以發生在資料庫系統內、中間層伺服器，或用戶端。在兩層結構中，用戶提交結構化查詢語句 (SQL) 請求給資料庫，然後收到請求的資料。在三層結構中，用戶提交請求進行多維分析，然後 ROLAP 引擎將請求轉化為 SQL 語句提交給資料庫。然後的操作將反過來執行：在將結果傳給用戶前引擎先將結構從 SQL 轉化為多維格式。一些請求會被建立，然後預先存好，關係型資料庫常常是這麼做的。若請求的資訊是可得的，則這個請求就會被使用，這麼做將節約時間。微軟 Access 的 PivotTable 就是三層結構的一個例子。

　　因為 ROLAP 使用的是關聯資料庫，所以它需要更多的處理時間及／或磁碟空間來執行一些專為多維資料庫設計的任務。儘管如此，ROLAP 支援更大的用戶群組及資料量，常常用於對這些容量要求很高的場合，例如某公司一個大而複雜的部門。

優勢：

　　卓越的性能：MOLAP cubes 為了快速資料檢索而構建，具有最佳的 slicing dicing 操作。

　　可以執行複雜的計算：所有的計算都在建立多維資料表時預先產生。因此，複雜的計算不僅可行，而且迅速。

劣勢：

　　它可以處理的資料量有限：因為所有的計算都是執行在構建的多維資料集上，多維資料集本身不可能包括大量的資料。當然這並不是大數據不能派生出多維資料集。事實上，這是可以的。但是在這種情況下，只有匯總的資訊能夠包含在多維資料集中。

　　需要額外的成本：多維資料集技術往往是有專利或現在並不存在在某個組織中。因此，要想採用 MOLAP 技術，通常是要付出額外的人力及資源成本。

2. 多維線上分析處理 (Multidimensional On-Line Analytical Processing，MOLAP)

　　多維線上分析處理 (多維 OLAP) 是一個直接編入多維資料庫的線上分析處理 (OLAP)。一般來說，一個 OLAP 應用程式以多維方式處理數據。用戶可以觀察數據整合體的不同方面，例如銷售時間，地點及產品模型。若數據儲存在相關的資料庫裡，那麼它能被多維的觀察，但是只能用連續的 access 及處理數據整合體的一個方面的表格的方式。MOLAP 處理已經儲存在多維列表裡的數據，在列表裡數據可能的結合都被考慮，每個數據都在一個能夠直接 access 的單元裡。因為這個原因，對大多數用途來說，MOLAP 都比關係型線上分析處理 (Relational Online Analytical Processing) 要更快及更受用戶歡迎。也有 HOLAP(混合 OLAP), 結合了 ROLAP 及 MOLAP 的一些特性。

　　多維 OLAP，基於多維數據儲存的線上分析處理，MOLAP 伺服器提供數據儲存管理，一般是放在物理的「立方塊 (cube)」當中。

MOLAP 常常用作數據倉庫應用程式的一部分。MOLAP 使用一種持久穩固的立方體結構，與關係型資料庫是分離的。Hyperion Essbase、Microsoft Analysis Services、Cognos PowerPlay 都是使用了這種方法。因為一個立方體包含一個預先計算好的數據子集，所以與 DOLAP 及 ROLAP 相比響應時間更快速且可以預測。MOLAP 資料庫傳統上還具有更大程度的多維計算，比 ROLAP 中也更容易實現。

MOLAP 的大幅下降是因為它需要 IT 支援、管理、維護的另外一種數據儲存。公司抱怨維護 200 個立方體需要很多努力，或公司擁有的是花費一個星期重新計算的設計不良的立方體，這都是很平常的。當一個維空間改變，如增加一個新的產品或改組業務單元，你可能就不得不重新計算整個 MOLAP 立方體。

MOLAP 是事先產生多維立方體，供以後查詢分析用，而 ROLAP 是透過動態的產生 SQL，去做查詢關係型資料庫，若沒有做性能優化，數據量很大的時候，性能問題就會顯得比較突出了。

以多維數據組織方式為核心，也就是說，MOLAP 使用多維數組儲存數據。多維數據在儲存中將形成「立方塊 (Cube)」的結構，在 MOLAP 中對「立方塊」的「旋轉」、「切塊」、「切片」是產生多維數據報表的主要技術。

優勢：

可以處理大數據量：ROLAP 技術的資料量大小就是底層關聯資料庫儲存的大小。換句話說，ROLAP 本身沒有對資料量的限制。

可以利用關係型資料庫所固有的功能：關係型資料庫已經具備非常多的功能。ROLAP 技術，由於它是建立在關係型資料庫上的，因此可以使用這些功能。

劣勢：

性能可能會很慢：因為每個 ROLAP 包裹實際上是一個 SQL 查詢 (或多個 SQL 查詢) 關聯資料庫，可能會因為底層資料量很大，使得查詢的時間很長。

受限於 SQL 的功能：因為 ROLAP 技術主要依賴于產生 SQL 語句查詢關聯資料庫，SQL 語句並不能滿足所有的需求 (舉例來說，使用 SQL 很難執行複雜的計算)，ROLAP 技術因此受限於 SQL 所能做的事情。ROLAP 廠商已經透過構建工具以減輕這種風險，而且允許用戶自定義函數。

(二) 線上分析處理系統的體繫結構及分類

數據倉儲與 OLAP 的關係是互補的，現代 OLAP 系統一般以數據倉儲作為基礎，即從數據倉儲中抽取詳細數據的一個子集並經過必要的聚集儲存到 OLAP 儲存器中供前端分析工具讀取。

OLAP 系統按照其儲存器的數據儲存格式可以分為關係 OLAP(RelationalOLAP，ROLAP)、 多 維 OLAP(Multidimensional OLAP，MOLAP) 及 混 合 型 OLAP(HybridOLAP，HOLAP) 三種類型。

1. 關係線上分析處理 (ROLAP)

特性	Relational On-Line Analytical Processing(ROLAP)	Multi-Dimensional On-Line Analytical Processing(MOLAP)
資源	高	很高
彈性	高	低
可擴展性 scalability	高	低
速度	1. 適用於小型數據集 2. 中型到大型數據集的平均值	1. 對於中小型數據集更快 2. 大數據集的平均值

　　Online Analytical Processing(OLAP) 是一項技術，用來組織大型商務資料庫並且支援商務智慧。OLAP 資料庫會細分爲一個或多個 Cube，而每一個 Cube 是由 Cube 管理員配合你擷取及分析資料的方式加以組織及設計，更方便你建立及使用需要的樞紐分析表以及樞紐分析圖報表。

　　ROLAP 將分析用的多維數據儲存在關係資料庫中，並根據應用的需要有選擇的定義一批實視圖作爲表也儲存在關係資料庫中。不必要將每一個 SQL 查詢都作爲實視圖保存，只定義那些應用頻率比較高、計算工作量比較大的查詢作爲實視圖。對每個針對 OLAP 伺服器的查詢，優先利用已經計算好的實視圖來產生查詢結果以提高查詢效率。同時用作 ROLAP 儲存器的 RDBMS 也針對 OLAP 作相應的優化，比如並行儲存、並行查詢、並行數據管理、基於成本的查詢優化、點陣圖索引、SQL 的 OLAP 擴展 (cube,rollup) 等等。

　　OLAP(On Line Analytic Processing)：重點整理

(1)　主要是針對資料倉儲進行資料的處理及分析。

(2)　OLAP 所分析的資料主要以「資料超立方體 (Data Cube)」的型態儲存於系統。

(3)　主要包含兩個專案：

• 維度 (dimension): 係指某個類別變數, 例如 : 時間 , 地點 , 產品 , 部門等。

• 測量 (measure): 係指可計量的變數, 例如 : 銷售金額 , 銷售數量 , 存貨量 , 銷售收入等。

2. 多維線上分析處理 (MOLAP)

　　MOLAP 將 OLAP 分析所用到的多維數據物理上儲存爲多維數組的形式，形成「立方體」的結構。維的屬性值被映射成多維數組的下標值或下標的範圍，而總結數據作爲多維數組的值儲存在數組的單元中。由於 MOLAP 採用了新的儲存結構，從物理層實現起，因此又稱爲物理 OLAP(PhysicalOLAP)；而 ROLAP 主要透過一些軟體工具或中間軟體實現，物理層仍採用關係資料庫的儲存結構，因此稱爲虛擬 OLAP(VirtualOLAP)。

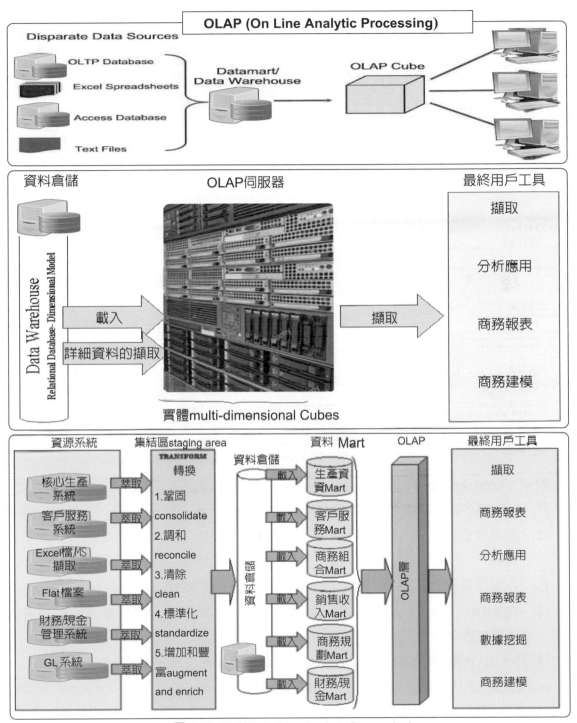

圖 3-19　OLAP (On Line Analytic Processing)

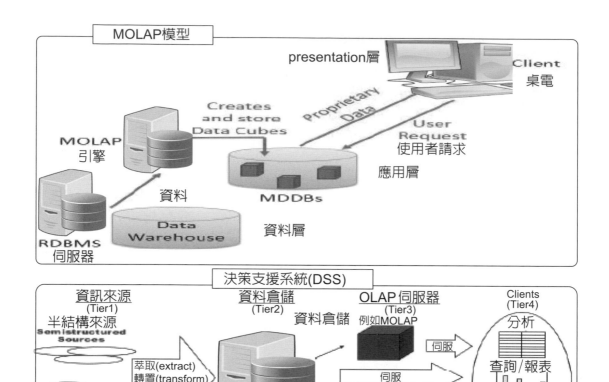

圖 3-20 MOLAP 模型

說明：MOLAP(多維式 OLAP, Multidimensional OLAP)：

(1)　MOLAP 是一種建立多維度資料庫的 OLAP 技術。

(2)　多維度資料庫是指每筆資料以多維度的方式儲存，也可以多維度的方式來顯示資料。

(3)　多維度資料的儲存，將形成「超立方體 (Cube)」的結構。

(4)　在 MOLAP 中對「超立方體」的旋轉、切塊、切片，是產生多維度資料報表的主要技術。

(5)　MOLAP 需要耗費大量的儲存容量，但是卻可提升查詢效率。

(6)　MOLAP 將多維度資料以特定的結構 (例如 : 陣列) 加以儲存，OLAP 則直接特定的資料結構上進行運作。

3. ROLAP(關聯式 OLAP, Relational OLAP)

(1)　ROLAP 是基於關聯式資料庫的 OLAP 技術。

(2)　ROLAP 以關聯式資料庫為核心，以關聯結構進行多維資料的表示與儲存。

(3)　ROLAP 將多維資料庫的多維結構劃分為兩類：

- 事實表：用來儲存資料及維度關鍵字；
- 維度表：對於每個維度，至少使用一個表來存放維度的層次、成員類別等描述訊息。

(4) ROLAP 較之 MOLAP 複雜度較低，所需建置時間較短，但運作績效較差。

4. 混合線上分析處理 (HOLAP)

由於 MOLAP 及 ROLAP 有著各自的優點及缺點 (如下表所示)，且它們的結構迥然不同，這給分析人員設計 OLAP 結構提出了難題。為此一個新的 OLAP 結構——混合型 OLAP(HOLAP) 被提出，它能把 MOLAP 及 ROLAP 兩種結構的優點結合起來。迄今為止，對 HOLAP 還沒有一個正式的定義。但很明顯，HOLAP 結構不應該是 MOLAP 與 ROLAP 結構的簡單組合，而是這兩種結構技術優點的有機結合，能滿足用戶各種複雜的分析請求。

四、資料分析在企業運營管理中的應用

(一) 資料改變企業的運營管理決策方式

運營管理分為四種：移動化、雲計算、大數據及全球化，作為 4 大力量中堅力量之一的大數據，正改變著企業的運營管理決策方式。由於資料處理分析及管理等技術的不斷成熟，企業內部的管理運作資料、業務運作資料，企業與客戶的關係及互動資料，客戶或潛在客戶在企業經營業務之外的生活方式、活動、情感、社交等大數據，正為企業所採集及分析，企業洞察客戶需求更深入、更全面，對業務運營管控更即時有力，因此大數據將完全改變企業管理者以往「拍腦袋」的決策方式，管理決策更依賴「用資料說話」，決策更趨科學性、理性，更具定量化及可評估性以及準確性及延續性。

資料促進企業管理決策的能量不在於資料之大，也不在於資料本身，而在於企業根據大數據做出的更深入、更全面的客戶需求洞察，並以此支撐企業針對性運營管理決策的即時、科學、有效形成，促進企業運營管理的高效準確運行以及企業生產力發展。

(二) 目前企業資料分析的可拓展方向

1. 社交網路分析模型：

資料伴隨社交網路的風行而發展。社交網路發展促進人們的數位化生存，讓人們生活及工作的有關資訊數位化，而這些數位化資訊一方面成為以單個個體為對象的形形色色、包羅萬象、細緻入微、支撐洞察個體興趣需求及喜好的資料：另一方面也將原來現實生活中不可獲得的人與人之間的關係資訊搬上了網路。對於移動通信企業來說，客戶的社交網路分析即一個重要的資料分析方向。社交網路分析的內容為：透過測算辨識客戶與客戶之間關係所形成的圈子以及圈子中各客戶角色的判定，形成企業對各個客戶影響力及價值的判斷，在此基礎上，利用對這些圈子、角色及影響力的認識，幫助企業實現相關行銷活動或產品套餐的推廣，提高企業行銷及運營管理的效率。

2. 客戶價值分析模型：

　　隨著社交網路的發展，不僅使得客戶行為需求喜好資訊更豐富，而且可獲得客戶之間關係的資料與資訊。如在捆綁套餐行銷活動中，活動在用戶群中的擴散呈鏈狀發展，發展過程中，客戶的圈子構成以及客戶對圈中其他用戶的影響力對活動推廣擴散有重要影響。若能夠辨識並借助有足夠影響力的客戶幫助推廣活動，活動的行銷效率必然有很大程度的提高。可見，資料時代，當企業的客戶分析在原有以客戶為物件進行分析的基礎上，增加以客戶與客戶之間關係為物件的分析時，客戶的價值測算及分析也將隨之發生變化，客戶的價值不再僅是個體客戶消費體現的價值，還應增加個體客戶對所在群體內其他客戶的影響力指標。

(三) 企業應用資料分析的必要性

1. 即時資料分析支撐的行銷運營管理應用：

　　由於資料分析、資料挖掘手段的支撐，傳統資料時代，一些先進的企業已經基本實現洞察力驅動的精確行銷運營管理。資料時代，客戶資料更為豐富及細緻，企業對客戶需求洞察更為全面而準確，更重要的是，由於資料處理分析技術的成熟，企業實現客戶洞察的能力在資料儲存與資料處理及分析方面將更高效，甚至達到即時，所以支撐行銷運營管理全流程各環節決策的資料流程，可以與行銷運營管理的工作流達到同步，企業可以綜合客戶的歷史消費行為資訊及客戶當前行為，即時做出針對個體客戶的個性化行銷策略，從而在提高行銷命中率的同時，可即時有效地辨識並抓住稍瞬即逝的行銷機會，極大地提高行銷運營管理效率。

2. 資料分析促進智慧管道運營應用的落實：

　　對於企業來說，智慧管道的核心能力在於，根據客戶行為，即時為客戶推薦並調配網路設備資源。傳統資料時代，很難滿足智慧管道運營的要求，因為涉及的問題與前述客戶體驗的即時測算一樣，由於技術條件限制不可能達到：資料時代，對半結構化機器資料即時採集、處理及分析的技術逐漸成熟，將大大促進智慧管道運營管理落實的進程。

　　其實現原理基本類似於客戶體驗管理，最大的差別僅在於，智慧管道以對客戶產品使用行為測算的資料與提供產品的網路設備資源做對應，從而在保證客戶體驗達標的條件下，充分調配、切割、整合企業的設備網路資源，透過實現資源利用的最高效而達到資源配置的最優化。

(四) 資訊科技 (IT) 系統對資料支撐的體系規劃及趨勢

1. 梳理並整合業務部門對資料的需求，立足分析需求，做好資料IT體系架構的3步規劃。資料相關技術條件的成熟、資料分析能力以及分析應用經驗的積累等多方面因素，都是制約企業建設資料 IT 系統的條件，要充分抓住資料帶來的機會並避免「心急吃不得熱豆腐，反被熱豆腐傷害」的問題，建議企業建設資料 IT 系統分階段實現：第1階段，將原來支撐報表分析的 EDW 優化升級到支撐高級分析的 BI 系統；第 2 階段，

逐步採集資料，將 BI 系統升級到支撐資料分析的 IT 系統：第 3 階段，打通資料分析的 IT 系統與企業運營管理系統，將資料分析功能嵌入業務流程。

2. 以職能部門提供整體IT支撐方式向嵌入業務流程即時資料的分散能力支撐方式轉變。這種轉變趨勢又稱 IT 支撐「消費化」趨勢。傳統資料時代，企業建立資料中心，集中企業層面所有資料，為企業運營管理決策集中提供資料報表、分析甚至挖掘支撐，是公認的高效 IT 支撐方式；資料時代，資料從支撐企業中高層運營管理決策普及到支撐企業的產品運營、市場運營、客戶服務，甚至在智慧管道運營全流程中涉及從企業中高層運營管理人員到基層生產執行人員，很明顯，這種資料獲取及分析能力若僅集中在 IT 職能部門，而不是全體人員均結合自身業務需求而具備的話，資料分析驅動的各項運營管理應用即成為不可能的任務。

所以，資料時代，資料要真正改變企業運營管理決策方式，使企業上下形成以資料驅動的企業文化為標誌性特徵，每個人都要做好與資料打交道的能力及心理準備，而 IT 系統運營管理部門也將不得不面臨資料從資料獲取、清洗、儲存、處理到分析、提供及管理的過程，在各業務運營管理流程、各部門、各類用戶間如何高效運行、高效交互、高效支撐的更複雜的 IT 系統支撐問題。

3-4　資料挖掘 / 數據挖掘 (data mining, DM)

資料探勘(data mining)是一個跨學科的電腦科學分支 。它是用人工智慧、機器學習、統計學及資料庫的交叉方法，在相對較大型的資料集中發現模式的計算過程。

資料探勘過程的總體目標是從一個資料集中提取資訊，並將其轉換成可理解的結構，以進一步使用。除了原始分析步驟，它還涉及到資料庫及資料管理方面、資料預處理、模型與推斷方面考量、興趣度度量、複雜度的考慮，以及發現結構、視覺化及線上更新等後處理。資料探勘是「資料庫知識發現」(KDD) 的分析步驟，本質上屬於機器學習的範疇。

類似詞語「資料挖泥」、「資料捕魚」及「資料探測」指用資料探勘方法來採樣 (可能) 過小以致無法可靠地統計推斷出所發現任何模式的有效性的更大總體資料集的部分。不過這些方法可以建立新的假設來檢驗更大數據總體。

3-4-1　資料挖掘概述

◆ 什麼是數據挖掘？

1. 發現數據中有用的，可能是意外的態樣 (patterns)。

2. 從數據中非常簡單地提取隱含的，先前未知的及可能有用的資訊。

3. 透過自動或自動進行探索及分析。

4. 半自動方式，大數據，以發現有意義的態樣 (patterns)。

因為面臨處理資料庫中大量資料的挑戰，於是資料挖掘應運而生，對於這些問題，它的主要方法是資料統計分析及人工智慧搜尋技術。

一、DM 定義

半自動分析大型資料庫以找到有用態樣 (patterns) 的過程 (Silberschatz)。

資料挖掘亦有以下這些不同的定義：

(1) 「從資料中提取出隱含的過去未知的有價值的潛在資訊」。

(2) 「一門從大量資料或者資料庫中提取有用資訊的科學」。

儘管通常資料挖掘應用於資料分析，但是像人工智慧一樣，它也是一個具有豐富含義的詞彙，可用於不同的領域。它與從數據中發現知識 (knowledge discovery from data ,KDD) 的關係是：KDD 是從資料中辨別有效的、新穎的、潛在有用的、最終可理解的模式的過程；而資料探勘是 KDD 透過特定的演算法在可接受的計算效率限制內產生特定模式的一個步驟。事實上，在現今的文獻中，這兩個術語經常不加區分的使用。

資料探勘本質上屬於機器學習的內容。

二、DM 過程

資料探勘的實際工作是對大規模資料進行自動或半自動的分析，以提取過去未知的有價值的潛在資訊，例如資料的分組 (透過聚類分析)、資料的異常記錄 (異常檢測) 及資料之間的關係 (透過關聯式規則挖掘)。這通常涉及到資料庫技術，例如空間索引。這些潛在資訊可透過對輸入資料處理之後的總結來呈現，之後可以用於進一步分析，比如機器學習及預測分析。舉個例子，進行資料探勘操作時可能要把資料分成多組，然後可以使用決策支援系統以獲得更加精確的預測結果。不過資料收集、資料預處理、結果解釋及撰寫報告都不算資料探勘的步驟，但是它們確實屬於「資料庫知識發現」(KDD) 過程，只不過是一些額外的環節。

資料庫知識發現 (KDD) 過程通常定義為以下階段：

- 選擇
- 預處理
- 變換
- 資料探勘
- 解釋 / 評估。

1. 預處理

在運用資料探勘演算法之前，必須收集目標資料集。由於資料探勘只能發現實際存在於資料中的模式，目標資料集必須大到足以包含這些模式，而其餘的足夠簡潔以在一個可接受的時間範圍內挖掘，常見的資料來源如資料超市或資料倉儲。在資料探勘之前，有必要預處理來分析多變數資料，然後要清理目標集。資料清理移除包含噪聲及含有缺失資料的觀測量。

2. 資料探勘

資料探勘涉及六類常見的任務：

(1) 異常檢測 (異常 / 變化 / 偏差檢測)– 辨識不尋常的資料記錄，錯誤資料需要進一步調查。

(2) 關聯規則學習 (依賴性建模)：搜尋變數之間的關係。例如，一個超市可能會收集顧客購買習慣的資料。運用關聯規則學習，超市可以確定哪些產品經常一起買，並利用這些資訊幫助行銷。這有時稱為市場購物籃分析。

(3) 聚類：是在未知資料的結構下，發現資料的類別與結構。

(4) 分類：是對新的資料推廣已知的結構的任務。例如，一個電子郵件程式可能試圖將一個電子郵件分類為「合法的」或「垃圾郵件」。

(5) 迴歸：試圖找到能夠以最小誤差對該資料建模的函式。

(6) 匯總：提供一個更緊湊的資料集表示，包括產生視覺化及報表。

3. 結果驗證

資料探勘的價值一般帶著一定的目的，而這目的是否得到實現一般可以透過結果驗證來實現。驗證是指「透過提供客觀證據對規定要求已得到滿足的認定」，而這個「認定」活動的策劃、實施及完成，與「規定要求」的內容緊密相關。資料探勘過程中的資料驗證的「規定要求」的設定，往往與資料探勘要達到的基本目標、過程目標及最終目標有關。驗證的結果可能是「規定要求」得到完全滿足，或者完全沒有得到滿足，以及其他介於兩者之間的滿足程度的狀況。驗證可以由資料探勘的人自己完成，也可以透過其他人參與或完全透過他人的專案，使用與資料探勘者毫無關聯的方式進行驗證。一般驗證過程中，資料探勘者是不可能不參與的，但對於認定過程中的客觀證據的收集、認定的評估等過程若透過與驗證提出者無關的人來實現，往往更具有客觀性。透過結果驗證，資料探勘者可以得到對自己所挖掘的資料價值高低的評估。

三、其他類型 (type) 的 DM

1. 文本挖掘 (text mining)：將數據挖掘應用於文本文檔

• 群集網頁以查找相關頁面

- 用戶 access 過的群集頁面以組織其 access 歷史記錄
- 自動將網頁分類到 Web 目錄中

2. 圖形挖掘 (graph mining)：

- 處理圖表數據

四、DM 應用領域

1. 銷售 / 營銷 (sales/ marketing)

- 使目標市場多樣化 (diversify target market)
- 確定客戶需要提高響應率

　　資料探勘在零售行業中的應用：零售公司跟蹤客戶的購買情況，發現某個客戶購買了大量的眞絲襯衣，這時資料挖掘系統就在此客戶及眞絲襯衣之間建立關聯。銷售部門就會看到此資訊，直接發送眞絲襯衣的當前行情，以及所有關於眞絲襯衫的資料發給該客戶。這樣零售商店透過資料挖掘系統就發現了以前未知的關於客戶的新資訊，並且擴大經營範圍。

2. 風險評估 (risk assessment)

- 辨識構成高信用風險的客戶

3. 詐欺檢測 (fraud detection)

- 確定人們濫用系統。例如。有兩個社會安全號碼的人
- 信用卡詐欺檢測

4. 檢測與正常行爲的顯著偏差 (detect significant deviations from normal behavior)：

- 網路入侵檢測 (network intrusion detection)

5. 客戶服務 (customer care)

- 確定可能更改提供商的客戶
- 確定客戶需求

6. 醫藥 (medicine)

- 將患有「類似問題的患者與治療 (similar problems cure)」做匹配

五、高級分析的知識要求

(knowledge requirements for advanced analytics)

1. 選擇要包含在模型中的正確數據非常重要。
2. 重要的是要考慮哪些變數可能相關。

3. 領域知識 (domain knowledge) 對於理解如何使用它們是必要的。業務分析師的角色至關重要。

4. 考慮便利店中年輕男性市場籃子中，啤酒及尿布之間關係的故事。

- 你仍然需要決定 (或嘗試發現) 將它們放在一起或將它們分散到商店中是否更好 (希望顧客在走動時可以買到其他東西)。

> **啤酒及尿布之間關係：**
>
> 　　調查結果顯示，年齡在 30-40 歲之間的男性，週五下午 5 點到晚上 7 點之間購物，購買尿布的人最有可能在他們的推車上裝啤酒。這促使雜貨店將啤酒移動到尿布附近，並且瞬間增加了 35% 的銷售額！

3-4-2 數據挖掘的 7 個任務 (data mining tasks)

　　數據挖掘 (DM) 的 7 個任務：分類 (classification)、聚類 (clustering)、關聯規則發現 (association rule discovery)、順序態樣發現 (sequential pattern discovery)、迴歸 (regression)、異常檢測 (deviation detection)、協同過濾器 (collaborative filter)。這 7 個數據挖掘技術所對應的統計分析，請見作者一系列書：

1. 《STaTa 在生物醫學統計分析》一書，該書內容包括：類別資料分析 (無母數統計)、logistic 迴歸、存活分析、流行病學、配對與非配對病例對照研究資料、盛行率、發生率、相對危險率比、勝出比 (Odds Ratio) 的計算、篩檢工具與 ROC 曲線、工具變數 (2SLS)…Cox 比例危險模型、Kaplan-Meier 存活模型、脆弱性之 Cox 模型、參數存活分析有六種模型、加速失敗時間模型、panel-data 存活模型、多層次存活模型…

2. 《Panel-data 迴歸模型：STaTa 在廣義時間順序的應用》一書，該書內容包括：多層次模型、GEE、工具變數 (2SLS)、動態模型…。

3. 《多層次模型 (HLM) 及重複測量：使用 STaTa》一書，該書內容包括：線性多層次模型、vs. 離散型多層次模型、計數型多層次模型、存活分析之多層次模型、非線性多層次模型…。

4. 《 輯斯迴歸及離散選擇模型：應用 STaTa 統計》一書，該書內容包括： 輯斯迴歸、多元 輯斯迴歸、配對資料的條件 Logistic 迴歸分析、Multinomial Logistic Regression、特定方案 Rank-ordered logistic 迴歸、零膨脹 ordered probit regression 迴歸、配對資料的條件 輯斯迴歸、特定方案 conditional logit model、離散選擇模型、多層次 輯斯迴歸…。

5. 《有限混合模型 (FMM)：STaTa 分析 (以 EM algorithm 做潛在分類再迴歸分析)》一書，該書內容包括：FMM：線性迴歸、FMM：次序迴歸、FMM：Logit 迴歸、FMM：多項 Logit 迴歸、FMM：零膨脹迴歸、FMM：參數型存活迴歸…等理論與實作。

6. 《多變數統計之線性代數基礎：應用 STaTa 分析》一書，該書內容包括：平均數之假設檢定、多變數變異數分析 (MANOVA)、多元迴歸分析、典型相關分析、區別分析 (discriminant analysis)、主成份分析、因素分析 (factor analysis)、集群分析 (cluster analysis)、多元尺度法 (multidimensional scaling, MDS)…。

7. 《人工智慧與 Bayesian 迴歸的整合：應用 STaTa 分析》，該書內容包括：機器學習及貝氏定理、Bayesian 45 種迴歸、最大概似 (ML) 之各家族 (family)、Bayesian 線性迴歸、Metropolis-Hastings 演算法之 Bayesian 模型、Bayesian 邏輯斯迴歸、Bayesian multivariate 迴歸、非線性迴歸：廣義線性模型、survival 模型、多層次模型。

　　數據挖掘的 7 個任務，如下所示，包括：分類、決策樹、聚類、關聯規則發現、順序態樣發現、迴歸、偏差檢測、協同過濾器。

一、分類 (classification)[預測用途]

(一) 分類的定義

1. 給出一系列記錄 (訓練集 training set)

- 每條記錄包含一組屬性，其中一個屬性是類。

2. 根據其他屬性的值查找類屬性的模型。

3. 目標：應盡可能準確地為以前看不見的記錄分配課程。

- 測試集用於確定模型的準確性。通常，給定的數據集分為訓練集及測試集，訓練集用於構建模型，測試集用於驗證模型。

(二) 決策樹 (decision trees)

　　例如：

1. 進行調查以瞭解客戶對新車型感興趣是什麼？

2. 想要為廣告活動選擇客戶？

◆ 數據科學家常用的 5 種聚類演算法

　　聚類是無監督學習的方法之一，是統計數據分析的常用技術。聚類是機器學習技術之，涉及數據點的分組。給定一組數據點，再用聚類演算法將每個數據點為分類照片特定的組。理論上，同一組中的數據點應具有相似的屬性 (特徵)，而不同組中的數據點應具有高度不同的屬性 (特徵)。

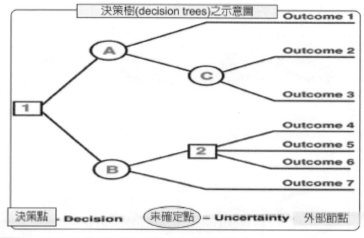

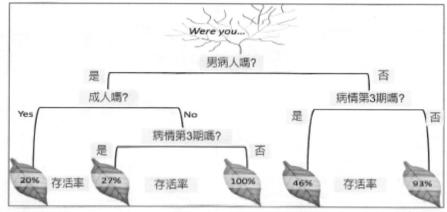

sale	custId	car	age	city	newCar
	c1	taurus	27	sf	yes
	c2	van	35	la	yes
	c3	van	40	sf	yes
	c4	taurus	22	sf	yes
	c5	merc	50	la	no
	c6	taurus	25	la	no

目標:買車嗎?

訓練集 training set

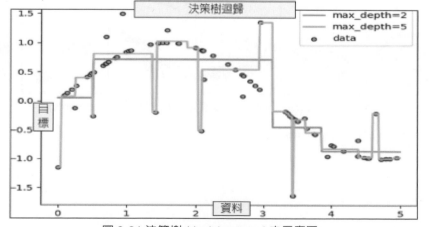

圖 3-21 決策樹 (decision trees) 之示意圖

二、聚類 (clustering) [描述性]

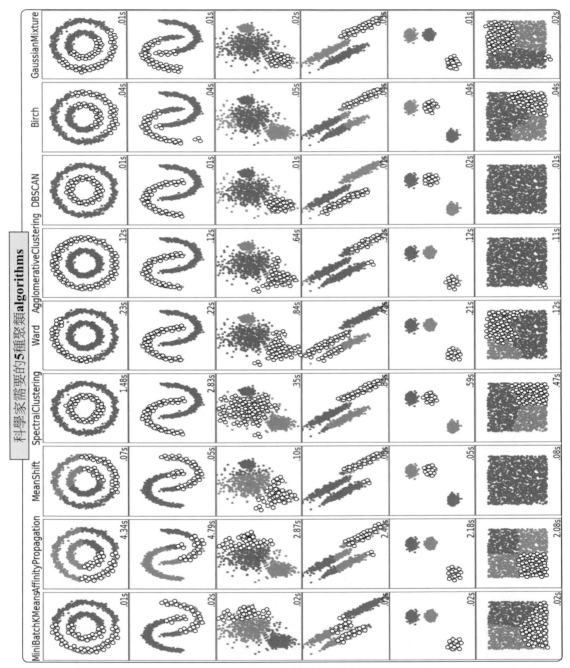

圖 3-22 聚類 (clustering) (科學家需要的 5 種聚類 algorithms)

來源：scikit-learn.org(2019). https://scikit-learn.org/stable/modules/clustering.html

1. K-Means 聚類

　　K-Means 可能是最知名的聚類演算法 (k-means clustering) 源於訊號處理中的一種向量量化法，現在是一種群集分析方法流行於資料探勘領域。k- 平均群集的目的是：把 n 個點 (可以是樣本的一次觀察或一個實體 entity) 劃分到 k 個群集中，使得每個點都屬於離他最近的均值 (此即群集中心) 對應的群集，以之作為群集的標準。這個問題將歸結為一個把資料空間劃分為 Voronoi cells 的問題。

　　早先這個問題在計算上是 NP 難度，須靠高效 heuristic 演算法來解決，並快速收斂於一個局部最佳解。這些演算法，類似疊代最佳化法來處理高斯混合分布的最大期望演算法 (EM 演算法)。而且，它們都使用群集中心來為資料建模；然而 k- 平均群集傾向於在可比較的空間範圍內尋找群集，期望 - 最大化技術卻允許群集有不同的形狀。EM 演算法詳請請見作者《有限混合模型 (FMM)：STaTa 分析 (以 EM algorithm 做潛在分類再迴歸分析)》一書，

　　k- 平均群集與 k- 近鄰之間沒有任何關係，k- 近鄰是另一流行的機器學習技術。

　　K-Means 的優勢在於它非常快，時間線性複雜度為 O(n)，因只做：計算點及組中心之間的距離。

K-Means 缺點：

(1) 你必須選擇有多少組 / 類。這並不總是 trivial，理想情況下，你希望它能夠為你解決這些問題，因為它的目的是從數據中獲得一些洞察力。

(2) K-means 也從隨機選擇的聚類中心開始，因此不同運行中產生不同演算法會產生不同的聚類結果，導至結果可能一致性 (信度)。

2. 均值漂移 (mean-shift) 聚類

　　均值漂移聚類是一種基於滑動視窗 (window) 的演算法，它試圖找到數據點的密集區域。它是一種基於重心 (centroid) 的演算法，意味著目標是定位每個組 / 類的中心點，這透過將中心點的候選者更新為滑動視窗內的點的平均值來工作。然後在後處理階段過濾這些候選視窗以消除近似重複，形成最後一組中心點及其相應的組。

3. 基於密度的噪聲應用空間聚類 (Density-Based Spatial Clustering of Applications with Noise, DBSCAN)

　　DBSCAN 是一種基於密度的聚類演算法，類似於均值漂移，但具有幾個顯著的優點。定是以密度為基礎，在給定某空間裡的一個點集合，這演算法能把附近的點分成一組 (有很多相鄰點的點)，標記出位於低密度區域的局外點 (最接近它的點也十分遠)。DBSCAN 是最常用的聚類分析算法之一。

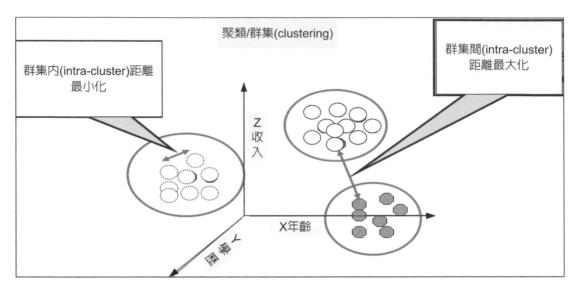

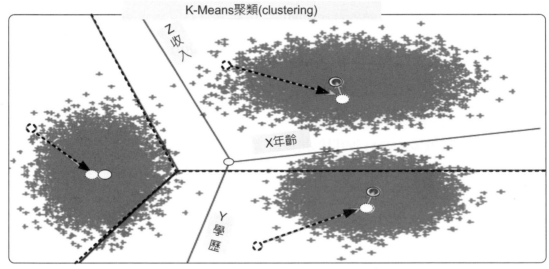

圖 3-23 K-Means 聚類 (clustering) 之示意圖

4. 使用高斯混合模型的期望最大化聚類 (Expectation–Maximization,EM) Clustering using Gaussian Mixture Models(GMM)

　　高斯混合模型 (GMM) 比 K-Means 更具靈活性。對於 GMM，你假設數據點是高斯分佈的；這是一個限制性較小的假設，而不是透過使用均值來說它們是循環的。這樣，你有兩個參數來描述簇的形狀：平均值及標準偏差！以二維為例，這意味著聚類可以採用任何類型的橢圓形狀 (因為你在 x 及 y 方向都有標準偏差)。因此，每個高斯分佈被分配給單個簇。

　　為了找到每個聚類的高斯參數 (例如平均值 μ 及標準差 σ^2)，你將使用稱為期望最大化 (EM) 的優化演算法。如圖 3-26 所示，作為高斯人適應群集的插圖。然後你可以繼續使用 GMM 進行期望最大化聚類過程。

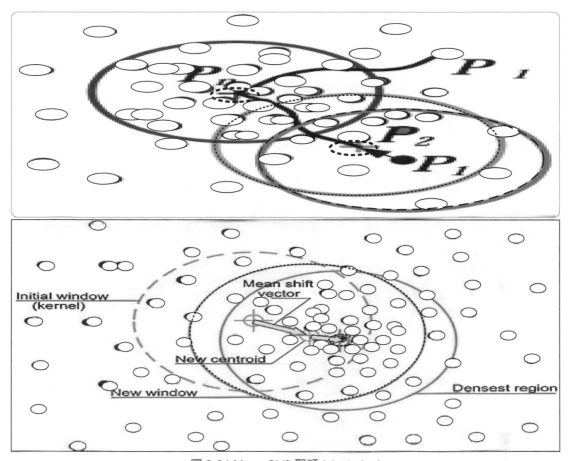

圖 3-24 Mean-Shift 聚類 (clustering)

5. 凝聚層次聚類 (Agglomerative Hierarchical Clustering)

分層聚類演算法實際上分為兩類：自上而下或自下而上。自下而上演算法在開始時將每個數據點視為單個集群，然後連續地合併 (或聚集) 成對的集群，直到所有集群已合併到包含所有數據點的單個集群中。因此，自下而上的層次聚類稱為分層凝聚聚類或HAC。這種簇的層次結構表示為樹 (或樹狀圖)。樹的根是收集所有樣本的唯一聚類，葉子是只有一個樣本的聚類。

三、關聯規則發現 (association rule discovery) [描述性]

關聯規則學習 (Association rule learning) 是一種在大型資料庫中發現變數之間的有趣性關係的方法。它的目的是利用一些有趣性的量度來辨識資料庫中發現的強規則。基於強規則的概念，Rakesh Agrawal 等人引入了關聯規則以發現由超市的 POS 系統記錄的大批交易資料中產品之間的規律性。例如，從銷售資料中發現的規則 { 洋蔥 , 土豆 } → { 漢堡 } 會表明若顧客一起買洋蔥及土豆，他們也有可能買漢堡的肉。此類資訊可以作為做出促銷定價或產品置入等行銷活動決定的根據。除了上面購物籃分析中的例子以外， 關

聯規則如今還被用在許多應用領域中，包括網路用法挖掘、入侵檢測、連續生產及生物資訊學中。與順序挖掘相比，關聯規則學習通常不考慮在事務中、或事務間的專案的順序。

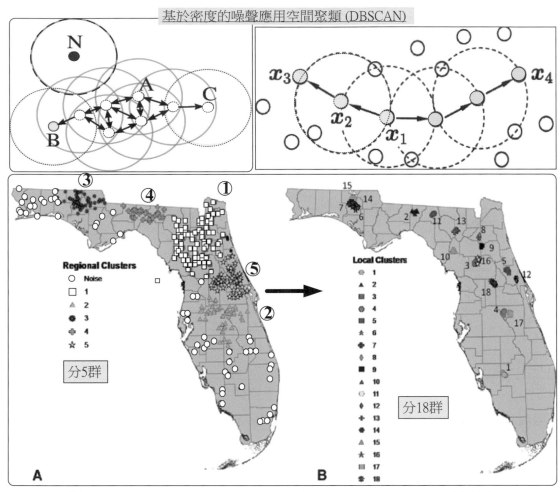

圖 3-25 Density-Based Spatial Clustering of Applications with Noise (DBSCAN)

(一) 關聯規則發現 (association rule discovery)：上面的例子

1. 營銷及促銷：

    (1) 讓規則被發現，例如

      {Bagels，...} -> {Potato Chips}

    (2) 馬鈴薯片作為結果 (Potato Chips as consequent)=> 可用於確定應該做些什麼來提高其銷售。

    (3) 若商店停止銷售 Bagels 餅，可以使用前面的 Bagels 餅 (Bagels in the antecedent)=> 看看哪些產品會受到影響。

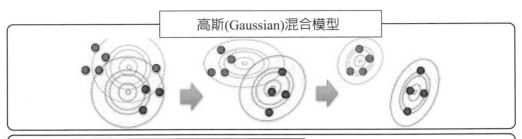

高斯(Gaussian)混合模型

・觀察值x1,x2,..,xn
　分組數目k=2，都符合高斯分布，平均數mu，
　標準差sigma
・如果我們知道每個觀察的來源，估計是微不
　足道的

$$\mu_b = \frac{x_1 + x_2 + ... + x_n}{n_b}$$

$$\sigma_b^2 = \frac{(x_1 - \mu_1)^2 + ... + (x_n - \mu_{n_b})^2}{n_b}$$

符合~$N(\mu_1, \sigma_1^2)$

符合~$N(\mu_2, \sigma_2^2)$

- What if we don't know the source?
- If we knew parameters of the Gaussians (μ, σ²)
  - can guess whether point is more likely to be a or b

$$P(b \mid x_i) = \frac{P(x_i \mid b)P(b)}{P(x_i \mid b)P(b) + P(x_i \mid a)P(a)}$$ (貝氏定理)

$$P(x_i \mid b) = \frac{1}{\sqrt{2\pi\sigma_i^2}}\left(\frac{(x_i - \mu_i)^2}{2\sigma_i^2}\right)$$

符合~$N(\mu_1, \sigma_1^2)$　符合~$N(\mu_2, \sigma_2^2)$

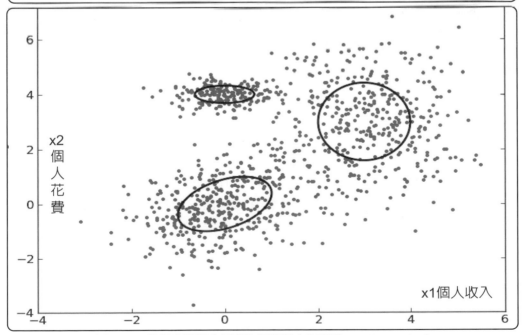

x2 個人花費

x1個人收入

圖 3-26　使用高斯混合模型的期望最大化聚類 (EM)(clustering)

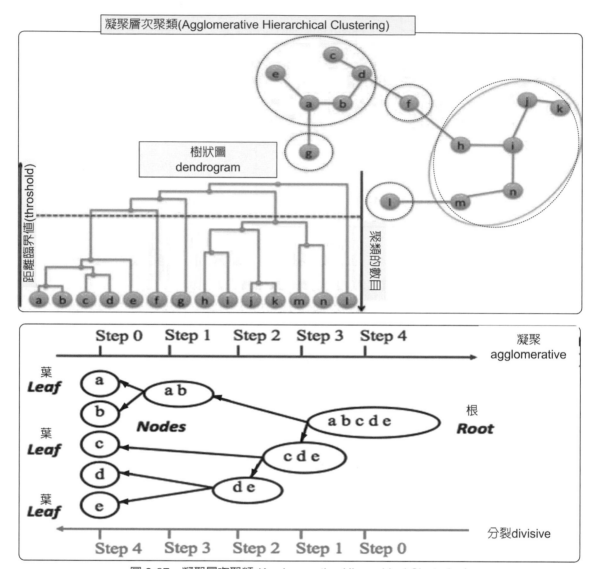

圖 3-27 凝聚層次聚類 (Agglomerative Hierarchical Clustering)

(4) 先 前 的 Bagels 餅 及 隨 後 的 薯 片 (Bagels in antecedent and Potato chips in consequent)=> 可以用來看看應該與 Bagels 餅一起銷售什麼產品,來促進馬鈴薯片的銷售!

2. 超市貨架管理。

3. 庫存管理

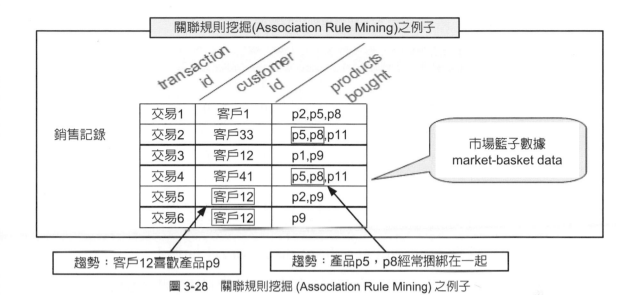

圖 3-28　關聯規則挖掘 (Association Rule Mining) 之例子

(二) 關聯規則發現 (association rule discovery)：原理

　　$I = \{I_1, I_2, ..., I_m\}$ 是項的集合。給定一個交易資料庫 $D = \{t_1, t_2, ..., t_n\}$，其中每個事務 (Transaction)t 是 I 的非空子集，即 $t \subseteq I$，每一個交易都與一個唯一的識別碼 TID(Transaction ID) 對應。**關聯規則**是形如 $X \Rightarrow Y$ 的蘊涵式，其中 $X, Y \subseteq I$ 且 $X \bigcap Y = \phi$，X 和 Y 分別稱為關聯規則的先導 (antecedent 或 left-hand-side, LHS) 和後繼 (consequent 或 right-hand-side, RHS)。關聯規則 $X \Rightarrow Y$ 在 D 中的支援度 (support) 是 D 中事務包含 $X \bigcup Y$ 的百分比，即概率 $P(X \bigcup Y)$；置信度 (confidence) 是包含 X 的事務中同時包含 Y 的百分比，即條件概率 $P(Y|X)$。如果同時滿足最小支援度閾值和最小置信度閾值，則認為關聯規則是有趣的。這些閾值由用戶或者專家設定。

　　用一個簡單的例子說明。表 3-1 是顧客購買記錄的資料庫 D，包含 6 個事務。項集 I={ 網球拍 , 網球 , 運動鞋 , 羽毛球 }。考慮關聯規則：網球拍 $\Rightarrow$ 網球，事務 1,2,3,4,6 包含網球拍，事務 1,2,6 同時包含網球拍和網球，支援度 support $= \dfrac{3}{6} = 0.5$，置信度 confident $= \dfrac{3}{5} = 0.6$。若給定最小支援度 α=0.5，最小置信度 β=0.6，關聯規則網球拍網球是有趣的，認為購買網球拍和購買網球之間存在強關聯。

表 3-1 關聯規則的簡單例子

TID	網球拍	網 球	運動鞋	羽毛球
1	1	1	1	0
2	1	1	0	0
3	1	0	0	0
4	1	0	1	0
5	0	1	1	1
6	1	1	0	0

四、循序性態樣發現 (sequential pattern discovery) [描述]

循序性態樣 (pattern) 探勘，過去的研究多著重在靜態資料庫的循序態樣探勘，亦有部分學者討論增加新資料到資料庫中，隨著時間的推移，循序性的資料不斷地累積，久遠以前的資料仍然存留在資料庫中，這些保存在資料庫中過時的資料，卻會影響到即時的循序態樣的產生，過去已有多項研究針對靜態資料庫與不斷增加的資料庫找尋循序性態樣，但在刪除舊資料及過時的循序態樣上尚無有效率的方法。

循序性態樣挖掘是在數據例子之間找到統計相關的態樣，其中值按順序傳遞。通常假設這些值是離散的，因此時間順序挖掘密切相關，但通常被認為是不同的活動。順序態樣挖掘是結構化數據挖掘的一個特例。

在該領域中存在幾個關鍵的傳統計算問題。這些包括構建有效的資料庫及順序資訊索引，提取頻繁出現的態樣，比較順序的相似性，以及恢復缺失的順序成員。通常，順序挖掘問題可以被分類為字串挖掘，其通常基於字串處理演算法 及通常基於關聯規則學習的項集挖掘。

五、迴歸 (regression) [預測用途]

迴歸分析是統計學分析數據的重要方法，目的在於瞭解兩個或多個變數間是否相關、相關方向與強度，並建立數學模型以便觀察特定變數來預測研究者感興趣的變數。更具體的來說，迴歸分析可以幫助人們瞭解在只有一個自變數變化時應變數的變化量。一般來說，透過迴歸分析你可以由給出的自變數估計應變數的條件期望。

迴歸分析是建立因變數 Y(或稱依變數 / 反應變數 / 結果變數) 與自變數 X(因變數，解釋變數) 之間關係的模型。簡單線性迴歸使用一個自變數 X，複迴歸使用超過一個自變數 ($X_1, X_2...X_k$)。

在統計建模中，迴歸分析是一組用於估計變數之間關係的統計過程。當焦點在於依變數與一個或多個自變數 ('predictors variable) 之間的關係時，它包括許多用於建模及分

析多個變數的技術。更具體地說，迴歸分析有助於理解當任何一個自變數變化時，依變數 (或 criterion variable) 的 typical 值如何變化，而其他自變數保持固定。

　　通常，迴歸分析在給定自變數的情況下估計依變數的條件期望 (即，當自變數固定時，依變數的平均值)。不太常見的是，焦點在於給定自變數的依變數的條件分佈的分位數 (quantile) 或其他位置參數 (location parameter)。在所有情況下，都要估計稱爲迴歸函數的自變數的函數。在迴歸分析中，使用概率分佈來表徵圍繞迴歸函數的預測其依變數的變化也是有意義的。一個相關但不同的方法是必要條件分析 (NCA)，它估計依變數對給定自變數值 (ceiling line rather than central line) 的最大值 (而不是平均值)，以便辨識自變數的值是必要的，但對於給定變數的給定值是不夠的。

　　迴歸分析廣泛用於預測及預測，其使用與機器學習領域有很大的重疊。迴歸分析還用於瞭解獨立變數中哪些與依變數相關，並探索這些關係的形式。在受限制的情況下，迴歸分析可用於推斷獨立變數及依變數之間的因果關係。然而，這可能導致幻想或錯誤的關係，因此建議謹慎。

　　坊間已經開發許多用於執行迴歸分析的技術。諸如線性迴歸及最小平方 (OLS) 迴歸之類的熟悉方法是參數化的，因爲迴歸函數是根據從數據估計的有限數量的未知參數來定義的。非參數迴歸指的是允許迴歸函數位於指定的函數集中的技術，這些函數可以是無限維度。

　　迴歸分析方法在實踐中的表現取決於數據產生過程的形式，以及它與所使用的迴歸方法的關係。由於數據產生過程的真實形式通常是未知的，因此迴歸分析通常在某種程度上取決於對此過程做出假設。若有足夠數量的數據，這些假設有時是可測試的。即使假設被適度違反，預測的迴歸模型通常也是有用的，儘管它們可能無法以最佳方式執行。然而，在許多應用中，尤其是基於觀測數據的小影響或因果關係問題，迴歸方法可能會產生誤導性結果。

　　在狹義上，迴歸可以特指連續反應 (依) 變數的估計，而不是分類用的離散反應變數。連續依變數的情況可以更具體地稱爲 metric 迴歸，來將其與相關問題區分開。

六、偏差檢測 (deviation detection) [預測]

(一) 異常檢測 (anomaly detection)

　　在資料探勘 (DM) 中，異常檢測對不符合預期模式或資料集中其他專案的專案、事件或觀測值的辨識。通常異常專案會轉變成銀行詐欺、結構缺陷、醫療問題、文字錯誤等類型的問題。異常也稱爲離群值 (outlier)、新奇、噪聲 (noise)、偏差 (bias) 及例外。

　　特別是在檢測網路假新聞或網路非法入侵時、超出預料的突發活動。這種模式不遵循通常統計定義中把異常點看作是罕見物件，於是許多異常檢測方法 (特別是無監督的方法) 將對此類資料失效，除非進行了合適的聚合。相反，聚類分析演算法可以檢測出這些模式形成的次聚類。

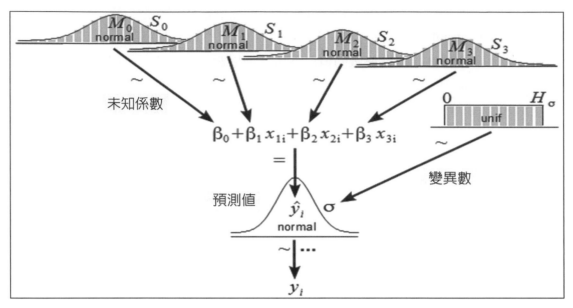

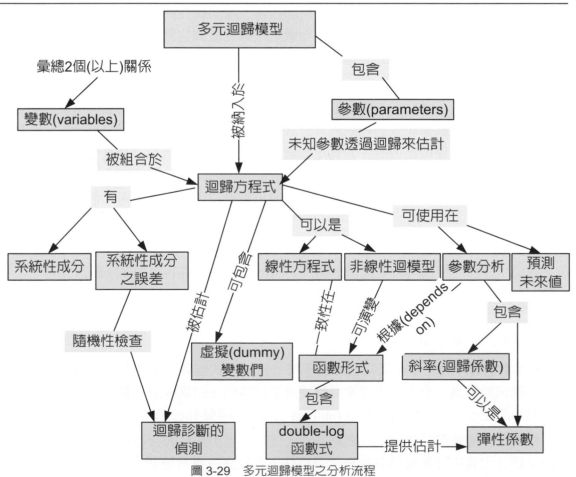

圖 3-29 多元迴歸模型之分析流程

在假設資料集中大多數專案都是常態的前提下，有三大類異常檢測方法：

1. 無監督式異常檢測法能透過匹配其他資料 (最不符合的例項) 來檢測出未 label 測試資料的異常。

2. 監督式異常檢測法需要一個已經被標記「正常」與「異常」的資料集，並涉及到訓練分類器 (與許多其他的統計分類問題的關鍵區別是異常檢測的內在不均衡性)。

3. 半監督式異常檢測法根據一個給定的正常訓練資料集建立一個表示正常行為的模型，然後檢測由學習模型產生的測試例項的可能性。

異常檢測技術用於各種領域，如侵入檢測、詐欺檢測、瑕疵檢測、故障檢測、系統健康監測、IoT 網路事件檢測及生態系統幹擾檢測等。它通常用於在預處理中刪除從資料集的異常資料。通常，在監督式學習中，去除異常資料的資料集往往會在統計上顯著提升準確性。

(二) 異常檢測法

常見的異常檢測法，包括：

1. 基於密度的方法 (最近鄰居法、局部異常因數…等變化)：例如，基於密度的聚類演算法 (clustering by fast search and find of density peaks) 是尋找被低密度區域分離的高密度區域。與基於距離的聚類演算法不同的是，基於距離的聚類演算法的聚類結果是球狀的簇，而基於密度的聚類演算法可以發現任意形狀的聚類，這對於帶有噪音點的資料起著重要的作用。

2. 基於子空間與相關性的高維資料的孤立點檢測：基於距離的方法理論上能處理任意維任意型別的資料，當屬性資料為區間標度等非數值屬性時，記錄之間的距離不能直接確定，通常需要把屬性轉換為數值型，再按定義計算記錄之間的距離。當空間的維數大於三維時，由於空間的稀疏性，距離不再具有常規意義，因此很難為異常給出合理的解釋。針對這個問題，一些人透過將高維空間對映轉換到子空間的辦法來解決資料稀疏的問題，此方法在聚類演算法中用得比較多。

3. 在機器學習中，支援向量機 (support vector machine,SVM) 是在分類與迴歸分析中分析資料的監督式學習模型與相關的學習演算法。給定一組訓練實體，每個訓練實體被標記為屬於兩個類別中的一個或另一個，SVM 訓練演算法建立一個將新的實體分配給兩個類別之一的模型，使其成為非概率二元線性分類器。SVM 模型是將實體表示為空間中的點，這種對映使單獨類別的實體儘可能明顯的間隔分開。然後，將新的實體對映到同一空間，並基於它們落在間隔的哪一側來預測所屬類別。

4. 人工神經網路 (artificial neural network,ANN)，在機器學習及認知科學領域，是一種模仿生物神經網路 (動物的中樞神經系統，特別是大腦) 的結構及功能的數學模型或計算模型，用於對函式進行估計或近似。

5. 基於聚類分析的孤立點 (離群點) 檢測。離群點是一個資料物件，它顯著不同於其他資料物件，好像它是被不同的機制產生的一樣。離群點分析有：統計學法、基於距離法、基於偏差法、基於密度法等方法。

　　(1) 基於統計的異常點檢測：就畫個模型，如果你不在這個模型上，那你就是異常點啦。你先假設你的資料集服從某個模型 (分佈或概率模型)，之後來看看有哪些資料點及這個模型不一致 [採用不一致性檢驗 (discoradncy test) 來確定異常點]。但要注意，如果用的是迴歸模型，那異常點是遠離預測值的點。

　　(2) 基於距離的異常點檢測：如果你及同志們站得太遠，那你就是異常點啦。在一個資料集中，你設定一個距離 d，如果有某個點 O 及其他點的距離大於 d，那麼你就說這個 O 是異常點。

　　(3) 基於密度的異常點檢測：當別的大家都站在一起，而你自己一個孤零零的，那你就是異常點啦。僅當一個點的局部密度顯著低於它的大部分近鄰時才將其分類爲異常點。

　　(4) 基於聚類的異常點檢測：先把人分群，然後把明顯跟大家不同的小群體去掉，那這部分小群體就是異常點。利用聚類檢測異常點的方法是丟棄遠離其他簇的小簇。

6. 基於模糊邏輯的孤立點檢測。

7. 與關聯規則及頻繁項集的偏誤：最基本的模式是項集 (apriori)，它是指若干個項的集合。頻繁模式是指數據集中頻繁出現的項集、序列或子結構。頻繁項集是指支持度大於等於最小支持度 (min_sup) 的集合。其中支援度是指某個集合在所有事務中出現的頻率。頻繁項集的經典應用是購物籃模型。

8. 運用特徵袋 (bag)、分數標準化與不同多樣性 (文字、圖、語音、影片) 來源的整合方法。

　　以上不同方法的效能好壞，多數取決於資料集及參數，比較許多資料集及參數時，各種方法與其他方法相比的系統優勢不大。

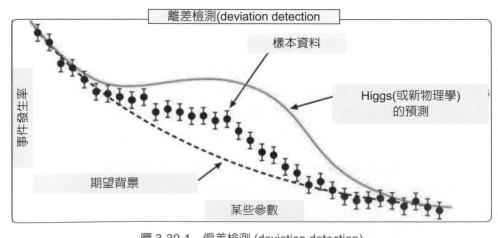

圖 3-30-1　偏差檢測 (deviation detection)

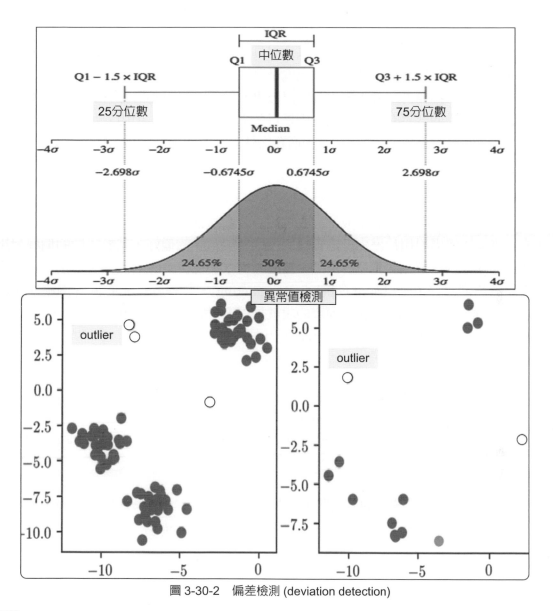

圖 3-30-2　偏差檢測 (deviation detection)

來源：skuscience.com(2019). https://www.skuscience.com/blog/how-to-detect-outliers-for-improved-
demand-forecasting/

七、協同過濾器 (collaborative filter) [做預測用途]

協同過濾，是利用某興趣相投、擁有共同經驗之群體的喜好來推薦使用者感興趣的資訊，個人透過合作的機制給予資訊相當程度的回應 (如評分) 並記錄下來以達到過濾的目的進而幫助別人篩選資訊，回應不局限在特別感興趣的；特別不感興趣資訊的紀錄也相當重要。

迄今，基於專案的協同過濾 (item-based collaborative filtering) 演算法是業界應用最多的算法。目前，亞馬遜網、Netflix、Hulu、YouTube…，其推薦算法的基礎都是該演算法。

　　協同過濾又可分為評比 (rating)、群體過濾 (social filtering)，二者都是電子商務重要的一環，即根據某客戶以往的購買行為以及從具有相似購買行為的客戶群的購買行為去推薦這個客戶其「可能喜歡的商品」，也就是藉由社群的喜好提供個人化的資訊、商品等的推薦服務。除推薦外，近年來也發展出數學運算讓系統自動計算喜好的強弱進而去蕪存菁使得過濾的內容更有依據，也許不是百分之百完全準確，但由於加入了強弱的評比讓這個概念的應用更為廣泛，除了電子商務之外尚有資訊檢索領域、網路個人影音櫃、個人書架等的應用等。

(一) 協作過濾之原理

　　協同過濾推薦演算法是誕生最早，並且較為著名的推薦演算法。主要的功能是預測及推薦。演算法透過對用戶歷史行為資料的挖掘發現用戶的偏好，基於不同的偏好對用戶進行群組劃分並推薦品味相似的商品。協同過濾推薦演算法分為兩類，分別是基於用戶的協同過濾演算法 (user-based collaboratIve filtering)，及基於物品的協同過濾演算法 (item-based collaborative filtering)。簡單的說就是：人以類聚，物以群分。

1. 目標：在此基礎上預測一個人可能感興趣的商品 / 電影 / 書籍

   • 過去的人的偏好

   • 具有類似過去偏好的其他人

   • 這些人對新商品 / 電影 / 書籍的喜好 / ......

2. 基於重複聚類的方法

   • 根據電影喜好對人群進行聚類

   • 然後根據被同一群人喜歡的方式聚類電影

   • 再次根據人們對 (新建立的群集) 電影的偏好對人群進行聚類

   • 重複上述至平衡

3. 上述問題是協作過濾的實例，其中用戶協作過濾資訊以查找感興趣的資訊

(二) 電子商務的推薦系統

　　最著名的電子商務推薦系統應屬亞馬遜網路書店，顧客選擇一本自己感興趣的書籍，馬上會在底下看到一行「Customer Who Bought This Item Also Bought」，亞馬遜是在「對同樣一本書有興趣的讀者們興趣在某種程度上相近」的假設前提下提供這樣的推薦，此舉也成為亞馬遜網路書店為人所津津樂道的一項服務，各網路書店也跟進做這樣的推薦服務，如台灣的博客來網路書店。另外一個例子是 Facebook 的廣告，系統根據個人資料、週遭朋友感興趣的廣告等等對個人提供廣告推銷，也是一項協同過濾重要的里程碑，及前二者 Tapestry、GroupLens 不同的是在這裡雖然商業氣息濃厚同時還是帶給使用者很大的方便。以上為三項協同過濾發展上重要的里程碑，從早期單一系統內的

郵件、檔案過濾，到跨系統的新聞、電影、音樂過濾，乃至於今日橫行 Internet 的電子商務，雖然目的不太相同，但帶給使用者的方便是大家都不能否定的。

(三) 分類應用

1. 以使用者為基礎 (User-based) 的協同過濾

用相似統計的方法得到具有相似愛好或者興趣的相鄰使用者，所以稱之為以使用者為基礎 (User-based) 的協同過濾或基於鄰居的協同過濾 (Neighbor-based Collaborative Filtering)。方法步驟：

收集使用者資訊：收集可以代表使用者興趣的資訊。一般的網站系統使用評分的方式或是給予評價，這種方式稱為「主動評分」。另外一種是「被動評分」，是根據使用者的行為模式由系統代替使用者完成評價，不需要使用者直接打分或輸入評價資料。電子商務網站在被動評分的資料獲取上有其優勢，使用者購買的商品記錄是相當有用的資料。

最近鄰搜尋 (Nearest neighbor search, NNS)：以使用者為基礎 (User-based) 的協同過濾的出發點是與使用者興趣愛好相同的另一組使用者，就是計算兩個使用者的相似度。例如：尋找 n 個及 A 有相似興趣使用者，把他們對 M 的評分作為 A 對 M 的評分預測。一般會根據資料的不同選擇不同的演算法，目前較多使用的相似度演算法有 Pearson Correlation Coefficient、Cosine-based Similarity、Adjusted Cosine Similarity。

產生推薦結果：有了最近鄰整合，就可以對目標使用者的興趣進行預測，產生推薦結果。依據推薦目的的不同進行不同形式的推薦，較常見的推薦結果有 Top-N 推薦及關聯推薦。Top-N 推薦是針對個體使用者產生，對每個人產生不一樣的結果，例如：透過對 A 使用者的最近鄰使用者進行統計，選擇出現頻率高且在 A 使用者的評分專案中不存在的，作為推薦結果。關聯推薦是對最近鄰使用者的記錄進行關聯規則 (association rules) 挖掘。

2. 以專案為基礎 (Item-based) 的協同過濾

以使用者為基礎的協同推薦演算法隨著使用者數量的增多，計算的時間就會變長，所以在 2001 年 Sarwar 提出了基於專案的協同過濾推薦演算法 (Item-based Collaborative Filtering Algorithms)。以專案為基礎的協同過濾方法有一個基本的假設「能夠引起使用者興趣的專案，必定與其之前評分高的專案相似」，透過計算專案之間的相似性來代替使用者之間的相似性。方法步驟：

Step-1　收集使用者資訊：同以使用者為基礎 (User-based) 的協同過濾。

Step-2　針對專案的最近鄰搜尋：先計算已評價專案及待預測專案的相似度，並以相似度作為權重，加權各已評價專案的分數，得到待預測專案的預測值。例如：要對專案 A 及專案 B 進行相似性計算，要先找出同時對 A 及 B 打過分的組合，對這些組合進行相似度計算，常用的演算法同以使用者為基礎 (User-based) 的協同過濾。

Step-3　產生推薦結果：以專案為基礎的協同過濾不用考慮使用者間的差別，所以精度比較差。但是卻不需要使用者的歷史資料，或是進行使用者辨識。對於專案來講，它們之間的相似性要穩定很多，因此可以離線完成工作量最大的相似性計算步驟，從而降低了線上計算量，提高推薦效率，尤其是在使用者多於專案的情形下尤為顯著。

3. 以模型為基礎 (Model- based) 的協同過濾

　　以使用者為基礎 (User-based) 的協同過濾及以專案為基礎 (Item-based) 的協同過濾系統稱為以記憶為基礎 (Memory based) 的協同過濾技術，他們共有的缺點是資料稀疏，難以處理大數據量影響即時結果，因此發展出以模型為基礎的協同過濾技術。以模型為基礎的協同過濾 (Model-based Collaborative Filtering) 是先用歷史資料得到一個模型，再用此模型進行預測。以模型為基礎的協同過濾廣泛使用的技術包括 Latent Semantic Indexing、Bayesian Networks…等，根據對一個樣本的分析得到模型。

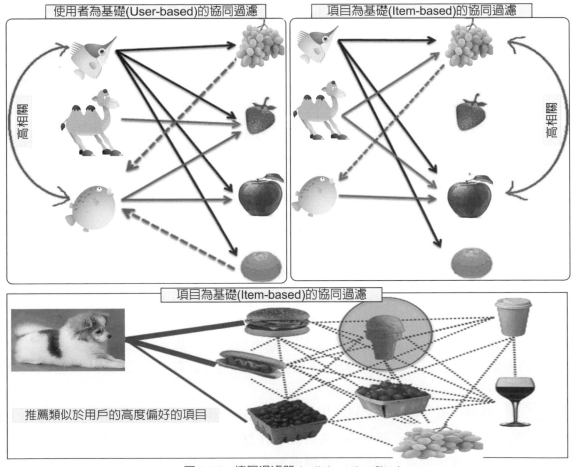

圖 3-31　協同過濾器 (collaborative filter)

(四) 未來發展

　　Item-based 的推薦演算法能解決 User-based 協同過濾的一些問題，但其仍有許多問題需要解決，最典型的有稀疏問題 (Sparsity) 及冷啟動問題 (Cold-start)，冷啟動時效果較差。此外還有新使用者問題及演算法健壯性等問題。協同過濾作為一種典型的推薦技術有相當的應用，目前很多技術都是圍繞協同過濾而展開研究的。在資訊種類、表達方式越來越多的時代，舊式的資訊分類過濾系統無法滿足的地方，期許未來能用協同過濾的方法來解決。

3-4-3 數據挖掘的技術

　　資料探勘的方法包括監督式學習、非監督式學習、半監督學習、增強學習。監督式學習包括：分類、估計、預測。非監督式學習包括：聚類、關聯規則分析。

一、分類 (classification)(預測分析)

(1)　分類是預測新專案的類別的過程。

(2)　對新專案進行分類並確定它屬於哪個類別

(3)　例子：銀行希望根據銀行廣告的響應將其房屋貸款客戶分組。銀行可能會使用「很少響應，有時響應，經常響應」的分類。

(4)　然後，銀行將嘗試查找有關經常及有時響應的客戶的規則。

(5)　規則可用於預測潛在客戶的需求。

(一) 分類的技術：決策樹分類 (decision-tree classifiers)

分類應用 1：直銷

1.　目標：透過針對可能購買新手機產品的一組消費者來降低郵寄成本。

2.　方法：

- 使用之前介紹的類似產品的數據。

- 你知道哪些客戶決定購買，哪些客戶決定購買。這個 {buy，do not buy} 決定形成了 class 屬性。

- 收集有關所有此類客戶的各種人口統計，生活方式及公司互動相關資訊。

- 業務類型，他們住在哪裡，他們賺多少等等。

- 使用此資訊作為輸入屬性來學習分類器模型。

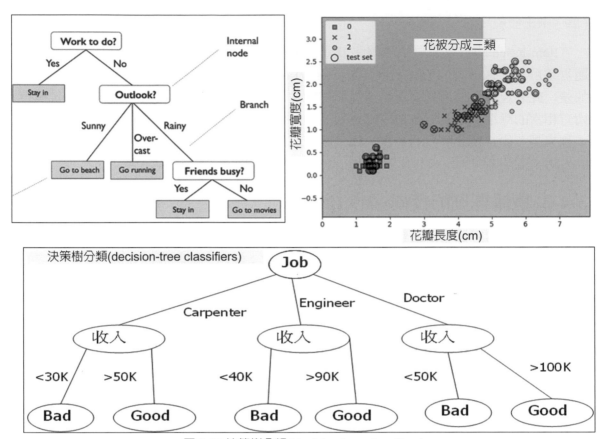

圖 3-32 決策樹分類 (decision-tree classifiers)

來源：決策樹學習 (2019). https://zh.wikipedia.org/wiki/%E5%86%B3%E7%AD%96%E6%A0%91%E5%AD%A6%E4%B9%A0

分類應用 2：詐欺辨識 (fraud detection)

1. 目標：預測信用卡交易中的詐欺案件。

2. 做法：

    (1) 使用信用卡交易及其帳戶持有人的資訊作爲屬性。

    (2) 客戶何時購買，購買什麼，按時付款的頻率等等。

    (3) 將過去的交易標記爲詐欺或公平交易。這形成了 class 屬性。

    (4) 瞭解交易類的模型。

    (5) 使用此模型透過觀察帳戶上的信用卡交易來檢測詐欺。

分類應用 3：客戶流失 / 流失 (customer attrition/churn)

1. 目標：預測客戶是否可能輸給競爭對手。

2. 做法：

    (1) 使用與過去及現在客戶中的每個客戶的詳細交易記錄來查找屬性。

(2) 客戶打電話的頻率、他打電話的地點、他最常撥打的時間、財務狀況、婚姻狀況等。

(3) 將客戶標記爲忠誠或不忠誠。

(4) 找到忠誠度的模型。

二、聚類 (clustering)(描述性分析)

聚類演算法旨在查找相似的專案組 (groups of items)。它劃分數據集,使具有相似內容的記錄在同一組中,並且組彼此盡可能不同。

例子:保險公司可以使用群集按客戶的年齡、地點及購買的保險類型對客戶進行分組。

1. 因爲事前都未指定類別,故稱爲「無監督學習」

2. 將數據分組到群集中

類似的數據被分組在同一個集群中

不同的數據分組在不同的集群中

3. 這是如何實現的?

(1) 階層 (hierarchical)

將數據分組到 t-trees 中,如圖 3-33 所示。

例子 : Hierarchical Agglomerative Clustering

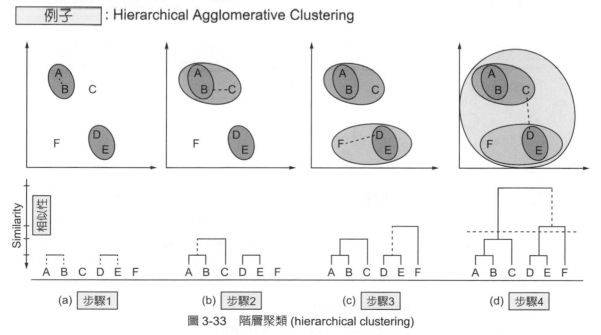

圖 3-33　階層聚類 (hierarchical clustering)

來源:en.wikipedia.org(2019). https://en.wikipedia.org/wiki/Hierarchical_clustering

(2)　k- 最近鄰 (k-nearest neighbor)

　　一種分類方法，透過計算訓練數據集中的點及點之間的距離來對點進行分類。然後它將該點分配給其 k 個最近鄰居中最常見的類 (其中 k 是整數)。

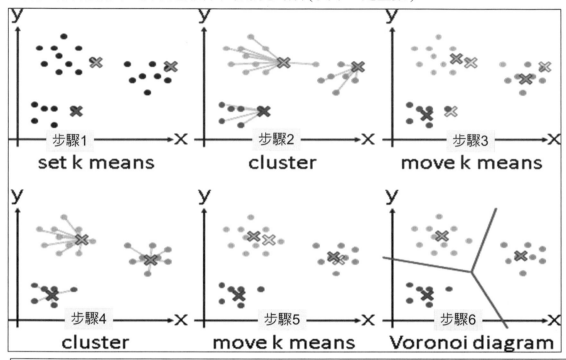

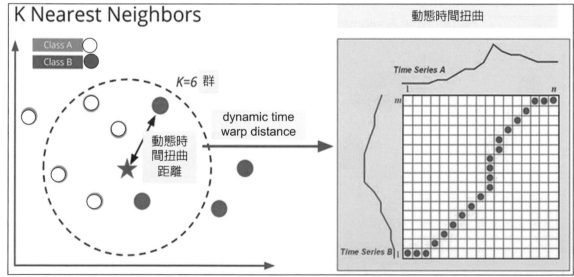

圖 3-34　k-nearest neighbor 聚類

聚類應用 1：文檔聚類 (document clustering)

1. 目標：根據其中出現的重要術語查找彼此相似的文檔組。

2. 方法：辨識每個文檔中經常出現的術語。根據不同術語的頻率形成相似性度量。用它來集群。

3. 增益：資訊檢索可以利用群集將新文檔或搜索詞與群集文檔相關聯。

聚類應用 2：市場區隔 (market segmentation)

1. 目標：將市場區隔為不同的客戶子集，其中可以想像任何子集可以被選擇作為具有不同營銷組合的市場目標。

2. 做法：

   (1) 根據客戶的地理及生活方式相關資訊收集客戶的不同屬性。

   (2) 查找類似客戶的集群。

   (3) 透過觀察同一集群中客戶的購買模式與源自不同集群的客戶的購買模式來衡量集群質量。

三、關聯規則發現 (描述性分析)

1. 定義：關聯規則 (association rule)

   給定一組記錄，每個記錄包含源自給定整合的一些專案；

   產生依賴性規則 (produce dependency rules)，該規則將基於其他項的出現來預測項的發生。

2. 例子：當客戶購買錘子時，90% 的時間他們會購買釘子。

TID	項目(items)
1	Bread, Coke, Milk
2	Beer, Bread
3	Beer, Coke, Diaper, Milk
4	Beer, Bread, Diaper, Milk
5	Coke, Diaper, Milk

關聯規則發現：

{Milk} --> {Coke}
{Diaper, Milk} --> {Beer}

圖 3-35　關聯規則 (association rule) 之示意圖

關聯規則發現應用 1：營銷及促銷 (marketing and sales promotion)

規則被發現：

```
{Bagels'...}  - > {Potato Chips}
```

   (1) 馬鈴薯片作為後結 (consequent)=> 可以用來確定應該做些什麼來促進其銷售。

   (2) 前因 (antecedent) 的百吉餅 => 若商店停止銷售百吉餅 (Bagels)，可以用來看看哪些產品會受到影響。

   (3) 前因的百吉餅及後結的薯片 => 可以用來看看應該與百吉餅銷售哪些產品以促進薯片的銷售！

關聯規則發現應用 2：超市貨架管理 (supermarket shelf management)

1. 目標：辨識由足夠多的客戶一起購買的商品。

2. 方法：處理使用條形碼掃描儀收集的銷售點數據，以查找專案之間的依賴關係。

3. 傳統規則 (classic rule)：

　　if 顧客購買尿布及牛奶，then 他很可能會買啤酒。

　　所以 (so)，若你發現尿布旁邊堆積了六個包裝，請不要感到驚訝！

關聯規則發現應用 3：庫存管理 (Inventory Management)

1. 目標：消費者家電維修公司希望預測其消費產品的維修性質，並使服務車輛配備正確的部件，以減少對消費者家庭的 access 次數。

2. 方法：處理不同消費者位置的先前維修所需的工具及零件數據，並發現共現態樣 (co-occurrence patterns)。

四、順序態樣 (sequential pattern) 發現 (描述性分析)

1. 已知 (given) 一組對象 / 物件 (objects)，每個 object 與自己的事件時間軸相關聯，找到預測不同事件之間強順序態樣依賴關係的規則。

2. 首先發現態樣 (patterns) 形成規則。態樣中的事件發生由時序約束 (timing constraints) 控制。

3. 在電信報警日誌中 (in telecommunications alarm logs)

 • (Inverter_Problem Excessive_Line_Current)

 •　　 (Rectifier_Alarm) -->(Fire_Alarm)

4. 便利商店：銷售點交易順序 (in point-of-sale transaction sequences).

 • 電腦書店：

　　買 (Visual_C)(C ++) - >(Perl_for_dummies，Tcl_Tk)

 • 運動服裝店：

　　(鞋子)(球拍，球拍) - >(運動夾克)

五、迴歸 (預測分析)

1. 假定線性或非線性依賴模型 (assuming a linear or nonlinear model of dependency)，基於其他變數的值預測給定連續值變數的值。

2. 在統計學、神經網路領域進行了大量研究。

3. 例子：

- 根據廣告支出預測新產品的銷售額。

- 根據溫度、濕度、氣壓等預測風速。

- 股市指數的時間順序預測。

◆ 小結：資料挖泥 (data dredging)

通常作為與資料倉庫及分析相關的技術，資料挖掘處於它們的中間。然而，有時還會出現十分可笑的應用，例如發掘出不存在但看起來振奮人心的模式 (特別的因果關係)，這些根本不相關的、甚至引人誤入歧途的、或是毫無價值的關聯，在統計學文獻裡通常被戲稱為「資料挖泥」(data dredging, data fishing, or data snooping)。

資料挖掘意味著掃瞄可能存在任何關係的資料，然後篩選出符合的模式，(這也叫作「過度符合模式」)。大量的資料集中總會有碰巧或特定的資料，有著「令人振奮的關係」。因此，一些結論看上去十分令人懷疑。儘管如此，一些探索性資料分析 還是需要應用統計分析尋找資料，所以好的統計方法及資料資料的界限並不是很清晰。

更危險是出現根本不存在的關聯性。投資分析家似乎最容易犯這種錯誤。在一本叫做《顧客的遊艇在哪裡？》的書中寫道：「總是有相當數量的可憐人，忙於從上千次的賭輪盤的輪子上尋找可能的重複模式。十分不幸的是，他們通常會找到。」

3-5　數據串流 (data streams)

在 connection-oriented 的通信中，數據串流 (data streams) 是數位編碼的相干信號順序 (packets of data 或 data packets)，用於發送或接收正在發送的資訊。

數據串流 (data streams) 源自通信領域的概念，代表傳輸中所使用的資訊的數位編碼信號順序。然而，你所提到的數據串流概念與此不同。這個概念最初在 1998 年由 Henzinger 定義數據串流「只能以事先規定好的順序被讀取一次的資料的一個順序」。

數據串流是由不同來源連續產生的數據。應使用流處理技術逐步處理此類數據，而無需 access 所有數據。此外，應該考慮概念漂移可能發生在數據中，這意味著流的屬性可能隨時間而改變。

它通常用於大數據的上下文中，其中它由許多不同的源高速產生。

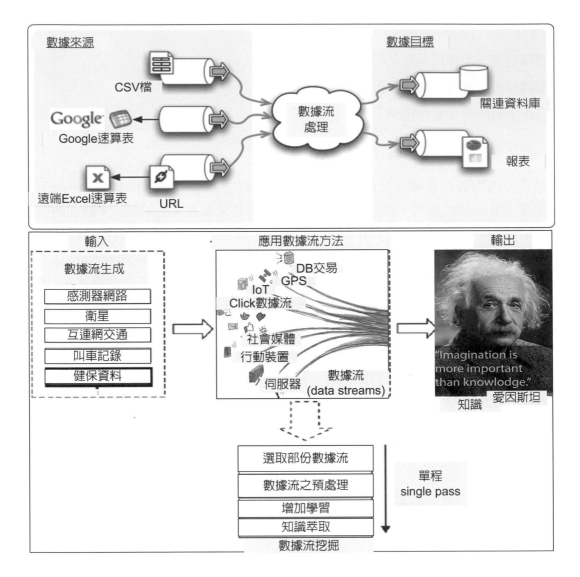

圖 3-36　數據串流 (data streams)

來源：datanami.com(2019). https://www.datanami.com/2019/06/11/ai-and-data-streaming-in-the-
　　　 enterprise-a-marriage-made-in-heaven/

　　數據串流也可以解釋爲用於透過 Internet 向設備傳送內容的技術，它允許用戶立即
access 內容，而不必等待下載。大數據迫使許多組織專注於儲存成本，這引起了數據湖
及數據串流的 興趣。數據湖是指儲存大量非結構化及半數據，並且由於大數據的增加而
非常有用，因爲它可以以這樣的方式儲存，即企業可以潛入數據湖並提取他們需要的東
西目前他們需要它。數據串流可以對流數據進行即時分析，而且它與速度及連續分析性
質的數據湖不同，而不必先儲存數據。

一、產生背景

數據串流應用的產生的發展是以下兩個因素的結果：

1. 細節數據

已經能夠持續自動產生大量的細節資料。這類資料最早出現於傳統的銀行及股票交易領域，後來則也出現在地質測量、氣象、天文觀測等方面。尤其是 Internet(網路流量監控，點擊流) 及無線通信網 (通話記錄) 的出現，產生了大量的數據串流類型的資料。你注意到這類資料大都與地理資訊有一定關聯，這主要是因為地理資訊的維度較大，容易產生這類大量的細節資料。

2. 複雜分析

需要以近即時的方式對更新流進行複雜分析。對以上領域的資料進行複雜分析 (如趨勢分析，預測) 以前往往是 (在資料倉庫中) 脫機進行的，然而一些新的應用 (尤其是在網路安全及國家安全領域) 對時間都非常敏感，如檢測 Internet 上的極端事件、詐欺、入侵、異常，複雜人群監控，趨勢監控 (track trend)，探查性分析 (exploratory analyses)，及諧度分析 (harmonic analysis) 等，都需要進行聯機的分析。

在此之後，學術界基本認可了這個定義，有的文章也在此基礎上對定義稍微進行了修改。例如，S. Guha 等認為，數據串流是「只能被讀取一次或少數幾次的點的有序順序」，這裡放寬了前述定義中的「一遍」限制。

為什麼在數據串流的處理中，強調對資料讀取次數的限制呢？ S. Muthukrishnan 指出數據串流是指「以非常高的速度到來的輸入資料」，因此對數據串流資料的傳輸、計算及儲存都將變得很困難。在這種情況下，只有在資料最初到達時有機會對其進行一次處理，其他時候很難再存取到這些資料 (因為沒有也無法保存這些資料)。

二、數據串流概述

1. 什麼是數據串流？

- 連續流 (Continuous streams)
- 巨大，快速及變化 (Huge, Fast, and Changing)

2. 為什麼選擇數據串流？

- 流的到達速度及大數據超出了你儲存它們的能力。
- 即時 (real time) 處理

3. Window 模型 (Window models)

- 橫向 Window(整個數據串流)

- 滑動 Window(sliding Window)
- 阻尼 Window(damped Window)

4. 挖掘數據串流 (mining data stream)

(一) 一個簡單的問題

1. 尋找頻繁的物品

- 給定順序 $(x_1 , ... x_N)$，其中 x_i [1，m]，並且實數 θ 介於 0 及 1 之間。
- 尋找頻率 $> \theta$ 的 x_i
- 樸素演算法 (m 個計數器)

2. 頻繁專案數 ≤ 1/θ

3. 問題：N >> m >> 1/θ

即求出：$P \times (N\theta) \leq N$

(二) K-Randomized Paths(KRP) 演算法 (algorithm)

它是從 K 隨機 paths 中找出最佳路徑 (best route)。

(三) 單源最短路徑 (Single Source Shortest Paths): Label Correcting 演算法

1. 用途

一張有向圖，選定一個起點，找出起點到圖上各點的最短路徑，即是找出其中一棵最短路徑樹。可以順便偵測起點是否會到達負環，然後找出其中一隻負環。

2. 想法

當最短路徑只有正邊及零邊，截去末端之後，仍是最短路徑，而且長度一定更短。當有負邊，長度不會更短，反而更長。

圖上有負邊，則無法使用 Label Setting Algorithm 。受到負邊影響，不能先找最短的那一條最短路徑。當下不在樹上、離根最近的點，以後不見得是最短路徑。

圖上有負邊，就必須使用 Label Correcting Algorithm 。就算數值標記錯了，仍可修正。

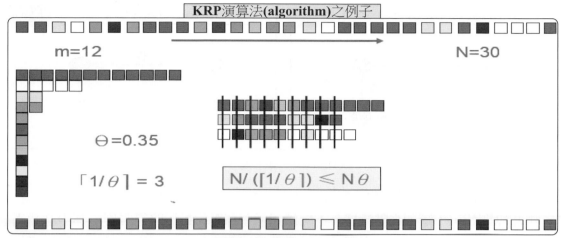

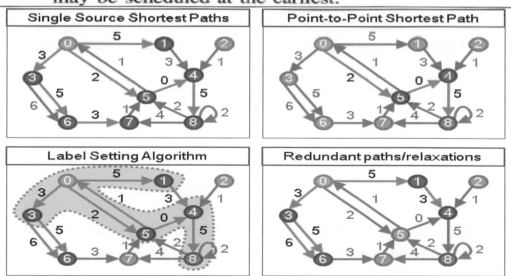

圖 3-37　KRP 演算法 (algorithm) 之例子

來源：slideshare.net(2019). https://www.slideshare.net/neerajtewarimd/big-data-28608126

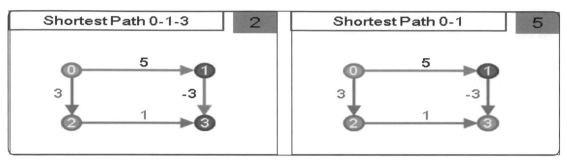

圖 3-38 無法使用 Label Setting 演算法之情況

來源：slideshare.net(2019). https://www.slideshare.net/neerajtewarimd/big-data-28608126

由起點開始，不斷朝鄰點拓展，不斷修正所有鄰點的最短路徑長度，其中必然涵蓋到最短路徑樹的點與邊。拓展過程當中，儘管無法確定最短路徑樹的長相，但是可以確定最短路徑樹正在一層一層生長。

一條最短路徑頂多 V-1 條邊，一棵最短路徑樹頂多 V 層。拓展鄰點 V-1 層之後，必能完成最短路徑樹 (如圖 3-40 所示)。

定義：最短路徑樹

考慮一個連通無向圖 G，一個以頂點 v 為根節點的最短路徑樹 T 是圖 G 滿足下列條件的生成樹——樹 T 中從根節點 v 到其他頂點 u 的路徑距離，在圖 G 中是從 v 到 u 的最短路徑距離。

在一個所有最短路徑都明確（例如沒有負長度的環）的連通圖中，我們可以使用如下算法構造最短路徑樹：

1. 使用戴克斯特拉算法或貝爾曼 - 福特算法計算圖 G 中從根節點 v 到頂點 u 的最短距離 $dist(u)$

2. 對於所有的非根頂點 u，我們可以給 u 分配一個父頂點 p_u，p_u 連接至 u 且 $dist(p_u) + edge\_dist(p_u, u) = dist(u)$。當有多個 p_u 滿足條件時，選擇從 v 到 p_u 的最短路徑中邊最少的 p_u。當存在零長度環的時候，這條規則可以避免循環。

3. 用各個頂點和它們的父節點之間的邊構造最短最短路徑樹。

上面的算法保證了最短路徑樹的存在。像最小生成樹一樣，最短路徑樹通常也不是唯一的。

在所有邊的權重都相同的時候，最短路徑樹和廣度優先搜索樹一致。在存在負長度的環時，從 v 到其他頂點的最短簡單路徑不一定構成最短路徑樹。

Label Correcting 演算法

Label correction algorithm: Find shortest path

Require:
Graph $G = (V, E)$
Weight from node i to node j: $g_{ij} \in \mathbb{R}_0^+$
Starting node $s \in V$
End node $t \in V$
Lower bound to get from node j to t: h_j (default: $h_j = 0$)
Upper bound to get from node j to t: m_j (default: $m_j = \infty$)
procedure LABELCORRECTION(G, s, t, h, m)
    $d_s \leftarrow 0$
    $d_i \leftarrow \infty \quad \forall i \neq s$ $\triangleright$ Distance of node i from s
    $u \leftarrow \infty$ $\triangleright$ Distance from s to t
    $K \leftarrow \{s\}$ $\triangleright$ Choose some datastructure here
    while K is not empty **do**
        $v \leftarrow K.pop()$
        for child c of v **do**
            if $d_v + g_{vc} + h_c < \min(d_c, u)$ **then**
                $d_c \leftarrow d_v + g_{vc}$
                $c.parent \leftarrow v$
                if $c \neq t$ and $c \notin K$ **then**
                    $K.insert(c)$
                if $c = t$ **then**
                    $u \leftarrow d_v + g_{vt}$
            $u \leftarrow \min(u, d_c + m_c)$
    return u, t

Shortest Path Tree (source is 0)	Dijkstra's Algorithm
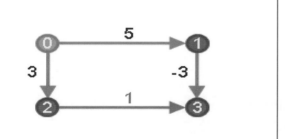	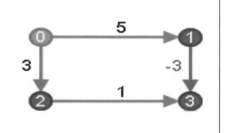

圖 3-39　Label Correcting 演算法

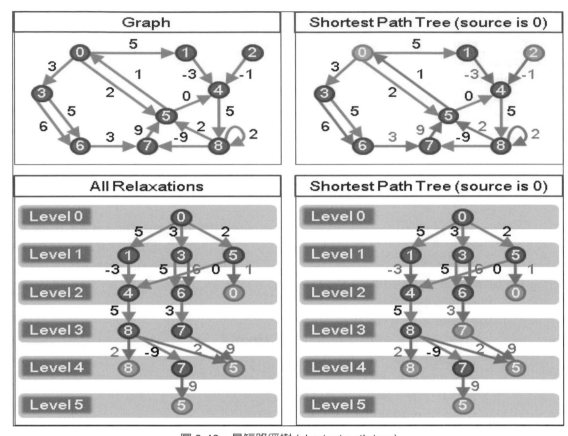

圖 3-40　最短路徑樹 (shortest path tree)

來源：www2.csie.ntnu.edu.tw(2019). http://www2.csie.ntnu.edu.tw/~u91029/Path.html

3. 演算法：找出一棵最短路徑樹

令 w[a][b] 是 a 點到 b 點的距離（即是邊的權重）。
令 d[a] 是起點到 a 點的最短路徑長度，起點設為零，其他點都設為無限大。

1. 把起點放入 queue。
2. 重複下面這件事，直到 queue 沒有東西為止：
   (1) 從 queue 取出一點，作為 a 點。
      加速：若 queue 已有 parent[a]，則捨棄 a 點並且重取。
   (2) 找到一條邊 ab：d[a] + w[a][b] < d[b]。
   (3) 以邊 ab 來修正起點到 b 點的最短路徑：d[b] = d[a] + w[a][b]。
   (4) 把 b 點放入 queue。
      加速：若 queue 已有 b 點，則不放。

```c
// C 語言實作：
int w[9][9];    // adjacency matrix
int d[9];       // 記錄起點到各個點的最短路徑長度
```

```cpp
int parent[9];   // 記錄各個點在最短路徑樹上的父親是誰
bool inqueue[9];// 記錄 queue 當中有哪些點

void label_correcting(int source)
{
    for(int i=0; i<9; i++) d[i] = 1e9;

    d[source] = 0;                  // 設定起點的最短路徑長度
    parent[source] = source;        // 設定起點是樹根（父親為自己）

    queue<int> Q;                   // queue
    Q.push(source);                 // 把起點放入 queue
//  inqueue[source] = true;

    while(!Q.empty())
    {
        // 從 queue 取出一點，作為 a 點
        int a = Q.front(); Q.pop();
        inqueue[a] = false;

        // 加速：若 queue 已有 parent[a]，則捨棄 a 點並且重取。
        if(inqueue[parent[a]]) continue;
        for(int b=0; b<9 ++b)
            if(w[a][b] != 1e9 &&
                d[a] + w[a][b] < d[b])
            {
                d[b] = d[a] + w[a][b];  // 修正起點到 b 點的最短路徑長度
                parent[b] = a;          // b 點是由 a 點延伸過去的

                if(!inqueue[b])
                {
                    Q.push(b);          // 把 b 點放入 queue
                    inqueue[b] = true;
                }
            }
    }
}
```

4. 演算法：偵測起點是否會到達負環

　　最短路徑一旦經過負環，就會不斷地繞行負環，最短路徑長度成爲無限短。

　　若沒有經過負環，一條最短路徑最多只有 V-1 條邊；若經過負環，一條最短路徑就有無限多條邊。順手記錄最短路徑的邊數，就能順手偵測負環。

```cpp
int w[9][9];
int d[9];
int parent[9];
int n[9];      // 記錄最短路徑的邊數
bool inqueue[9];

void label_correcting(int source)
{
    for(int i=0; i<9; i++) d[i] = 1e9;

    d[source] = 0;
    parent[source] = source;
    n[source] = 0;    // 起點到起點的最短路徑的邊數爲零

    queue<int> Q;
    Q.push(source);
//  inqueue[source] = true;
    while(!Q.empty())
    {
        int a = Q.front(); Q.pop();
        inqueue[a] = false;
        if(inqueue[parent[a]]) continue;

        for(int b=0; b<9 ++b)
            if(w[a][b] != 1e9 &&
               d[a] + w[a][b] < d[b])
            {
                d[b] = d[a] + w[a][b];
                parent[b] = a;
                n[b] = n[a] + 1;          // 最短路徑的邊數加一
                if(n[b] >= 9) return;   // 偵測到負環！
```

```
                if(!inqueue[b])
                {
                    Q.push(b);
                    inqueue[b] = true;
                }
            }
        }
```

5. 演算法：找出起點可以到達的一隻負環

確認負環存在之後，利用 parent[] 陣列，往回追溯，最短路徑的其中一段一定有著負環。

```
void label_correcting(int source)
{
    ......
                if(n[b] >= 9)
                {
                    find_negative_cycle(b);
                    return;
                }
    ......
}


bool visit[9];


void find_negative_cycle(int x)
{
    memset(visit, false, sizeof(visit));

    // 往回追溯，直到繞行負環一圈。
    for(; !visit[x]; x = parent[x])
        visit[x] = true;

    // 再度繞行負環一圈
    cout << "負環上有點 " << x;
    for(int a = parent[x]; a != x; a = parent[a])
        cout << "負環上有點 " << a;
}
```

6. 時間複雜度

　　圖的資料結構為 adjacency lists 的話，每一層最多有 V 個點、 E 條邊，最多拓展 V-1 層 (遭遇負環則是 V 層)，時間複雜度為 $O((V+E)\,V) = O(V^2 + VE)$，通常簡單寫成 $O(VE)$。

　　圖的資料結構為 adjacency matrix 的話，便是 $O(V^3)$。

三、區別特性

(一) 與傳統的關係資料模式區別

　　B. Babcock 等人認為數據串流模式在以下幾個方面不同於傳統的關係資料模式：

1. 資料聯機到達；

2. 處理系統無法控制所處理的資料的到達順序；

3. 資料可能是無限多的；

4. 由於資料量的龐大，數據串流中的元素被處理後將被拋棄或存檔 (archive)。以後再想獲取這些資料將會很困難，除非將資料儲存在記憶體中，但由於記憶體大小通常遠遠小於數據串流資料的數量，因此實際上通常只能在資料第一次到達時獲取資料。

(二)4 個特點

　　數據串流有 4 個特性：

1. 同質化及解耦 (Homogenization and decoupling)。由於數據串流，因此建立了流服務。數位化有可能消除資訊類型與其儲存，傳輸及處理技術之間的緊密耦合。流媒體服務的建立導致用戶不再需要使用諸如 CD 及 DVD 之類的有形產品。

2. 數據串流技術的另一個特徵是連接性 (connectivity)。數據串流將應用程式及設備與其他應用程式及設備相連 數據串流還可以促進公司及用戶之間的連接。流媒體公司將服務作為音樂及電影與客戶聯繫起來，例如 Spotify 將音樂藝術家的歌曲與客戶聯繫起來。公共交通工具也可以透過車輛到路邊通信與流媒體應用公司聯繫。

3. 數據串流也是可編程的 (programmable)。例如，可以隨時編輯即時流。此外，數據串流可以是數位跟蹤的。政府或公司可以利用數據串流。過去一個眾所周知的例子是 NSA 的例子，並將數據串流應用程式中的數據作為遊戲「憤怒。

4. 數據串流是模組化的 (modular)，因為系統組件可以分離及重新組合，主要是為了靈活性及多樣性。數據串流在不同的應用程式版本及系統 (如蘋果 IOS) 中工作。也可以改變數據串流的速度。

(三) 串流影響的行業

　　受數據串流影響主要是視頻流行業 (video streaming)。消費者現在要求立即提供視頻，這意味著不再只是圖像的質量解析度作為媒體行業中重要的性能指標，而是視頻開始播放的速度。

　　另一個受影響的行業是音樂流媒體行業。2017 年，流媒體佔音樂行業收入的 43%，這是連續第三年增長。2015 年，流媒體技術超越了市場，透過節省標籤成本來增加收入，藝術家透過在流上賺錢獲得更穩定的收入，而不是依靠完整的專輯或 CD 在發布後做得好。

　　此外，數據串流對遊戲流行業產生了影響。遊戲流是由雲計算的大量增長引起的，這使得遊戲玩家無需擁有昂貴的硬體即可 access 更多種類的遊戲。雲計算作為遊戲流的開發的推動者，其中從雲 access 硬體及內容，導致在內容分發中提供更大靈活性的變化。雲技術所允許的遊戲流將推動遊戲行業的變革，雲電腦的硬體配置將成為開發人員，成本及時間將減少，以開發更強大的用戶覆蓋全球的能力。

四、數據串流的分類

　　資料的性質、格式不同，則對流的處理方法也不同，因此，在 Java 的輸入 / 輸出類庫中，有不同的流類來對應不同性質的輸入 / 輸出流。在 java.io 包中，基本輸入 / 輸出流類可按其讀寫資料的類型之不同分為兩種：位元組流及字元流。

1. 輸入流與輸出流

　　數據串流分為輸入流 (InputStream) 及輸出流 (OutputStream) 兩類。輸入流只能讀不能寫，而輸出流只能寫不能讀。通常程式中使用輸入流讀出資料，輸出流寫入資料，就好像數據串流入到程式並從程式中流出。採用數據串流使程式的輸入輸出操作獨立與相關設備。

　　輸入流可從鍵盤或檔中獲得資料，輸出流可向顯示器、印表機或檔中傳輸資料。

2. 緩衝流

　　為了提高資料的傳輸效率，通常使用緩衝流 (Buffered Stream)，即為一個流配有一個緩衝區 (buffer)，一個緩衝區就是專門用於傳輸資料的記憶體塊。當向一個緩衝流寫入資料時，系統不直接發送到外部設備，而是將資料發送到緩衝區。緩衝區自動記錄資料，當緩衝區滿時，系統將資料全部發送到相應的設備。

　　當從一個緩衝流中讀取資料時，系統實際是從緩衝區中讀取資料。當緩衝區空時，系統就會從相關設備自動讀取資料，並讀取盡可能多的數據充滿緩衝區。

3-6　大數據態樣 (patterns) 的分析法 -7 個主軸 (Ogres)

　　數據分析 (資料分析) 是一個檢查、清理、轉換及數據建模的過程，目的是發現有用的資訊，通知結論及支持決策。數據分析具有多個方面及方法，包括各種名稱下的各種技術，同時用於不同的商業，科學及社會科學領域。

　　數據挖掘是一種特殊的數據分析技術，專注於建模及知識發現，用於預測而非純粹的描述目的，而商業智慧涵蓋的數據分析主要依賴於聚合，主要關注業務資訊。在統計應用中，數據分析可分爲描述性統計，探索性數據分析 (EDA) 及驗證性數據分析 (CDA)。EDA 專注於發現數據中的新功能，而 CDA 則專注於確認或僞造現有假設。預測分析側重於應用統計模型進行預測預測或分類，而文本分析則應用統計，語言及結構技術從文本來源 (一種非結構化數據) 中提取及分類資訊。以上所有都是各種數據分析。

　　數據集成是數據分析的先驅，及數據分析緊密相連到數據可視化及數據傳播。數據分析有時是數據建模的同義詞。

　　Pattern 這個英文字，翻譯爲態樣、模式、樣式、範式。就字面的意義，可以解釋爲「一再重複出現的東西、事件、或現象」。例如，LV 包包上面的幾何圖形 (重複出現的東西、圖樣)；每四年舉辦一次市長選舉 (重複出現的事件)；吃了地瓜很容易放屁 (重複出現的現象)。

一、7 NRC 大數據分析報告的計算巨人

(7 computational giants of nrc massive data analysis report)

G1: 基本統計 (basic statistics)。

　　數據科學家需要掌握的統計技術，包括：線性迴歸、分類、重採樣方法、子集選擇、維度縮減 (正規化)…。資料正規化 (data normalization) 旨在將資料重新分佈在一個較小且特定的範圍內 (slideplayer.com,2019)。

G2: 廣義 N 體問題 (generalized N-body problems)

　　在物理學中，n 體問題是預測一組天體在重力作用下相互作用的個體運動的問題。解決這個問題的動機是希望瞭解太陽、月亮、行星及可見恆星的運動。在 20 世紀，瞭解球狀星團系統的動力學成爲一個重要的 n 體問題。[2] 廣義相對論中的 n 體問題 要解決起來要困難得多。

　　傳統的物理問題可以非正式地陳述如下：

　　鑑於一組天體的準穩定軌道特性 (瞬時位置，速度及時間)，預測它們的相互作用力；因此，預測他們未來所有的眞實軌道運動。

G3: 圖形理論計算 (graph-theoretic computations)

在數學中，圖論是對圖的研究，圖是用於模擬對象之間成對關係的數學結構。此上下文中的圖形由頂點，節點或由邊，弧或線連接的點組成。曲線圖可以是無向的，這意味著存在與每個邊緣有關的兩個頂點之間沒有區別，或者它的邊緣可以定向從一個頂點到另一個。

G4: 線性代數計算 (linear algebraic computations)

數值線性代數是一門研究在電腦上進行線性代數計算，特別是矩陣運算的演算法的學科，是工程學及計算科學問題中的基本部分，這些問題包括圖像處理、信號處理、金融工程學、材料科學模擬、結構生物學、數據挖掘、生物資訊學、流體動力學及其他很多領域。這類軟體多依賴於解決多種數值線性代數問題的先進演算法的發展、分析及實現，在很大程度上是依靠矩陣在有限差分法及有限元法中的作用。

數值線性代數中的常見問題包括下列計算問題：LU 分解、QR 分解、奇異值分解、特徵值。

G5: 優化 (optimizations)，例如 線性規劃 (linear programming)

在數學、電腦科學及運籌學、數學優化或數學規劃，是從一些可用的替代品中選擇最佳元素 (關於某些標準)。

在最簡單的情況下，優化問題包括最大化或最小化一個真正的函數透過系統地選擇輸入從允許組內的值及計算值的函數。將優化理論及技術推廣到其他公式構成了應用數學的一個很大的領域。更一般地，優化包括在給定定義的域 (或輸入) 的情況下找到某個目標函數的「最佳可用」值，包括各種不同類型的目標函數及不同類型的域。

G6: 整合 (integration)

例如 Global Machine Learning(GML)：深度學習、聚類、LDA、PLSI、MDS⋯。

機器學習是人工智慧的一個分支。人工智慧的研究歷史有著一條從以「推理」為重點，到以「知識」為重點，再到以「學習」為重點的自然、清晰的脈絡。

G7: 對齊問題 (alignment problems)，例如 BLAST

◆ 序列比對 (Sequence alignment)

在生物資訊學中，序列比對是一種排列 DNA，RNA 或蛋白質序列的方法，以鑑定可能是序列之間功能，結構或進化關係的相似區域。核苷酸或胺基酸殘基的比對序列通常表示為基質內的行。在殘基之間插入間隙，使得相同或相似的字元在連續的列中對齊。序列比對也用於非生物序列，例如計算編輯自然語言或財務數據中字串之間的距離成本。

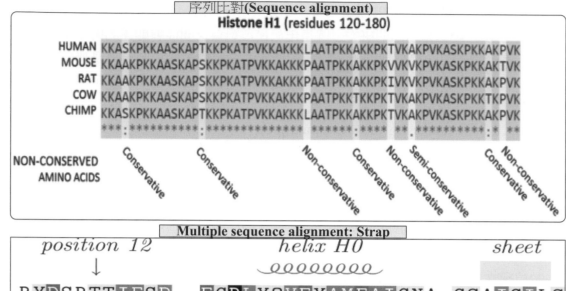

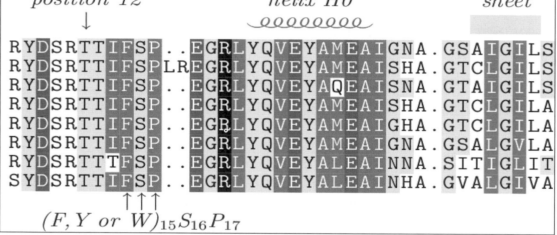

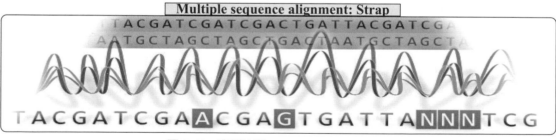

図 3-41 序列比對 (Sequence alignment)

來源：bioinformatics.org(2019). http://www.bioinformatics.org/strap/

(一) 全局及局部對齊 (Global and local alignments)

當查詢集中的序列相似且大小大致相等時，嘗試對齊每個序列中的每個殘基的全局比對最有用。一般的全局對齊技術是 Needleman-Wunsch 演算法，它基於動態編程。局部比對對於懷疑在其較大序列環境中，包含相似區域或相似序列基序的不同序列更有用。在 Smith-Waterman 演算法是基於相同的動態規劃方案，但有更多的選擇開始，並在任何地方結束當地一般對準方法。

　　混合方法，稱為半全局或「全球 - 本地化」(GLOBAL-LOCAL) 的方法，搜索最佳的可能的部分進行兩個序列的或兩者開始一個對齊 (一個的子集及或兩端必須是在對齊之前選擇)。當一個序列的下游部分與另一個序列的上游部分重疊時，這尤其有用。在這種情況下，全局對齊及局部對齊都不是完全合適的：全局對齊會嘗試強制對齊延伸到重疊區域之外，而局部對齊可能不會完全覆蓋重疊區域。半全局比對有用的另一種情況是一個序列短 (例如基因序列) 而另一個序列很長 (例如染色體序列)。在這種情況下，短序列應該全局 (完全) 對齊，但是對於長序列僅需要局部 (部分) 比對。

(二) 成對比對 (Pairwise alignment)

　　成對序列比對方法用於找到兩個查詢序列的最佳匹配的分段 (局部或全局) 比對。成對比對一次只能在兩個序列之間使用，但它們的計算效率很高，並且通常用於不需要極高精度的方法 (例如在資料庫中搜索與查詢具有高度相似性的序列)。產產生對比對的三種主要方法是點陣方法，動態規劃及單詞方法；然而，多序列比對技術也可以對齊序列對。儘管每種方法都有其各自的優點及缺點，但所有三種成對方法都難以獲得低資訊量的高重複序列 - 特別是在要對齊的兩個序列中重複次數不同的情況下。量化給定成對比對的效用的一種方法是「最大唯一匹配」(MUM)，或在兩個查詢序列中發生的最長子序列。較長的 MUM 序列通常反映更緊密的相關性。

(1)　點陣方法 (dot-matrix methods)

(2)　動態編程 (dynamic programming)

(3)　單詞方法 (word methods)

(三) 多序列比對 (Multiple sequence alignment)

　　多序列比對是成對比對的擴展，一次包含兩個以上的序列。多個對齊方法嘗試對齊給定查詢集中的所有序列。多重比對通常用於鑑定假設為進化相關的一組序列上的保守序列區域。此類保守的序列基序可以結合使用具有結構及機械資訊來定位該催化活性位點的攜。透過構建系統發育樹，對齊也用於幫助建立進化關係。多序列比對在計算上難以產生，並且大多數問題的表達導致 NP 完全組合優化問題。然而，這些比對在生物資訊學中的實用性已導致開發出適合於比對三種或更多種序列的多種方法。

(1)　動態編程 (dynamic programming)

(2)　漸進方法 (progressive methods)

(3)　疊代方法 (iterative methods)

(4)　主題發現 (motif finding)

二、高性能計算 (HPC) 之基準傳統 (Benchmark Classics)

1. Linpack 或 HPL：Parallel LU factorization for solution of linear equations

　　LINPACK 基準是一個系統的衡量浮點 (floating point) 運算能力。透過 Jack Dongarra 的引入，它們測量電腦的運行速度解決「dense n by n」線性方程系統 Ax= b,，其是在一個共同的任務的工程。

　　這些基準測試的最新版本用於構建 TOP500 列表，排名世界上最強大的超級電腦。

　　目的是估計電腦在解決實際問題時的執行速度。這是一種簡化，因爲沒有單一的計算任務可以反映電腦系統的整體性能。儘管如此，LINPACK 基準性能可以提供對製造商提供的峰值性能的良好校正。峰值性能是電腦可以達到的最大理論性能，以機器的頻率計算，以每秒週期數計算，是每個週期可以執行的操作次數。實際性能始終低於峰值性能。電腦的性能是一個複雜的問題，取決於許多互連的變數。LINPACK 基準測試的性能包括 64 位元元浮點運算的數量，通常是電腦每秒可以執行的加法及乘法運算，也稱爲 FLOPS。但是，電腦在運行實際應用程式時的性能可能遠遠落後於運行適當的 LINPACK 基準測試所達到的最高性能。

　　這些基準測試的名稱源自 LINPACK 軟體包，這是 20 世紀 80 年代廣泛使用的代數 Fortran 副程式的整合，最初與 LINPACK 基準密切相關。從那以後，LINPACK 包已被其他庫取代。

2. NPB 版本 1: 主要是古典 HPC 求解器內核 (Mainly classic HPC solver kernels)

　　(1)　多重網格 (Multigrid)

　　(2)　共軛梯度 (Conjugate Gradient)

　　(3)　快速傅立葉變換 (Fast Fourier Transform)

　　(4)　整數排序 (Integer sort)

　　(5)　令人尷尬的平行 (Embarrassingly Parallel)

　　(6)　塊三角形 (Block Tridiagonal)

　　(7)　純量五角形 (Scalar Pentadiagonal)

　　(8)　下 - 上對稱 (Lower-Upper symmetric) Gauss Seidel

◆ 大數據主軸及其概念 (introducing Big data ogres and their facets)

1. 大數據 Ogres 提供一種理解應用程式的系統方法，因此它們代表你的經驗及源自多個單獨應用程式的功能的自下而上研究，所定義的關鍵特徵的方面。

2. 這些方面捕捉了共同的特徵 (由幾個問題共用)，這些特徵不可避免地是多維的並且經常重疊。

3. Ogres 特徵分為四個不同的維度或觀點 (four distinct dimensions or views)。

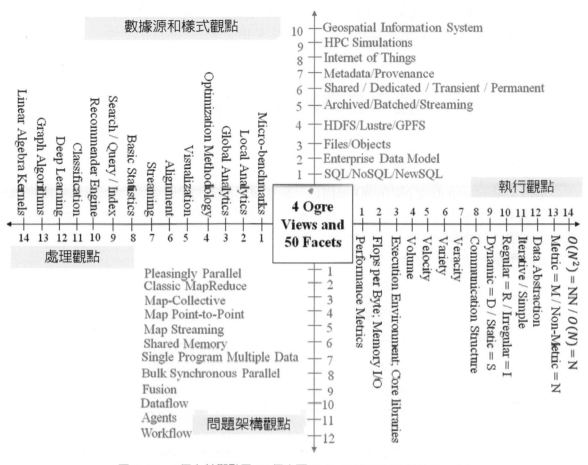

圖 3-42　4 個主軸觀點及 50 個方面 (4 Ogre Views and 50 Facets)

來源：slideplayer.com(2019). https://slideplayer.com/slide/9835946/

4. 每個觀點 (view) 由小平面組成；當多個方面鏈接在一起時，它們描述了表示為 Ogre 的大數據問題類。Ogres 的實例是特別大的數據問題。

6. 一組覆蓋豐富方面的 Ogre 實例可以形成基準集。

7. 主軸及其實例可以是原子的或複合的 (atomic or composite)。

8. 主軸特徵分為四個不同的維度或觀點 (dimensions or views)。

9. 每個觀點都包含 facets；當多個方面鏈接在一起時，它們描述了 Ogre 的大數據問題類。

10. Ogre 的另一觀點，是整體問題體系結構，它自然地與支援數據密集型應用程式所需的機器體系結構相關，同時仍然是不同的。

11. 然後是執行 (計算) 功能觀點，描述諸如 I/O vs. 計算速率，計算的疊代性質及大數據的傳統 V 的問題：定義問題大小，變化率等。

12. 數據源及樣式觀點 (style view) 包括指定如何收集、儲存及 access 數據的方面。

13. 最終處理觀點具有描述處理步驟類別的方面，包括演算演算法及內核 (algorithms and kernels)。Ogres 從不同觀點鏈接的一組的特定值指定。

3-7 計算平臺、作業系統 (OS)、軟體框架

一、什麼是現代分析平臺？

系統平臺 (computing platform) 是指在電腦裡讓軟體執行的系統環境，包括硬體環境及軟體環境。典型的系統平臺包括一台電腦的硬體體系結構 (computer architecture)、作業系統、運行時庫等。

系統平臺的構架，包括：

1. 硬體本身，如一些嵌入式系統，不需要作業系統，直接存取硬體。

2. 基於 Web 的軟體使用的瀏覽器。瀏覽器本身也是在一個系統平臺上執行的，但是瀏覽器裡的應用並不關心。

3. 應用程式，應用程式中可以支援一些手稿語言，比如 Excel 中的巨集。

4. 提供一些功能的軟體框架。

5. 作為服務的雲集算平臺。社群網路 Twitter 及 facebook 等也可以看作一個開發平臺。

6. 虛擬機器 (VM) 如 Java 虛擬機器。應用被編譯成及機器碼類似的位元組碼，可以被虛擬機器執行。

7. 完整系統的虛擬化版本。包括虛擬硬體、作業系統、軟體及儲存。

平臺必須處理的數據管理及分析挑戰的多樣性 - 針對小數據及大數據。現代分析平臺應該能夠處理結構化及非結構化數據，並為複雜的機器學習問題提供簡單的分析。

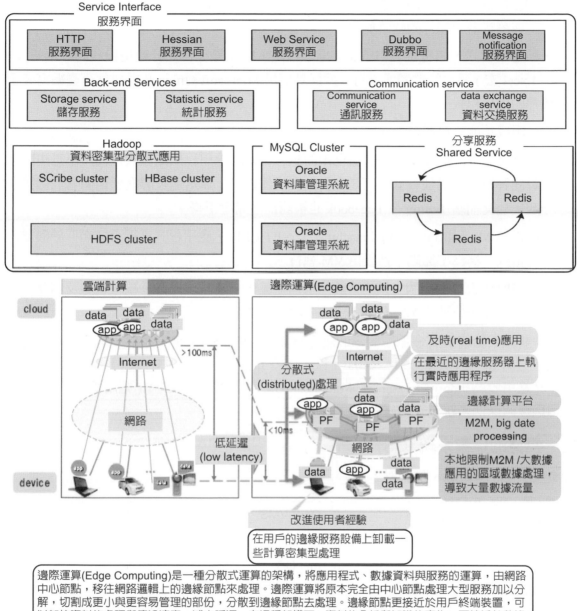

圖 3-43　大數據的平台 (platform)

來源：slideshare.net(2019). https://www.slideshare.net/sirghbarrett/building-a-big-data-platform-with-the-hadoop-ecosystem

二、平臺的組件

平臺還可能包括：

1. 在小型嵌入式系統的情況下，僅硬體。嵌入式系統可以直接 access 硬體，無需操作系統；這稱爲在「裸機」上運行。

2. 一個瀏覽器在基於 Web 的軟體的情況下。瀏覽器本身在硬體 + 操作系統平臺上運行，但這與瀏覽器中運行的軟體無關。

3. 一種應用程式，如電子表格或文字處理程式，它託管以特定於應用程式的腳本語言 (如 Excel 宏) 編寫的軟體。這可以擴展到使用 Microsoft Office 套件作為平臺編寫完全成熟的應用程式。

4. 提供現成功能的軟體框架。

5. 雲計算及平臺即服務。擴展軟體框架的概念，允許應用程式開發人員使用不是由開發人員託管的組件構建軟體，而是由提供商構建軟體，並透過互聯網通信將它們鏈接在一起。社交網站 Twitter 及 Facebook 也被認為是開發平臺。

6. 虛擬機 (VM)，如 Java virtual machine 或 .NET CLR.。應用程式被編譯成類似於機器代碼的格式，稱為字節碼，然後由 VM 執行。

7. 一個虛擬化版本，一個完整的系統，包括虛擬化的硬體，操作系統，軟體及儲存。例如，這些允許典型的 Windows 程式在物理上是 Mac 上運行。

　　一些體系結構具有多個層，每個層充當其上方的層的平臺。通常，組件只需要適應其正下方的層。例如，必須編寫 Java 程式以將 Java 虛擬機 (JVM) 及相關庫用作平臺，但不必適用於 Windows，Linux 或 Macintosh OS 平臺。但是，JVM(應用程式下面的層) 必須為每個操作系統單獨構建。

三、常見的作業系統 (OS)

1. 桌面、筆記型電腦、伺服器：

1. AmigaOS, AmigaOS 4	6. OpenVMS	11. Tru64 UNIX
2. FreeBSD, NetBSD, OpenBSD	7. Classic Mac OS	12. VM
3. IBM i	8. macOS	13. QNX
4. Linux	9. OS/2	14. z/OS
5. Microsoft Windows	10. Solaris	

2. 手機：

1. Android	6. Embedded Linux	11. LuneOS
2. Bada	7. Palm OS	12. Windows Mobile
3. BlackBerry OS	8. Symbian	13. Windows Phone
4. Firefox OS	9. Tizen	
5. iOS	10. WebOS	

四、軟體框架 (software frameworks)

1. Binary Runtime Environment for Wireless(BREW)
2. Cocoa
3. Cocoa Touch
4. Common Language Infrastructure(CLI)
   - Mono
   - NET Framework
   - Silverlight
5. Flash
   - AIR
6. GNU
7. Java platform
   - Java ME
   - Java SE
   - Java EE
   - JavaFX
   - JavaFX Mobile
8. LiveCode
9. Microsoft XNA
10. Mozilla Prism, XUL and XULRunner
11. Open Web Platform
12. Oracle Database
13. Qt
14. SAP NetWeaver
15. Shockwave
16. Smartface
17. Universal Windows Platform
    - Windows Runtime
18. Vexi

━習 題━

1. 將大數據帶回家的步驟？

2. 前 15 名大數據工具 (top 15 Big data tools)?

3. 基本數據分析 (basic data analysis)?

4. 何謂資料倉儲及 OLAP ？

5. 資料挖掘 (data mining, DM) 是什麼？

6. 何謂數據串流 (data streams) ？

7. 大數據態樣 (patterns) 的分析法，有哪些？

大數據統計的應用技術

本章綱要

大數據較重要的統計分析有 22 個，如下所示：

1. 醫學影像分析 (medical image analysis)。

2. 多變量分析 (multivariate statistics)。詳情見張紹勳 (2019)《多變量統計之線性代數基礎：應用 STaTa 分析》、《多變量統計之線性代數基礎：應用 SPSS 分析》二本書。

3. 自然語言處理 (natural language processing, NLP)。

4. 官方統計 & 調查方法論 (official statistics and survey methodology)。

5. 優化規劃及數學規劃 (optimization and mathematical programming)。

6. 藥物代謝動力學之數據分析 (analysis of pharmacokineric data)。詳情見張紹勳 (2019)《多層次模型 (HLM) 及重複測量：使用 STaTa》、《Panel-data 迴歸模型：STaTa 在廣義時間序列的應用》二本書。

7. 系統發生學 (phylogenetics)。

8. 貝葉斯推論 (Bayesian inference)。詳情見張紹勳 (2019)《人工智慧與 Bayesian 迴歸的整合：應用 STaTa 分析》一書。

9. 化學計量學及計算物理學 (chemometrics and computational physics)。

10. 臨床試驗設計。監測及分析 (clinical trial design, monitoring and analysis)。

11. 聚類分析 (cluster analysis)。詳情見張紹勳 (2019)《多變量統計之線性代數基礎：應用 STaTa 分析》、《多變量統計之線性代數基礎：應用 SPSS 分析》二本書。

12. 有限混合模型 (finite mixture models)。詳情見張紹勳 (2019)《有限混合模型 (FMM)：STaTa 分析 (以 EM algorithm 做潛在分類再迴歸分析)》一書。

13. 概率分布 (probability distributions)。詳情見張紹勳 (2019)《人工智慧與 Bayesian 迴歸的整合：應用 STaTa 分析》之 2-3 節「常見的分布有 15 種」。

14. 計量經濟學 (computational econometrics)。請詳情見張紹勳 (2019)《STaTa 在總體經濟與財務金融分析的應用》、《Panel-data 迴歸模型：STaTa 在廣義時間序列的應用》二本書。

15. 生態及環境數據分析 (analysis of ecological and environmental data)。

16. 實驗設計及實驗數據分析 (design of experiments and analysis of experimental data)。

17. 實證財金 (empirical finance)。請詳情見張紹勳 (2019)《STaTa 在總體經濟與財務金融分析的應用》、《Panel-data 迴歸模型：STaTa 在廣義時間序列的應用》二本書。

18. 統計遺傳學 (statistics genetics)。請詳情見張紹勳 (2019)《 輯斯迴歸及離散選擇模型：應用 STaTa 統計》、《邏輯輯迴歸分析及離散選擇模型：應用 SPSS》、「STaTa 在生物醫學統計分析》等書。

19. 圖形顯示 , 動態圖形 , 圖形設備及可視化 (graphic display & dynamic graphics & graphic devices and visualization)。

20. R 語言的圖形模型 (graphical models in R)。此外，Stata v16 已整合機器學習法之 Python 套件，值得大家來學習。

21. 高性能及並行計算 (high-performance and parallel computing)。

22. 機器學習及統計學習 (machine learning and statistics learning)。詳情見張紹勳 (2019)《人工智慧與 Bayesian 迴歸的整合：應用 STaTa 分析》。

　　有鑑於篇幅限制，本書只談前 4 項。

4-1　醫學影像分析 (medical image analysis)

　　醫學影像是指為了醫療或醫學研究，對人體或人體某部份，以非侵入方式取得內部組織影像的技術與處理過程，是一種逆問題的推論演算，即成因 (活體組織的特性) 是經由結果 (觀測影像信號) 反推而來。

　　醫學影像是建立身體內部的視覺表示以用於臨床分析及醫學乾預的技術及過程，以及一些器官或組織的功能的視覺表示 (生理學)。醫學影像旨在揭示皮膚及骨骼隱藏的內部結構，以及診斷及治療疾病。醫學影像還建立了正常解剖學及生理學的資料庫，以便辨識異常。它是生物影像的一部分，並結合放射學、使用 X 射線影像、磁共振影像、醫學超聲波檢查或超聲波、內窺鏡檢查、彈性影像、觸覺影像、熱影像、醫學攝影及核醫學功能影像技術，如正電子發射斷層掃描 (PET) 及單光子發射電腦斷層掃描 (SPECT)。主要不是用於產生圖像的測量及記錄技術，例如腦電圖 (EEG)、腦磁圖 (MEG)、心電圖 (ECG) 等，代表了產生易於表示為參數圖與時間或圖的數據的其他技術。其中包含有關測量位置的數據。在有限的比較中，這些技術可以被視為另一個學科中的醫學影像的形式。

　　醫學影像屬於生物影像，並包含影像診斷學、放射學、內視鏡、醫療用熱影像技術、醫學攝影及顯微鏡。另外，包括腦波圖及腦磁造影等技術，雖然重點在於測量及記錄，沒有影像呈現，但因所產生的數據具有定位特性 (即含有位置資訊)，可被看作是另外一種形式的醫學影像。

　　臨床應用方面，又稱為醫學成像，或影像醫學，有些醫院會設有影像醫學中心、影像醫學部或影像醫學科，設置相關的儀器設備，並編制有專門的護理師、放射技師以及醫師，負責儀器設備的操作、影像的解釋與診斷 (在台灣須由醫師負責)，這與放射科負責放射治療有所不同。

　　在醫學、醫學工程、醫學物理與生醫資訊學方面，醫學影像通常是指研究影像構成、擷取與儲存的技術、以及儀器設備的研究開發的科學。而研究如何判讀、解釋與診斷醫學影像的是屬於放射醫學科，或其他醫學領域 (如神經系統學科、心血管病學科 ...) 的輔助科學。

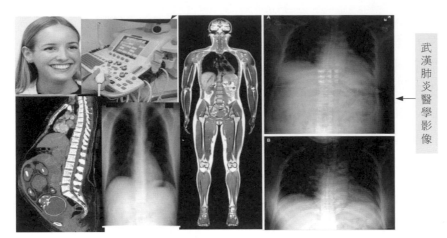

武漢肺炎醫學影像

圖 4-1　醫學影像分析 (medical image analysis)

來源：Matt Kennedy(2019). https://newatlas.com/nvidia-uk-nhs-artificial-intelligence-radiological-platform/59637/

(一) 醫學影像的類型 (types)

1. X 光線攝影 (radiography)

在醫學成像中使用兩種形式的射線照相圖像。投影射線照相及熒光透視，後者可用於導管引導。儘管由於低成本，高分辨率以及取決於應用，2D 技術的較低輻射劑量導致 3D 斷層攝影的進步，這些 2D 技術仍然廣泛使用。該成像模式利用寬 X 射線束進行圖像採集，並且是現代醫學中可用的第一種成像技術。

(1) 螢光檢查以與放射線照相類似的方式產生身體內部結構的即時圖像，但採用較低劑量率的恆定 X 射線輸入。對比劑介質、如鋇、碘及空氣，用於在內臟器官工作時使其可視化。當需要在手術期間進行持續反饋時，螢光鏡檢查也用於圖像引導程序。在透過感興趣的區域之後，需要圖像接收器將輻射轉換成圖像。早期就是螢光屏，它讓位於圖像放大器 (IA)，它是一個大的眞空管，其接收端塗有碘化銫，另一端是鏡子。最終，鏡子被電視攝像機取代。

(2) 投影射線照片，通常稱爲 X 射線，通常用於確定骨折的類型及範圍，以及用於檢測肺部的病理變化。透過使用不透射線的造影劑，如鋇，它們還可用於顯示胃及腸的結構 - 這可以幫助診斷潰瘍或某些類型的結腸癌。

2. 核磁共振成像 (magnetic resonance imaging, NMRI)

核磁共振成像又稱自旋成像 (spin imaging)，也稱磁共振成像 (Magnetic Resonance Imaging，MRI)，是利用核磁共振 (nuclear magnetic resonance，NMR) 原理，依據所釋放的能量在物質內部不同結構環境中不同的衰減，透過外加梯度磁場檢測所發射出的電磁波，即可得知構成這一物體原子核的位置及種類，據此可以繪製成物體內部的結構圖像。

　　將這種技術用於人體內部結構的成像，就產生出一種革命性的醫學診斷工具。快速變化的梯度磁場的應用，大大加快了核磁共振成像的速度，使該技術在臨床診斷、科學研究的應用成為現實，極大地推動了醫學、神經生理學及認知神經科學的迅速發展。

　　這幾十年期間，核磁共振 MRI 技術應用在三個領域 (物理學、化學、生理學或醫學) 獲得 6 次以上諾貝爾獎，可見此領域及其衍生技術的重要性。

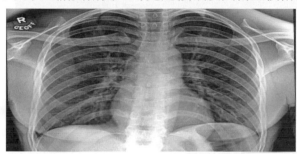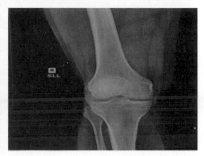

圖 4-2　X 光線攝影 (radiography)

來源：QMX(2019). https://www.qmxmobilehealth.com/mobile-digital-x-ray/

3. 核醫學 (nuclear medicine)

　　核醫學是醫學及醫學影像學 (醫學成像) 的一個分支，其利用物質的核特性來進行診斷及治療。更為具體地說，核醫學是分子影像學的組成部分，因為其產生的是那些反映細胞及亞細胞水平上所發生的生物學過程的圖像。

4. 超音波 (ultrasound)

　　超音波又稱超聲波，是指任何聲波或振動，其頻率超過人類耳朵可以聽到的最高閾值 20kHz(千赫)。超音波由於其高頻特性而被廣泛應用於醫學、工業等眾多領域。

　　醫學超音波檢查 (超音波檢查、超聲診斷學) 是一種基於超聲波 (超音波) 的醫學影像學診斷技術，使肌肉及內臟器官——包括其大小、結構及病理學病灶——可視化。產科超音波檢查在妊娠時的產前診斷廣泛使用。

　　超音波頻率的選擇是對影像的空間解析度及患者探查深度的折中。典型的診斷超音波掃描操作採用的頻率範圍為 2 至 13 兆赫。

　　雖然物理學上使用的名詞「超音波」用於指所有頻率在人耳聽閾上限 (20,000 赫茲) 以上，但在醫學影像學中通常指頻帶比其高百倍以上的聲波。

5. 彈性成像 (elastography)

　　彈性成像是一種醫學成像模式，可以繪製軟組織的彈性及剛度，主要思想是組織是硬還是軟，將提供有關疾病存在或狀態的診斷資訊。例如，癌症腫瘤通常比周圍組織更硬，患病的肝臟比健康的肝臟更硬。

　　最突出的技術使用超聲或磁共振成像 (MRI) 來製作剛度圖及解剖圖像以進行比較。

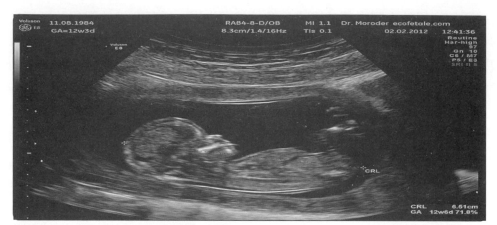

圖 4-3　超音波 (ultrasound)

來源：Wiki Ultrasound (2019). https://en.wikipedia.org/wiki/Ultrasound

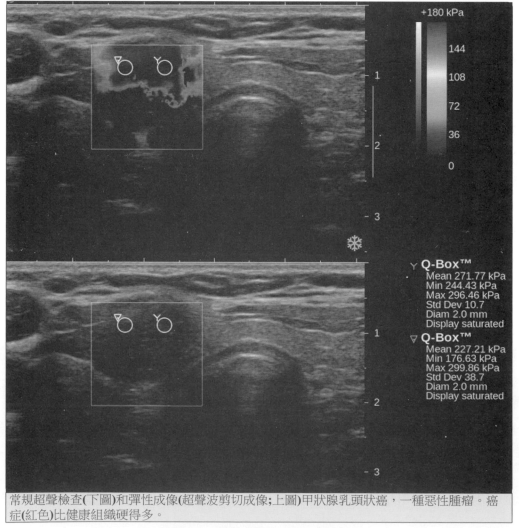

常規超聲檢查(下圖)和彈性成像(超聲波剪切成像;上圖)甲狀腺乳頭狀癌，一種惡性腫瘤。癌症(紅色)比健康組織硬得多。

圖 4-4　彈性成像 (elastography)

來源：Wiki Elastography (2019). https://en.wikipedia.org/wiki/Elastography

6. 光聲造影 (photoacoustic imaging, PAI)

它是一種基於光聲效應所發展的醫學成像技術。此技術使用特定波長的脈衝雷射作爲光源照射在生物組織內，再利用超音波感測器接收組織內生物分子吸收光能後產生的壓力波。因此可同時取得超音波與光聲信號，並將兩者的影像重疊。超音波影像一般以灰階顯示，而光聲影像則以假彩色 (pseudo-color) 表達。此種多重造影方法 (multi-modality imaging method)，可在光熱治療前，以超音波將腫瘤的解剖位置清楚地標示，提供良好的治療規劃。配合金奈米粒子，將腫瘤部位明確地與其他的軟組織區別，有助於確認金奈米粒子的分布狀況，可提昇雷射光熱治療的安全性 (王修含 ,2019)。

與光聲影像相關的斷層掃描技術，可根據使用的能量不同，分爲「光聲斷層掃描」(optoacoustic tomography，OAT)，著重於以「光」、「雷射」產生的光聲信號，與「熱聲斷層掃描」(thermoacoustic tomography，TAT)，係以無線電射頻或微波所產生的光聲信號。光聲影像結合光學或射頻之電磁能量與聲學之性質，可適用於具有非均質性光學或射頻吸收性，但聲學性質較均勻的生物組織造影；超音波則主要運用在聲學異質性高 (acoustic heterogeneity) 的組織造影，因此，光聲影像比超音波較能容忍組織的音波速度差異 (sound speed variation)(王修含 ,2019)。此外，光聲影像不會有「斑點效應」(speckle effect)，但傳統的超音波則會有斑點雜訊 (speckle artifacts)。光聲影像之信號來自光學吸收度，所以可直接反應組織特性，擁有高對比的優點，而且使用雷射或無線電射頻，與 X 光等游離輻射造影方式相比，較無健康疑慮，而且聲波之散射與衰減優於光波，可維持較深層組織的解析度。結合雷射等電磁能量與超音波系統之光聲造影系統架構圖如圖所示。

7. 電腦斷層掃描 (computerized tomography, CT)

電腦斷層掃描是由於 X 射線在穿透物體過程中會發生衰減，不同的物體，因其衰減係數不同，從而發生不同的衰減現象，這種衰減同樣可被檢測並轉化爲圖像信號。人體各器官及組織具有不同的密度，因此 X 線穿透人體後的衰減程度也不同，這種差異便是 CT 診斷的基礎。它是一種無痛的造影檢查。由於有高影像對比值，電腦掃描能提供比傳統 X 光較清晰的組織影像。

電腦掃描 (CT) 是以 X 光射線而成像，由於你身體是由不同的組織組成，有不同程度的 X 光干擾特性，高密度的組織例如骨骼，會對 X 光產生較大的干擾，所以比較一些低密度的組織，如肌肉等，表現出較淺色 (灰色) 的影像。

電子電腦斷層掃描，它是利用精確的 X 線束、γ 射線、超聲波等，與靈敏度極高的探測器一同圍繞人體的某一部位作一個接一個的斷面掃描，具有掃描時間快，圖像清晰等特點，可用於多種疾病的檢查；根據所採用的射線不同可分爲：X 射線 CT(X-CT) 以及 γ 射線 CT(γ-CT) 等。其中，X 射線電腦斷層掃描 (X-Ray Computed Tomography, X-CT) 是一種利用數位幾何處理後重建的三維放射線醫學影像。該技術主要透過單一軸

面的 X 射線旋轉照射人體，由於不同的組織對 X 射線的吸收能力 (或稱阻射率) 不同，可以用電腦的三維技術重建出斷層面影像。經由窗寬、窗位處理，可以得到相應組織的斷層影像。將斷層影像層層堆疊，即可形成立體影像。

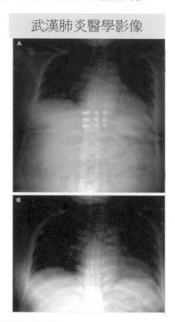

圖 4-5　電腦斷層掃描 (computerized tomography, CT)

來源：U.S. Health & Human Service (2019). https://www.nibib.nih.gov/science-education/science-topics/computed-tomography-ct

8. 心臟超音波 (echocardiography)

旨在評估及追蹤患者心臟及大血管的結構與功能，以為臨床上建議、用藥、進一部檢查或手術的參考依據。若無特殊原因，心臟超音波檢查通常會於胸前檢查。

檢查方式：醫師手持超音波探頭於胸前進行檢查，並透過儀器分析患者心臟的情形。為了達到好的檢查品質，需在胸前檢查處塗抹超音波專用界質膠，因此患者會覺得胸前有一點涼涼黏黏的感覺

9. 功能性近紅外光譜 (functional near-infrared spectroscopy)

功能性近紅外光譜 (fNIRS) 是近紅外光譜 (NIRS) 用於功能性神經影像學的目的。使用 fNIRS，透過與神經元行為相關的血液動力學反應來測量大腦活動。fNIRS 已成功實作為 BCI 系統的控制信號。

10. 磁粒子成像 (magnetic particle imaging, MPI)

磁粒子成像 (MPI) 系統是面向臨床前成像的嶄新技術。作為適用於疾病研究、移植研究及藥物研製的配套臨床前成像技術，新增的磁粒子成像很有可能幫助研究人員從器官、細胞及分子層面，對病程產生新的深刻認識。

(二) 建立三維圖像

已經開發了體繪製技術，以使 CT、MRI 及超聲掃描軟件能夠為醫生產生 3D 圖像。傳統上，CT 及 MRI 掃描在膠片上產生 2D 靜態輸出。為了產生 3D 圖像，進行許多掃描，然後透過電腦組合以產生 3D 模型，然後可以由醫生操縱。使用類似的技術產生 3D 超聲波。在診斷腹部內臟疾病時，超聲對膽道、泌尿道及女性生殖器官 (卵巢、輸卵管) 的成像特別敏感。例如，透過膽總管擴張膽總管及結石來診斷膽結石。由於能夠非常詳細地可視化重要結構，3D 可視化方法是許多病理的診斷及外科治療的寶貴資源。

其他提出或開發的 3D 技術包括：

1. 擴散光學斷層掃瞄術 (diffuse optical tomography, DOT)

在生醫光學領域是一項非常有潛力的造影技術，它是利用近紅外光來量測生物體中正常與不正常組織之散射與吸收的程度不同，藉此來重建影像，主要的應用方面為大腦功能性檢測以及乳癌偵測。目前不論在光學系統架構相關參數 (例如：光源與檢測器相對位置、光源與檢測器數目、光源波段等) 或是核心的影像重建演算法以及空間解析度 (special resolution) 方面都還有很大的進步空間。在硬體架構方面，光源與檢測器分布之相對位置將會影響到檢測範圍、深度，而組織散射係數 (scattering coefficient) 與吸收係數 (absorption coefficient) 也將影響到影像重建演算法推導。

2. 超音波彈性影像彈性 (elastography)

3. 電阻抗成像 (electrical impedance tomography, EIT)

4. 光聲成像 (optoacoustic imaging) 是一種基於光聲效應所發展的醫學成像技術

5. 眼科 (ophthalmology) 是醫學及外科學的一個分支 (兩種方法都使用)，它涉及眼疾的診斷及治療。

4-2 多變量分析 (multivariate statistics)

多變量統計分析，又稱多元統計分析、多變量分析，為統計學的一支，常用於管理科學、社會科學、財經及生命科學等領域中。多變量分析主要用於分析擁有多個變數的資料，探討資料彼此之間的關聯性或是釐清資料的結構，而有別於傳統統計方法所著重的參數估計以及假設檢定。由於多變量分析方法需要複雜且大量的計算，因此多藉助電腦來進行運算，常用的統計套裝軟體有 Stata、SAS、SPSS、Python、Statistica、MATHLAB、R 等。

多變量統計數據是統計數據的細分，包括同時觀察及分析多個結果變數。多變量統計數據涉及了解每種不同形式的多變量分析的不同目的及背景，以及它們如何相互關聯。 多變量統計數據對特定問題的實際應用可能涉及幾種類型的單變量及多變量分析，以便理解變量之間的關係及其與所研究問題的相關性。

此外，就兩者而言，多變量統計數據涉及多變量概率分佈：

(1) 這些如何用於表示觀測數據的分佈。

(2) 它們如何被用作統計推斷的一部分，特別是在同一分析中感興趣的幾個不同量的情況下。

多變量分析又橫斷面、縱貫面及 AI 三領域：

(1) 橫斷面多變量包括：Hotelling's T-Squared、MANOVA、MACOVA、結構方程式模式 (structural equation model, SEM)、典型相關分析 (canonical correlation)、判別分析、主成分分析 PCA、因素分析 (因子分析)/ 信度分析、多向度量尺 / 多維標度法、對應分析 (correspondence analysis)，詳情請詳情見張紹勳 (2019) 《多變量統計：應用 STaTa 分析》、《多變量統計 (Multivariate Analysis)：應用 SPSS 分析》、《Stata 在結構方程模型及試題反應的應用》3 書。

(2) 縱貫面多變量包括：ARIMA、VAR、VECM 共整合分析，詳情見張紹勳 (2019) 《STaTa 在總體經濟與財務金融分析的應用》一書。

(3) 人工智慧 (含機器學習)：包括監督 vs. 非監督機器學習。細部來看，包括梯度下降演算法、SVM、隨機森林…等。請詳情見張紹勳 (2019)《人工智慧與 Bayesian 迴歸的整合：應用 STaTa 分析》AI 一系列統計。

◆ 多變量分析技術

在社會科學、醫學研究領域中，實證研究 (empirical study) 是經常被使用的研究方法。實證研究法的精神在於以實際的資料來驗證理論，或由資料中來歸納理論。國內外許多著名的研究都是透過實證的方法，搜集真實資料，並利用統計分析技術 (statistical techniques) 進行資料的分析，以從中找出具一般性的原則及理論。因此，統計分析技術在定量的實證研究中可說是扮演相當重要的角色，不論是在資料的分析或假說的驗證皆須仰賴統計分析技術的應用。

多變量分析技術是用來分析多變量資料的統計方法。

(1) 橫斷面包含有複迴歸 (multiple regression)、多變量變異數分析 (MANOVA) / 多變量共變數分析 (MANCOVA)、聯合分析 (conjoint analysis)、區別分析 (discriminant analysis)、典型相關分析 (canonical correlation analysis) 等相依方法，以及因素分析 (factor analysis)、集群分析 (cluster analysis)、多維尺度分析 (multidimensional scaling analysis) 等互依方法。

(2) 縱貫面包含：VAR、SVAR、共整合分析、VECM、動態迴歸…

(4) 縱橫面 (panel-data) 包含：內生共變數之 2SLS(工具變數)、panel-data OLS、誤差之序列相關 (SC)、panel 共整合、動態 panel 迴歸…。

Hair et al.(1998) 依據研究的目的、變數的關係與變數的型態，界定出合適多變量分析技術的選擇法則 (如圖 4-6 所示)。

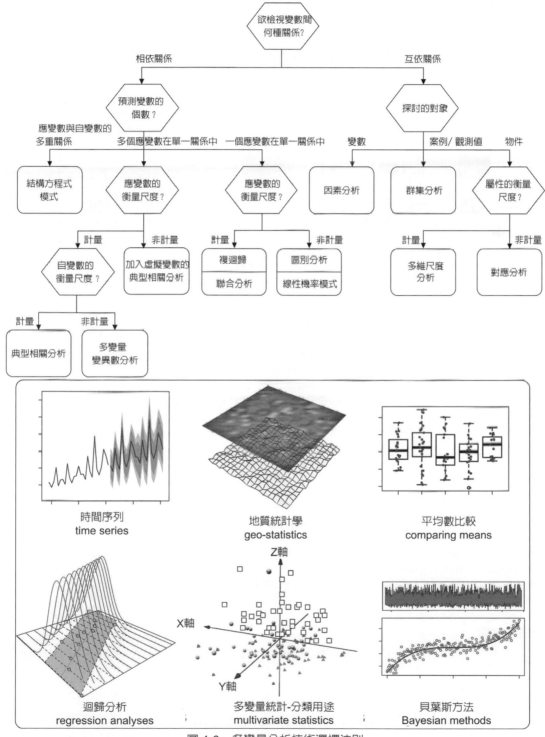

圖 4-6　多變量分析技術選擇法則

來源：張紹勳 (2020). 研究方法。

4-3　自然語言處理 (natural language processing, NLP)

　　自然語言處理探討如何處理及運用自然語言，自然語言認知則是指讓電腦「懂」人類的語言。自然語言產生系統把電腦資料轉化為自然語言。自然語言理解系統把自然語言轉化為電腦程式更易於處理的形式。

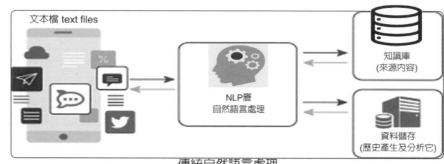

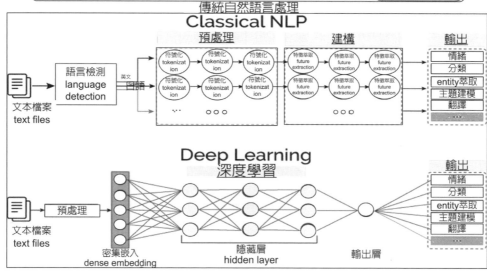

圖 4-7　自然語言處理 (natural language processing, NLP)

學習網：https://www.youtube.com/watch?v=OQQ-W_63UgQ (NLP with Deep Learning)
學習網：https://www.youtube.com/watch?v=fOvTtapxa9c (NLP)
學習網：https://www.youtube.com/watch?v=8S3qHHUKqYk (NLP)

4-4　官方統計 & 調查方法論 (official statistics and survey methodology)

1. 官方統計數據

　　是政府機構或其他公共機構 (如國際組織) 公佈的統計數據。它們提供關於公民生活所有主要領域的定量或定性資訊，例如經濟及社會發展、生活條件、健康、教育、及環境。

在 16 及 17 世紀，統計數據是計算及列出人口及國家資源的一種方法。各級政府機構，包括市、縣及中央政府，可以製作及傳播官方統計數據。後來的定義適應了這種更廣泛的可能性。

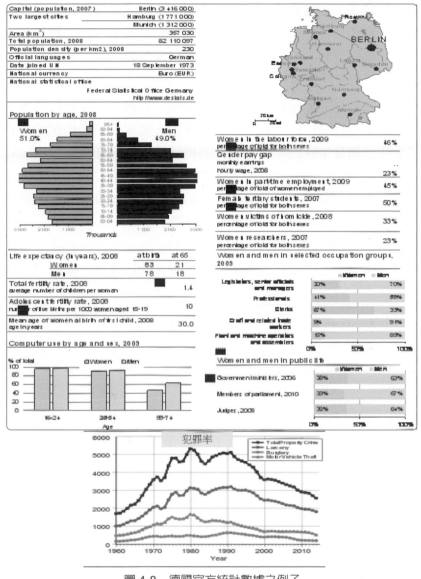

圖 4-8　德國官方統計數據之例子

來源：Wiki Official statistics (2019). https://en.wikipedia.org/wiki/Official_statistics

2. 調查方法論 (survey methodology)

調查法 (survey method) 或稱抽樣 (sampling) 調查研究，是一種歷史悠久的研究方法，於舊約聖經中已出現過，更是社會科學乃至其他學術領域經常使用的研究方法。當社會科學家想蒐集可以描述一個母體的原始資料，卻因母體過於龐大，而無法直接觀察時，則透過嚴謹的機率抽樣，找出能反映大型母體特徵的受訪者，經由標準化過程，讓所有受試者以相同形式提供資料，得以對母體從事推估或假設的驗證的方法。不僅是社會科學研究的利器，也是測量群眾態度與民意取向的一項優良工具。

其普遍使用主要是得力於現代統計學、心理學、教育學、社會科學等領域，貢獻了重要的理論及技術，使得調查結果能夠客觀、正確，並提供值得信賴的資料來源。包括統計學建立了抽樣原理及抽樣程序的基礎，並提供統計分析理論與技術，特別是多變異量分析，使得研究者得以從事資料分析；心理學及社會科學者建立了問問題的科學理論與實際技術；心理學、社會科學及教育學者建構了測量理論以及測量的實作技術。而資訊科技的發展，對抽樣調查的進步更是重大的助益。

問卷 (questionnaire) 調查研究是社會科學領域常運用的觀察方式，可用於描述性、解釋性或探索性的研究，主要用在以個人為分析單元的研究上。問卷是一種設計來蒐集適於分析的資訊文件，內容包括問題與其他形式的題項。

習 題

1. 大數據統計有哪 22 應用技術，請列舉 4 種？

2. 醫學影像分析的技術？

3. 多變量分析有那些技術？

4. 何謂自然語言處理？

5. 何謂官方統計？

NOTE

Chapter

5

Hadoop 生態系統 (平臺)： Apache Hadoop 及 Spark

本章綱要

技術、科學、硬體、軟體及通信網絡的進步，使得商業企業、科學、工程學科、社交網絡及政府努力等，許多新興應用能夠以前所未有的規模及複雜性產生及收集需要管理的數據，並有效地分析。實際上，這些領域及應用程式的進步及創新不再受到其收集數據能力的阻礙，而是受到它們即時地從收集的數據中管理、分析、匯總、可視化及發現知識的能力的阻礙。本書專注於研究為大規模數據管理開發的新技術及基礎架構，包括 MapReduce、Infrastructure、Pregel 平臺及支持雲端的計算。還將介紹透過這些基礎架構開發的查詢優化、access 方法，儲存佈局及能源管理技術。作為一門高級課程，將提出一個研究型專案 (project)，讓學生探索大規模數據管理的新方向及研究思路。本書對於在資料庫系統及數據管理方面進行研究 (碩士或博士) 的學生非常有用。

◆ 名詞解釋

1. 物聯網 (Internet of Things, IoT)

是網際網路、傳統電信網等資訊承載體，讓所有能行使獨立功能的普通物體實現互聯互通的網路。IoT 技術一般為無線網，而由於每個人周圍的裝置可以達到一千至五千個，所以 IoT 技術可能要包含 500 兆至一千兆個物體。在 IoT 技術上，每個人都可以應用電子標籤將真實的物體上網聯結，在 IoT 技術上都可以查出它們的具體位置。透過 IoT 技術可以用中心電腦對機器、裝置、人員進行集中管理、控制，也可以對家庭裝置、汽車進行遙控，以及搜尋位置、防止物品被盜等，類似自動化操控系統，同時透過收集這些小事的資料，最後可以聚整合巨量資料，包含重新設計道路以減少車禍、都市更新、災害預測與犯罪防治、流行病控制等等社會的重大改變，實現物及物相聯。

IoT 技術將現實世界數位化，應用範圍十分廣泛。IoT 技術拉近分散的資訊，統整物與物的數位資訊，物聯網的應用領域主要包括以下方面：運輸及物流領域、工業製造、健康醫療領域範圍、智慧型環境 (家庭、辦公、工廠) 領域、個人及社會領域等，具有十分廣闊的市場及應用前景。

2. 自然語言處理 (NLP)

讓電腦擁有理解人類語言的能力，就是自然語言處理 (Natural Language Processing, NLP)。然而，人及人之間就會誤會彼此的語言了，電腦要如何理解語義呢？自然語言處理中的挑戰通常涉及語音辨識，自然語言理解及自然語言產生。

NLP 就是電腦科學，information 工程及 AI 的子領域，涉及電腦與人類 (自然) 語言之間的交互，特別是如何對電腦進行編程以處理及分析大量自然語言數據。

3. 自動辨識技術 (AIDC)

自動辨識及數據採集 (automatic identification and data capture, AIDC) 是指一種自動辨識物體，收集方法數據，並直接將其輸入電腦系統，無需人工參與。通常被視為 AIDC 一部分的技術包括條形碼、射頻辨識 (RFID)、生物辨識 (如虹膜及臉部辨識系統)、

磁條、光學字符辨識 (OCR)、智能卡及語音辨識。AIDC 通常也稱為**自動辨識、自動辨識及自動數據捕獲**。

　　AIDC 是將訊息數據自動識讀、自動輸入電腦的重要方法及手段，它是以電腦技術及通信技術為基礎的綜合性科學技術。常見的 AIDC 例如條碼 (Bar codes)、磁條 (magnetic strips)、生物辨識 (Biometrics)、RFID 等技術。

　　AIDC 是獲取外部數據的過程或手段，特別是透過分析圖像，聲音或視頻。為了捕獲數據，採用換能器將實際圖像或聲音轉換成數位文件。然後儲存該文件，並且稍後可以由電腦對其進行分析，或者與資料庫中的其他文件進行比較以驗證身份或提供進入安全系統的授權。可以透過各種方式捕獲數據；最好的方法取決於應用。

　　在生物辨識安全系統中，捕獲是獲取或辨識，諸如手指圖像、手掌圖像、面部圖像、虹膜打印或聲音打印之類的特徵的獲取或過程，其涉及音頻數據，其餘都涉及視頻數據。

　　射頻辨識是一種相對較新的 AIDC 技術，最初是在 20 世紀 80 年代開發的。該技術是全球自動化數據收集，辨識及分析系統的基礎。RFID 因其能夠跟蹤移動物體而在廣泛的市場中發現其重要性，包括牲畜辨識及自動車輛辨識 (AVI) 系統。這些自動無線 AIDC 系統在條碼標籤無法生存的製造環境中非常有效。

4. 行為分析 (behavioral analytics)

　　行為分析是商務分析的最新進展，它揭示了消費者在電子商務平臺、線上遊戲、網絡及移動應用程序以及物聯網方面的行為新見解。數位世界產生的原始事件數據量的快速增長，使得方法超越了典型的分析 [促銷語言] 根據人口統計數據及其他傳統指標，告訴你過去哪些人採取了什麼行動。行為分析側重於了解消費者的行為方式及原因，從而能夠準確預測消費者未來的行為方式。它使營銷人員能夠在合適的時間向正確的消費者群體提供正確的產品。

　　行為分析利用在消費者使用應用程序，遊戲或網站的會話期間捕獲的大量原始用戶事件數據，包括導航路徑、點擊、社交媒體交互、購買決策及營銷響應等流量數據。此外，事件數據可以包括廣告指標，例如：點擊轉化時間，以及其他指標之間的比較，例如：訂單的貨幣價值及在網站上花費的時間量。然後，透過查看從用戶首次進入平臺直到進行銷售的會話過程，或用戶在購買之前購買或查看的其他產品，來編譯及分析這些數據點。行為分析允許基於這些數據的收集來預測未來的行動及趨勢。

　　雖然商務分析更側重於商業智能的人員、內容、地點及時間，但行為分析縮小了範圍，允許人們採用看似無關的數據點來推斷，預測及確定錯誤及未來趨勢。它需要更全面及人性化的數據視圖，連接各個數據點，不僅告訴你發生了什麼，還告訴你是如何發生以及為什麼發生的。

　　行為分析簡單來說，就是用一個有系統的方法去觀察、測量、收集客觀數據來分析目標的表現行為。

5. 詳細通聯記錄 (CDR)

呼叫詳細記錄 (CDR) 是由記錄了細節的電話交換機或其他電信設備所產生的數據記錄的電話呼叫或其他電信交易 (例如：文本消息，透過該設施或裝置透過)。記錄包含呼叫的各種屬性，例如：時間、持續時間、完成狀態、源編號及目標編號。它是自動化的寫定時及由紙張代用券的等效運營商為長途電話在一個人工電話交換。

6. 雲端運算 / 雲計算 (cloud computing)

雲端運算 (cloud computing) 是一種將資料、工具及程式放到網際網路上處理的資源利用方式，是一種分散式電腦運算 (distrubted computing) 的概念，也就是讓網路上不同的電腦同時幫你做一件事，可以大大的增加處理速度。

也因為所有資訊都被放置到網路的虛擬空間裡，工程師在繪製示意圖時常以一朵雲來代表這個虛擬空間，因而有了「雲端 (cloud)」一名。

雲計算比喻：提供服務的網絡元素組不需要由用戶單獨處理或管理；相反，整個提供商管理的硬件及軟件套件可以被視為無定形雲。

雲計算是可配置電腦系統資源及更高級別服務的共享池，可以透過最少的管理工作快速配置，通常透過 Internet。雲計算依賴於資源共享來實現一致性及規模經濟，類似於公用事業。

第三方雲使組織能夠專注於其核心業務，而不是在電腦基礎架構及維護上花費資源。倡導者指出，雲計算允許公司避免或最小化前期 IT 基礎架構成本。支持者還聲稱，雲計算允許企業更快地啟動及運行應用程序，提高可管理性並減少維護，並使 IT 團隊能夠更快地調整資源以滿足波動及不可預測的需求。雲提供商通常使用「即用即付」模式，這會導致意外的運營費用若管理員不熟悉雲定價模型。

高容量網絡，低成本電腦及儲存設備的可用性以及硬件虛擬化，面向服務的架構以及自主及公用計算的廣泛採用已經導致雲計算的增長。

7. 數據挖掘 / 資料探勘 (data mining, DM)

資料探勘 (data mining) 是一個跨學科的電腦科學分支。它是用人工智慧、機器學習、統計學及資料庫的交叉方法在相對較大型的資料集中發現模式的計算過程。

資料探勘過程的總體目標是從一個資料集中提取資訊，並將其轉換成可理解的結構，以進一步使用。除了原始分析步驟，它還涉及到資料庫及資料管理方面、資料預處理、模型與推斷方面考量、興趣度度量、複雜度的考慮，以及發現結構、視覺化及線上更新等後處理。資料探勘是「資料庫知識發現」(KDD) 的分析步驟，本質上屬於機器學習的範疇。

類似詞語「資料挖泥」、「資料捕魚」及「資料探測」指用資料探勘方法來採樣 (可能) 過小以致無法可靠地統計推斷出所發現任何模式的有效性的更大總體資料集的部

分。不過這些方法可以建立新的假設來檢驗更巨量資料總體。

　　DM 就是一種決策支持過程，它主要基於 AI、機器學習、統計學等技術，高度自動化地分析企業原有的數據，做出歸納性的推理，從中挖掘出潛在的模式，預測客戶的行為，幫助企業的決策者調整市場策略，減少風險，做出正確的決策。

8. 資料建模 / 數據建模 (data modeling)

　　數據建模的軟體工程是建立的過程數據模型，為資訊系統透過應用某種形式的技術。資料模型 (data model) 在資訊系統中指的是資料如何被表達、儲存及取用的方式，包括資料的格式、定義及屬性，資料之間的關係，以及資料的限制，而資料模型的設計過程就稱為「資料建模」。

9. 分散式計算 (distributed computing)

　　在電腦科學中，分散式運算 (Distributed computing)，又譯為分布式計算。這個研究領域，主要研究分散式系統 (Distributed system) 如何進行計算。分散式系統是一組電腦，透過網路相互連接傳遞訊息與通訊後並協調它們的行為而形成的系統。元件之間彼此進行互動以實現一個共同的目標。把需要進行大量計算的工程資料分割成小塊，由多台電腦分別計算，再上傳運算結果後，將結果統一合併得出資料結論的科學。分散式系統的例子源自有所不同的面向服務的架構，大型多人線上遊戲，對等網路應用。

　　目前常見的分散式運算專案通常使用世界各地上千萬志願者電腦的閒置計算能力，透過網際網路進行資料傳輸 (志願計算)。如分析計算蛋白質的內部結構及相關藥物的 Folding@home 專案，該專案結構龐大，需要驚人的計算量，由一台電腦計算是不可能完成的。雖然現在有了計算能力超強的超級電腦，但這些裝置造價高昂，而一些科研機構的經費卻又十分有限，藉助分布式計算可以花費較小的成本來達到目標。

10. 亞馬遜網路服務系統 (AWS)

　　亞馬遜網路服務系統 (Amazon Web Services, AWS)，由亞馬遜公司所建立的雲端運算平臺，提供許多遠端 Web 服務。Amazon EC2 與 Amazon S3 都架構在這個平臺上。在 2002 年 7 月首次公開運作，提供其他網站及客戶端 (client-side) 的服務，包括運算、儲存、資料庫、分析、應用程式及部署服務。現在許多科學家、開發人員以及各企業的技術人員都在利用 AWS(Amazon web services) 進行大數據分析。

11. NoSQL 資料庫系統

　　NoSQL 最早號稱不使用 SQL 作為查詢語言的資料庫系統。但近來則普遍將 NoSQL 視為「Not Only SQL」，也就是「不只是 SQL」的意思，希望結合 SQL 優點並混用關聯式資料庫及 NoSQL 資料庫來達成最佳的儲存效果。NoSQL 是對不同於傳統的關聯式資料庫的資料庫管理系統的統稱。

NoSQL 與 SQL 兩者存在許多顯著的不同點，其中最重要的是 NoSQL 不使用 SQL 作為查詢語言。其資料儲存可以不需要固定的表格模式，也經常會避免使用 SQL 的 join 操作，一般有水平可延伸性的特徵。

在巨量資料所帶動的潮流下，各種不同形態的 NoSQL 資料庫如雨後春筍般竄起，其中 MongoDB 是眾多 NoSQL 資料庫軟體中較為人熟知的一種。

12. Cassandra 資料庫系統

Cassandrah 名字為希臘、羅馬神話中特洛伊 (Troy) 的公主，阿波羅 (Apollo) 的祭司。

它是 Apache 軟體基金會底下的程式碼開放 (open-source) 分散式 NoSQL 資料庫系統，適合用來管理巨量的結構化資料，由於其良好的可擴展性及性能，被 Digg、Twitter、Hulu、Netflix 等知名網站所採用。

13. SaaS 軟體即服務

SaaS(Software-As-A-Service) 是隨著網際網路技術及應用軟體的成熟而興起的一種軟體應用模式。SaaS 提供商將軟體統一部署在自己的伺服器上，藉由網路提供軟體給客戶，所以客戶不用購買軟體，而是根據需求向提供商訂購所需的服務，且客戶無需對軟體進行維護，服務提供商會全權管理及維護軟體；軟體廠商在向客戶提供網際網路應用的同時，也提供軟體的離線操作及本地數據儲存，讓客戶隨時隨地都可以使用其定購的軟體及服務。

對於許多小型企業來說，SaaS 是採用先進技術的最好途徑，它消除了企業購買、構建及維護基礎設施及應用程式的需要。

14. 點擊 streaming 分析 (clickstream analytics)

點擊流 (clickstream) 就是使用者在網頁間來來去去的點選記錄，也可以分成：upstream：進入這個網站的「來源」；相反地，downstream：拜訪完這個網站之後的「去向」。對於網路行銷跟搜尋引擎來說，點擊 streaming 分析是十分重要的參考。

15. 序列化系統 Avro

Avro 是 Hadoop 底下的子專案，是一個資料序列化系統 (data serialization system)，被設計用來支援大量資料交換。

Avro 是一種遠程過程調用及數據序列化框架，是在 Apache 的 Hadoop 專案之內開發的。它使用 JSON 來定義數據類型及通訊協議，使用壓縮二進位格式來序列化數據。它主要用於 Hadoop，它可以為持久化數據提供一種序列化格式，並為 Hadoop 節點間及從客戶端程序到 Hadoop 服務的通訊提供一種電報格式。

它類似於 Thrift，但當資料庫模式改變時，它不要求運行代碼產生程序，除非是對靜態類型的語言。

5-1　大數據工具

5-5-1　8 個 open source 大數據工具

你可能會問，為什麼選擇 open source 大數據工具而不選擇專有解決方案？其原因在過去十年中變得明顯 - open source 軟體是使其受歡迎的方式。

開發人員更願意避免供應商鎖定，並傾向於使用免費工具以實現多功能性，以及有可能為他們心愛的平臺發展做出貢獻。open source 產品擁有相同的 (若不是更好的文檔深度)，以及源自社區的更多專業支持，他們也是產品開發人員及大數據從業者，他們知道產品需要什麼。如上所述，這是基於流行度、功能豐富性及實用性，最熱門 8 個大數據工具，如下：

1. Apache Hadoop

大數據處理領域的長期領導者，以其大規模數據處理能力而聞名。這個 open source 的大數據框架可以在本地或在雲中運行，並且具有相當低的硬體要求。主要的 Hadoop 優點及功能如下：

(1)　HDFS：Hadoop 分散式檔案系統，大尺度帶寬 (huge-scale bandwidth)

(2)　MapReduce：用於大數據處理的高度可配置模型

(3)　YARN：Hadoop 資源管理的資源調度程序

2. Apache Spark

Apache Spark 是 Apache Hadoop 的替代品 - 在許多方面是繼承者。Spark 是為了解決 Hadoop 的缺點而構建的，它做得非常好。例如，它可以處理批量數據及即時數據，並且比 MapReduce 運行快 100 倍。Spark 提供內存中數據處理功能，這比 MapReduce 利用的磁盤處理速度快。此外，Spark 還與雲端及本地的 HDFS，OpenStack 及 Apache Cassandra 配合使用，為你的企業的大數據操作增加了另一層多功能性。

3. Apache Storm

Storm 是另一種 Apache 產品，是數據流處理的即時框架，支持任何編程語言。Storm 調度程序根據拓撲配置平衡多個節點之間的工作負載，並與 Hadoop HDFS 配合良好。Apache Storm 具有以下優點：

(1)　出色的水平可擴展性

(2)　內置容錯功能

(3)　崩潰時自動重啓

(4)　Clojure 的編寫 (Clojure-written)

(5)　適用於直接非循環圖 (DAG) 拓撲

(6)　輸出文件採用 JSON 格式

4. Apache Cassandra

Apache Cassandra 是 Facebook 取得巨大成功的支柱之一，因為它允許處理分佈在全球眾多節點上的結構化數據集。它在繁重的工作負載下運行良好，因為它的架構沒有單點故障，並且具有其他 NoSQL 或關係資料庫所沒有的獨特功能，例如：

(1)　出色的班輪可擴展性

(2)　由於使用了簡單的查詢語言，操作簡單

(3)　跨節點的持續複製

(4)　從正在運行的集群中簡單地添加及刪除節點

(5)　高容錯性

(6)　內置高可用性

5. MongoDB 資料庫

MongoDB 是具有豐富功能的 open source NoSQL 資料庫的另一個很好的例子，它與許多編程語言跨平臺兼容。IT Svit 在各種雲計算及監控解決方案中使用 MongoDB，你專門開發了一個使用 Terraform 進行自動 MongoDB 備份的模塊。MongoDB 最突出的功能是：

(1)　儲存任何類型的數據，從文本及整數到字符串，數組，日期及布爾值

(2)　雲原生部署及極大的配置靈活性

(3)　跨多個節點及數據中心的數據分區

(4)　由於動態模式可以隨時隨地進行數據處理，因此可顯著節省成本

6. R Programming Environment

R 主要與 JuPyteR stack (Julia, Python, R) 一起使用，以實現大規模統計分析及數據可視化。JupyteR Notebook 是 4 種最受歡迎的大數據可視化工具之一，因為它允許從 9,000 多種 CRAN(綜合 R 檔案網絡) 演算法及模塊中編寫任何分析模型，在方便的環境中運行它，在旅途中進行調整及檢查 分析結果一下子。使用 R 的主要好處如下：

(1)　R 可以在 SQL 服務器內運行

(2)　R 在 Windows 及 Linux 服務器上運行

(3)　R 支持 Apache Hadoop 及 Spark

(4)　R 非常便攜

(5)　R 可以輕鬆地從單個測試機器擴展到龐大的 Hadoop 數據湖 (data lakes)

7. Neo4j

Neo4j 是一個 open source 圖形資料庫，具有互連的數據節點關係，遵循儲存數據的鍵值模式。Neo4j 主要功能如下：

(1) 內置支持 ACID 事務

(2) Cypher 圖形查詢語言

(3) 高可用性及可擴展性

(4) 由於缺少模式而具有靈活性

(5) 與其他資料庫整合

8. Apache SAMOA

這是用於大數據處理的 Apache 系列另一工具。薩摩亞專門爲成功的大數據挖掘構建分散式流媒體演算法。這個工具是用可插拔的架構構建的，必須在你前面提到的 Apache Storm 之類的其他 Apache 產品上使用。其用於機器學習的其他功能包括：

(1) 聚類

(2) 分類

(3) 常態化

(4) 迴歸

(5) 用於構建自定義演算法的編程 primitives

使用 Apache Samoa 使分散式流處理引擎能夠提供如此明顯的好處：

(1) 編程一次，隨處使用

(2) 爲新專案重用現有基礎架構

(3) 無需重啓或部署停機時間

(4) 無需備份或耗時的更新

5-1-2 15 個大數據技術 (top 15 big data technologies)

許多企業正在對這些大數據技術進行投資，以便從其結構化及非結構化數據儲存中獲取有價值的業務洞察。

提供大數據解決方案 (solution) 的技術供應商名單似乎無限。目前特別受歡迎的許多大數據解決方案都屬於以下 15 個類別之一：

1. Hadoop 生態系統

儘管 Apache Hadoop 可能不像以前那樣占主導地位，但若不提及用於大型數據集的分散式處理的這個 open source 框架，幾乎不可能談論大數據。去年，Forrester 預測，「在未來兩年內，100% 的大型企業將採用它 (Hadoop 及 Spark 等相關技術) 進行大數據分析」。

多年來，Hadoop 已經發展到包含整個相關軟體生態系統，許多商業大數據解決方案都基於 Hadoop。

主要的 Hadoop 供應商包括 Cloudera、Hortonworks 及 MapR，領先的公共雲都提供支持該技術的服務。

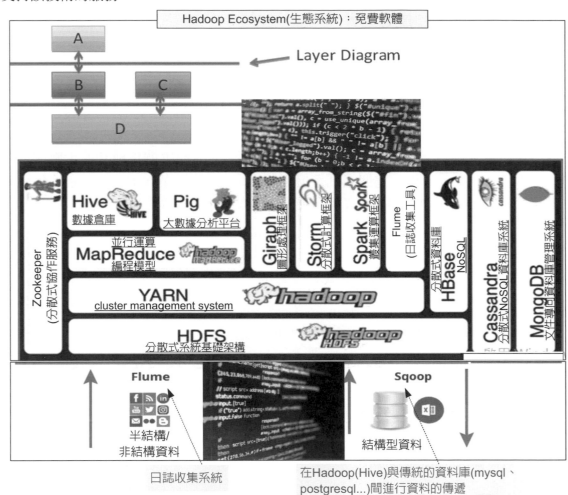

圖 5-1 Hadoop 生態系統 (Hadoop ecosystem)

來源：data-flair.training (2019). https://data-flair.training/blogs/hadoop-ecosystem-components/

(1)　HDFS(Hadoop 分散式檔系統)

HDFS 是 Hadoop 體系中資料儲存管理的基礎。它是一個高度容錯的系統，能檢測及應對硬體故障，用於在低成本的通用硬體上運行。HDFS 簡化了檔的一致性模型，透過流式資料 access，提供高吞吐量應用程式資料 access 功能，適合帶有大型資料集的應用程式。

(2)　Mapreduce(分散式計算框架)

MapReduce 是一種計算模型，用以進行大數據量的計算。MapReduce 這樣的功能劃分，非常適合在大量電腦組成的分散式並行環境裡進行資料處理。

(3)　Hive(基於 Hadoop 的資料倉庫)

由 facebook 開源，最初用於解決海量結構化的日誌資料統計問題。Hive 定義了一種類似 SQL(傳統資料庫) 增 刪 改 查 將 SQL 轉化為 MapReduce 任務在 Hadoop 上執行。通常用於離線分析。

(4)　Hbase(分散式列存資料庫)

HBase 是一個針對結構化資料的可伸縮、高可靠、高性能、同時，HBase 中保存的資料可以使用 MapReduce 來處理，它將資料儲存及平行計算完美地結合在一起。開源免費

(5)　Zookeeper(分散式協作服務)

解決分散式環境下的資料管理問題：統一命名、狀態同步、集群管理、配置同步等。

(6)　Sqoop(資料同步工具)

Sqoop 是 SQL-to-Hadoop 的縮寫，主要用於傳統資料庫及 Hadoop 之前傳輸資料 (資料遷移) 資料的導入及導出本質上是 Mapreduce 程式，充分利用了 MR 的並行化及容錯性。

(7)　Pig(基於 Hadoop 的資料流程系統)

由 yahoo! 開源，設計動機是提供一種基於 MapReduce 的 ad-hoc(計算在 query 時發生) 資料分析工具 通常用於進行離線分析。

(8)　Flume(日誌收集工具)

Cloudera 開源的日誌收集系統，具有分散式、高可靠、高容錯、易於定制及擴展的特點。Flume 資料流程提供對日誌資料進行簡單處理的能力，如過濾、格式轉換等。Flume 還具有能夠將日誌寫往各種資料目標 (可定制) 的能力。總的來說，Flume 是一個可擴展、適合複雜環境的海量日誌收集系統。

2.　Apache Spark

Apache Spark 是 Hadoop 生態系統的一部分，但它的使用已經變得如此普遍，以至於它應該屬於自己的一類。它是在 Hadoop 中處理大數據的引擎，它比標準 Hadoop 引擎 MapReduce 快一百倍。

在 AtScale 2016 大數據成熟度調查中，25％的受訪者表示他們已經在生產中部署了 Spark，而且還有 33％的人開發了 Spark 專案。顯然，對該技術的興趣相當大且不斷增長，許多使用 Hadoop 產品的供應商也提供基於 Spark 的產品。

3. R 語言

R 是另一個 open source 專案，是一種用於處理統計數據的編程語言及軟體環境。數據科學家的寵兒，它由 R 基金會管理，並根據 GPL 2 許可證提供。許多流行的整合開發環境 (IDE)，包括 Eclipse 及 Visual Studio，都支持該語言。

一些排名各種編程語言受歡迎程度的組織表示，R 已經成為世界上最流行的語言之一。例如，IEEE 稱 R 是第五大最受歡迎的編程語言，Tiobe 及 RedMonk 都排在第 14 位。這很重要，因為靠近這些圖表頂部的編程語言通常是通用語言，可用於許多不同類型的工作。對於幾乎專門用於大數據專案的語言來說，接近頂部的語言證明了大數據的重要性以及該語言在其領域中的重要性。

4. Data Lakes

資料湖泊 (data lake, DL) 的概念，有別於資料倉儲 (data warehouse) 的資料通常品質較高而且有被預先處理過，DL 可以容納任何類型、大量且龐雜的資料，作為資料素材 (data material) 的資料混合池 (pool)，方便人們未來分析、使用。

為了更容易 access 其龐大的數據儲存，許多企業正在建立數據湖泊。這些是巨大的數據儲存庫，可以從許多不同的來源收集數據並將其儲存在自然狀態。這與資料倉庫不同，資料倉庫還從不同的源收集數據，但是對其進行處理並將其構建用於儲存。在這種情況下，湖泊及倉庫的比喻是相當準確的。若數據像水一樣，數據湖是自然的，未經過濾的就像水體一樣，而資料倉庫則更像是存放在貨架上的水瓶集合。

當企業想要儲存數據但尚不確定如何使用數據時，數據湖尤其具有吸引力。許多物聯網 (IoT) 數據可能屬於該類別，物聯網趨勢正在影響數據湖的增長。

5.NoSQL：MongoDB 資料庫

NoSQL 是對不同於傳統的關聯式資料庫的資料庫管理系統的統稱。兩者存在許多顯著的不同點，其中最重要的是 NoSQL 不使用 SQL 作為查詢語言。其資料儲存可以不需要固定的表格模式，也經常會避免使用 SQL 的 JOIN 操作，一般有水平可延伸性的特徵。

傳統的關係資料庫管理系統 (RDBMS) 將資訊儲存在結構化的，定義的列及行中。開發人員及資料庫管理員使用稱為 SQL 的特殊語言查詢，操作及管理這些 RDBMS 中的數據。

NoSQL 資料庫專門用於儲存非結構化數據並提供快速性能，儘管它們不提供與 RDBMS 相同級別的一致性。流行的 NoSQL 資料庫包括 MongoDB、Redis、Cassandra、Couchbase 等等；即便是像 Oracle 及 IBM 這樣的領先 RDBMS 供應商現在也提供 NoSQL 資料庫。

隨著大數據趨勢的增長，NoSQL 資料庫變得越來越流行。其中，MongoDB 是眾所周知的 NoSQL 資料庫之一。

6. Predictive analytics

Predictive analytics 是大數據分析的子集，它試圖根據歷史數據預測未來事件或行為。它利用數據挖掘、建模及機器學習技術來預測接下來會發生什麼。它通常用於詐欺檢測、信用評分、行銷、財務及業務分析目的。

近年來，AI 的進步使預測分析解決方案的能力得到了極大的改進。因此，企業已開始在具有預測能力的大數據解決方案上投入更多資金。許多供應商，包括 Microsoft、Stata、IBM、SAP、SAS、Statistica、RapidMiner、KNIME 等，都提供預測分析解決方案。

7. In-Memory Databases

在任何電腦系統中，儲存器 (也稱為 RAM) 比長期儲存快幾個數量級。若大數據分析解決方案可以處理儲存在內存中的數據，而不是儲存在硬盤驅動器上的數據，那麼它可以更快地執行。這正是內存資料庫技術的作用。

許多領先的企業軟體供應商，包括 SAP、Oracle、Microsoft 及 IBM，現在都提供內存資料庫技術。此外，Teradata、Tableau、Volt DB 及 DataStax 等幾家小公司都提供內存資料庫解決方案。

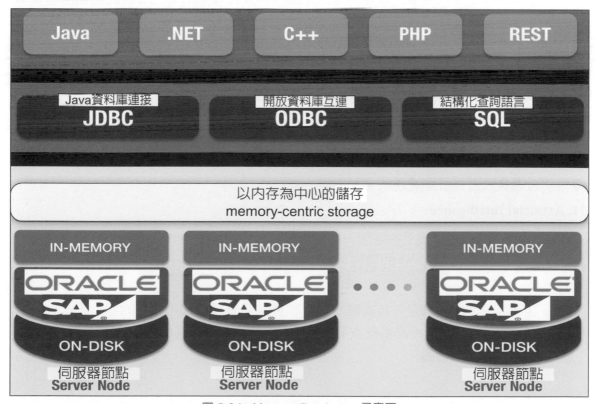

圖 5-2 In-Memory Databases 示意圖

來源：ignite.apache.org (2019). https://ignite.apache.org/use-cases/database/in-memory-database.html

8. 大數據安全解決方案 (big data security solutions)

由於大數據儲存庫是黑客及高級持續性威脅的有吸引力的目標，因此大數據安全性對企業來說是一個越來越大的問題。在 AtScale 調查中，安全性是與大數據相關的第二個增長最快的領域。

根據 IDG 報告，最流行的大數據安全解決方案類型包括身份及 access 控制 (59%的受訪者使用)，數據加密 (52%) 及數據隔離 (42%)。數十家供應商提供大數據安全解決方案，而 Apache Ranger 是 Hadoop 生態系統的一個 open source 專案，也吸引了越來越多的關注。

9. 大數據治理解決方案 (big data governance solutions)

與安全理念密切相關的是治理概念。數據治理是一個廣泛的主題，包含與數據的可用性，可用性及完整性相關的所有過程。它為確保用於大數據分析的數據準確及適當，以及提供審計跟蹤提供基礎，以便業務分析師或管理人員可以查看數據來源。

提供大數據治理工具的供應商包括 Collibra、IBM、SAS、Informatica、Adaptive 及 SAP。

10. 自助服務能力 (self-service capabilities)

由於數據科學家及其他大數據專家供不應求 - 並且要求大筆工資 - 許多組織正在尋找大數據分析工具，使業務用戶能夠自行滿足自己的需求。Gartner 指出，「現代商業智能及分析平臺出現在最後幾年來，為了滿足可 access 性、敏捷性及更深入的分析洞察力的新組織要求，將市場從以 IT 為主導的記錄系統報告轉變為以業務為主導的敏捷分析，包括自助服務」。

希望利用這一趨勢，多個商業智能及大數據分析供應商，如 Tableau、Microsoft，IBM、SAP、Splunk、Syncsort、SAS、TIBCO、Oracle 等都為其解決方案增加了自助服務功能。時間將證明任何或所有產品是否真正可供非專家使用，以及它們是否將提供組織希望透過其大數據計劃實現的業務價值。

11. Artificial Intelligence

雖然 AI(AI) 的概念幾乎與電腦一樣長，但該技術在過去幾年內才真正可用。在許多方面，大數據趨勢推動了 AI 的發展，特別是在該學科的兩個子集中：機器學習及深度學習。

機器學習的標准定義是，技術賦予「電腦無需明確編程即可學習的能力」。在大數據分析中，機器學習技術允許系統查看歷史數據，辨識模式，構建模型並預測未來結果。它還與預測分析密切相關。

　　深度學習是一種機器學習技術，它依賴於人工神經網絡，並使用多層演算法來分析數據。作爲一個領域，它擁有許多承諾，允許分析工具辨識圖像及視頻中的內容，然後相應地處理它。

　　專家表示，這一大數據工具領域似乎準備大幅度起飛。IDC 預測，「到 2018 年，75% 的企業及 ISV 開發將在至少一個應用程序中包括認知 / AI 或機器學習功能，包括所有業務分析工具。」

　　擁有大數據相關工具的領先 AI 供應商包括谷歌，IBM，微軟及亞馬遜網絡服務，數十家小型創業公司正在開發 AI 技術 (並被大型技術供應商收購)。

12. 串流分析 (streaming analytics)

　　隨著組織越來越熟悉大數據分析解決方案的功能，他們開始要求更快，更快地 access 洞察。對於這些企業而言，流式分析能夠在建立數據時對其進行分析，這是一個至關重要的問題。他們正在尋找可以接受源自多個不同來源的輸入，處理它並立即返回見解的解決方案 - 或盡可能接近它。當涉及到新的物聯網部署時，這是特別需要的，這有助於提高對流式大數據分析的興趣。

　　一些供應商提供承諾串流分析功能的產品。它們包括 IBM、Software AG、SAP，TIBCO、Oracle、DataTorrent、SQLstream、Cisco、Informatica 等。

13. 邊緣計算 (edge computing)

　　除了激發對串流分析的興趣之外，物聯網趨勢也引起了對邊緣計算的興趣。在某些方面，邊緣計算與雲計算相反。邊緣計算系統不是將數據傳輸到中央服務器進行分析，而是在非常靠近網絡邊緣的數據處分析數據。

　　邊緣計算系統的優點是它減少了必須透過網絡傳輸的資訊量，從而減少了網絡流量及相關成本。它還降低了對數據中心或雲計算設施的需求，釋放了其他工作負載的容量並消除了潛在的單點故障。

　　雖然邊緣計算市場，特別是邊緣計算分析市場仍處於發展階段，但一些分析師及風險資本家已經開始稱這項技術爲「下一個重大事件」。

14. 區塊鏈 (blockchain)

　　區塊鏈也是具有前瞻性的分析師及風險資本家的最愛，是分散式資料庫技術，是比特幣數位貨幣的基礎。區塊鏈資料庫的獨特之處在於，一旦寫入數據就無法在事後刪除或更改數據。此外，它非常安全，使其成爲銀行、保險、醫療保健、零售等敏感行業大數據應用的絕佳選擇。

　　區塊鏈技術仍處於起步階段，用例仍在發展中。但是，包括 IBM、AWS、Microsoft 及多家初創公司在內的多家供應商已經推出了基於區塊鏈技術的實驗或入門解決方案。

　　區塊鍊是分散式分類帳技術 (distributed ledger technology)，可爲數據分析提供巨大潛力。

15. 規範性分析 (prescriptive analytics)

許多分析師將大數據分析工具分為四大類。第一個描述性分析只是告訴發生了什麼。下一種類型的診斷分析更進一步，並提供發生事件的原因。上面深入討論的第三種類型的預測分析試圖確定接下來會發生什麼。這與目前市場上的大多數分析工具一樣複雜。

但是，第四種類型的分析甚至更複雜，儘管目前只有極少數具有這些功能的產品可用。Prescriptive analytics 為公司提供有關他們應該做什麼的建議，以便實現預期的結果。例如，雖然預測分析可能會給公司一個警告，即特定產品線的市場即將減少，但規範性分析將分析各種行動方案以響應這些市場變化並預測最可能的結果。

目前，很少有企業投資於規範分析，但許多分析師認為，在組織開始體驗預測分析的好處之後，這將是下一個重要的投資領域。

大數據技術市場多樣化且不斷變化。但也許有一天很快，預測性及規範性分析工具將提供關於大數據接下來會發生什麼的建議，以及企業應該採取哪些措施。

5-2　大數據應用、軟體、硬體

5-2-1　大數據生態之整合軟體

一、高效能運算 (HPC)- 大數據之後 (ABDs) 之整合軟體

類別	個人電腦	雲端運算	相關技術或應用
硬體	像是螢幕、鍵盤、主機，還有主機箱裡面一堆的零件，例如：CPU、RAM、硬碟、網路卡、…等等。	Infrastructure as a service(IaaS)「提供基礎架構的雲端服務」 提供硬體資源給客戶，包括：運算、儲存、網路…等等資源。	安全的使用環境、運算機能、儲存機能、網路環境技術
軟體	作業系統，例如大部份人都在用的XP。	Platform as a service(PaaS)「平台即服務」 提供使用者一個作業系統平台與應用系統開發平台，讓應用系統開發人員可以直接在這個平台上撰寫程式並對外提供服務。	使用者線上完成創建、測試與佈署服務系統的開發工作，同時提供使用者自主組態平台環境，以及能快速便利地調校安全或對外服務的相關設定
軟體	應用系統，像微軟Office的WORD跟EXCEL，或是公司從外面買進來或者自行設計開發的財會系統、生產系統、…等等都屬於軟體的範圍。	Software as a service(SaaS)「軟體即服務」 許多資訊公司在雲端中佈署自行設計開發的應用系統，讓使用者依照自己的需求去選擇使用適合的應用系統。計價方式則以使用量或月租方式為主	提供完善的應用軟體，以及怎麼讓更多使用者看到自己設計開發的應用軟體怎麼界接其他廠商提供的軟體等問題

	IaaS基礎架構即服務	SaaS軟體即服務	PaaS平台即服務
提供服務	基礎建設	軟體	平台
服務項目	伺服器 網路頻寬 硬體理	各種線上應用軟體	提供軟體開發、測試的環境
服務對象	IT管理人員	終端用戶	軟體開發人員
服務提供者	-Oracle Compute Cloud -IBM CloudBrust -Amazon EC2	-iCloud -Google Apps -Office 365	-Google App Engine -Salesforce.com -Microsoft Azure -Amazon EC2

圖 5-3 從個人電腦到雲端運算，以及不同層次雲端運算的相關技術或應用

來源：Inside(2019). 雲端運算是什麼？ https://www.inside.com.tw/feature/ai/9730-cloud-computing

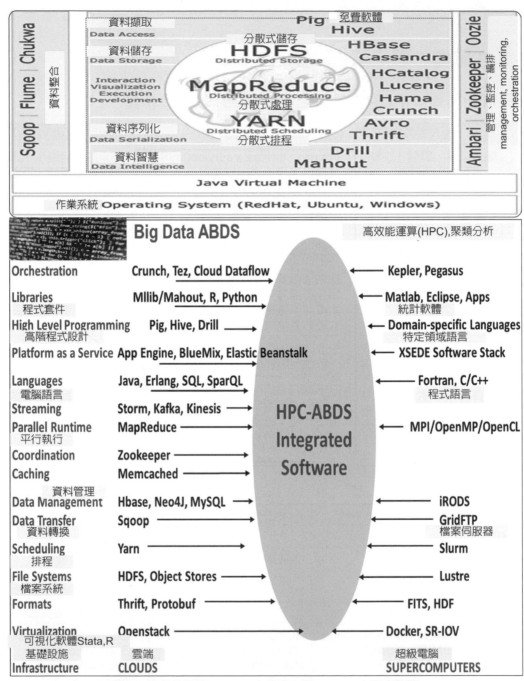

圖 5-4 高效能運算 (HPC)- 大數據之後 (ABDs) 之整合軟體

來源：slideplayer.com (2019). https://slideplayer.com/slide/5262634/

1. 瞭解大數據分析相關技術以及實作技巧，包含分散式運算與儲存平臺、異質性資料庫與可規模化之資料探勘技術之實作與應用。

2. 在分散式運算與儲存平臺：

   (1) 著重於 Hadoop 的分散式平臺的建置與管理，包含 HDFS 與 MapReduce 的實作。

   (2) 在異構資料庫中，快速索引平臺：Lucene。文檔導向的 NoSQL 資料庫：MongoDB。鍵值資料庫 Redis 及圖形資料庫 Neo4J。

   (3) 在「應用程式的可伸縮數據挖掘框架」部分，深入理解大數據分析 Mahout 庫，例如推薦，分類及聚類演算法等，並透過本機 Java API 實現。

3. 在異質性資料庫方面，瞭解快速索引平臺 Lucene，檔導向 NoSQL 的資料庫的 MongoDB，鍵值資料庫 Redis 的以及圖形資料庫 Neo4J。

4. 在可規模化之資料探索技術方面，深入瞭解 Mahout 巨量資料分析函數庫，包含推薦系統、分類與分群演算法等，並透過原生 Java API 進行實作，此外，亦會探討以圖形探勘爲基礎之 PEGASUS 函式庫，並瞭解如何使用 Random Walk with Restart 以及 Tensor 分解等相關分析方法。

二、大數據計劃的軟體 (software for a big data initiative)

高效能運算 (HPC) 的性能、大數據之後 (ABDs) 功能，有名的軟體如下表：

軟體功能	軟體名稱
1. 工作流程 (workflow)	Apache Crunch, Python or Kepler
2. 數據分析 (data analytics)	Mahout, R, ImageJ, Scalapack
3. 高級 programming(high level programming)	Hive, Pig
4. 批量平行 programming 模型 (batch parallel programming model)	Hadoop, Spark, Giraph, Harp, MPI;
5. 串流 programming 模型 (streaming programming model)	Storm, Kafka or RabbitMQ
6. 記憶內 (in-memory) 讀取來取代硬碟	Memcached
7. 數據管理 (data management)	Hbase, MongoDB, MySQL
8. 分散式協調 (distributed coordination)	Zookeeper
9. 叢集管理 (cluster management)	Yarn, Slurm
10. 檔案系統 (file systems)	HDFS, Object store (Swift),Lustre
11.DevOps	Cloudmesh, Chef, Puppet, Docker, Cobbler。 其 中，Chef 是 open source 基礎設施自動化軟體，使用 Ruby 編碼 Recipe 及 Cookbook 來管理軟體的安裝及配置
12. 軟體廠商：Infrastructure as a service (IaaS)	Amazon, Azure, OpenStack, Docker, SR-IOV

軟體功能	軟體名稱
13. 監測 (onitoring)	Inca, Ganglia, Nagios

「雲端運算」的「體系架構」可分成三個層次：Infrastructure as a service (IaaS)、Platform as a service (PaaS)，以及 Software as a service (SaaS)。

Sqoop、Flume 及 HDFS 的比較，如下表所示：

Sqoop	Flume	HDFS
Sqoop 用於從結構化數據源，例如，RDBMS 導入數據	Flume 用於移動批量流數據到 HDFS	HDFS 使用 Hadoop 生態係統儲存數據的分布式文件係統
Sqoop 具有連接器的體係結構。連接器知道如何連接到相應的數據源並獲取數據	Flume 有一個基於代理的架構。這裡寫入代碼 (這稱為「代理」)，這需要處理取出數據	HDFS 具有分布式體係結構，數據被分布在多個數據節點
HDFS 使用 Sqoop 將數據導出到目的地	透過零個或更多個通道將數據流給 HDFS	HDFS 是用於將數據儲存到最終目的地
Sqoop 數據負載不事件驅動	Flume 數據負載可透過事件驅動	HDFS 儲存透過任何方式提供給它的數據
為了從結構化數據源導入數據，人們必須隻使用 Sqoop，因為它的連接器知道如何與結構化數據源進行交互並從中獲取數據	為了加載流數據，如微博產生的推文。或者登錄 Web 服務器的文件，Flume 應都可以使用。Flume 代理是專門為獲取流數據而建立的。	HDFS 擁有自己的內置 shell 命令將數據儲存。HDFS 不能用於導入結構化或流數據

5-2-2 工作流管理系統 (Workflow Management System)：
Apache Spark Workflow ≒ Hadoop

一、Hadoop ≒ Spark

大家對 Hadoop 及 Apache Spark 這兩個名字並不陌生。但你往往對它們的理解只是提留在字面上，並沒有對它們進行深入的思考，下面不妨跟我一塊看下它們究竟有什麼異同。

1. 解決問題的層面不一樣

首先，Hadoop 及 Apache Spark 兩者都是大數據框架，但是各自存在的目的不盡相同。Hadoop 實質上更多是一個分散式數據基礎設施：它將巨大的數據集分派到一個由普通電腦組成的集群中的多個節點進行儲存，意味著你不需要購買及維護昂貴的服務器硬件。

同時，Hadoop 還會索引及跟蹤這些數據，讓大數據處理及分析效率達到前所未有的高度。Spark，則是那麼一個專門用來對那些分散式儲存的大數據進行處理的工具，它並不會進行分散式數據的儲存。

2. 兩者可合可分

Hadoop 除了提供爲大家所共識的 HDFS 分散式數據儲存功能之外，還提供叫做 MapReduce 的數據處理功能。所以這裡完全可以拋開 Spark，使用 Hadoop 自身的 MapReduce 來完成數據的處理。

相反，Spark 也不是非要依附在 Hadoop 身上才能生存。但如上所述，畢竟它沒有提供文件管理系統，所以，它必須及其他的分散式檔案系統進行集成才能運作。你可以選擇 Hadoop 的 HDFS，也可以選擇其他基礎雲的數據系統平臺。但 Spark 一般來說還是被用在 Hadoop 上面的，畢竟，大家都認爲它們的結合是最好的。

以下是 MapReduce 的最簡潔的解說：

『你要數圖書館中的所有書。你數「1 號書架」，我數「2 號書架」。這就是 "Map"。人越多，數書就更快。

現在一起，把所有人的統計數加在一起。這就是 "Reduce"。』

3. Spark 數據處理速度秒殺：MapReduce

Spark 因爲其處理數據的方式不一樣，會比 MapReduce 快上很多。MapReduce 是分步對數據進行處理的：「從集群中讀取數據，進行一次處理，將結果寫到集群，從集群中讀取更新後的數據，進行下一次的處理，將結果寫到集群，等等…」 Booz Allen Hamilton 的數據科學家 Kirk Borne 如此解析。

反觀 Spark，它會在內存中以接近「即時」的時間完成所有的數據分析：從集群中讀取數據，完成所有必須的分析處理，將結果寫回集群，完成。Spark 的批處理速度比 MapReduce 快近 10 倍，內存中的數據分析速度則快近 100 倍。

若需要處理的數據及結果需求大部分情況下是靜態的，且你也有耐心等待批處理的完成的話，MapReduce 的處理方式也是完全可以接受的。

但若你需要對流數據進行分析，比如那些源自於工廠的感測器收集回來的數據，又或者說你的應用是需要多重數據處理的，那麼你也許更應該使用 Spark 進行處理。

大部分機器學習算法都是需要多重數據處理的。此外，通常會用到 Spark 的應用場景有以下方面：即時的市場活動、線上產品推薦、網絡安全分析、機器日記監控等。

4. 災難恢復

兩者的災難恢復方式迥異，但是都很不錯。因爲 Hadoop 將每次處理後的數據都寫入到磁盤上，所以其天生就能很有彈性的對系統錯誤進行處理。

　　Spark 的數據對象儲存在分佈於數據集群中的叫做彈性分散式數據集 (RDD: Resilient Distributed Dataset) 中。這些數據對象既可以放在內存，也可以放在磁盤，所以 RDD 同樣也可以提供完成的災難恢復功能。

二、Apache Spark 架構

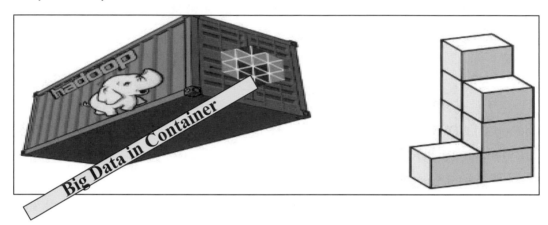

圖 5-5 容器 (Container) 內的 Big Data -Hadoop Spark

　　Spark 是一個開源的叢集 (cluster) 運算框架，並延伸了流行的 MapReduce 運算框架並提供其他高效率的計算應用，與 Hadoop 不同的是 Hadoop MapReduce 在執行運算時，需要將中間產生的數據，儲存在硬碟中。然而磁碟 I/O 往往是效能的瓶頸，因此會有讀寫資料延遲的問題。

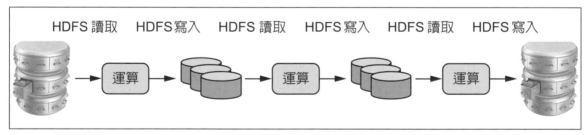

圖 5-6 Hadoop MapReduce 在執行運算時，需要將中間產生的數據，儲存在硬碟中

　　相對地，Spark 是基於記憶體內的計算框架。Spark 在運算時，將中間產生的資料暫存在記憶體中，因此可以加快執行速度。尤其需要反覆操作的次數越多，所需讀取的資料量越大，則越能看出 Spark 的效能。

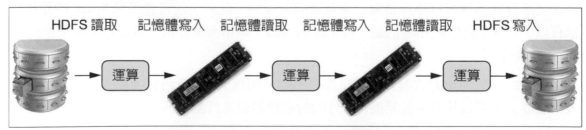

圖 5-7 Spark 運算，將中間產生的資料暫存在記憶體中，可以加快執行速度

　　跟傳統的 Hadoop 比較起來，Spark 在記憶體內執行程式的運算速度，做到比 Hadoop MapReduce 的運算速度快上 100 倍，即便是執行程式於硬碟時，Spark 也能快上 10 倍速度。

　　在使用 Spark 要搭配叢集管理及分散式儲存系統，Spark 支援 local 運算，即在本機端做運算，使用叢集運算的話，可搭配 Hadoop YARN 或是 Apache Mesos 叢集管理。

　　分散式儲存方面，Spark 支援 Amazon S3, HDFS, Openstack Swift 等介面。'

　　Spark 除了有豐富的函式庫，也對 Python、Java、Scala、SQL 提供相同一致的應用程式介面 (Application Programming Interface, API)，API 又稱為應用編程介面，就是軟體系統不同組成部分銜接的約定：

1. Spark 核心 (Core)

　　Spark Core 包含了一些基礎功能，如工作排程記憶體管理等，而 Spark 主要的程式抽象化結構 - RDD (Resilient Disributed Datasets 彈性分散式資料集) 的 API 也是定義在 Spark Core 中。

2. Spark 結構查詞語言 (SQL)

　　Spark SQL 是處理結構化資料所產生的元件，它允許使用者使用如同 Apache Hive 一樣透過 SQL 語法做資料查詢，除了提供 SQL 使用介面外，Spark SQL 也允許開發人員將 SQL 查詢與其他 RDD 所支援的資料處理方式一起使用。

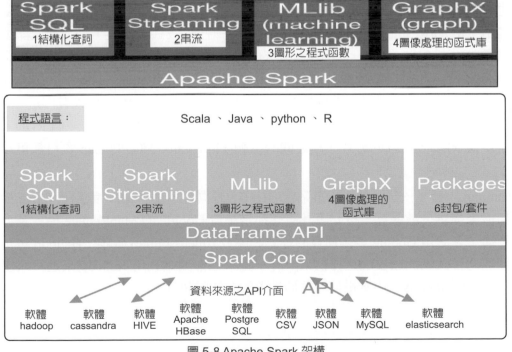

圖 5-8 Apache Spark 架構

來源：quora.com (2019). https://www.quora.com/What-is-a-Hadoop-ecosystem

3. Spark 串流 (Streaming)

顧名思義，Spark Streaming 是一個在處理即時串流資料的元件，例如 web server 所產生的 log，或是服務狀態的變化，Spark Streaming 提供處理這類資料的 API。

4. 函式庫：MLlib

Spark MLlib 提供常見的 machine learning 函式庫，在 MLlib 裡面除了常見的分類分群及迴歸之外，也提供模型評估及資料導入的功能。

5. 圖像處理的函式庫：GraphX

這是用來在 Spark 處理圖像相關資料及進行分散式圖像處理的函式庫，GraphX 提供很多處理圖像的操作，如 subgraph 及 mapVertices 以及常見的圖形演算法。

三、工作流管理系統 (Workflow Management System, WfMS)

WfMS 是一個軟體系統，它完成工作量的定義及管理，並按照在系統中預先定義好的工作流邏輯進行工作流實例的執行。工作流管理系統不是企業的業務系統，而是為企業的業務系統的運行提供一個軟體的支撐環境。

◆ Spark Workflow

工作流管理聯盟 (Workflow Management Coalition, WfMC) 給出的關於工作流管理系統的定義是：工作流管理系統是一個軟體系統，它完成工作流的定義及管理，並按照在電腦中預先定義好的工作流邏輯推進工作流實例的執行。其產品結構如圖 5-9。

其中，RDD(Resilient Distributed Datasets)，彈性分散式資料集，是分散式記憶體的一個抽象概念，RDD 提供一種高度受限的共用記憶體模型，即 RDD 是唯讀的記錄分區的集合，只能透過在其他 RDD 執行確定的轉換操作 (如 map、join、group by) 而建立，然而這些限制使得實現容錯的開銷很低。對開發者而言，RDD 可以看作是 Spark 的一個物件，它本身運行於記憶體中，如讀檔是一個 RDD，對檔計算是一個 RDD，結果集也是一個 RDD，不同的分片、料之間的依賴、key-value 類型的 map 資料都可以看做 RDD。

Hadoop 內建了一個分散式檔案系統 HDFS，也同樣透過 Master 節點及 Slave 節點的從集架構來提供分散運算，核心設計概念都是源自 Google 的 MapReduce 模式及分散式檔案架構，等於是 Google 雲端運算的程式碼開放 (open-source) 版本，Hadoop 也是目前最受歡迎的程式碼開放雲端運算框架。許多企業也都開始利用 Hadoop 來進行大規模的資料分析，例如 eBay、中華電信、華碩投資的全球聯訊等。

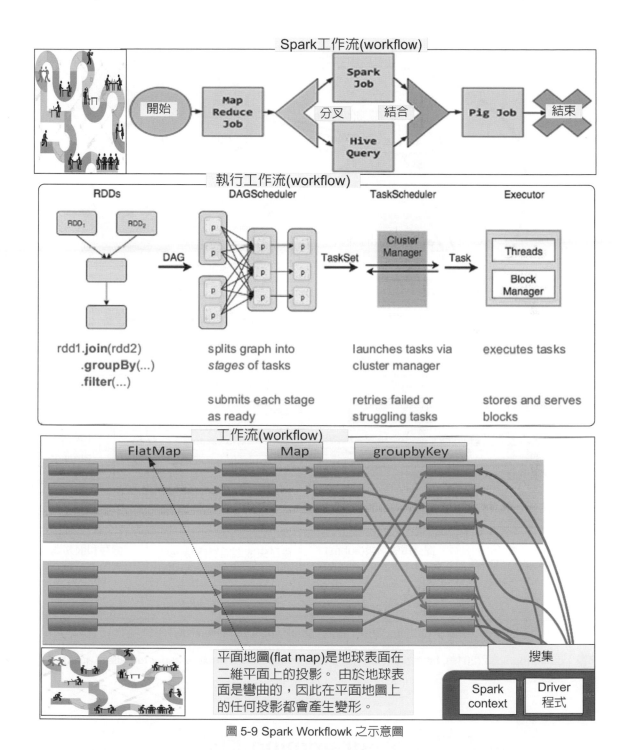

圖 5-9 Spark Workflowk 之示意圖

來源：data-flair.training (2019). https://data-flair.training/blogs/hadoop-ecosystem-components/

快取記憶體1

Spark應用工作流(Spark application workflow)

快取記憶體1

工作者
worker

關閉(closure)

驅動程式
Driver

RDD
Partition 1
分割1

Action result

工作者
worker

快取記憶體2

快取記憶體3

工作者
worker

RDD
Partition 2
分割2

RDD
Partition 3
分割3

數據在機器之間移動
廣泛的依賴

RDD實體

DAG 排程器

TaskScheduler
排程器

Worker
工作者

Cluster
manager

Threads

Block
manager

有向圖
DAG

任務集
TaskSet

任務
Task

```
rdd1.join(rdd2)
 .groupBy(…)
 .filter(…)
```

split graph into
stages of tasks

透過集群管理器啓動任務
(launch tasks via cluster
manager)

執行任務

build operator DAG

提交每個階段(submit
each stage as ready)

重試失敗或阻礙任務(retry
failed or straggling tasks)

儲存和服務塊
(store and serve
blocks)

對operator不可
知！

stage
failed

不是關於stages

圖 5-10 Spark 應用工作流 (Spark application workflow)

來源：datastrophic.io (2019). http://datastrophic.io/core-concepts-architecture-and-internals-of-apache-spark/

5-3 批量平行 programming 模型

　　圖 5-11 爲批量平行 programming 模型 (batch parallel programming model)：Hadoop 分散式檔案系統、程式碼開放 (open-source) 叢集 (clusters) 運算框架 Spark 的示意圖。

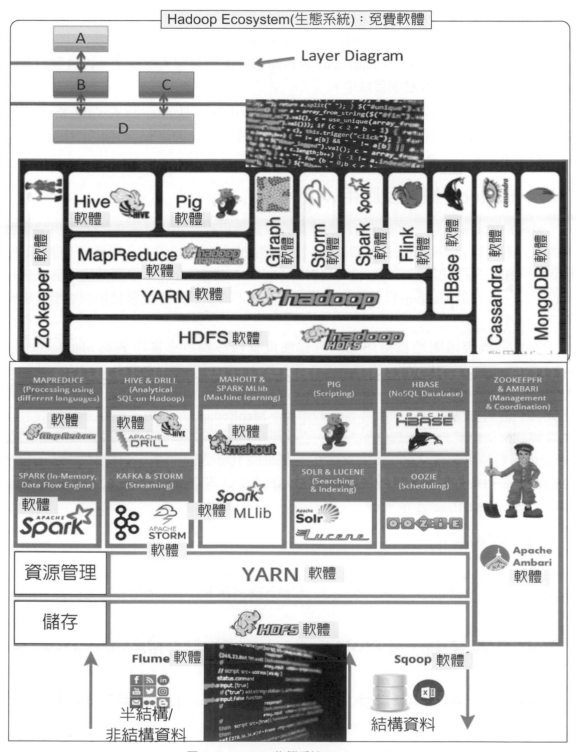

圖 5-11 Hadoop 生態系統 (Ecosystem)

來源：quora.com (2019). https://www.quora.com/What-is-a-Hadoop-ecosystem

　　Hadoop 能支援異質的執行環境，每一臺伺服器的硬體可以不同規格。開發者只要將 Hadoop 程式及設定檔複製到每一臺伺服器下，並且將分析資料放入 Hadoop 的 NameNote 虛擬檔案系統中，NameNode 會自動切割使用者傳入的檔案，再分散到不同 Slave 伺服器中的 HDFS 檔案目錄中。

　　最後，在 Master 伺服器中啟動 Job Tracker 工具來執行 Hadoop 程式，Job Tracker 會自動啟動其他 Slave 伺服器上的程式，依據設定檔進行分散運算。Hadoop 提供一套網頁介面的管理系統，可讓開發者追蹤每一臺伺服器的執行情形。

5-3-1　Hadoop 概念及應用

　　Apache Hadoop 是一款支援資料密集型分散式應用程式並以 Apache 2.0 許可協定發布的程式碼開放 (open-source) 軟體框架。它支援在商品硬體構建的大型叢集上運行的應用程式。Hadoop 是根據 Google 公司發表的 MapReduce 及 Google 檔案系統的論文自行實作而成。所有的 Hadoop 模組都有一個基本假設，即硬體故障是常見情況，應該由框架自動處理。

　　Hadoop 框架透明地為應用提供可靠性及資料移動。它實作名為 MapReduce 的 programming 範式：應用程式被分割成許多小部分，而每個部分都能在叢集中的任意節點上執行或重新執行。此外，Hadoop 還提供分散式檔案系統，用以儲存所有計算節點的資料，這為整個叢集帶來了非常高的帶寬。MapReduce 及分散式檔案系統的設計，使得整個框架能夠自動處理節點故障。它使應用程式與成千上萬的獨立計算的電腦及 PB 級的資料連接起來。現在普遍認為整個 Apache Hadoop「平臺」包括 Hadoop 內核、MapReduce、Hadoop 分散式檔案系統 (HDFS) 以及一些相關專案 (project)，有 Apache Hive 及 Apache HBase 等等。

一、主要子專案 (sub-project)

1. Hadoop Common：在 0.20 及以前的版本中，包含 HDFS、MapReduce 及其他專案公共內容，從 0.21 開始 HDFS 及 MapReduce 被分離為獨立的子專案，其餘內容為 Hadoop Common

2. HDFS：Hadoop 分散式檔案系統 (Distributed File System) － HDFS(Hadoop Distributed File System)

3. MapReduce：平行計算框架，0.20 前使用 org.apache.hadoop.mapred 舊介面，0.20 版本開始引入 org.apache.hadoop.mapreduce 的新 API

二、相關專案

1. Apache HBase：分散式 NoSQL 列資料庫，類似 Google 公司 BigTable。

2. Apache Hive：構建於 Hadoop 之上的資料倉儲，透過一種類 SQL 語言 HiveQL 為用戶提供資料的歸納、查詢及分析等功能。Hive 最初由 Facebook 貢獻。

3. Apache Mahout：機器學習演算法軟體包。

4. Apache Sqoop：結構化資料 (如關聯式資料庫) 與 Apache Hadoop 之間的資料轉換工具。

5. Apache ZooKeeper：分散式鎖設施，提供類似 Google Chubby 的功能，由 Facebook 貢獻。

6. Apache Avro：新的資料序列化格式與傳輸工具，將逐步取代 Hadoop 原有的 IPC 機制。

三、知名用戶

(一)Hadoop 在 Yahoo! 的應用

　　2008 年 2 月，雅虎使用 10,000 個微處理器核心的 Linux 電腦叢集運行一個 Hadoop 應用程式。

(二) 其他知名用戶

1. A9.com
2. Facebook
3. Fox Interactive Media
4. IBM
5. ImageShack
6. 資訊學研究院
7. Joost
8. Last.fm
9. Powerset
10. 紐約時報
11. Rackspace
12. Veoh
13. 中華電信

四、Hadoop 與 Sun Grid Engine

　　昇陽電腦的 Sun Grid Engine 可以用來排程 Hadoop Job。

五、Hadoop 與 Condor

　　威斯康辛大學麥迪遜分校的 Condor 電腦叢集軟體也可以用作 Hadoop Job 的排程。

5-3-2　分散式檔案系統之 Hadoop

　　Hadoop 分散式檔案系統 (Hadoop distributed file system, HDFS) 是 Hadoop 應用程序使用的主要數據儲存系統。它採用 NameNode 和 DataNode 架構來實現分散式檔案系統，該檔案系統可跨高度可擴展的 Hadoop 集群提供對數據的高性能訪問。

Hadoop 是一個能夠儲存並管理大量資料的雲端平臺，為 Apache 軟體基金會底下的一個開放原始碼 (open source code)、社群基礎、而且完全免費的軟體，Hadoop 的兩大核心功能：儲存 (store) 及處理 (process) 資料所用到的分散式檔案系統 HDFS 跟 MapReduce 平行運算架構。Hadoop 被廣泛應用於大數據儲存及大數據分析，成為大數據的主流技術。

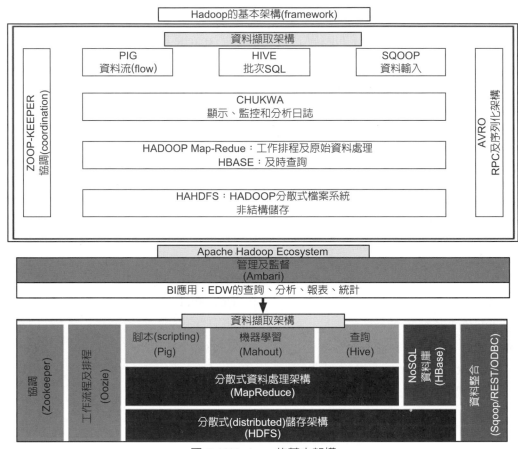

圖 5-12Hadoop 的基本架構

來源：quora.com (2019). https://www.quora.com/What-is-a-Hadoop-ecosystem

一、什麼是 HadoopEcosystem(生態系統)?

首先，想像有個檔案大小超過 PC 能夠儲存的容量，那便無法儲存在你的電腦裡，對吧？

Hadoop 不但讓你儲存超過一個伺服器所能容納的超大檔案，還能同時儲存、處理、分析幾千幾萬份這種超大檔案，所以每每提到大數據，便會提到 Hadoop 這套技術。

簡單來說，Hadoop 是一個能夠儲存並管理大量資料的雲端平臺，為 Apache 軟體基金會底下的一個開放原始碼、社群基礎、而且完全免費的軟體，被各種組織及產業廣為

採用，非常受歡迎。然而要懂 Hadoop，你必須先瞭解它最主要的兩項功能：

1. Hadoop 如何儲存資料 (Store)

2. Hadoop 怎麼處理資料 (Process)

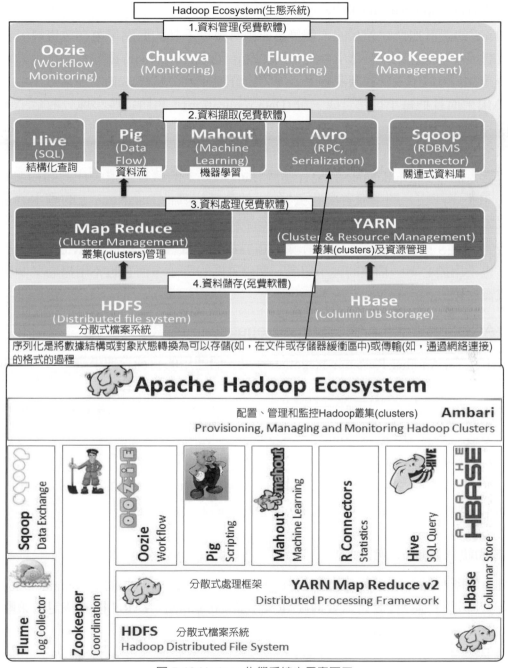

圖 5-13 Hadoop 生態系統之示意圖二

來源：quora.com (2019). https://www.quora.com/What-is-a-Hadoop-ecosystem

二、分散式檔案系統 (Hadoop Distributed File System, HDFS)

Hadoop 是一個叢集系統 (cluster system)，也就是由單一伺服器擴充到數以千計的機器，整合應用起來像是一台超級電腦。而資料存放在這個叢集中的方式則是採用分散式檔案系統 (Hadoop Distributed File System, HDFS)。

HDFS 的設計概念是這樣的，叢集系統中有數以千計的節點用來存放資料，若把一份檔案想成一份藏寶圖，機器中會有一個機器老大 (Master Node) 跟其他機器小弟 (Slave/Worker Node)，為了妥善保管藏寶圖，先將它分割成數小塊 (block)，通常每小塊的大小是 64 MB，而且把每小塊拷貝成三份 (Data replication)，再將這些小塊分散給小弟們保管。機器小弟們用「DataNode」這個程式來放藏寶圖，機器老大則用「NameNode」這個程式來監視所有小弟們藏寶圖的存放狀態。

若老大的程式 NameNode 發現有哪個 DataNode 上的藏寶圖遺失或遭到損壞 (例如某位小弟不幸陣亡，順帶藏寶圖也丟了)，就會尋找其他 DataNode 上的副本 (Replica) 進行複製，保持每小塊的藏寶圖在整個系統都有三份的狀態，這樣便萬無一失。

透過 HDFS，Hadoop 能夠儲存上看 TB(Tera Bytes) 甚至 PB(Peta Bytes) 等級的巨量資料，也不用擔心單一檔案的大小超過一個磁碟區的大小，而且也不用擔心某個機器損壞導致資料遺失。

三、YARN(Yet Another Resource Negotiator) 資源管理平臺

YARN(Yet Another Resource Negotiator) 是一個通用的資源管理平臺，可為各類計算框架提供資源的管理及調度。

其核心出發點是為了分離資源管理與作業調度 / 監控，實作分離的做法是擁有一個全局的資源管理器 (ResourceManager, RM)，以及每個應用程式對應一個的應用管理器 (ApplicationMaster, AM)，應用程式由一個作業 (Job) 或者 Job 的有向無環圖 (DAG) 組成。

YARN 可以將多種計算框架 (如離線處理 MapReduce、線上處理的 Storm、疊代式計算框架 Spark、串流處理框架 S4 等) 部署到一個公共叢集中，共用叢集的資源。並提供如下功能：

1. 資源的統一管理及調度：

叢集中所有節點的資源 (記憶體、CPU、磁片、網路等) 抽象為 Container。計算框架需要資源進行運算任務時需要向 YARN 申請 Container，YARN 按照特定的策略對資源進行調度進行 Container 的分配。

2. 資源隔離：

YARN 使用了羽量級資源隔離機制 Cgroups 進行資源隔離以避免相互干擾，一旦 Container 使用的資源量超過事先定義的上限值，就將其殺死。

YARN 是對 Mapreduce V1 重構得到的，有時候也成為 MapReduce V2。

　　YARN 亦可看成一個雲作業系統，由一個 ResourceManager 及多個 NodeManager 組成，它負責管理所有 NodeManger 上多維度資源，並以 Container(啓動一個 Container 相當於啓動一個進程) 方式分配給應用程式啓動 ApplicationMaster(相當於主進程中運行邏輯) 或運行 ApplicationMaster 切分的各 Task(相當於子進程中運行邏輯)。

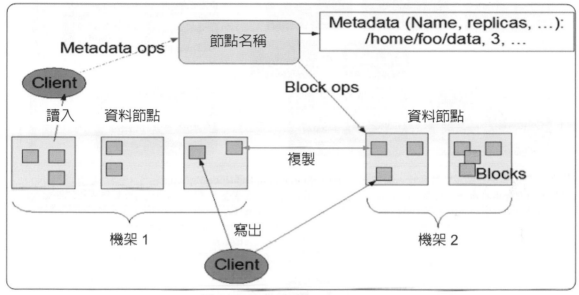

圖 5-14 HDFS 架構 (architecture)

來源：quora.com (2019). https://www.quora.com/What-is-a-Hadoop-ecosystem

　　Hadoop 經歷很長一段時間的版本號混亂及架構調整，YARN 是 Hadoop2.0 提出的資源管理、任務調度框架。解決了很多 Hadoop1.0 時代的痛點。YARN 不僅僅是 Hadoop 的資源調度框架，還成爲一個通用的資源調度管理器，可以將各種各樣的計算框架透過 YARN 管理起來，比如 Strom、Spark 等。

　　YARN 的基本思想是將資源管理及作業調度 / 監控的功能分爲獨立的守護進程。分別是一個全局的 ResourceManager(RM) 及每個應用程式的 ApplicationMaster (AM)。應用程式可以是一個 job 作業或者一組 job 作業的有向無環圖 (DAG)。

　　ResourceManager 負責系統中的所有應用程式的資源分配。NodeManager 負責每台機器中容器代理、資源監控 (cpu、記憶體、磁片、網路)，並將這些情況報告給 ResourceManager 或 Scheduler。

　　每個應用的 ApplicationMaster 是一個框架特定的資料庫，從 ResourceManager 協商資源，並與 NodeManager 共同執行監聽任務。從結構上看，YARN 是主 / 從架構，一個 ResourceManager，多個 NodeManager，共同構成了資料計算框架。

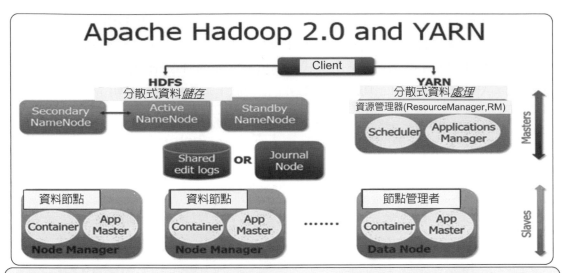

YARN可以看成一個雲作業系統，由一個ResourceManager和多個NodeManager組成，它負責管理所有Node Manger上多維度資源，並以Container(啟動一個Container相當於啟動一個進程)方式分配給應用程式啟動ApplicationMaster(相當於主進程中運行邏輯)或運行ApplicationMaster切分的各Task(相當於子進程中運行邏輯)

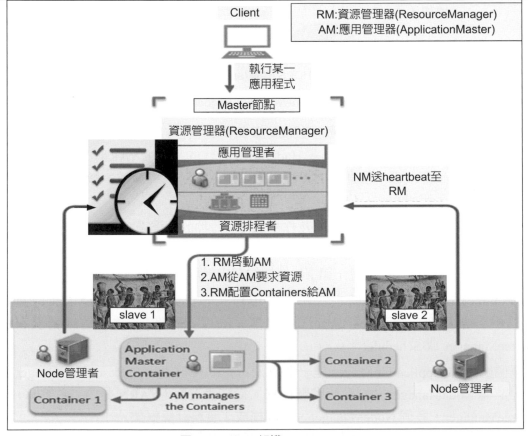

圖 5-15 YARN 架構 (architecture)

來源：quora.com (2019). https://www.quora.com/What-is-a-Hadoop-ecosystem

四、MapReduce 平行運算架構

HDFS 將資料分散儲存在 Hadoop 電腦叢集中的數個機器裡，現在談談 Hadoop 如何用 MapReduce 這套技術處理這些節點上的資料。在函數程式設計 (functional programming, 如 C 語言) 中，很早就有了 Map(映射) 及 Reduce(歸納) 的觀念，類似於演算法中個別擊破 (divide and conquer) 的作法，也就是將問題分解成很多個小問題之後再做總結。

MapReduce 顧名思義是以 Map 跟 Reduce 為基礎的應用程式。一般你進行資料分析處理時，是將整個檔案丟進程式軟體中做運算出結果，而面對巨量資料時，Hadoop 的做法是採用分散式計算的技術處理各節點上的資料。

在各個節點上處理資料片段，把工作分散、分佈出去的這個階段叫做 Mapping；接下來把各節點運算出的結果直接傳送回來歸納整合，這個階段就叫做 Reducing。這樣多管齊下、在上千台機器上平行處理巨量資料，可以大大節省資料處理的時間。

5-3-3　大數據生態系統：雲端平臺 Hadoop 的家族軟體

◆ Hadoop 分散式檔案系統 (Hadoopdistributed file system, HDFS)

由多達數百萬個叢集 (cluster) 所組成，每個叢集有近數千台用來儲存資料的伺服器，稱為「節點 (node)」。其中包括主伺服器 (master node) 與從伺服器 (slave node)。每一份大型檔案儲存進來時，都會被切割成一個個的資料塊 (block)，並同時將每個資料塊複製成多份、放在從伺服器上保管。

圖 5-16 節點 (node) 示意圖：RunningHadoopOn Ubuntu Linux (Single-Node Cluster)

來源：quuxlabs.com (2019). http://www.quuxlabs.com/tutorials/running-hadoop-on-ubuntu-linux-multi-node-cluster/

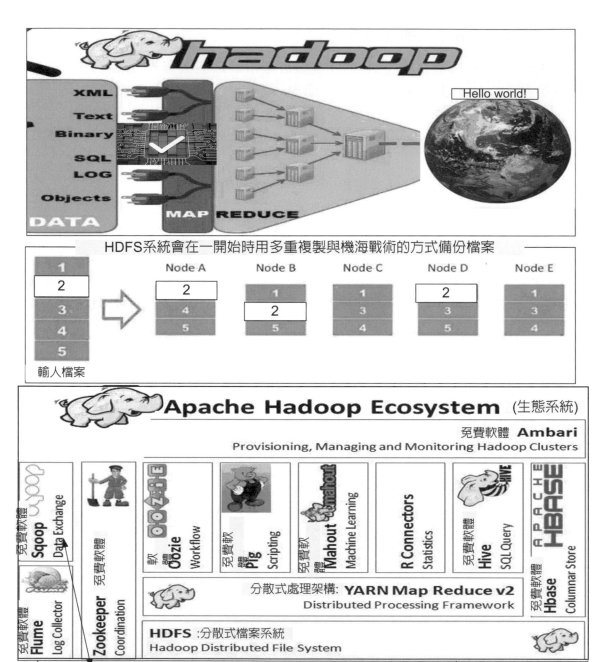

圖 5-17 Hadoop 分散式檔案系統

來源：quora.com (2019). https://www.quora.com/What-is-a-Hadoop-ecosystem

當某台伺服器出問題時、導致資料塊遺失或遭破壞時，主伺服器就會在其他從伺服器上尋找副本複製一個新的版本，維持每一個資料塊都備有好幾份的狀態。

簡單來說，Hadoop 預設的想法是所有的 Node 都有機會壞掉，所以會用大量備份的方式預防資料發生問題。

　　另一方面，儲存在該系統上的資料雖然相當龐大、又被分散到數個不同的伺服器，但透過特殊技術，當檔案被讀取時，看起來仍會是連續的資料，使用者不會察覺資料是零碎的被切割儲存起來。

二、Hadoop 與傳統 RDBMS 的對比

　　關聯式資料庫管理系統 (Relational Database Management System，RDBMS) 是管理關聯式資料庫的資料庫管理系統。關聯式資料庫是將資料間的關係以資料庫表的形式加以表達，並將資料儲存在表格中，以便於查詢。

	傳統 RDBMS	HADOOP
資料量	Gigabytes(Terabytes)	Petabytes(even Exabytes)
擷取	互動式及批次	批次 (batch)
更新	Read/Write many times	Write once,Read many times
結構	靜態的 Schema	動態的 Schema
氣節 integrity	高 (ACID)	低
度量縮放 scaling	非線性	線性
DBA Ratio	1:40	1:3000

三、新資料儲存 (data storage)：Hadoop 分散式處理系統

1. Hadoop 是 Google 在 21 世紀初完成的工作 (Google 檔案系統 (GFS) 及 MapReduce 的組合)。
2. 用於跨多個數據源分析大量複雜數據。
3. 最初儲存，分散在系統中的數據。
4. 應用程式是用 high-level 編撰寫的。
5. 只要有可能，就會在儲存數據的地方進行計算。
6. 數據在系統上多次複製，以提高可用性及可靠性。

　　Hadoop，是一個由 Apache 基金會所開發的分散式系統基礎架構。用戶可以在不瞭解分散式底層細節的情況下，開發分散式程式。充分利用叢集的威力進行高速運算及儲存。

　　Hadoop 實作了一個分散式檔案系統 (HadoopDistributed File System)，簡稱 HDFS。HDFS 有高容錯性的特點，並且設計用來部署在低廉的 (low-cost) 硬體上；而且它提供高吞吐量 (high throughput) 來 access 應用程式的數據，適合那些有著超大數據集 (large data set) 的應用程式。HDFS 放寬了 (relax)POSIX 的要求，可以以流的形式 access(streaming access) 檔系統中的數據。

Hadoop 的框架最核心的設計就是：HDFS 及 MapReduce。HDFS 爲海量的數據提供儲存，則 MapReduce 爲海量的數據提供計算。

(一)Hadoop 優點

1. Hadoop 是一個能夠對大數據進行分散式處理的軟體框架。Hadoop 以一種可靠、高效、可伸縮的方式進行數據處理。

2. Hadoop 是可靠的，因爲它假設計算元素及儲存會失敗，因此它維護多個工作數據副本，確保能夠針對失敗的節點重新分佈處理。

3. Hadoop 是高效的，因爲它以平行的方式工作，透過平行處理加快處理速度。

4. Hadoop 還是可伸縮的，能夠處理 PB 級數據。

5. 此外，Hadoop 依賴於社區服務，因此它的成本比較低，任何人都可以使用。

6. Hadoop 是一個能夠讓用戶輕鬆架構及使用的分散式計算平臺。用戶可以輕鬆地在 Hadoop 上開發及運行處理海量數據的應用程式。它主要有以下幾個優點：

7. 高可靠性。Hadoop 按位儲存及處理數據的能力值得人們信賴。

8. 高擴展性。Hadoop 是在可用的電腦集簇間分配數據並完成計算任務的，這些集簇可以方便地擴展到數以千計的節點中。

9. 高效性。Hadoop 能夠在節點之間動態地移動數據，並保證各個節點的動態平衡，因此處理速度非常快。

10. 高容錯性。Hadoop 能夠自動保存數據的多個副本，並且能夠自動將失敗的任務重新分配。

11. 低成本。與一體機、商用資料倉庫以及 QlikView、Yonghong Z-Suite 等數據集 (data set) 相比，Hadoop 是程式碼開放的，專案的軟體成本因此會大大降低。

12. Hadoop 帶有用 Java 語言編寫的框架，因此運行在 Linux 生產平臺上是非常理想的。Hadoop 上的應用程式也可以使用其他語言編寫，比如 C++。

(二)Hadoop 大數據處理的意義

Hadoop 得以在大數據處理應用中廣泛應用得益於其自身在數據提取、變換及載入 (ETL) 方面上的天然優勢。Hadoop 的分散式架構，將大數據處理引擎盡可能的靠近儲存，對例如像 ETL 這樣的批處理操作相對合適，因爲類似這樣操作的批處理結果可以直接走向儲存。Hadoop 的 MapReduce 功能實現了將單個任務打碎，並將碎片任務 (Map) 發送到多個節點上，之後再以單個數據集的形式載入 (Reduce) 到資料倉庫裡。

(三)Hadoop 核心架構

Hadoop 由許多元素構成。其最底部是 HadoopDistributed File System(HDFS)，它儲

存 Hadoop 叢集中所有儲存節點上的檔。HDFS(對於本文) 的上一層是 MapReduce 引擎，該引擎由 JobTrackers 及 TaskTrackers 組成。透過對 Hadoop 分散式計算平臺最核心的分散式檔案系統 HDFS、MapReduce 處理過程，以及資料倉庫工具 Hive 及分散式資料庫 Hbase 的介紹，基本涵蓋了 Hadoop 分散式平臺的所有技術核心。

1. HDFS

對外部客戶機而言，HDFS 就像一個傳統的分級檔案系統。可以建立、刪除、移動或重命名檔，等等。但是 HDFS 的架構是基於一組特定的節點構建的，這是由它自身的特點決定的。這些節點包括 NameNode(僅一個)，它在 HDFS 內部提供元數據服務；DataNode，它為 HDFS 提供儲存塊。由於僅存在一個 NameNode，因此這是 HDFS 的一個缺點 (單點失敗)。

儲存在 HDFS 中的文件被分成塊，然後將這些塊複製到多個電腦中 (DataNode)。這與傳統的 RAID 架構大不相同。塊的大小 (通常為 64MB) 及複製的塊數量在建立文件時由客戶機決定。NameNode 可以控制所有檔操作。HDFS 內部的所有通信都基於標準的 TCP/IP 協議。

2. NameNode

NameNode 是一個通常在 HDFS 實例中的單獨機器上運行的軟體。它負責管理檔案系統名稱空間及控制外部客戶機的 access。NameNode 決定是否將檔映射到 DataNode 上的複製塊上。對於最常見的 3 個複製塊，第一個複製塊儲存在同一機架的不同節點上，最後一個複製塊儲存在不同機架的某個節點上。注意，這裡需要瞭解叢集架構。

實際的 I/O 事務並沒有經過 NameNode，只有表示 DataNode 及塊的檔映射的元數據經過 NameNode。當外部客戶機發送請求要求建立檔時，NameNode 會以塊標識及該塊的第一個副本的 DataNodeIP 位址作為響應。這個 NameNode 還會通知其他將要接收該塊的副本的 DataNode。

NameNode 在一個稱為 FsImage 的檔中儲存所有關於檔系統名稱空間的資訊。這個檔及一個包含所有事務的記錄檔 (這裡是 EditLog) 將儲存在 NameNode 的本地檔系統上。FsImage 及 EditLog 檔也需要複製副本，以防檔損壞或 NameNode 系統丟失。

NameNode 本身不可避免地具有 SPOF(Single Point Of Failure) 單點失效的風險，主備模式並不能解決這個問題，透過 HadoopNon-stop namenode 才能實現 100% uptime 可用時間。

3. DataNode

DataNode 也是一個通常在 HDFS 實例中的單獨機器上運行的軟體。Hadoop 叢集包含一個 NameNode 及大量 DataNode。DataNode 通常以機架的形式組織，機架透過一個交換機將所有系統連接起來。Hadoop 的一個假設是：機架內部節點之間的傳輸速度快於機架間節點的傳輸速度。

DataNode 響應源自 HDFS 客戶機的讀寫請求。它們還響應源自 NameNode 的建立、刪除及複製塊的命令。NameNode 依賴源自每個 DataNode 的定期心跳 (heartbeat) 消息。每條消息都包含一個塊報告，NameNode 可以根據這個報告驗證塊映射及其他檔案系統元數據。若 DataNode 不能發送心跳消息，NameNode 將採取修複措施，重新複製在該節點上丟失的塊。

4.　檔案操作

可見，HDFS 並不是一個萬能的檔系統。它的主要目的是支援以流的形式 access 寫入的大型檔。

若客戶機想將檔寫到 HDFS 上，首先需要將該檔緩存到本地的臨時儲存。若緩存的數據大於所需的 HDFS 塊大小，建立文件的請求將發送給 NameNode。NameNode 將以 DataNode 標識及目標塊響應客戶機。

同時也通知將要保存檔塊副本的 DataNode。當客戶機開始將臨時文件發送給第一個 DataNode 時，將立即透過管道方式將塊內容轉發給副本 DataNode。客戶機也負責建立保存在相同 HDFS 名稱空間中的校驗及 (checksum) 文件。

在最後的文件塊發送之後，NameNode 將文件建立提交到它的持久化元數據儲存 (在 EditLog 及 FsImage 文件)。

5.　Linux 叢集

Hadoop 框架可在單一的 Linux 平臺上使用 (開發及調試時)，官方提供 MiniCluster 作為單元測試使用，不過使用存放在機架上的商業伺服器才能發揮它的力量。這些機架組成一個 Hadoop 叢集。它透過叢集拓撲知識決定如何在整個叢集中分配作業及文件。Hadoop 假定節點可能失敗，因此採用本機方法處理單個電腦甚至所有機架的失敗。

(四)Hadoop 發展現狀

Hadoop 是一個能夠讓用戶輕鬆架構和使用的分散式計算平臺。用戶可以輕鬆地在 Hadoop 上開發和運行處理海量資料的應用程式。它主要有以下幾個優點：

1‧ 高可靠性：它按位元儲存和處理資料的能力值得人們信賴。

2‧ 高擴展性：它是在可用的電腦集簇間分配資料並完成。

3‧ 高效性：Hadoop 能夠在節點之間動態地移動資料，並保證各個節點的動態平衡，因此其處理速度非常快。

4‧ 高容錯性：它能夠自動保存資料的多個副本，並且能夠自動將失敗的任務重新分配。

Hadoop 有以上這些優點，使得 Hadoop 廣受大家的青睞，同時也引起了研究界的普遍關註。到目前為止，Hadoop 技術在 Internet 領域已經得到了廣泛的運用，例如，Yahoo 使用 4 000 個節點的 Hadoop 叢集來支持廣告系統及 Web 搜索的研究；Facebook

使用 1 000 個節點的叢集運行 Hadoop，儲存日誌數據，支持其上的數據分析及機器學習；FaceBook 用 Hadoop 處理每週 1000TB 的數據，從而進行搜索日誌分析及網頁數據挖掘工作。

最近，Oracle 也將 Cloudera 的 Hadoop 發行版及 Cloudera Manager 整合到 Oracle Big Data Appliance 中。同樣，Intel 也基於 Hadoop 發行了自己的版本 IDH。由此可見許多企業將 Hadoop 技術當作大數據的必備技術。

雖然 Hadoop 技術經已廣泛被應用，但功能上仍有穩定性等有待改進，詳情你可閱讀 pacheHadoop 官網。

(五)MapReduce 與 Hadoop 之比較

Nutch 創建了 NDFS(分散式檔案系統)。在 Google 宣布 MapReduce 成為其排序演演算法背後的計算大腦之後，Dough 能夠在 NDFS 上運行 Nutch 並在 2005 年使用 MapReduce，而 Hadoop 在 2006 年誕生。

Hadoop 是一個開源專案生態系統，例如 Hadoop Common、Hadoop HDFS、Hadoop YARN、Hadoop MapReduce。Hadoop 本身就是一個用於儲存和處理大型數據集的開源框架。HDFS 進行儲存，MapReduce 負責處理。另一方面，MapReduce 是一個編程模型，可讓你處理儲存在 Hadoop 中的大數據。

1. Hadoop 是一種分散式數據及計算的框架。它很擅長儲存大量的半結構化的數據集。數據可以隨機存放，所以一個磁碟的失敗並不會帶來數據丟失。Hadoop 也非常擅長分散式計算：快速地跨多台機器處理大型數據集合。

2. MapReduce 是處理大量半結構化數據集合的 programming 模型。programming 模型是一種處理並結構化特定問題的方式。例如，在一個關係資料庫中，使用一種集合語言執行查詢，如 SQL。還可以用更傳統的語言 (C++、Java)，一步步地來解決問題。這是兩種不同的 programming 模型，MapReduce 就是另外一種。

MapReduce 及 Hadoop 是相互獨立的，實際上又能相互配合工作得很好。

(五)Hadoop 叢集 (cluster) 系統

Google 的數據中心使用廉價的 Linux PC 機組成叢集，在上面運行各種應用。即使是分散式開發的新手也可以迅速使用 Google 的基礎設施。核心組件是 3 個：

1. GFS(Google File System)：一個分散式檔系統，隱藏下層負載均衡，冗餘複製等細節，對上層程式提供一個統一的檔系統 API 介面 (Application Programming Interface, API)。Google 根據自己的需求對它進行了特別優化，包括：超大檔的 access，讀操作比例遠超過寫操作，PC 機極易發生故障造成節點失效等。GFS 把檔分成 64MB 的塊，分佈在叢集的機器上，使用 Linux 的檔系統存放。同時每塊檔至少有 3 份以上的冗餘。中心是一個 Master 節點，根據檔索引，找尋檔塊。詳見 Google 的工程師發佈的 GFS 論文。

2. MapReduce：Google 發現大多數分散式運算可以抽象爲 MapReduce 操作。Map 是把輸入 Input 分解成中間的 Key/Value 對，Reduce 把 Key/Value 合成最終輸出 Output。這兩個函數由程式員提供給系統，下層設施把 Map 及 Reduce 操作分佈在叢集上運行，並把結果儲存在 GFS 上。

3. BigTable：大型的分散式資料庫，這個資料庫不是關係式的資料庫。像它的名字一樣，就是一個巨大的表格，用來儲存結構化的數據。

(七)Hadoop 資訊安全

　　透過 Hadoop 安全部署經驗，總結出以下十大建議，以確保大型及複雜多樣環境下的數據資訊安全。

1. 先下手爲強！在規劃部署階段就確定數據的隱私保護策略，最好是在將數據放入到 Hadoop 之前就確定好保護策略。

2. 確定哪些數據屬於企業的敏感數據。根據公司的隱私保護政策，以及相關的行業法規及政府規章來綜合確定。

3. 即時發現敏感數據是否暴露在外，或者是否導入到 Hadoop 中。

4. 搜集資訊並決定是否暴露出安全風險。

5. 確定商業分析是否需要 access 眞實數據，或者確定是否可以使用這些敏感數據。然後，選擇合適的加密技術。若有任何疑問，對其進行加密隱藏處理，同時提供最安全的加密技術及靈活的應對策略，以適應未來需求的發展。

6. 確保數據保護方案同時採用了隱藏及加密技術，尤其是若你需要將敏感數據在 Hadoop 中保持獨立的話。

7. 確保數據保護方案適用於所有的數據檔，以保存在數據彙總中實作數據分析的準確性。

8. 確定是否需要爲特定的數據集量身定製保護方案，並考慮將 Hadoop 的目錄分成較小的更爲安全的組。

9. 確保選擇的加密解決方案可與公司的 access 控制技術互操作，允許不同用戶可以有選擇性地 accessHadoop 叢集中的數據。

10. 確　保需要加密的時候有合適的技術 (比如 Java.Pig 等) 可被部署並支持無縫解密及快速 access 數據。

◆ 小結：Hadoop 的好處

1. 更快、更低成本的分析 (faster and lower cost analysis)

2. 線性可伸縮性 (linear scalability)

3. 更大的靈活性 (greater flexibility)

五、Hadoop 與傳統資料儲存的比較

與傳統數據儲存相比，Hadoop 在儲存數據及擴展提供更大的靈活性。如圖 5-18。

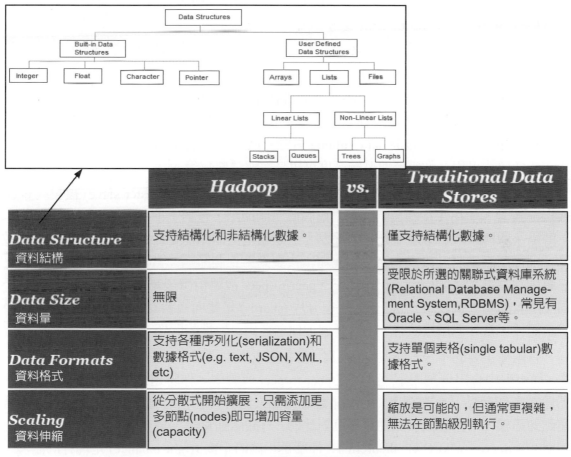

	Hadoop	vs.	Traditional Data Stores
Data Structure 資料結構	支持結構化和非結構化數據。		僅支持結構化數據。
Data Size 資料量	無限		受限於所選的關聯式資料庫系統 (Relational Database Management System,RDBMS)，常見有 Oracle、SQL Server等。
Data Formats 資料格式	支持各種序列化(serialization)和數據格式(e.g. text, JSON, XML, etc)		支持單個表格(single tabular)數據格式。
Scaling 資料伸縮	從分散式開始擴展：只需添加更多節點(nodes)即可增加容量(capacity)		縮放是可能的，但通常更複雜，無法在節點級別執行。

圖 5-18Hadoop 與傳統資料儲存的比較

來源：quora.com (2019). https://www.quora.com/What-is-a-Hadoop-ecosystem

六、NoSQL 資料庫：新興基礎設施 - 數據儲存

1. 大數據，顧名思義是關於巨大且快速增長的數據，儘管有多大及多快的自由裁量權。最初歸功於搜索引擎及社交網絡的大數據現在正在進入企業。使用大數據時的主要挑戰是 - 如何儲存以及如何處理它。還有其他挑戰，如可視化及數據捕獲本身。

2. NoSQL 是不使用 SQL(結構化查詢語言) 的非關係資料庫的總稱。NoSQL 資料庫與關係資料庫不同，旨在橫向擴展，可以託管在 cluster 上。這些資料庫中的重要一點大多數是鍵值儲存 (Riak)，其中每一 row 都是 key-value 配對。這裡要注意的是值沒有修復架構；它可以是任何東西 - 用戶或用戶個人資料或整個討論。密鑰值 (key value databases) 資料庫有兩個主要變體 - 文檔資料庫 (MongoDB) 及 column-family 資料庫 (Cassandra)。它們都擴展了鍵值儲存的基本前提，以便於搜索包含在值對象內的數據。文檔儲存資料庫對儲存的值強加了一個結構，允許在內部字段上進行查詢。另一方面，列族資料庫儲存多個列值對的值 (你也可以將其視爲二級 key-value 配對)，然後將它們分組爲一個稱爲列族的連貫單元。

在你認爲已經找到儲存靈丹妙藥並準備好之前，仍需要處理與分散式資料庫相關的構面：可伸縮性、可用性及一致性。

首先是透過共享進行擴展以滿足你的數據量。慶幸的是，NoSQL 資料庫支持自動分片的大部分，這意味著分片在 cluster 上的節點之間自動平衡。你還可以根據需要向 cluster 添加其他節點，並與 data volume 對齊。但是若一個節點發生故障怎麼辦？你怎樣才能使碎片可用？你需要使系統高度可用來緩解這些故障。

可以透過複製 (replication) 實現可用性。你可以設置主從 (master slave) 複製或 peer-to-peer 複製。使用主從複製時，通常應設置三個節點，包括主節點，所有寫入都將轉到主節點。數據讀取可以發生在任何節點上，無論是主節點還是從節點。若主節點發生故障，則從屬設備將升級爲主節點，並繼續複製到第三個節點。當失敗的主節點恢復時，它將作爲從屬加入 cluster。相比之下，peer-to-peer 複製稍微複雜一些。這裡與主 / 從不同，所有節點都接收讀 / 寫請求。現在分片 (shards) 是雙向複製的。雖然這看起來不錯，但請記住，當你使用複製時，由於延遲，你會遇到一致性的問題。

有兩種主要的不一致類型：讀及寫。當在更改從主設備傳播之前嘗試讀取從設備時，主 / 從複製中會出現讀取不一致。在 peer-to-peer 複製中，你將遇到讀取及寫入不一致，因爲在多個節點上允許寫入 (更新)(想想兩個人同時嘗試預訂電影票證)。正如你所觀察到的那樣，可用性及一致性是相互對比的 (有關詳細資訊，請查看 CAP 定理，https:// en.wikipedia.org/wiki/CAP_theorem)。什麼是正確的平衡 (right balance) 是純粹的語境。例如，你可以禁止讀寫不一致，只需將「slaves 站」作爲熱備用，不要讀它們。

現在讓你看看如何處理 Big data(計算方面)。處理大數據需要從客戶端伺服器 (client server) 模型轉換數據處理，其中客戶端從伺服器提取數據。相反，重點是透過推送代碼在存在數據的 cluster 節點上運行處理。此外，由於底層數據已經跨節點分區，因此可以並行地獨立執行該處理。這種處理方式稱爲 MapReduce 模式，它也有趣地使用 key-value 配對。

定義：MapReduce

　　它是 Google 提出的一個軟體架構，用於大規模資料集 (大於 1TB) 的並列運算。概念「Map(對映)」及「Reduce(歸納)」，及他們的主要思想，都是從函數語言程式設計語言借來的，還有從向量程式語言借來的特性。目前的軟體實現是指定一個 Map(對映) 函式，用來把一組 key-value 配對對映成一組新的 key-value 配對，指定並行的 Reduce(歸納) 函式，用來保證所有對映的 key-value 配對中的每一個共用相同的鍵組。

對映 (map) 及歸納 (reduce)

　　簡單來說，一個對映函式就是對一些獨立元素組成的概念上的列表 (例如，一個測試成績的列表) 的每一個元素進行指定的操作 (比如，有人發現所有學生的成績都被高估了一分，他可以定義一個「減一」的對映函式，用來修正這個錯誤。)。事實上，每個元素都是被獨立操作的，而原始列表沒有被更改，因為這裡建立了一個新的列表來儲存新的答案。這就是說，**Map** 操作是可以高度並列的，這對高效能要求的應用以及平行計算領域的需求非常有用。

　　而歸納操作指的是對一個列表的元素進行適當的合併 (例子：若有人想知道班級的平均分該怎麼做？他可以定義一個歸納函式，透過讓列表中的奇數 (odd) 或偶數 (even) 元素跟自己的相鄰的元素相加的方式把列表減半，如此遞迴運算直到列表只剩下一個元素，然後用這個元素除以人數，就得到了平均分)。雖然他不如對映函式那麼並列，但是因為歸納總是有一個簡單的答案，大規模的運算相對獨立，所以歸納函式在高度並列環境下也很有用。

　　這意味著需要遍歷 NoSQL 儲存中的每個討論，然後應用 MapReduce，你可以從 map 函數開始。單一討論 (鍵 - 值配對) 將是映射函數的輸入，其將導致「鍵 - 值配對 (key-value pair)」的輸出，其中鍵 (key) 是播放器名稱及指示出現次數的值。然後，跨節點的給定播放器 (鍵) 的所有出現 (值) 都被傳遞到 reduce 函數以進行聚合。

　　大多數 MapReduce 框架允許你使用配置來控制映射器 (mappers) 及 Reducer 實例的數量。雖然 reduce 功能通常在單個鍵上運行，但還有一個分區功能的概念，它允許你將多個鍵發送到單個 Reducer，幫助你在 Reducer 之間均勻分配負載。最後，正如你所猜測的那樣，映射器及 Reducer 可以在不同的節點上運行，這需要將 map 輸出移動到 reducers。為了最大限度地減少這些數據移動 (movements)，你可以引入組合器 (combiners)，它們執行本地減少作業 ：在你的例子中，所有玩家 (players) 出現都可以在節點來聚合，然後再將其傳遞給 reducer。大多數 NoSQL 資料庫都有自己透過查詢及其他方式抽象 / 實現 MapReduce 的方法。你還可以在不使用 NoSQL 資料庫的情況下為你的 MapReduce 工作負載使用 Hadoop 及相關技術 (如 HDFS)。

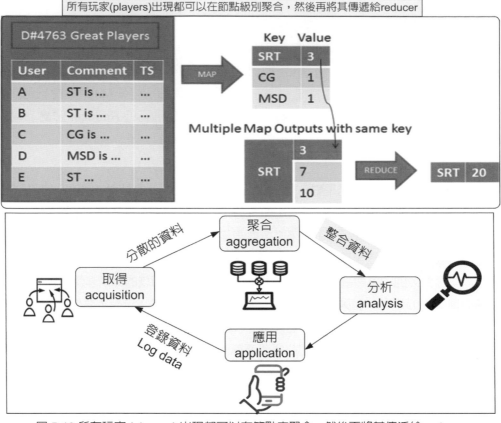

圖 5-19 所有玩家 (players) 出現都可以在節點來聚合，然後再將其傳遞給 reducer

以上文章，期望可幫助你了解這些技術如何結合在一起的大局。

(一)NoSQL 資料庫

　　NoSQL 是對不同於傳統的關聯式資料庫的資料庫管理系統的統稱。

　　兩者存在許多顯著的不同點，其中最重要的是 NoSQL 不使用 SQL 作為查詢語言。其資料儲存可以不需要固定的表格模式，也經常會避免使用 SQL 的 JOIN 操作，一般有水平可延伸性的特徵。

　　近年來，用於開發應用程式的主要資料模型，諸如 Oracle、DB2、SQL Server、MySQL 及 PostgreSQL 等關聯式資料庫所採用的關聯式資料模型。一直到 2000 年中後期，其他資料模型才開始廣受採納及運用。為了區分及歸類這些新類型的資料庫及資料模組，因此創造了「NoSQL」這個名詞。「NoSQL」這個名詞常常與「非關聯式」互換使用。

　　NoSQL 資料庫，目前主要可分成 4 種，包括 Key-Value 資料庫，記憶體資料庫 (in-memory database)、圖學資料庫 (graph database) 以及檔資料庫 (document database)。其中，Key-Value 資料庫是 NoSQL 資料庫中最大宗的類型，這類資料最大的特色就是採用 Key-Value 資料架構。

　　其他，記憶體資料庫是將資料儲存在記憶體的 NoSQL 資料庫，文件資料庫則是用來儲存非結構性的檔，而圖學資料庫不是專門用來處理圖片的資料庫，而是指運用圖學架構來儲存節點間關係資料架構，例如用樹狀結構來組織從屬關係或網狀結構來儲存朋友關係。

　　不論是 NoSQL 資料庫技術、Hadoop 分散式運算開發框架，或 MapReduce 分散開發架構，這些技術最終目的是具備不斷擴充的能力，這類雲端運算技術的出現，提供一種全球性的，可支援大規模網路應用服務的運算能力，而且具有水準式擴充的特徵，它不同於傳統的垂直式擴充，只能整套硬體升級到新版，才能獲得更大效能。

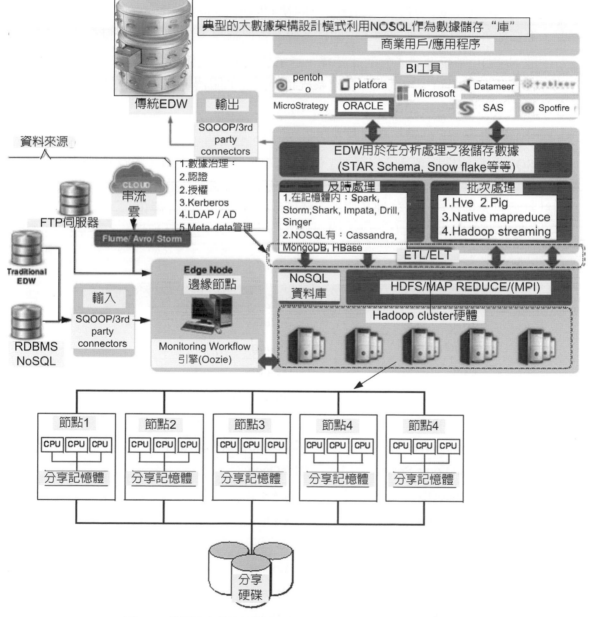

圖 5-20 典型的大數據架構設計模式利用 NoSQL 作為數據儲存庫

(二)NoSQL 特徵

　　當代典型的關聯式資料庫在一些資料敏感的應用中表現了糟糕的效能，例如為巨量文件建立索引、高流量網站的網頁服務，以及傳送串流媒體。關係型資料庫的典型實現主要被調整用於執行規模小而讀寫頻繁，或者大批次極少寫存取的事務。

　　NoSQL 的結構通常提供弱一致性的保證，如最終一致性，或交易僅限於單個的資料項。不過，有些系統，提供完整的 ACID 保證在某些情況下，增加了補充中間件層 (例如：CloudTPS)。有兩個成熟的系統有提供快照隔離的列儲存：像是 Google 基於過濾器系統的 BigTable，及滑鐵盧大學開發的 HBase。這些系統，自主開發，使用類似的概念來實現多行 (multi-row) 分散式 ACID 交易的快照隔離 (snapshot isolation) 保證為基礎列儲存，無需額外的資料管理開銷，中間件系統部署或維護，減少了中間件層。

　　少數 NoSQL 系統部署了分散式結構，通常使用分散式雜湊表 (DHT) 將資料以冗餘方式儲存在多台伺服器上。依此，擴充系統時候添加伺服器更容易，並且擴大了對伺服器失效的承受能程度。

(三)NoSQL(非關聯式) 資料庫如何運作？

　　NoSQL 資料庫採用各種資料模型 (例如：文件、圖形、鍵值、內存及搜尋等) 來存取及管理資料。這些類型的資料庫透過放寬傳統關聯式資料庫的一些資料一致性限制，特別針對需要大量資料、低延遲及彈性資料模型的應用程式進行優化。

(四) NoSQL 資料庫的分類

1. 文件儲存

名稱	語言
BaseX	XQuery、Java
CouchDB	Erlang
eXist	XQuery
iBoxDB	Java、C#
Jackrabbit	Java
Lotus Notes	LotusScript、Java 等
MarkLogic Server	XQuery
MongoDB	C++
RethinkDB	C++
OrientDB	Java
SimpleDB	Erlang
Terrastore	Java
ElasticSearch	Java
No2DB	C#

文件：有些開發人員不是以去正規化的列及欄來思考其資料模型。通常在應用程式層級，資料是以 JSON 文件來表示，因為開發人員以文件形式來思考資料模式更為直覺。文件資料庫的普遍性一直在成長，因為開發人員可使用及其應用程式碼相同的文件模型格式，將資料存留於資料庫中。

2. 圖形資料庫。

名稱	語言
AllegroGraph	SPARQL
Sparksee	Java、C#
Neo4j	Java
FlockDB	Scala
JanusGraph	Java

圖形資料庫的目的在於方便建造與執行作用在高度連結資料集的應用程式。圖形資料庫常見的使用案例包括社群聯網、推薦引擎、詐欺偵測及知識結構圖。例如，Amazon Neptune 是一種全受管圖形資料庫服務。Neptune 同時支援屬性圖模型及資源描述框架 (RDF)，提供兩種圖形 API 選擇：TinkerPop 及 RDF/SPARQL。受歡迎的圖形資料庫包括 Neo4j 及 Giraph。

(五)SQL (關聯式) 與 NoSQL(非關聯式) 資料庫的比較

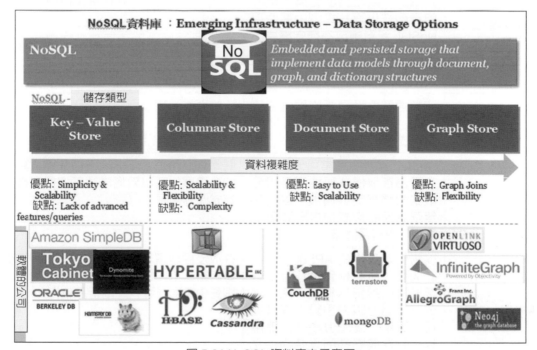

圖 5-21 NoSQL 資料庫之示意圖

來源：slideplayer.com (2019). https://slideplayer.com/slide/15717885/

雖然 NoSQL 資料類型多樣且功能各異，但你可從以下表格瞭解 SQL 及 NoSQL 資料庫的一些差異性。

	NoSQL 資料庫	關聯式資料庫
1. 最佳工作負載	NoSQL 鍵值、文件、圖形及內存資料庫專門用於針對多樣資料存取模式（包含低延遲應用程式）的 OLTP。NoSQL 搜尋資料庫專門用於進行半結構資料的分析。	關聯式資料庫專門用於交易性以及高度一致性的線上交易處理 (OLTP) 應用程式，並且非常適合於線上分析處理 (OLAP) 使用。
2. 資料模型	NoSQL 資料庫提供各種資料模型，包括檔、圖形、鍵值、內存及搜尋等。	關聯式模型將資料標準化，成為由列及欄組成的表格。結構描述嚴格定義表格、列、欄、索引、表格之間的關係，以及其他資料庫元素。此類資料庫強化資料庫表格間的參考完整性。
3. 最佳工作負載	NoSQL 鍵值、文件、圖形及內存資料庫專門用於針對多樣資料存取模式（包含低延遲應用程式）的 OLTP。NoSQL 搜尋資料庫專門用於進行半結構資料的分析。	關聯式資料庫專門用於交易性以及高度一致性的線上交易處理 (OLTP) 應用程式，並且非常適合於線上分析處理 (OLAP) 使用。
4.ACID 屬性	NoSQL 資料庫通常透過鬆綁部分關聯式資料庫的 ACID 屬性來取捨，以達到能夠橫向擴展的更彈性化資料模型。這使得 NoSQL 資料庫成為橫向擴展超過單執行個體上限的高吞吐量、低延遲使用案例的最佳選擇。	關聯式資料庫則提供單元性、一致性、隔離性及耐用性 (ACID) 的屬性： 1. 單元性要求交易完整執行或完全不執行。 2. 一致性要求進行交易時資料就必須符合資料庫結構描述。 3. 隔離性要求平行的交易必須分開執行。
5. 效能	效能通常會受到基礎硬體叢集大小、網路延遲，以及呼叫應用程式的影響。	一般而言，效能取決於磁碟子系統。若要達到頂級效能，通常必須針對查詢、索引及表格結構進行優化。
6. 擴展	NoSQL 資料庫通常可分割，因為鍵值存取模式可透過使用分散式架構來向外擴展，以近乎無限規模的方式提供一致效能來增加資料吞吐量。	關聯式資料庫通常透過增加硬體運算能力向上擴展，或以新增唯讀工作負載複本的方式向外擴展。
7.API	以物件為基礎的 API 讓應用程式開發人員可輕鬆存放及擷取記憶體內的資料結構。應用程式可透過分區索引鍵查詢鍵值組、欄集，或包含序列化應用程式物件與屬性的半結構化文件。	存放及擷取資料的請求是透過符合結構式查詢語言 (SQL) 的查詢進行通訊。這些查詢是由關聯式資料庫剖析及執行。

(六)SQL 與 NoSQL 術語的比較

以下表格比較特定 NoSQL 資料庫與 SQL 資料庫所用的術語。

SQL	MongoDB	Amazon DynamoDB	Cassandra	Couchbase
表 (table)	集合	表	表	資料儲存貯體
列 (row)	文件	專案	列	文件
欄 (column)	欄位	屬性	欄	欄位
主索引鍵 (key index)	物件 ID	主索引鍵	主索引鍵	文件 ID
索引	索引	次要索引	索引	索引
檢視	檢視	全域次要索引	具體化檢視	檢視
巢狀表格或物件	內嵌文件	對應	對應	對應
陣列 (array)	陣列	清單	清單	清單

七、雲端計算 (cloud computing)：新興基礎設施 - 數據儲存

雲端計算 (cloud computing) 是一種將資料、工具及程式放到網際網路上處理的資源利用方式，是一種分散式電腦計算 (distrubted computing) 的概念，也就是讓網路上不同的電腦同時幫你做一件事，可以大大的增加處理速度。也因為所有資訊都被放置到網路的虛擬空間裡，工程師在繪製示意圖時常以一朵雲來代表這個虛擬空間，因而有了「雲端 (cloud)」一名。雲端運算，是一種基於網際網路的運算方式，透過這種方式，共用的軟硬體資源及資訊可以按需求提供給電腦各種終端及其他裝置。

雲端運算是繼 1980 年代大型電腦到用「戶端 - 伺服器」的大轉變之後的又一種巨變。用戶不再需要瞭解「雲端」中基礎設施的細節，不必具有相應的專業知識，也無需直接進行控制。雲端運算描述了一種基於網際網路的新的 IT 服務增加、使用及交付模式，通常涉及透過網際網路來提供動態易擴充而且經常是虛擬化的資源。

在「軟體即服務 (SaaS)」的服務模式當中，使用者能夠存取服務軟體及資料。服務提供者則維護基礎設施及平臺以維持服務正常運作。SaaS 常被稱 「隨選軟體」，並且通常是基於使用時數來收費，有時也會有採用訂閱制的服務。

推廣者認 ，SaaS 使得企業能夠藉由外包硬體、軟體維護及支援服務給服務提供者來降低 IT 營運費用。另外，由於應用程式是集中供應的，更新可以即時的發布，無需使用者手動更新或是安裝新的軟體。SaaS 的缺陷在於使用者的資料是存放在服務提供者的伺服器之上，使得服務提供者有能力對這些資料進行未經授權的存取。

使用者透過瀏覽器、桌面應用程式或是行動應用程式來存取雲端的服務。推廣者認 雲端運算使得企業能夠更迅速的部署應用程式，並降低管理的複雜度及維護成本，及允許 IT 資源的迅速重新分配以因應企業需求的快速改變。

　　雲端運算依賴資源的共用以達成規模經濟，類似基礎設施 (如電力網)。服務提供者整合大量的資源供多個用戶使用，用戶可以輕易的請求 (租借) 更多資源，並隨時調整使用量，將不需要的資源釋放回整個架構，因此用戶不需要因 短暫尖峰的需求就購買大量的資源，僅需提升租借量，需求降低時便退租。服務提供者得以將目前無人租用的資源重新租給其他用戶，甚至依照整體的需求量調整租金。

雲端變遷從基礎架構開始，它可以提供更靈活的應用程序，從而加快產品上市速度，提高客戶需求的靈活性。
除了整合之外，其主要優勢還包括標準化的應用程序和開發環境，從而實現更好的控制和更高效的應用程序生命週期。

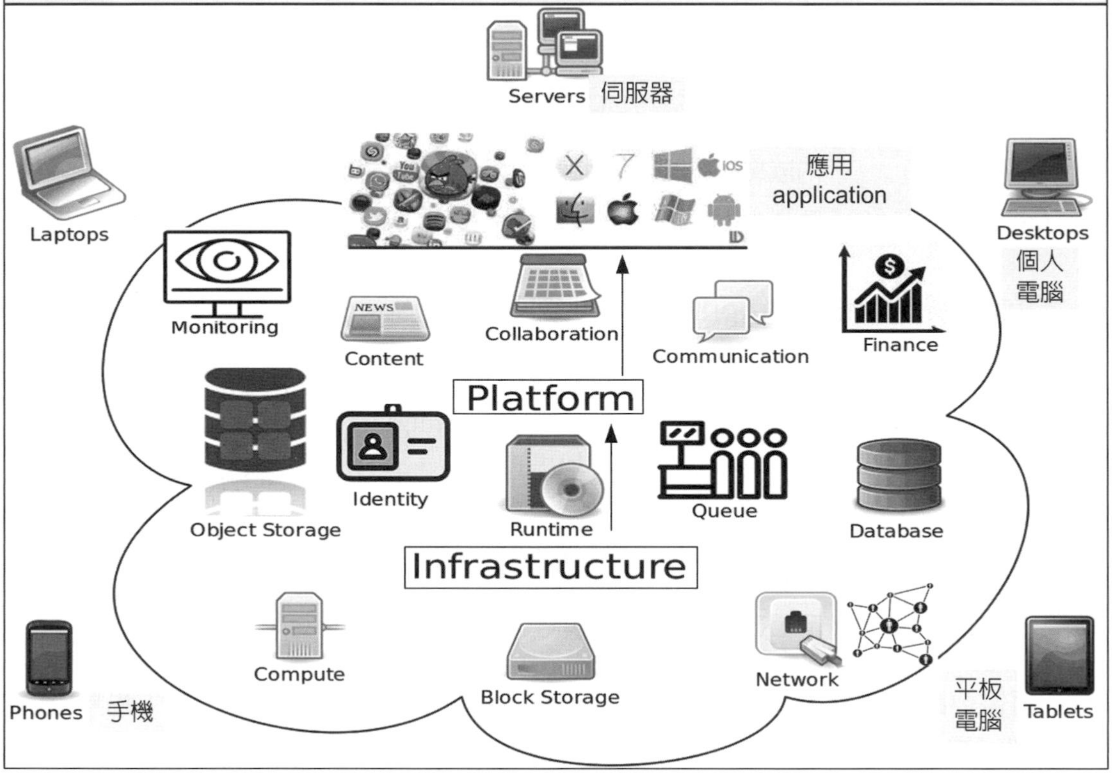

圖 5-22 雲端計算之示意圖

　　雲計算 (cloud computing) 可以提高靈活性、可擴展性及成本管理。最能夠發現潛力的企業將建立一個有凝聚力的業務策略，因為雲計算可以重整整個組織：人員、流程及系統。

5-3-4　免費下載 (Download) 大數據之各軟體

　　下列大數據之整合軟體，你都可在 google 搜尋：「Hadoopplatform download」、「Virtual Box download」、「Ubuntu OS download」…。

軟體名稱	說明
Ubuntu OS	Ubuntu 是一個以桌面應用為主的 GNU/Linux 作業系統，它是一個開放原始碼、功能強大且免費的作業系統，若你厭倦了 Windows 作業系統的需要付費及強迫升級，建議你改用這一套免費的作業系統，只要簡單的 7 個步驟，就擁有免費的作業系統及文書資料處理、影像處理、影音播放、燒錄、……等軟體，重點是這些軟體也完全都免費。
Hadoopplatform	Apache Hadoop 軟體庫是一個框架，允許使用簡單的 programming 模型跨電腦叢集分散式處理大型數據集。它旨在從單個伺服器擴展到數千台電腦，每台電腦都提供本地計算及儲存。庫本身不是依靠硬體來提供高可用性，而是設計用於檢測及處理應用程式層的故障，從而在電腦叢集之上提供高可用性服務，每個電腦都可能容易出現故障。
Apache Pig	Hadoop 是一個以 JAVA 寫成，專門設計來處理大數據的平臺 .Hadoop 主要由兩個部分組成：「HDFS」負責大數據的儲存及管理，「MapReduce 機制」負責運算 HDFS 上儲存的數據。然而，使用 MapReduce(簡稱 MR) 來運算資料時，必須撰寫冗長且複雜的 JAVA MR 程式。為了克服這個問題，Pig 即應運而生。Pig 擁有一套自己的程式語言，令你能夠以簡易的 Pig 腳本取代複雜的 MR，再交由 Pig 將豬腳本翻譯成 MR 並執行。簡而言之，Pig 即是一套方便你在 Hadoop 上進行資料運算的平臺。
Mahout library	無論你是使用 Mahout 的 Shell，運行命令行作業還是將其用作庫來構建自己的應用程式，你都需要設置幾個環境變數。在 ~/.bash_profile Mac 或 ~/.bashrc 許多 Linux 發行版中編輯你的環境。
Rhadoop	RHadoop 是由 Revolution Analytics 所發展的 R 套件集，可讓 R 使用者更方便的使用 Hadoop 分析巨量資料，適用於 Cloudera、Hortonworks 等 Hadoop 發行版，以下是基本的 RHadoop 計算環境架設流程、MapReduce 用法與簡單的範常式式碼。
Virtual Box (Vbox)	有一些為開發人員設計的預構建虛擬機，以及對 Oracle 技術網站上的好奇心。

來源：Mahout (2019). https://mahout.apache.org/general/downloads

◆ 先專注於 Hadoop/ MapReduce 技術

1. 學習平臺 (如何設計及工作)：以可擴展，高效的方式管理大數據的方式

2. 學習用不同語言編寫 Hadoop 作業

   • 程式語言：Java、C、Python

   • 高階語言：Apache Pig、Hive

3. 在 Hadoop 之上學習高級分析工具

- RHadoop：用於管理大數據的統計工具
- Mahout：大數據上的數據挖掘及機器學習工具

4. 從最近的研究論文中學習最先進的技術：Hadoop 的優化、索引技術及其他擴展

5-3-5 檔案系統 (file systems)：Hadoop Distributed File System (HDFS), Object store (Swift),Lustre 軟體

　　Hadoop 內建了一個分散式檔案系統 HDFS(Hadoop Distributed File System)。HDFS 是 Hadoop 體系中資料儲存管理的基礎。它是一個高度容錯的系統，能檢測及應對硬體故障，用於在低成本的通用硬體上運行。HDFS 簡化了檔的一致性模型，透過流式資料 access，提供高吞吐量應用程式資料 access 功能，適合帶有大型資料集的應用程式。

　　HDFS 可將一整個叢集 (cluster) 視爲一台電腦，進行檔案存取的操作。在此只紹 HDFS 的架構與它幾個重要的操作原理。

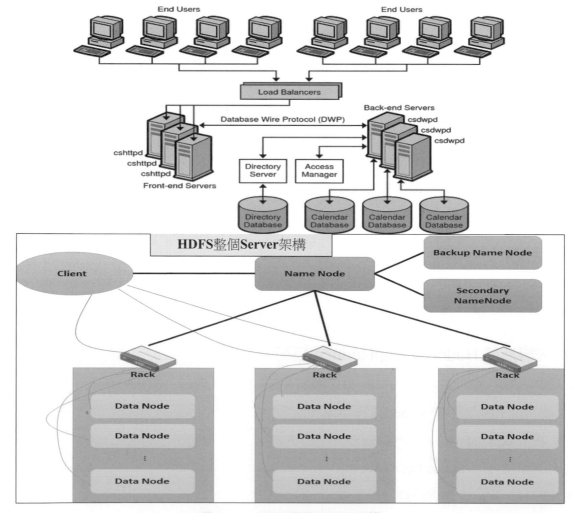

圖 5-23-1 HDFS 整個 Server 架構

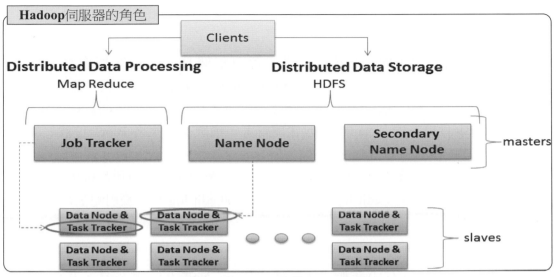

圖 5-23-2 HDFS 整個 Server 架構

來源：quora.com (2019). https://www.quora.com/What-is-a-Hadoop-ecosystem

　　圖 5-23-2 出現了幾個角色，Client, Name Node, Secondary NameNode, Backup Name Node, Rack, Data Node。Client 為 End User 所操作的介面，通常是瀏覽器上的 Web UI；Secondary NameNode, Backup Name Node, Data Node 為 HDFS 核心部分，在後面會詳細講解；Rack 危機架，通常為一堆主機的集合體，內部的主機透過機架上的 Switch 與外部溝通。

透過**Sqoop Import HDFS**裏和透過**Sqoop Export HDFS**裏的資料到**(NoSQL)**

圖 5-24 HDFS 之示意圖 2

來源：quora.com (2019). https://www.quora.com/What-is-a-Hadoop-ecosystem

HDFS 架構主要由幾個重要元件所組成：

1. Name Node

Name Node(NN) 為 HDFS 的核心元件，管理整個 HDFS(檔案讀取寫入 ... 等操作)。整個 Cluster 中只有一個 NN，故為 Single Point of Failure，也就是說 NN 本身沒有 HA(High Availability)，所以當 Name Node 掛掉後，整個 HDFS 會 Crash。NN 會儲存檔案系統內的所有檔案的 Metadata，包含擁有者、權限、檔案各 Block 位置 ... 等。另外，它會將 HDFS 狀態存成 Snapshot(檔名為 fsimage) 放置在 NN local 的硬碟中，並且將 Metadata 變更存在硬碟上的 edit log 檔案裡，但其實 Metadata 更新都會再 Memory 裡完成，只是更新紀錄會寫入 edit log。究竟 fsimage 與 edit log 有什麼用呢？在 Secondary NameNode 就會提到。

2. Secondary NameNode

Secondary NameNode(SN) 乍聽之下好像是 Name Node 的分身一樣，其實它與 NN 是完全不同的東西，所以當 NN 掛掉的時候，它不能拿來當 NN，這點必須注意。那 SN 到底用來幹嘛用的？在說明之前先講解 NN 那部分提到的 Metadata 更動的部分。其實 NN 使用一種特殊的機制來進行 Metadata 的更動。NN 在一開始啟動的時候會讀取 fsimage HDFS 的狀態進 Memory，然後一一讀取 edit log 上所記錄的變更，一步一步將 Memory 中的 HDFS 狀態在 Memory 中 Roll Back 達到狀態的更新，此時 edit log 檔案會被全新空白的 edit log 檔案覆蓋，舊的 fsimage 檔案也會被新的覆蓋。重點就是這個，因為這個動作只有在一開始的時候做，所以可想而知，edit log 會愈長愈肥，接著下次 NN 重開的時候，就會超久。SN 就是為瞭解決這個問題，它會定期從 NN 那下載 fsimage 與 edit log，然後將這兩個合併，再傳回去給 NN 覆蓋，自己也保留一份備份，這樣就可以減少 NN 的負擔。因為 SN 要執行這大量的 Memory 操作，所以建議 Memory 大小與 NN 相同。在這裡再次提醒，SN 進行的動作只是為 NN 建立一個還原點？所以若 NN 掛掉，SN 是無法取代 NN 執行的。

3. Backup Name Node

Backup Name Node(BN) 的功能就及 NN 完全一樣了，另外它也進行 SN 的工作，一來可以替 NN 建立還原點，二來當 NN 掛掉的時候 BN 可以馬上起來接替 NN 進行動作，角色轉為 NN，而原來的 NN 重新啟動後就會轉成 BN。在 HDFS 架構中，BN 是個選擇性的存在，因為它的功能與 NN、SN 重複，但建議還是用 BN 取代 SN 以達到 NN 的 HA。

4. Data Node

Data Node(DN) 主要就是資料儲存的節點，儲存方式以 Block 為單位，一個檔案在 HDFS 上進行儲存時，會被按照固定大小 (預設為 64MB) 分割成許多個 Block，而這些

Block 分別儲存在不同 DN 的硬碟上，所以雖然使用者在介面上看到只有一個檔案，但這個檔案的資料其實是分佈在整個 Cluster 中。另外，DN 會保持與 NN 的聯繫，所以當 DN 掛掉的時候，NN 會知道這個 DN 已經死了。DN 也是實際上對 Block 進行操作的節點，NN 發出指令後，DN 對 Block 執行 NN 的指令，像複製、刪除、修改 ... 等。

5-3-6 MapReduce

網路服務的特徵是，每一次使用者執行的運算量不大，可能只是幾隻網頁程式，但是同時有很多人使用，可能相同的程式要執行數億次，例如 Facebook 的讚按鈕，每天有數億人點擊，其實只是靠幾隻程式在運作。

為解決這樣的大規模低運算需求的任務，現今的雲端運算發展出兩大類技術，第一是以 Amazon EC2 經驗及 VMware 平臺所主導的虛擬化技術，另一類就是類似 MapReduce 這類具有高擴充性的分散式運算技術。

MapReduce、Hadoop 與 NoSQL 這些以分散式技術為核心的雲端運算技術，可以不斷擴充運算資源及資料承載規模，來解決超大量使用者及巨量資料的成長需求。

虛擬化技術是從基礎架構的角度來解決大規模應用的需求，透過可以不斷增加的虛擬機器，來提供執行環境，可以解決各類應用上的需求。而像 MapReduce 這類分散式技術則是從應用程式的角度，將原來龐大的運算任務數量拆解成小量且可以分散處理的程式段落，再分派給大量實體伺服器來計算。

1. 何謂 MapReduce?

MapReduce 是一種計算模型，用以進行大數據量的計算。MapReduce 這樣的功能劃分，非常適合在大量電腦組成的分散式並行環境裡進行資料處理。

- 是一種軟體框架 (software framework)
- 這個軟體框架由 Google 實作出
- 運行在眾多不可靠電腦組成的叢集 (clusters) 上
- 能為大量資料做平行運算處理
- 此框架的功能概念主要是映射 (Map) 及化簡 (Reduce) 兩種
- 實作上可用 C++、JAVA 或其他程式語言來達成

2. 何謂映射 (Map)?

- 從主節點 (master node) 輸入一組 input，此 input 是一組 key/value，將這組輸入切分成好幾個小的子部分，分散到各個工作節點 (worker nodes) 去做運算

3. 何謂化簡 (Reduce)?

- 主節點 (master node) 收回處理完的子部分，將子部分重新組合產生輸出

4. **MapReduce 的 Dataflow**

- Input reader
- Map function
- Partition function
- Comparison function
- Reduce function
- Output writer

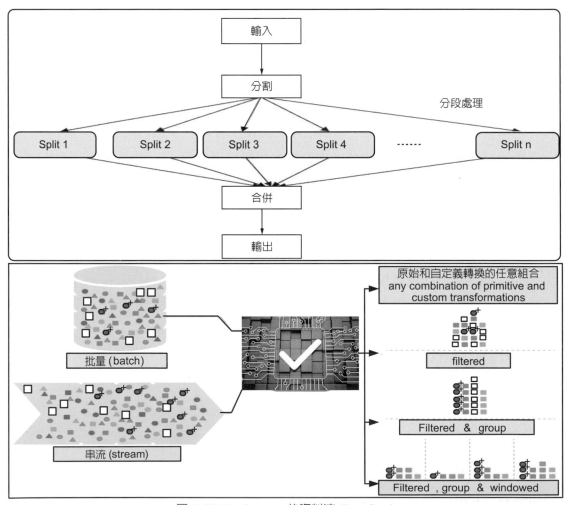

圖 5-25 MapReduce 的資料流 (Dataflow)

一、MapReduce

　　MapReduce 的基本概念其實不難懂，用一個真實的數錢幣故事來解釋。有位企業主為了刁難銀行，用 50 元硬幣及 10 元硬幣償還 316 萬元的貸款，數萬枚硬幣重達 1 公噸，

還得找來吊車才能送到銀行，幾位行員七手八腳花了好幾個小時才清點完畢。銀行只要不斷加派人手，就能縮短清點時間，例如能立即找到 100 個人手，10 分鐘內就能完成，不會影響到正常銀行運作。

就像這個不斷加派人手來清點錢幣的做法一樣，MapReduce 可以不斷增加更多伺服器來提高運算能力，增加可承載的運算量。透過 Map 程式將資料切割成不相關的區塊，分配給大量電腦處理，再透過 Reduce 程式將結果彙整，輸出開發者需要的結果。

Google 也設計了一個叢集式架構來進行 MapReduce 運算，在 MapReduce 系統中包括了 Master 主機及 Worker 主機，開發人員將要解決的問題拆解成 Map 程式及 Reduce 程式，透過 Key-Value 方式傳值。Master 主機會將這些程式指派給大量的 Worker 主機來執行，有些負責執行 Map，再將執行後的結果交給執行 Reduce 程式的 Worker 主機，再彙總出問題需要的答案。

整套系統只要不斷增加新的伺服器，就可以擴充新的 Worker 主機，由 Master 主機分配任務，即使系統不關機也可以擴充硬體設備。

"MapReduce" 是程式設計的架構 (programming 模型) 或 "問題的數值公式" (programming model) or "Numerical formulation of problem)。

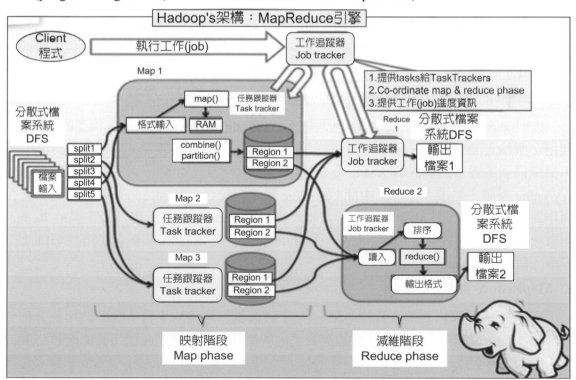

圖 5-26-1 Hadoop's 架構：MapReduce 引擎

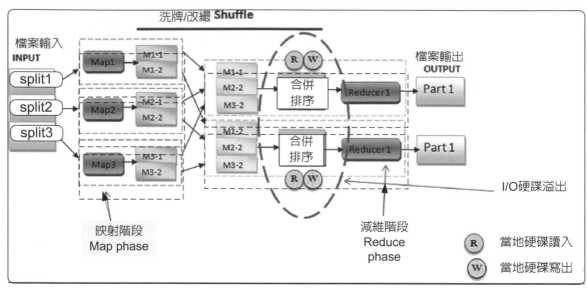

圖 5-26-2 Hadoop's 架構：MapReduce 引擎

來源：quora.com (2019). https://www.quora.com/What-is-a-Hadoop-ecosystem

1. 什麼是 MapReduce？

Map 本意可以理解爲地圖，映射 (面向物件語言都有 Map 集合)，這裡你可以理解爲從現實世界獲得或產生映射。Reduce 本意是減少的意思，這裡你可以理解爲歸併前面 Map 產生的映射。

2. MapReduce 的 programming(programming) 模型

按照 google 的 MapReduce 論文所說的，MapReduce 的 programming 模型的原理是：利用一個輸入 key/value 對集合來產生一個輸出的 key/value 對集合。MapReduce 庫的用戶用兩個函數表達這個計算：Map 及 Reduce。用戶自定義的 Map 函數接受一個輸入的 key/value 對值，然後產生一個中間 key/value 對值的集合。MapReduce 庫把所有具有相同中間 key 值的中間 value 值集合在一起後傳遞給 Reduce 函數。用戶自定義的 Reduce 函數接受一個中間 key 的值及相關的一個 value 值的集合。Reduce 函數合併這些 value 值，形成一個較小的 value 值的集合。

3. MapReduce 實作

透過將 Map 調用的輸入資料自動分割爲 M 個資料片段的集合，Map 調用被分佈到多台機器上執行。輸入的資料片段能夠在不同的機器上平行處理。使用分區函數將 Map 調用產生的中間 key 值分成 R 個不同分區 (例如，hash(key) mod R)，Reduce 調用也被分佈到多台機器上執行。分區數量 (R) 及分區函數由用戶來指定。

4. MapReduce 實作的大概過程如下：

(1) 用戶程式首先調用的 MapReduce 庫將輸入檔分成 M 個資料片度，每個資料片段的大小一般從 16MB 到 64MB(可以透過可選的參數來控制每個資料片段的大

小)。然後用戶程式在叢集中建立大量的程式副本。

(2) 這些程式副本中的有一個特殊的程式 master。副本中其他的程式都是 worker 程式，由 master 分配任務。有 M 個 Map 任務及 R 個 Reduce 任務將被分配，master 將一個 Map 任務或 Reduce 任務分配給一個空閒的 worker。

(3) 被分配了 map 任務的 worker 程式讀取相關的輸入資料片段，從輸入的資料片段中解析出 key/value 對，然後把 key/value 對傳遞給用戶自定義的 Map 函數，由 Map 函數產生並輸出的中間 key/value 對，並緩存在記憶體中。

(4) 緩存中的 key/value 對透過分區函數分成 R 個區域，之後週期性的寫入到本地磁片上，會產生 R 個暫存檔案。緩存的 key/value 對在本地磁片上的儲存位置將被回傳給 master，由 master 負責把這些儲存位置再傳送給 Reduce worker。

(5) 當 Reduce worker 程式接收到 master 程式發來的資料儲存位置資訊後，使用 RPC 從 Map worker 所在主機的磁片上讀取這些緩存資料。當 Reduce worker 讀取了所有的中間資料 (這個時候所有的 Map 任務都執行完了) 後，透過對 key 進行排序後使得具有相同 key 值的資料聚合在一起。由於許多不同的 key 值會映射到相同的 Reduce 任務上，因此必須進行排序。若中間資料太大無法在記憶體中完成排序，那麼就要在外部進行排序。

(6) Reduce worker 程式遍歷排序後的中間資料，對於每一個唯一的中間 key 值，Reduce worker 程式將這個 key 值及它相關的中間 value 值的集合 (這個集合是由 Reduce worker 產生的，它存放的是同一個 key 對應的 value 值) 傳遞給用戶自定義的 Reduce 函數。Reduce 函數的輸出被追加到所屬分區的輸出檔。

上面過程中的排序很容易理解，關鍵是分區，這一步最終決定該鍵值對未來會交給哪個 reduce 任務，如統計單詞出現的次數可以用前面說的 hash(key) mod R 來分區，若是對資料進行排序則應該根據 key 的分佈進行分區。

(二) 數據分析問題體系結構 (data analysis problem architectures)

(1) 在 MapReduce 中具有令人滿意的平行 PP 或 "僅映射 (map-only)"

◆ BLAST 分析 ; 局部機器學習

(2A) 古典 MapReduce MR，Map 後跟縮小 (map followed by reduction)

◆ 高能 physical(HEP) 直方圖 ; 網絡搜索 ; 推薦發動機

(2B) 古典 MapReduce MRStat 的簡單版本

◆ 最終縮減 (reduction) 只是簡單的統計

(3) 疊代 MapReduce MRIter

◆ 期望最大化聚類線性代數 (expectation maximization clustering linear algebra), PageRank

(4A) 地圖點對點通信 (Map Point to Point Communication)

◆ 古典 MPI; PDE Solvers and Particle Dynamics; Graph processing Graph

(4B) GPU (Accelerator) enhanced 4A) – 特別適用於深度學習

(5)　地圖 + 流媒體 + 通信 (map + streaming + communication)

◆ 源自同步加速器源的圖像；望遠鏡；物聯網

(6)　共用內存允許平行線程，program 難度但延遲較低 (shared memory allowing
parallel threads which are tricky to program but lower latency)

◆ 難以平行化異步平行圖演算法 (difficult to parallelize asynchronous parallel graph
algorithms)

(一) MapReduce 的 6 種形式

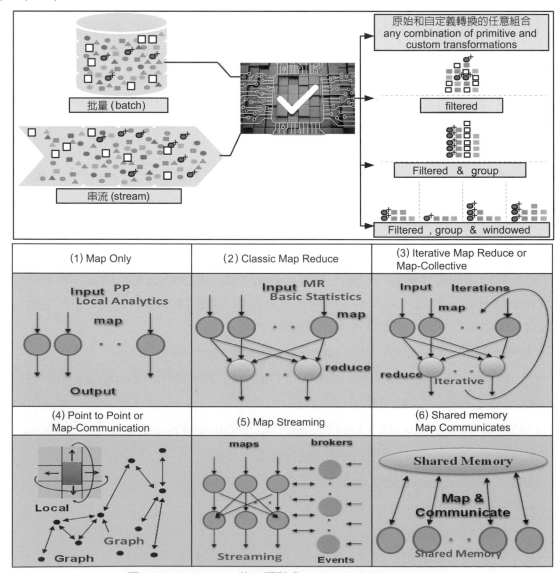

圖 5-27 MapReduce 的 6 種形式 (6 Forms of MapReduce)

5-3-7 數據管理 (data management)：Hbase, MongoDB, MySQL 資料庫

　　HBase 的是一個程式碼開放 (open-source)、非關連型 (non-relational)、分散式資料庫，它仿照穀歌的 Bigtable，並用 Java 撰寫的。它是 Apache Software Foundation 的 Apache Hadoop 專案的一部分開發的，運行在 HDFS(Hadoop 分散式檔系統) 之上，為 Hadoop 提供類似 Bigtable 的功能。也就是說，它提供一種容錯方式來儲存大量的稀疏數據數據 (在大量空的或不重要的數據中捕獲的少量資訊，例如在一組 20 億條記錄中找到 50 個最大的專案，或者找到代表不到 0.1% 的大型集合的非零專案)。

　　HBase 具有壓縮、in-memory 操作，及 Bloom 過濾器的功能，如原始 Bigtable 文章所述。HBase 中，表 (tables) 可以作為在 Hadoop 中運行的 MapReduce 作業的輸入及輸出，可透過 Java API 擷取，也可透過 REST 擷取、或 Avro 或 Thrift gateway API 瀏覽。HBase 是 column-oriented key-value 的儲存方式，由於它與 Hadoop 及 HDFS 的共生而被廣泛使用。HBase 運行在 HDFS 之上，非常適合在具有高吞吐量及低輸入 / 輸出延遲的大型數據集上，來進行更快速的讀寫操作。

　　HBase 不是古典 SQL 資料庫的直接替代品，但 Apache Phoenix 專案為 HBase 及 JDBC 驅動程式提供 SQL 層 (layer)，可以與各種分析及商業智慧應用程式來整合。Apache Trafodion 專案提供 SQL 查詢引擎 ODBC 及 JDBC drivers 及分散式 ACID 交易保護之跨多個報表、表及 rows 來使用 HBase 儲存引擎 (storage engine)。

　　HBase 現在提供幾個 data-driven 的網站，但 Facebook 的 Messaging 平臺最近從 HBase 遷移到 MyRocks。HBase 不同於關連資料庫及傳統資料庫 (relational and traditional databases)，HBase 不支持 SQL 腳本 (scripting)；相反地，它等同於用 Java 編寫的，採用與 MapReduce 相似的應用程式。

1. Apache Zookeeper 介紹

　　ZooKeeper 是一個程式碼開放管理分散式的服務套件，用來處理分散式應用程式協調，以快速 Paxos 演算法為基礎，實作同步服務，設定維護及命名服務等分散式應用，主要用來管理 Hadoop、Pig、Hive、Solr 等套件。

2. Zookeeper 安裝

　　首先大家需要先準備 1~4 台安裝好 CentOS 的主機，若只有一台的話，那就是單節點服務；多台以上的話可以由 Zookeeper 來管理多個叢集，也可以實現高可用性。

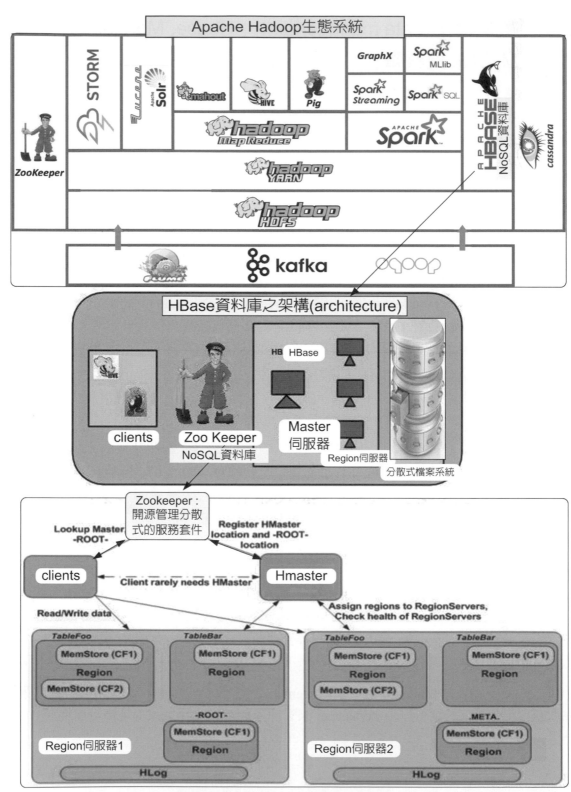

圖 5-28 HBase 資料庫之架構 (architecture)

二、使用 HBase 的企業

以下是已使用或正在使用 HBase 的著名企業列表：

1. 23andMe
2. Adobe
3. Airbnb 使用 HBase 作為其 AirStream 即時流計算框架的一部分
4. Amadeus IT Group，作為其主要的長期儲存 DB
5. Bloomberg，用於時間系列數據儲存
6. Facebook 在 2010 年至 2020 年間使用 HBase 作為其消息傳遞平臺
7. Flurry
8. Imgur 使用 HBase 為其通知系統供電
9. Kakao
10. Netflix
11. Pinterest
12. Quicken Loans
13. Richrelevance
14. Rocket Fuel
15. Salesforce.com
16. Sears
17. Sophos，他們的一些後端系統
18. Spotify 使用 HBase 作為 Hadoop 及機器學習工作的基礎
19. Tuenti 使用 HBase 作為其消息傳遞平臺
20. Yahoo!

5-3-8 學術醫療系統架構：採用 Hadoop

◆ 前言

未來的醫生不會給予任何藥物，反而會使患者對人體、飲食以及疾病的起因及預防感興趣 (Thomas Edison, 1847–1931)

一、醫療系統架構之進化

醫療系統架構，已從 SQL 資料庫，進化至 NoSQL 資料庫；批量處理進化至即時處理、多型資料的整合。

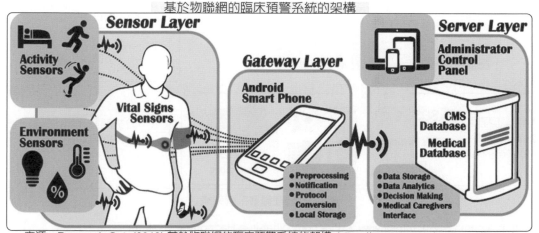

來源：Research Gate(2019).基於物聯網的臨床預警系統的架構. https://www.researchgate.net/figure/ Architecture-of-the-proposed-IoT-based-clinical-early-warning-system_fig2_281175785

圖 5-29 早期醫療系統架構 - 2010 年

來源：quora.com (2019). https://www.quora.com/What-is-a-Hadoop-ecosystem

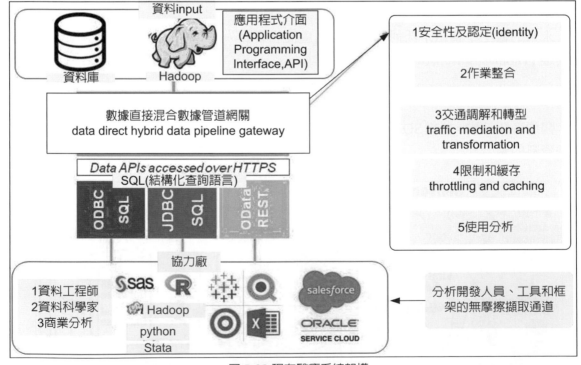

圖 5-30 現在醫療系統架構

來源：quora.com (2019). https://www.quora.com/What-is-a-Hadoop-ecosystem

二、當前環境

1. 電子病歷

    (1)　不是爲處理高音量 / 速度數據而設計的

    (2)　不打算處理複雜的操作，如：

      ◆ 異常檢測

      ◆ 機器學習

      ◆ 構建複雜的演算法

      ◆ 模式集辨識

2. 企業資料倉庫

    (1)　延遲時間長達 24 小時

    (2)　EDW 回顧性地提供以下所有內容，都不是即時 (real time)：

      ◆ 臨床醫生

      ◆ 運營

      ◆ 質量及研究

三、大數據特性：

(一) 大數據 = 互操作性 (big data = interoperability)

    Ecosystem 指一群相互連結，共同創造價值與分享價值的組識。支持大數據的 Ecosystem，包括：

(1) Hadoop(HDFS)	(8) Neo 4j (Graph Database)
(2) Hbase	(9) Relational Data Base
(3) Hive	(10) R, Stata (可視化)
(4) Pig	(11) Spark
(5) MapReduce	(12) Storm
(6) Mahout	(13) Weka
(7) MongoDB (NoSQL)	

(二) 大數據 = 完整數據 (big data = complete data)

1. 電子病歷主要是透過介面引擎 (interface engine) 從源系統獲取饋送的事務

2. 企業資料倉庫 (Enterprise Data Warehouse) 是源自 EMR 及企業中各種源系統的數據集合

3. 在這兩種情況下都做出了有關數據採集的決定

4. 大數據系統能夠即時及全時地攝取及儲存醫療數據

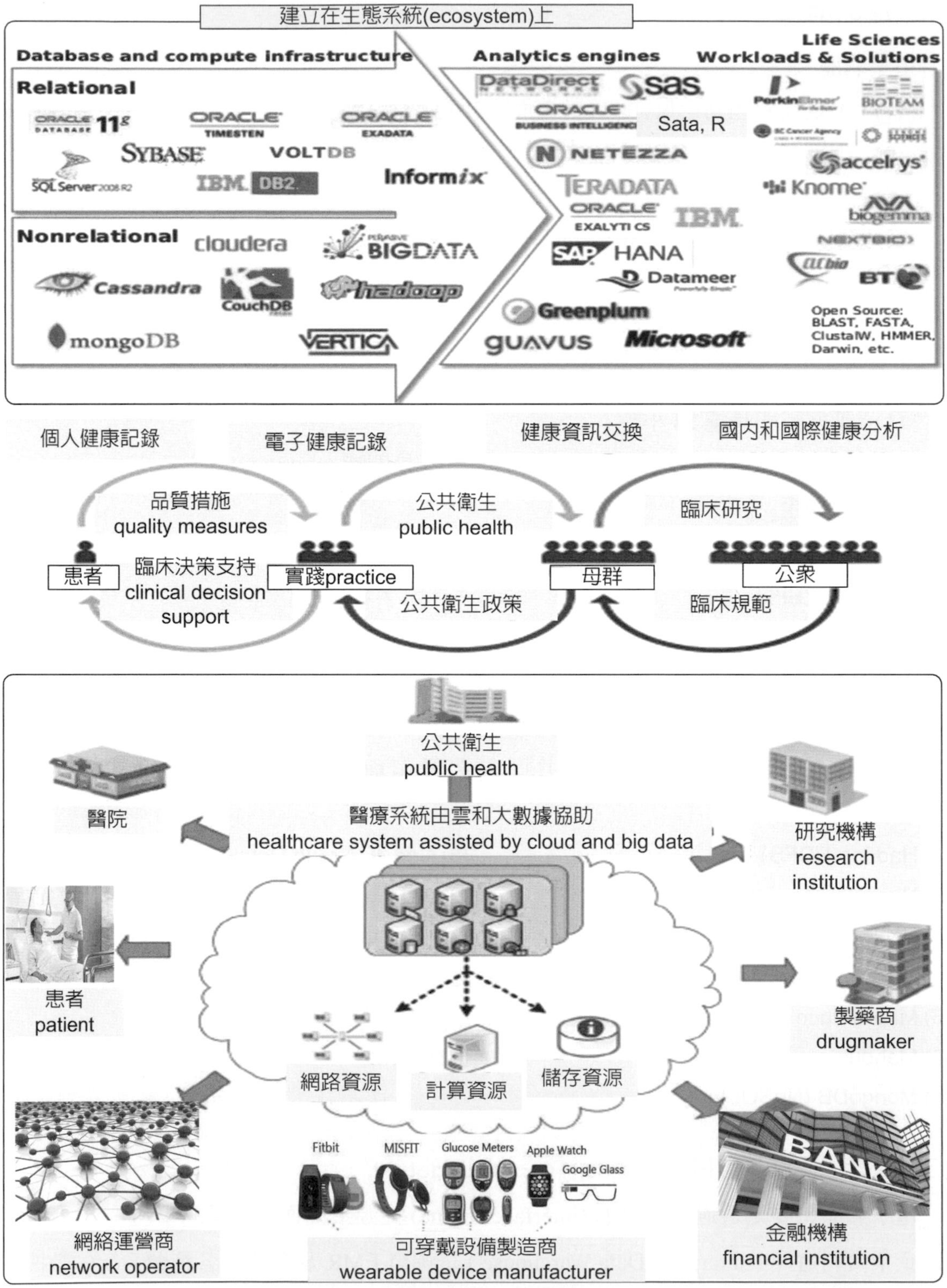

圖 5-31 醫學 Ecosystem 系統之成分

來源：quora.com (2019). https://www.quora.com/What-is-a-Hadoop-ecosystem

四、現代醫療數據平臺 (modern healthcare data platform)

建立在「大數據」技術基礎上的醫療資訊生態系統 (Ecosystem)，功能應該：

1. 能夠滿足臨床醫生，運營，質量及研究的需求，並且應該在一個環境中即時完成。

2. 能夠以原生格式攝取內部及外部的所有醫療保健產生數據。

3. 高級分析的平臺，如早期發現敗血症及醫院獲得性疾病。

4. 能夠預測潛在的再入院率。

5. 利用複雜的演算法，成爲機器學習平臺。

五、基礎設施 (infrastructure)

具備低成本及可擴展性，包括：

1. 開放程式碼 (open source code)

2. 商用硬體

- UCIHadoop 生態系統
- 10 個節點 (nodes)
- 5 terabytes
- 雅虎 Hadoop 生態系統
- 60K 節點
- 160 petabytes

3. 雲端

六、影像分析 (imaging analytics)

該專案旨在開發、部署及傳播一套程式碼開放工具及綜合資訊學平臺，以促進高解析度全幻燈片組織圖像數據，空間映射遺傳學及癌症研究分子數據的多尺度，相關分析。

七、醫學大數據之系統架構

圖 5-32 爲 Hadoop 的醫療大數據處理系統設計與開發，大數據的 4V 特徵：量大、多樣性、快速和價值，使得傳統系統無法獨立使用這些數據進行處理。Apache Hadoop MapReduce 是一個很有前途的軟體框架，可用於開發應用程序，這些應用程序以可靠、容錯的方式與大型商品硬件集群並行處理大量數據。借助 Hadoop 框架和 MapReduce 應用程序界面（API），可以更輕鬆地開發自己的 MapReduce 應用程序，並在 Hadoop 框架上運行，該框架可以從單個節點擴展到數千台機器。

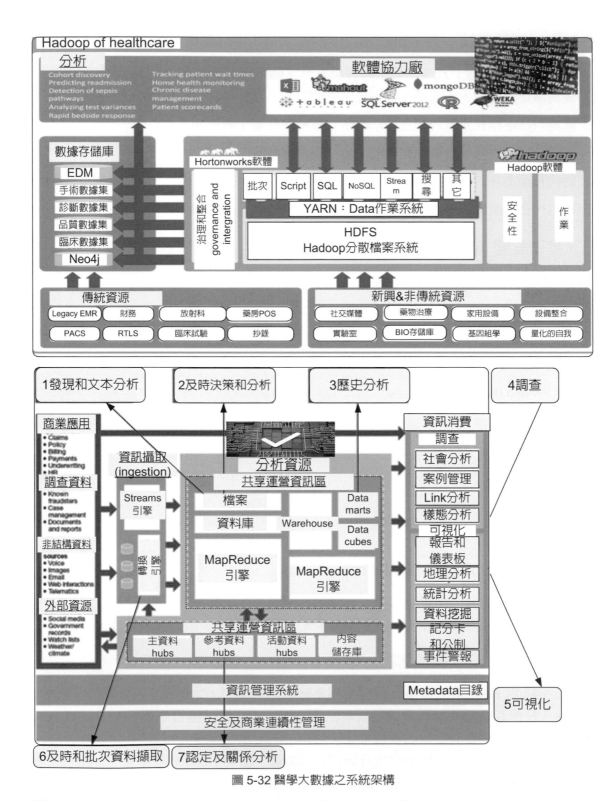

圖 5-32 醫學大數據之系統架構

來源：quora.com (2019). https://www.quora.com/What-is-a-Hadoop-ecosystem

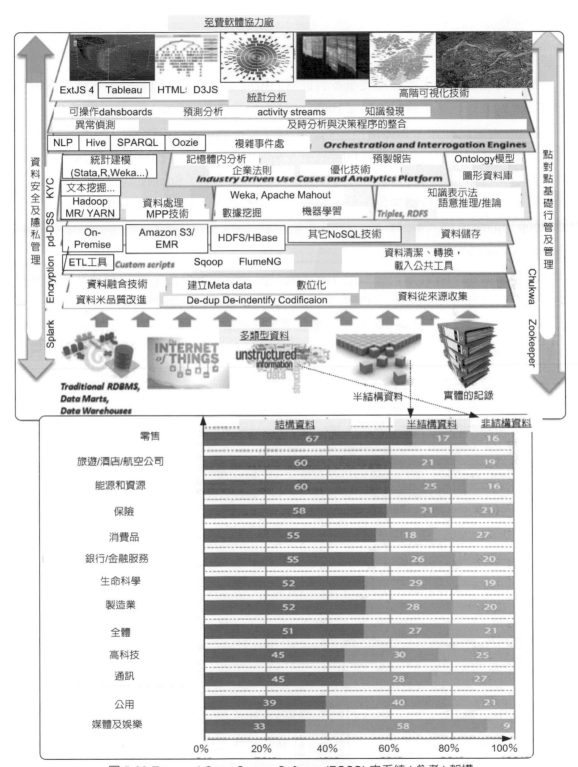

圖 5-33 Free and Open Source Software(FOSS) 之系統（參考）架構

5-4　程式碼開放叢集管理框架：Yarn, Slurm 軟體

　　一般人可能會認為大數據需要很多台機器的環境才能學習，但實際上，透過虛擬機器的方法，就能在自家電腦演練建立 Hadoop 叢集，並且建立 Spark 開發環境。

　　Hadoop 大家已經知道是運用最多的大數據平臺，然而 Spark 異軍突起，與 Hadoop 相容而且執行速度更快，各大公司也開始加入 Spark 開發。例如 IBM 加入 Apache Spark 社群打算培育百萬名資料科學家。Google 與微軟也分別應用了 Spark 的功能來建置服務、發展大數據分析雲端與機器學習平臺。這些大公司的加入，也意味著未來更多公司會採用 Hadoop+Spark 進行大數據資料分析。

1. MapReduce 為你做了什麼？

　　MapReduce 成功的在大數據 (Big Data) 的分散式環境下分析運算資料，然而在某些運算或演算法執行下 MapReduce 就顯得不夠力，列舉最著名的兩個場景：

1. 疊代式運算 (iterative jobs)：如：機器學習演算法、分類演算法 (這類演算法要不斷執行同個步驟 且每個步驟以上個結果為輸入)

2. 互動式分析 (iterative analyst)：如：馬克霍夫矩陣 (求長遠時間之後的平衡狀態為何)

　　為什麼 MapReduce 不適合執行上述之場景呢？由圖 5-34 解釋：

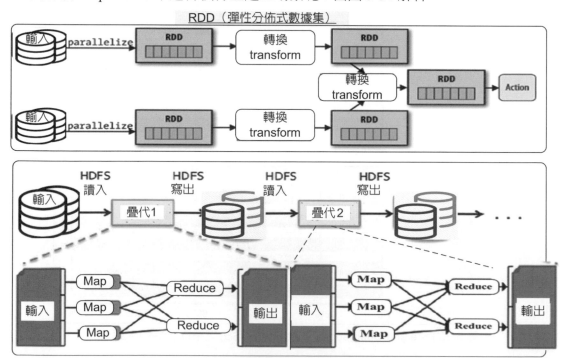

圖 5-34 為什麼 MapReduce 不適合執行疊代式運算？

圖 5-34 敘述一般預設的狀態下 MapReduce 執行過程中，必須將工作的結果存回 HDFS 中。但是在需要不斷運算的場景下 (像是要重複算上萬次得到結果) 這一來一往的 I/O 將十分龐大。原因其實是 MapReduce 一開始就不是為了這些場景而去設計的 自然會有這些問題。其實是你的需求增加而產生這樣的問題。

上述問題可發現 MapReduce 缺少一個重要的要素：

- 有效的資料共用 (efficient data sharing)

而 Spark 即提出一個能解決的問題的效果：

- 直接在記憶體內做資料處理及共用 (in-memory data processing and sharing)。

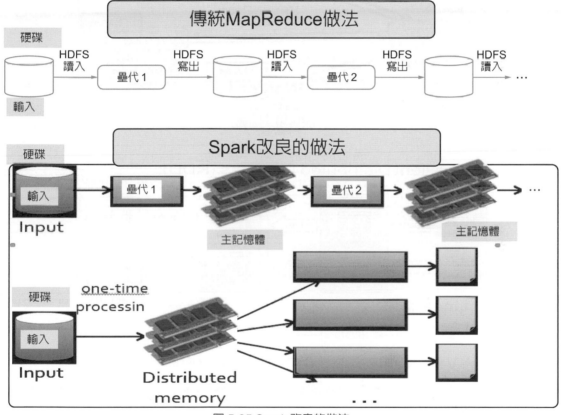

圖 5-35 Spark 改良的做法

若是能將中間運算結果直間存於 Memory 中 那自然就會快速許多。而要如何設計一個高容錯 (tolerant)、高效能 (efficient) 的結構呢？這是 RDD 的設計概念由來 Resilient Distribute Datasets。

2. RDD 長什麼樣子？

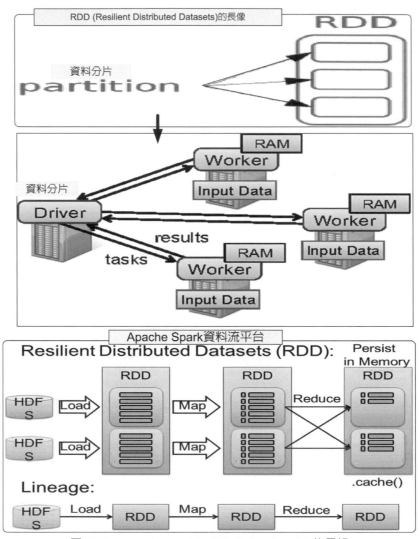

圖 5-36 RDD (Resilient Distributed Datasets) 的長相

來源：medium.com (2019). https://medium.com/@gkadam2011/beneath-rdd-resilient-distributed-dataset-in-apache-spark-260c0b7250c6

　　Partition 是資料分片，可能會在不同的機器上。而 RDD 則是指一個資料分片的集合 大多數情況都存於 Memory 中 (即一個 RDD 裡會有多個在不同機器上的 partition)。

一、Spark 概念

　　Apache Spark 是一個程式碼開放叢集運算框架，最初是由加州大學柏克萊分校 AMPLab 所開發。相對於 Hadoop 的 MapReduce 會在執行完工作後將仲介資料存放到磁碟中，Spark 使用了記憶體內運算技術，能在資料尚未寫入硬碟時即在記憶體內分析運算。Spark 在記憶體內執行程式的運算速度能做到比 Hadoop MapReduce 的運算速度快

上 100 倍，即便是執行程式於硬碟時，Spark 也能快上 10 倍速度。Spark 允許用戶將資料載入至叢集記憶體，並多次對其進行查詢，非常適合用於機器學習演算法。

使用 Spark 需要搭配叢集管理員及分散式儲存系統。Spark 支援獨立模式 (本地 Spark 叢集)、Hadoop YARN 或 Apache Mesos 的叢集管理。在分散式儲存方面，Spark 可以及 HDFS、Cassandra、OpenStack Swift 及 Amazon S3 等介面搭載。Spark 也支援擬真分散式 (pseudo-distributed) 本地模式，不過通常只用於開發或測試時以本機檔案系統取代分散式儲存系統。在這樣的情況下，Spark 僅在一台機器上使用每個 CPU 核心執行程式。

在 2014 年有超過 465 位貢獻家投入 Spark 開發，讓其成為 Apache 軟體基金會以及巨量資料眾多程式碼開放中最為活躍的專案。

Apache Spark 算是近年來在 Big Data 及資料科學 (data science) 領域最受矚目的開放原始碼計劃，目前由 Apache 基金會所管理，到底 Spark 有什麼特別的地方，對 Big Data 的分析技術又會帶來什麼影響？

二、Spark 專案構成要素

(一)Spark 核心及彈性分散式資料集 (RDDs)

(二)Spark SQL

(三)Spark Streaming

(四)MLlib

(五)GraphX

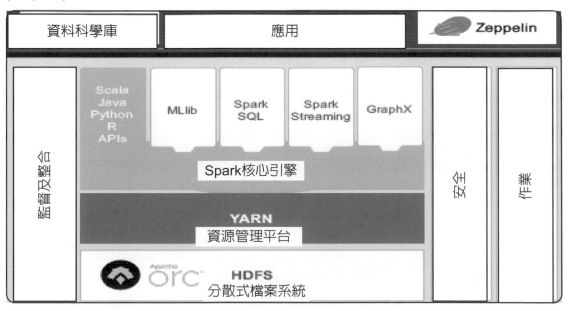

圖 5-37-1 Spark 架構

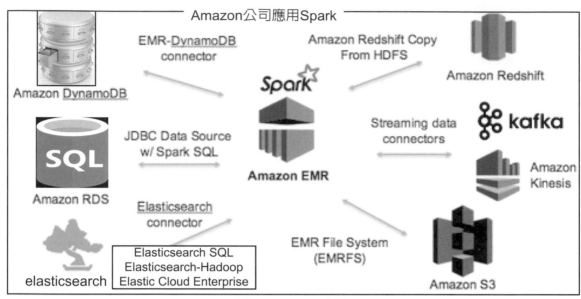

圖 5-37-2 Spark 架構

來源：researchgate.net (2019). https://www.researchgate.net/figure/Apache-Spark-Architecture_
fig1_300123442

Apache Spark 支持數據分析、機器學習，圖形、streaming 數據等。它可讀 / 寫一系列數據類型，並允許以多種語言進行開發。

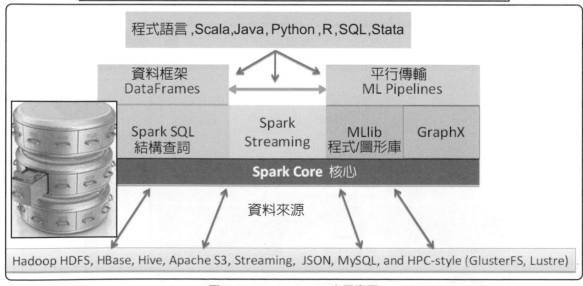

圖 5-38 Apache Spark 之示意圖

來源：researchgate.net (2019). https://www.researchgate.net/figure/Apache-Spark-Architecture_
fig1_300123442

> **Spark RDD(Resilient Distributed Datasets) 定義與特性：**
>
> 1. RDD(彈性分散式數據集) 是數據容器。
>
> 2. Spark 中的所有不同處理組件共用相同的 abstraction，稱為 RDD。
>
> 3. 當應用程式共用 RDD abstraction 時，你可以混合使用不同類型的轉換來建立新的 RDD。
>
> 4. 透過並行化來收集或讀取檔。
>
> 5. 容錯 (fault tolerant)。

1.Spark Core

Spark Core 是整個專案 (project) 的基礎。它提供分散式任務 (distributed task) 調度、排程及基本 I/O 功能，透過 RDD abstraction 為中心的應用程式 programming 介面 (for Java, Python, Scala, and R) 來展示 (the Java API is available for other JVM languages, but is also usable for some other non-JVM languages, such as Julia(Java API 可用於其他 JVM 語言，也可用於其他一些非 JVM 語言，例如可以連接到 JVM 的 Julia)。該介面是 functional/higher-order model of programming 模型："driver" 程式調用平行操作 (parallel operations)，如 map、filter、或透過函數傳遞給 Spark 來減少 RDD，然後 Spark 會在叢集上平行調度函數的執行。這些操作以及連接等附加操作將 RDD 作為輸入並產生新的 RDD。RDD 是不可變的，它們的操作是懶惰的；透過跟蹤每個 RDD(產生它的操作序列) 的 "譜系 (lineage)" 來實現容錯，以便在數據丟失的情況下重建它。RDD 可以包含任何類型的 Python、Java 或 Scala 物件 (objects)。

除了 RDD-oriented 的函數形 programming 樣式外，Spark 還提供兩種受限形式的共用變數：廣播變數 (broadcast variables) 引用需要在所有節點上可用的僅讀 (read-only) 數據，而累加器 (accumulators) 程式可用於對命令式樣式進行減少。

以 RDD-centric 的函數式 programming 的例子，是依照 Scala 程式，來計算一組文字檔案 (text files) 中出現的所有單詞的頻率並列印最常見的單詞。每個地圖，flatMap(另類的 map) 及 reduceByKey 接受一個匿名 function 單一 items(或一對 items) 來執行簡單的操作，並用它的參數來轉換 RDD 到一個新的 RDD。

```
val conf = new SparkConf().setAppName("wiki_test") // create a spark
config object
val sc = new SparkContext(conf) // Create a spark context
val data = sc.textFile("/path/to/somedir") // Read files from
"somedir" into an RDD of (filename, content) pairs.
val tokens = data.flatMap(_.split(" ")) // Split each file into a list
of tokens (words).
```

```
val wordFreq = tokens.map((_, 1)).reduceByKey(_ + _) // Add a count
of one to each token, then sum the counts per word type.
wordFreq.sortBy(s => -s._2).map(x => (x._2, x._1)).top(10) // Get
the top 10 words. Swap word and count to sort by count.
```

2. Spark SQL

Spark SQL 是 Spark Core 之上一個小組件，它引入 DataFrames(DFs) 的數據抽象，它為結構化及半結構化數據提供支援。Spark SQL 提供一種特定領域的語言 (DSL) 來操縱 Scala、Java 或 Python 中的 DataFrame。它還提供 SQL 語言支援，帶有命令行介面及 ODBC / JDBC 伺服器。雖然 DataFrames 缺乏 RDD 提供的編譯時類型檢查，但是從 Spark 2.0 開始，Spark SQL 也完全支持 strongly typed DataSet。

```
import org.apache.spark.sql.SQLContext

val url = "jdbc:mysql://yourIP:yourPort/test?user=yourUsername;passw
ord=yourPassword" // URL for your database server.
val sqlContext = new org.apache.spark.sql.SQLContext(sc) // Create a
sql context object

val df = sqlContext
  .read
  .format("jdbc")
  .option("url", url)
  .option("dbtable", "people")
  .load()

df.printSchema() // Looks the schema of this DataFrame.
val countsByAge = df.groupBy("age").count() // Counts people by age
```

RDDs vs. DataFrames

(1) RDD 為 Spark 提供一個低級介面

(2) DataFrames 有一個架構

(3) Spark 緩存並優化 DataFrame

(4) DataFrames 構建在 RDD 及核心 Spark API 之上

3. Spark Streaming

Spark Streaming 使用 Spark Core 的快速排程功能來執行 streaming 分析。它以小批量 (mini-batches) 擷取數據並對這些小批量數據執行 RDD 轉換。此設計使得為批量分析

編寫的同一組應用程式代碼可用於 streaming 分析，從而有助於輕鬆實現 lambda 架構。然而，這種便利性伴隨著等待於小批量持續時間的等待時間的懲罰。其他按事件而不是小批量處理事件的 streaming 數據引擎，包括 Storm 及 Flink 的 streaming 媒體組件。Spark Streaming 內置支援消化 Kafka、Flume、Twitter、ZeroMQ、Kinesis 及 TCP / IP sockets。

在 Spark 2.x 中，還提供一種基於數據集的獨立技術，稱爲結構化流 (Structured Streaming)，具有更高級別的介面，以支援 streaming 傳輸。

4. MLlib 機器學習庫

Spark MLlib 是一個基於 Spark Core 的分散式機器學習框架，在很大程度上歸功於基於分散式內存的 Spark 架構 (distributed memory-based Spark architecture)，其速度是 Apache Mahout 使用 disk-based 的 9 倍，且 scales 亦優於 Vowpal Wabbit。許多常見的機器學習及統計演算法，已經實作於 MLlib，這簡化大規模機器學習管道，包括：

(1) 摘要統計、相關性、分層抽樣、假設檢驗、隨機數據產生。

(2) 分類及迴歸 (classification and regression)：支持向量機，邏輯迴歸，線性迴歸，決策樹，樸素貝葉斯分類

(3) 協同過濾 (collaborative filtering) 技術，包括 alternating least squares(ALS)

(4) 聚類 (cluster) 分析法，包括 k-means 及潛在 Dirichlet 分配 (LDA)

(5) 降維 (dimensionality reduction) 技術，如奇異值分解 (SVD) 及主成分分析 (PCA)

(6) 特徵提取 (feature extraction) 及轉換功能

(7) 優化演算法 (optimization algorithms)，如隨機梯度下降，有限記憶 BFGS(L-BFGS)

5. GraphX

GraphX 是 Apache Spark 上的分散式圖形處理框架 (graph-processing framework)。因爲它是基於 RDD 的，它是不可變的，所以圖形是不可變的，因此 GraphX 不適合需要更新的圖形，更不用說像圖形資料庫那樣的事務方式。GraphX 提供兩個獨立的 API 介面，用於實現大規模平行演算法 (如 PageRank)：Pregel abstraction，以及更通用的 MapReduce 樣式 API。與其前身 Bagel(在 Spark 1.6 中正式棄用) 不同，GraphX 完全支持屬性圖 (屬性可以附加到邊及頂點的圖形)。

GraphX 可以被視爲 Apache Giraph 的 Spark 內存版本，它使用了基於 Hadoop 磁盤的 MapReduce。

像 Apache Spark 一樣，GraphX 最初是作爲加州大學伯克利分校 AMPLab 及 Databricks 的研究專案開始的，後來被捐贈給了 Apache Software Foundation 及 Spark 專案。

6. 在雲端的 Hosting Spark

　　Spark 可以部署在傳統的本地數據中心以及雲端中。雲端允許組織部署 Spark，而無需獲取硬體或特定的設置專業知識。Enterprise Strategy Group(esg-global.com) 發現 43％的受訪者認為雲端是 Spark 的主要部署。客戶認為雲端作為 Spark 的優勢的主要原因是更快的部署時間，更好的可用性，更頻繁的功能 / 功能更新，更多的彈性，更多的地理覆蓋範圍以及與實際利用率相關的成本。

三、MapReduce 的優點及缺點

　　Hadoop 風潮因 MapReduce 而起，Google 一篇論文讓大家認識了 Functional Programming (如 C 語言就採函數式程式設計)，見識了原來 Functional Programming 能夠輕而易舉的解決 Scalability 的問題，賦予數據分析的演算法平行化處理的能力，為了能夠處理 PB 級以上的數據，MapReduce 更可以搭配分散式檔案系統，利用本地運算 (local computing) 的優勢，減少叢集 (clusters) 網路的負擔，進而達到近乎無限的數據處理能力，這是 MapReduce 架構最優美的地方。不過，MapReduce 的優勢也是它的缺點，為了處理超大數據量，Hadoop MapReduce 大量使用 Disk 來做為 MR Job 仲介資料的暫存區，對於記憶體的使用效率不佳。若所需處理的資料需要一連串的 MR Job 循序完成，例如邏輯斯迴歸、K-Means 聚類分析等等具疊代性質的演算法，那麼 MR 在運行過程中便會不停的在 Disk 及記憶體間搬移資料，耗時而且效能不佳。MapReduce 的 programming 模型，需要實作 map() 及 reduce() 函數，並沒有提供一些常用的 relational operator，如 join、group by 等等，這也是對資料分析人員要駕馭 Hadoop 的門檻。

四、Spark 的優勢

　　Spark 的出現，繼承了 Hadoop MapReduce 的優點，保有線性擴充 (linear scalable)、容錯性 (fault tolerant) 及本地運算 (data locality) 的特性，利用 RDD 的資料結構，利用記憶體作為運算的時資料暫存空間，對於具有疊代 (iterative) 性質的演算法，效能可以提昇數十倍之多，Spark 使用 Scala 為原生的開發語言，但亦同時支援 Python 及 Java 語言，不同於 Hadoop MapReduce 過於原始的 API(介面)，Spark 的 API 提供更直覺的函式庫，讓資料分析人員可以使用常用的 join、map、filter、group by 及 distinct 等等關聯運算。除了 Spark Core 本身提供的 API 之外，Spark MLlib(Machine Learning Library) 提供立即可用的傳統演算法，SparkSQL 提供 SQL 語法 (只是類 SQL) 的支援，GraphX 提供 Graph 演算法，Spark Streaming 提供近即時 (nearly real-time) 的資料分析應用，相對於 MapReduce，Spark 提供的功能更為完整，但仍然保有 HadoopMapReduce 的優點，讓 Spark 一發表，即在很短的時間內獲得大量的關注及採用。

五、DataFrames(DFs) & SparkSQL

1. DataFrames(DF) 是在其他分散式數據集，其中之一 columns 名稱。

2. 它類似於關連資料庫，Python Pandas Dataframe 或 R 的 DataTables。

   - 永恆的一次建構

   - 跟蹤族譜 (track lineage)

   - 啓用分散式計算

3. 如何構建 Dataframes ？

   - 從文件中讀取

   - 轉換現有的 DF(Spark 或 Pandas)

   - 平行化 python 集合列表 (parallelizing a python collection list)

   - 應用轉換及動作 (apply transformations and actions)

　　Spark SQL 是 Spark 處理結構化數據的一個模塊。與基礎的 Spark RDD API 不同，Spark SQL 提供查詢結構化數據及計算結果等資訊的介面。在內部，Spark SQL 使用這個額外的資訊去執行額外的優化。有幾種方式可以跟 Spark SQL 進行交互，包括 SQL 及數據集 API。當使用相同執行引擎進行計算時，無論使用哪種 API / 語言都可以快速的計算。這種統一意味著開發人員能夠在基於提供最自然的方式來表達一個給定的轉換 API 之間實現輕鬆的來回切換不同的。

◆ 小結

　　Spark：何時不使用

　　儘管 Spark 功能多樣，但這並不意味著 Spark 的內存功能最適合所有用例：

1. 對於許多簡單的用例，Apache MapReduce 及 Hive 可能是更合適的選擇。

2. Spark 並非設計爲多用戶環境。

3. Spark 用戶需要知道他們擁有的內存足以用於數據集。

4. 添加更多用戶會增加複雜性，因爲用戶必須協調內存使用以運行代碼。

5-5　大數據之整合軟體

5-5-1　批量平行 programming 模型 (batch parallel programming model)：Apache Hadoop,Apache Spark, Giraph

一、Apache Hadoop

　　Apache Hadoop 是一款支援資料密集型分布式應用程式並以 Apache 2.0 許可協定發布的 open source 軟體框架。它支援在商品硬體構建的大型集群上運行的應用程式。Hadoop 是根據 Google 公司發表的 MapReduce 及 Google 檔案系統的論文自行實作而成。所有的 Hadoop 模組都有一個基本假設，即硬體故障是常見情況，應該由框架自動處理。

　　Hadoop 框架透明地為應用提供可靠性及資料移動。它實現了名為 MapReduce 的編程範式：應用程式被分割成許多小部分，而每個部分都能在集群中的任意節點上執行或重新執行。此外，Hadoop 還提供分布式檔案系統，用以儲存所有計算節點的資料，這為整個集群帶來了非常高的帶寬。MapReduce 及分布式檔案系統的設計，使得整個框架能夠自動處理節點故障。它使應用程式與成千上萬的獨立計算的電腦及 PB 級的資料連接起來。現在普遍認為整個 Apache Hadoop「平臺」包括 Hadoop 內核、MapReduce、Hadoop 分布式檔案系統 (HDFS) 以及一些相關專案，有 Apache Hive 及 Apache HBase 等等。

◆ 主要子專案

　　Hadoop 小電腦集群用 Cubieboard 電腦。

1. Hadoop Common：在 0.20 及以前的版本中，包含 HDFS、MapReduce 及其他專案公共內容，從 0.21 開始 HDFS 及 MapReduce 被分離為獨立的子專案，其餘內容為 Hadoop Common

2. HDFS：Hadoop 分布式檔案系統 (Distributed File System) － HDFS(Hadoop Distributed File System)

3. MapReduce：平行計算框架，0.20 前使用 org.apache.hadoop.mapred 舊埠，0.20 版本開始引入 org.apache.hadoop.mapreduce 的新 API。

◆ 相關專案

1. Apache HBase：分散式 NoSQL 列資料庫，類似 Google 公司 BigTable。

2. Apache Hive：構建於 hadoop 之上的資料倉儲，透過一種類 SQL 語言 HiveQL 為用戶提供資料的歸納、查詢及分析等功能。Hive 最初由 Facebook 貢獻。

3. Apache Mahout：機器學習演算法軟體包。

4. Apache Sqoop：結構化資料 (如關聯式資料庫) 與 Apache Hadoop 之間的資料轉換工具。

5. Apache ZooKeeper：分散式鎖設施，提供類似 Google Chubby 的功能，由 Facebook 貢獻。

6. Apache Avro：新的資料序列化格式與傳輸工具，將逐步取代 Hadoop 原有的 IPC 機制。

二、Apache Spark

　　Apache Spark 是一個 open source 叢集運算框架，最初是由加州大學柏克萊分校 AMPLab 所開發。相對於 Hadoop 的 MapReduce 會在執行完工作後將中介資料存放到磁碟中，Spark 使用了記憶體內運算技術，能在資料尚未寫入硬碟時即在記憶體內分析運算。Spark 在記憶體內執行程式的運算速度能做到比 Hadoop MapReduce 的運算速度快上 100 倍，即便是執行程式於硬碟時，Spark 也能快上 10 倍速度。Spark 允許用戶將資料載入至叢集記憶體，並多次對其進行查詢，非常適合用於機器學習演算法。使用 Spark 需要搭配叢集管理員及分散式儲存系統。Spark 支援獨立模式 (本地 Spark 叢集)、Hadoop YARN 或 Apache Mesos 的叢集管理。在分散式儲存方面，Spark 可以及 HDFS、Cassandra、OpenStack Swift 及 Amazon S3 等介面搭載。Spark 也支援偽分散式 (pseudo-distributed) 本地模式，不過通常只用於開發或測試時以本機檔案系統取代分散式儲存系統。在這樣的情況下，Spark 僅在一台機器上使用每個 CPU 核心執行程式。 迄今 Spark 成為 Apache 軟體基金會以及巨量資料眾多 open source 專案中最為活躍的專案。

◆ 專案 Spark 構成要素

　　Spark 專案包含下列幾項：

1. Spark 核心及彈性分散式資料集 (RDDs)

　　Spark 核心是整個專案的基礎，提供分散式任務調度，排程及基本的 I／O 功能。而其基礎的程式抽象則稱為彈性分散式資料集 (RDDs)，是一個可以並列操作、有容錯機制的資料集合。RDDs 可以透過參照外部儲存系統的資料集建立 (例如：共用檔案系統、HDFS、HBase 或其他 Hadoop 資料格式的資料來源)。或者是透過在現有 RDDs 的轉換而建立 (比如：map、filter、reduce、join 等等)。

　　RDD 抽象化是經由一個以 Scala、Java、Python 的語言整合 API 所呈現，簡化了編程複雜性，應用程式操縱 RDDs 的方法類似於操縱本地端的資料集合。

2. Spark SQL

　　Spark SQL 在 Spark 核心上帶出一種名為 SchemaRDD 的資料抽象化概念，提供結構化及半結構化資料相關的支援。Spark SQL 提供領域特定語言，可使用 Scala、Java 或 Python 來操縱 SchemaRDDs。它還支援使用使用命令列介面及 ODBC／JDBC 伺服器操作 SQL 語言。在 Spark 1.3 版本，SchemaRDD 被重新命名為 DataFrame。

3. Spark Streaming

Spark Streaming 充分利用 Spark 核心的快速排程能力來執行串流分析。它擷取小批次的資料並對之執行 RDD 轉換。這種設計使串流分析可在同一個引擎內使用同一組爲批次分析編寫而撰寫的應用程式碼。

4. MLlib

MLlib 是 Spark 上分散式機器學習框架。Spark 分散式記憶體式的架構比 Hadoop 磁碟式的 Apache Mahout 快上 10 倍，擴充性甚至比 Vowpal Wabbit 要好。MLlib 可使用許多常見的機器學習及統計演算法，簡化大規模機器學習時間，其中包括：

(1) 匯總統計、相關性、分層抽樣、假設檢定、亂數據產生

(2) 分類與迴歸：支援向量機、迴歸、線性迴歸、邏輯迴歸、決策樹、樸素貝葉斯

(3) 協同過濾：ALS

(4) 分群：k- 平均演算法

(5) 維度約減：奇異值分解 (SVD)，主成分分析 (PCA)

(6) 特徵提取及轉換：TF-IDF、Word2Vec、StandardScaler

(7) 最佳化：隨機梯度下降法 (SGD)、L-BFGS

5. GraphX

GraphX 是 Spark 上的分散式圖形處理框架。它提供一組 API，可用於表達圖表計算並可以類比 Pregel 抽象化。GraphX 還對這種抽象化提供優化運行。

GraphX 最初爲加州大學柏克萊分校 AMPLab 及 Databricks 的研究專案，後來捐贈給 Spark 專案。

特色

(1) Java、Scala、Python 及 R APIs。

(2) 可擴展至超過 8000 個結點。

(3) 能夠在記憶體內快取資料集以進行互動式資料分析。

(4) Scala 或 Python 中的互動式命令列介面可降低橫向擴展資料探索的反應時間。

(5) Spark Streaming 對即時資料串流的處理具有可擴充性、高吞吐量、可容錯性等特點。

(6) Spark SQL 支援結構化及關聯式查詢處理 (SQL)。

(7) MLlib 機器學習演算法及 Graphx 圖形處理演算法的高階函式庫。

三、Apache Giraph：疊代的圖計算系統

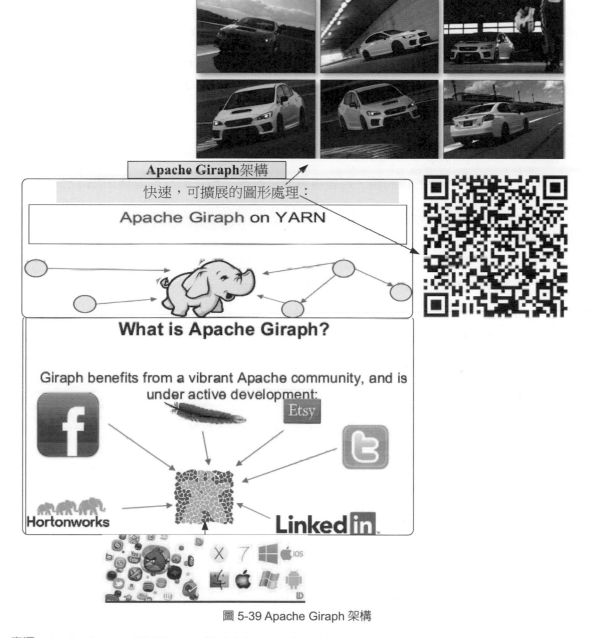

圖 5-39 Apache Giraph 架構

來源：databricks.com (2019). https://databricks.com/spark/about

　　Apache Giraph 是一個 Apache 專案，用於對大數據執行圖形處理。Giraph 計算的輸入是由點及兩點之間直連的邊所組成的圖，例如，點可以表示人，邊可以表示朋友請求。每個頂點保存一個值，每個邊也保存一個值。輸入不僅取決於圖的拓撲邏輯，也包括定點及邊的初始值。

　　有一個例子是，假設有這樣一個計算，需要查找從一個預先設置的初始人物到社交圖譜中的任何一個人的距離。在這個計算中，邊的值是一個浮點數表示相鄰的人之間的距離，頂點 V 也是一個浮點數，表示從預設的頂點 s 到 v 的最短距離的上限值。預設的源頂點的初始值是 0，其他頂點的初始值是無窮大。

　　計算過程由一序列的疊代進行，在 BSP 中叫做 supersteps。最初，每個頂點都 active。在每個 superstep 中，每個 active 的頂點觸發用戶提供的計算方法。這些方法實現了將要輸入的圖中執行的圖算法。直觀說，在設計 Giraph 算法的時候要像頂點一樣思考。計算方法如下：

1. 接受上一個 superstep 發送給頂點的消息。

2. 用消息、定點及伸出的邊的值，可能導致值被修改，發送消息給其他頂點。

　　計算方法並沒有直接獲取其他頂點的值以及他們的伸出的邊。頂點之間透過傳遞消息來通信。

　　在你的單源最短路徑的例子中，一個計算方法是：

(1) 從所有收到的消息中計算最小的值；

(2) 確定各個節點的當前值大小；

(3) 最小的值被接受作為頂點的值；

(4) 值及邊的值沿著每一個外出的邊發送。

```
public void compute(Iterable<DoubleWritable> messages) {
    double minDist = Double.MAX_VALUE;
    for (DoubleWritable message : messages) {
      minDist = Math.min(minDist, message.get());
    }
    if (minDist < getValue().get()) {
      setValue(new DoubleWritable(minDist));
      for (Edge<LongWritable, FloatWritable> edge : getEdges()) {
        double distance = minDist + edge.getValue().get();
        sendMessage(edge.getTargetVertexId(), new
DoubleWritable(distance));
      }
    }
    voteToHalt();
  }
```

◆ 基礎原理

　　Giraph 基於 Hadoop 而建，將 MapReduce 中 Mapper 進行封裝，未使用 reducer。在 Mapper 中進行多次疊代，每次疊代等價於 BSP 模型中的 SuperStep。一個 Hadoop Job 等價於一次 BSP 作業。

5-5-2　資料分析 (data analytics) 軟體：Apache Mahout, R, ImageJ, Scalapack

一、什麼是 Apache Mahout ？

　　Apache Mahout 翻譯成中文是騎大象的人，或馴象師。這裡是指 Apacheopen source 社區維護的一個可伸縮 (Scable) 的機器學習庫。Mahout 機器學習庫 * 目前實現的演算法 * 包括協同濾波、分類、聚類、特徵降維等等。你知道 Hadoop 的 logo 是一頭大象，而 Mahout 要做的就是馴服這頭大象。Mahout 致力於提供可支援超大數據集，支援商業使用的 open source 機器學習庫，並且構建充滿活力的 open source 社區。

圖 5-40 Apache Mahout 的 logo 是一頭大象

二、Mahout 又是一個 Maven 專案，Maven 又是什麼呢？

　　Apache Maven，是一個軟體 (特別是 Java 軟體) 專案管理及自動構建工具，由 Apache 軟體基金會所提供。基於專案物件模型 (POM) 概念，Maven 利用一個中央資訊片斷能管理一個專案的構建、報告及文檔等步驟。專案物件模型儲存在命名為 pom.xml 的文件中。POM 檔中包含了它的配置資訊，依賴資訊等等。---Maven wiki

　　所以，Mahout 是一個用 java 語言開發的，Maven 管理工具管理的 Maven project，因此整個過程也需要安裝 Maven。事實上，安裝完 java、Maven、Mahout 以後，不需要 eclipse，整個 Mahout 機器學習庫已經可以被完整的調用，也可以在此基礎上進行開發。而 eclipse 是一個業界廣泛使用的 IDE，在 eclipse 上讓人得心應手，而且 eclipse 對 Maven 專案也有很好的支持，只需要裝上 M2E 插件便可以非常方便的使用。

三、Apache Mahout 安裝

　　首先介紹一下開發環境：Win10 64 位元系統需要安裝的軟體：

　　jdk1.7.0_60 +apache-maven-3.2.1+TortoiseSVN 1.8.7+mahout-distribution-0.9(源 碼 && 包)

若公司內部走的是代理網路，故部分工具安裝完成使用前，都會介紹如何配置代理資訊，若你使用的是直連網路，請忽視這些段落。

1. Java 環境的安裝

你選擇的 java 版本是 jdk1.7.0_60，可以在 oracle 主頁下載，這裡不建議使用 java 8，在編譯過程中可能會出現一些不必要的問題。java 安裝比較簡單，直接下載二進位檔進行安裝。你安裝在 D:\Program Files\Java\jdk1.7.0_60, 安裝完成後在控制命令行中輸入：

1. C:\Users\shengjh>java -version

2. java version "1.7.0_60"

3. Java(TM) SE Runtime Environment (build 1.7.0_60-b19)

4. Java HotSpot(TM) Client VM (build 24.60-b09, mixed mode, sharing)

看似 java 已經可以運行，其實 java 的環境變數尚未加入，而是在安裝過程中，將 java.exe、javaw.exe 及 javawc.exe 三個檔 copy 到了 system32 目錄下。所以你需要手動添加環境變數：右鍵電腦 -> 屬性 -> 高級系統設置 -> 環境變數 -> 系統變數 -> 新建 變數名 :JAVA_HOME 變數值 :D:\Program Files\Java\jdk1.7.0_60

圖 5-41 手動添加環境變數 (for java 安裝)

來源：Eclipse 下 mahout 的配置与使用 (2019). https://blog.csdn.net/zhzhl202/article/details/6316570

這一步非常重要，不做的話再 Maven 的安裝上，會出現 JAVA_HOME 找不到的錯誤，至此你完成了 JAVA 環境的配置。

2. Maven 環境搭建

Maven 是一個專案管理及構建自動化工具。但是對於程式師來說，最關心的是它的專案構建功能。所以這裡介紹的就是怎樣用 maven 來滿足你專案的日常需要。Maven 使用慣例優於配置的原則 。它要求在沒有定制之前，所有的專案都有如下的結構：

目錄	目的
${basedir}	存放 pom.xml 及所有的子目錄
${basedir}/src/main/java	專案的 java 源代碼
${basedir}/src/main/resources	專案的資源，比如說 property 檔
${basedir}/src/test/java	專案的測試類，比如說 JUnit 代碼
${basedir}/src/test/resources	測試使用的資源

　　一個 maven 專案在默認情況下會產生 JAR 檔，另外，編譯後的 classes 會放在「${basedir}/target/classes」下面，JAR 文件會放在「${basedir}/target」下面。在確保 JAVA 環境已經搭建好的情況下你開始安裝 Maven，可以從 Maven 的主頁下載二進位檔，這裡你選擇的是 Maven 3.2.1，並解壓到你常用的軟體路徑，這裡你安裝在「D:\Program Files\apache-maven-3.2.1\」。該頁的最後也該處了 Maven 的安裝方法。這裡使用最簡單的將 Maven 的 bin 路徑：

D:\Program Files\apache-maven-3.2.1\bin

加入到系統變數 Path 中：

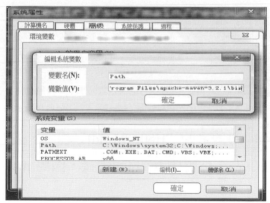

圖 5-42 將 Maven 的 bin 路徑「D：\ Program Files \ apache-maven-3.2.1 \ bin」加入到系統變數 Path 中

　　完成後在命令行中輸入「mvn --version」查看 maven 的版本：

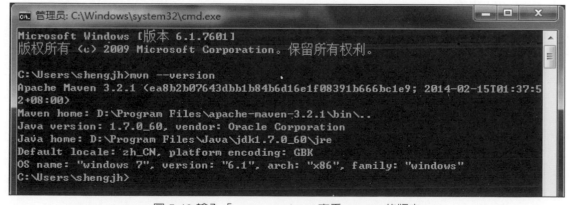

圖 5-43 輸入「mvn --version」查看 maven 的版本

3. 代理 (proxy) 配置

之前介紹了代理的問題，因為後續的操作，maven 會自動聯網搜索依賴包，這裡在繼續操作之前先介紹 Maven 的代理配置。在 Maven 的配置檔都在它的安裝目錄下的 \config\setting.xml 檔中 <proxies> 欄位定義了代理的設置。根據代理情況修改 Host、port、username 及 password 等等。這裡你只修改了 host 及 port。

```
<proxies>
  <!-- proxy
   | Specification for one proxy, to be used in connecting to the net
   | -->
  <proxy>
    <id>optional</id>
    <active>true</active>
    <protocol>http</protocol>
    <username>proxyuser</username>
    <password>proxypass</password>
    <host>202.108.92.171</host>
    <port>8080</port>
    <nonProxyHosts>local.net|some.host.com</nonProxyHosts>
  </proxy>
</proxies>
```

圖 5-44 代理 (proxy) 配置，只修改了 host 及 port

接下來用 maven 來建立最著名的 "Hello World!" 程式，來更好的瞭解 Maven。

若你是第一次運行 maven，你需要 Internet 連接，因為 maven 需要從網上下載需要的插件。

你要做的第一步是建立一個 maven 專案。在 maven 中，你是執行 maven 目標 (goal) 來做事情的。maven 目標及 ant 的 target 差不多。在命令行中執行下面的指令來建立你的 hello world 專案。

```
mvn archetype:create -DgroupId=com.`mycompany.app -DartifactId=my-
app
```

圖 5-45 執行「mvn archetype：create -DgroupId=com.`mycompany.app -DartifactId=my-app」指令

　　命令執行完後你將看到 maven 產生了一個名為 my-app 的目錄，這個名字就是你在命令中指定的 artifactId, 進入該目錄，你將發現以下標準的專案結構：

圖 5-46 my-app 目錄，標準的專案結構

其中：

1. src/main/java 目錄包含了專案的源代碼。

2. src/test/java 目錄包含了專案的測試代碼。

3. pom.xml 是專案的專案物件模型 (Project Object Model or POM)。

之後輸入「cd my-app」進入該專案再輸入「mvn package」回來 build 這個專案，之後 target 目錄下會產生該專案的類檔及包：

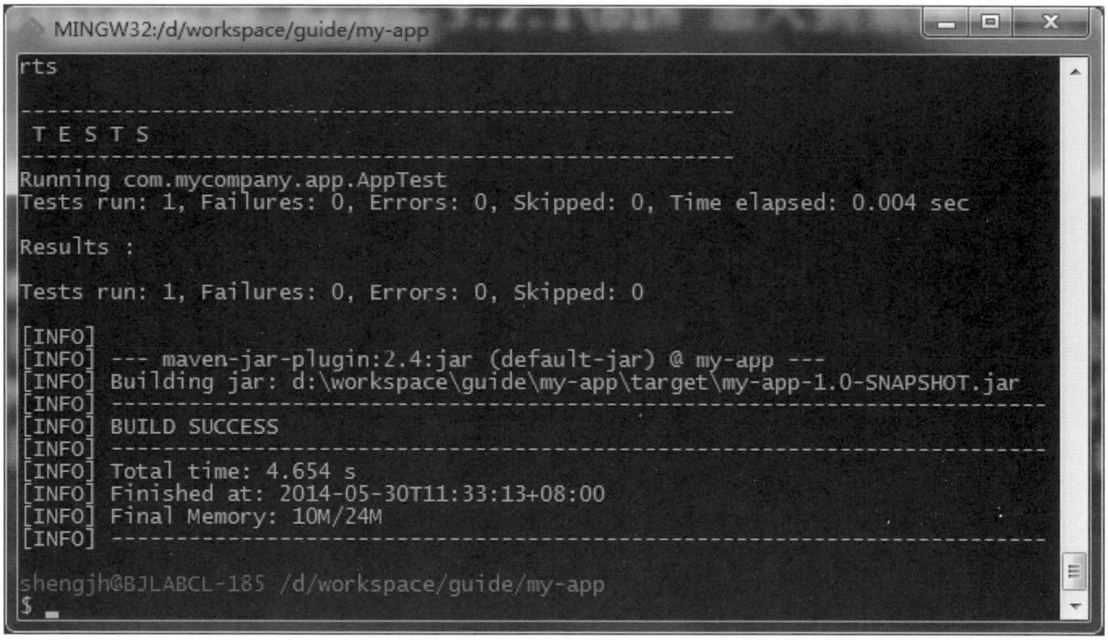

圖 5-47 target 目錄下會產生該專案的類檔及包

接著你可以使用以下的命令來測試新編譯及打包出來的 jar 包：

```
java -cp target/my-app-1.0-SNAPSHOT.jar com.mycompany.app.App
```

圖 5-48 執行「java -cp target ∕ my-app-1.0-SNAPSHOT.jar com.mycompany.app.App」

四、Mahout 源碼的編譯

Mahout 的源碼及編譯後的包可以從 Mahout 官網上獲得，然而在使用這裡下載的

0.9 發行版源碼時，somehow 遇到了一些錯誤。這裡你選擇用 SVN 獲得它最新的源碼。TortoiseSVN 是大家常用的代碼託管工具，可以從它的主頁上下載到。安裝完成後，在使用之前，你還要對它做一下代理配置。

◆ 代理配置

SVN 的代理配置只需要打開，在開始按鈕 -> 程式 ->TortoiseSVN->settings，找到 Network 項進行如下配置：

圖 5-49 Network 項進行配置

接著就可以開始編譯源碼了 首先得到源碼，在命令行輸入：

```
svn co http://svn.apache.org/repos/asf/mahout/trunk
```

cd trunk 並編譯：

```
# With hadoop-1.2.1 dependency
mvn clean install
# With hadoop-2.2.0 dependency
mvn -Dhadoop2.version=2.2.0 clean install
```

這裡可以選擇 Hadoop 依賴版本，在沒有 hadoop 的情況下，也可以編譯。編譯時經常會遇見 Test failure 的 error 而卡住，關於這個問題，是由於 mahout 中有大量的測試例子，test failure 是遇到了 broken unit test. 遇到這種問題要麼需要自己去定位修復這個 broken test，要麼可以等待官方發行並 update svn 進行修復。關於這個問題參加這裡，一般的解決方法是使用：

```
# With hadoop-1.2.1 dependency
mvn -DskipTests clean install
# With hadoop-2.2.0 dependency
mvn -Dhadoop2.version=2.2.0 -DskipTests clean instal
```

這裡你選的是

```
mvn -DskipTests clean install
```

最後得到結果：

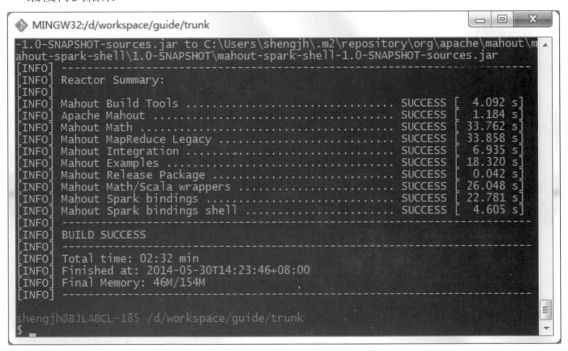

圖 5-50 「mvn -DskipTests clean install」結果

至此，Mahout 的源碼就編譯完畢，你可以看到每個 Mahout 源碼的目錄下都產生了相應的 target 檔，包含對應的類及 .jar 包。

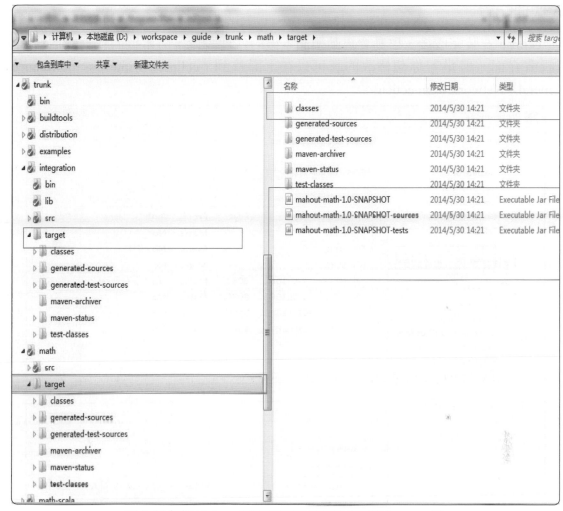

圖 5-51 每個 Mahout 源碼的目錄下都產生了相應的 target 檔

五、在 Eclipse 上如何使用 Mahout ？

編譯完後的 mahout 還是不能在 eclipse 上使用，下面將介紹如何在 eclipse 下開發
Maven project。

首先 Eclipse 版本選擇，關於 eclipse 的版本代號問題請參考這裡。你選擇的是
Eclipse IDE for Java EE Developers(JUNO)，它包含了 Maven 所需的一些依賴包。Eclipse
standard (Indigo) 由於缺乏依賴包，在安裝上 Maven 插件上會有問題。eclipse 安裝包可
以在官網下載。

◆ 代理配置

eclipse 安裝完成後，啓動會自動檢測本機的代理設置，將本機的代理設置填到軟體設置介面。但是若你想修改的話可以在下面找到：eclipse->windows->perferences->general->Network Connection

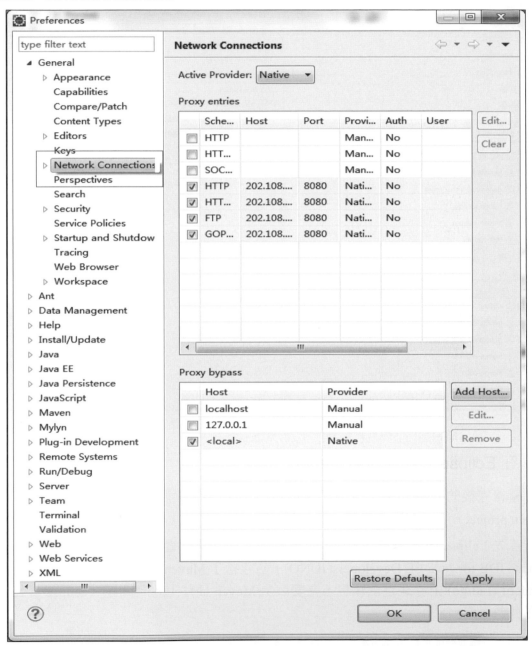

圖 5-52「eclipse　windows　perferences　general　Network Connection」目錄

來源：Eclipse 下 mahout 的配置与使用 (2019). https://blog.csdn.net/zhzhl202/article/details/6316570

接著介紹 m2eclipse 插件及它的安裝方法。m2eclipse 插件是一款一流的支持 Apache Maven 的 eclipse 插件。用戶可以用它更方便的編輯 Maven 的 pom.xml 檔，可以在 IDE 上 build 一個 Maven 工程。

啓動 eclipse 定位到「 Help -> Install New Software… 」，點擊 Add，分別填入：

```
Name:m2e
Location:http://download.eclipse.org/technology/m2e/releases
```

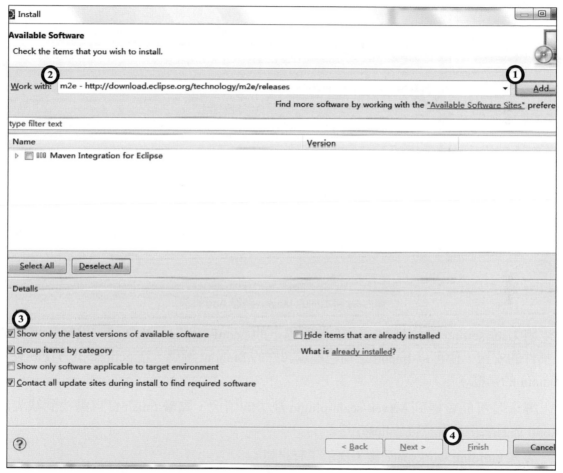

圖 5-53「Help → Install New Software」Add「Name：m2e」

點擊 next，同意協議，確認 warning 後安裝。安裝完成後，eclipse 會提示你重啓。

安裝完成後還需要做一些設置，定位到：

```
eclipse -> windows -> preference -> Maven ->Installations
```

將本地的 Maven 路徑 Add 進來。

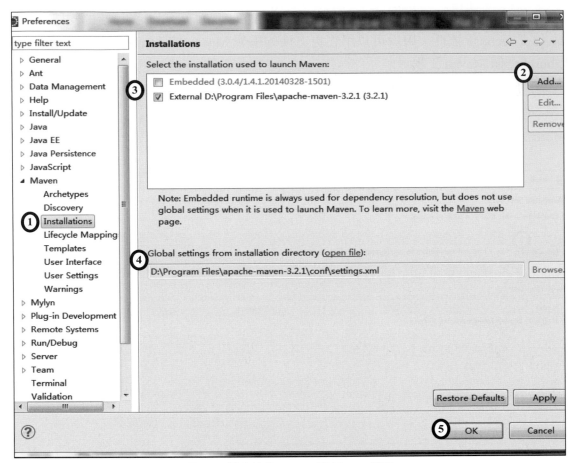

圖 5-54 將本地的 Maven 路徑 Add 進來

　　將 User-setting 定位到 Maven 安裝路徑下的 .\conf\setting.xml 文件。這樣你就完成了插件的安裝，便可以 Import 之前已經編譯好的 Mahout 源碼，在 eclipse 下方便的查看 Mahout 的類檔。

　　導入時可能會遇到 Maven-scala-plugin 缺失的情況，點擊 finish 會自動找到缺失的 plugin 並且安裝 (需重啓 eclipse)。

　　導入 buliding workspace 後，提示了有錯誤：

　　error：Plugin execution not covered by lifecycle configuration: org.scala-tools:ma

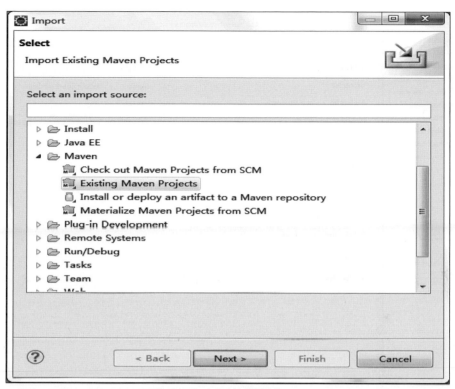

圖 5-55 將 User-setting 定位到 Maven 安裝路徑下的 \ conf \ setting.xml 文件

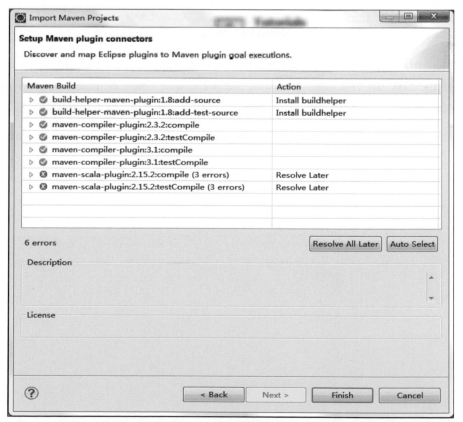

圖 5-56「Import Maven Projects」點擊 finish 會自動找到缺失的 plugin 並且安裝 (需重啓 eclipse)

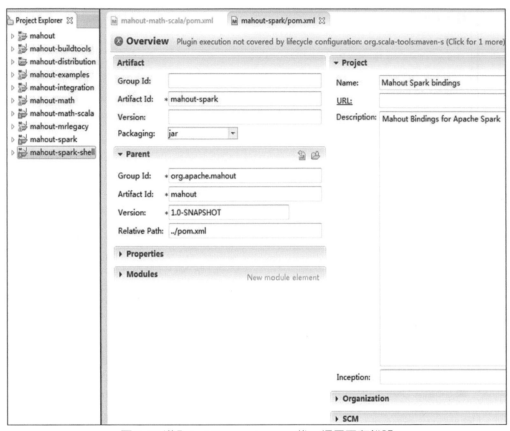

圖 5-57 導入 buliding workspace 後，提示了有錯誤

　　這是由於 m2eclipse-scala 插件的缺失，「The default maven plugin does not support Scala out of the box, so you need to install the m2eclipse-scala connector.」 即 m2eclipse-scala connector 的缺失。所以你需要再次安裝這個插件，方法及上面的類似。

　　Add:Name: Maven for Scala　Location:http://alchim31.free.fr/m2e-scala/update-site/

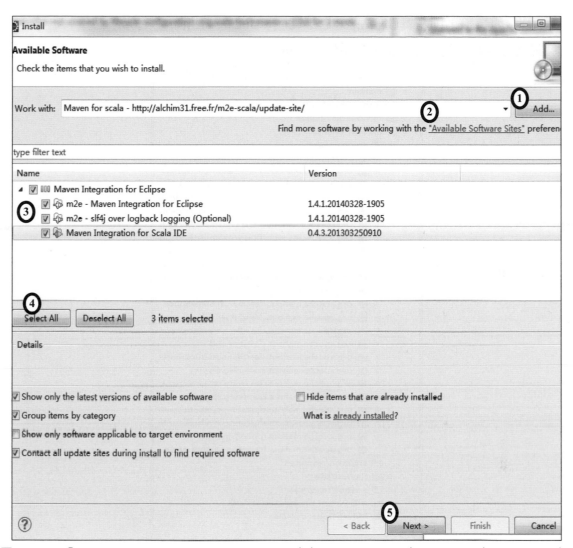

圖 5-58 Add「Name：Maven for Scala Location：http：／／alchim31.free.fr／m2e-scala／update-site／」

(若錯誤持續，則右鍵改 project-> Maven -> Update Project)

最後你成功的導入 Mahout 源碼到了 eclipse 中。

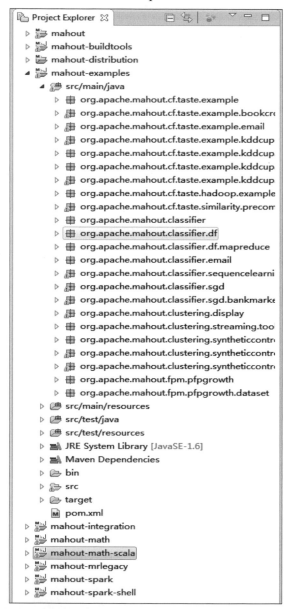

圖 5-59 最後你成功的導入 Mahout 源碼到了 eclipse 中

六、簡單推薦演算法的實現

接著你介紹如何用 Mahout 來建立簡單的推薦演算法，大部分過程你 follow 了官方的這個 "quick guide"。

Step 0　建立資料集，命名為 Dataset.csv，內容如下：

```
1,10,1.0
1,11,2.0
1,12,5.0
1,13,5.0
1,14,5.0
1,15,4.0
1,16,5.0
1,17,1.0
1,18,5.0
2,10,1.0
2,11,2.0
2,15,5.0
2,16,4.5
2,17,1.0
2,18,5.0
3,11,2.5
3,12,4.5
3,13,4.0
3,14,3.0
3,15,3.5
3,16,4.5
3,17,4.0
3,18,5.0
4,10,5.0
4,11,5.0
4,12,5.0
4,13,0.0
4,14,2.0
4,15,3.0
4,16,1.0
4,17,4.0
4,18,1.0
```

Step 1　新建一個 Maven Project，選擇 simple project

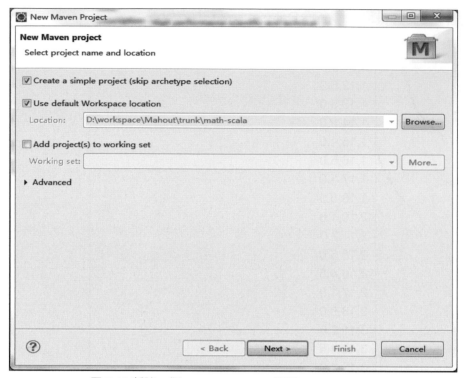

圖 5-60 新建一個 Maven Project，選擇 simple project

Step 2　　命名為 UBrecommender

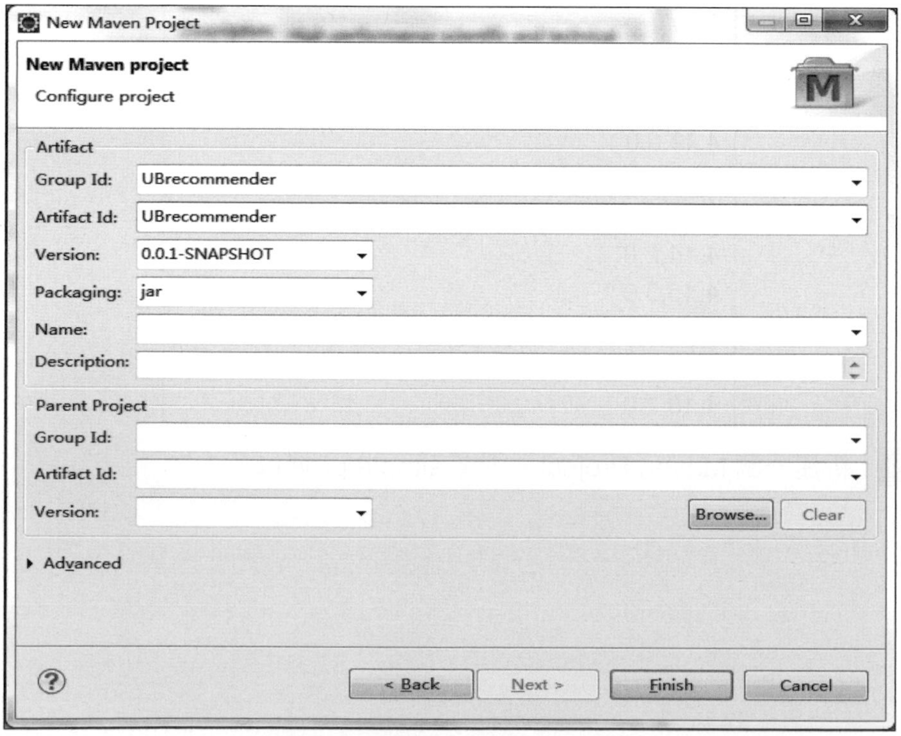

圖 5-61 命名為 UBrecommender

Step 3　　打開 pom.xml 檔，加入 Mahout 的依賴配置，並將 Dataset.csv 放到工程目
錄下

```
<dependencies>
  <dependency>
    <groupId>org.apache.mahout</groupId>
    <artifactId>mahout-core</artifactId>
    <version>0.9</version>
  </dependency>
</dependencies>
```

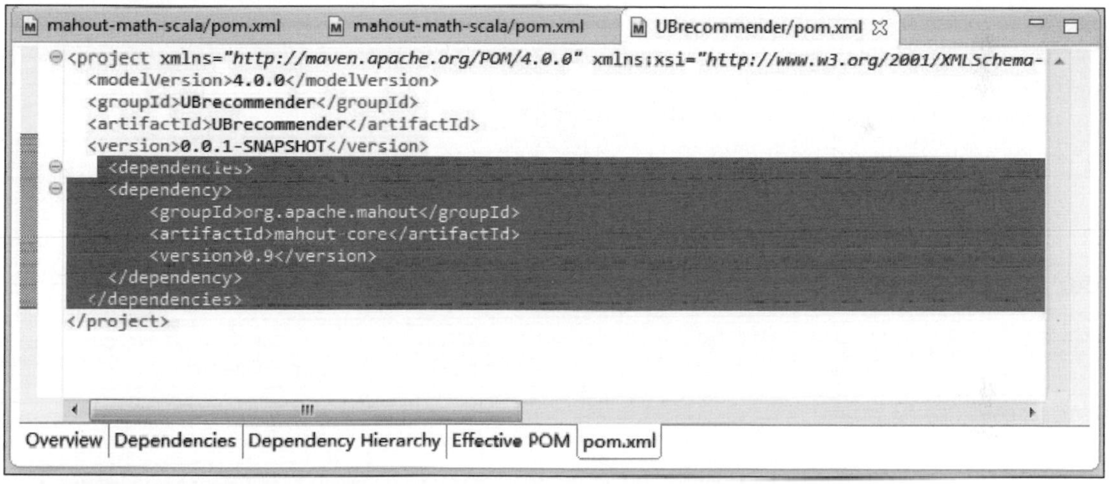

圖 5-62 打開 pom.xml 檔，加入 Mahout 的依賴配置，並將 Dataset.csv 放到工程目錄下

Step 4　　在 src\main\java\ 下新建 SampleRecommender.java

```
import java.io.File;
import java.io.IOException;
import org.apache.mahout.cf.taste.impl.model.file.FileDataModel;
import org.apache.mahout.cf.taste.impl.neighborhood.
ThresholdUserNeighborhood;
import org.apache.mahout.cf.taste.impl.recommender.
GenericUserBasedRecommender;
import org.apache.mahout.cf.taste.impl.similarity.
PearsonCorrelationSimilarity;
import org.apache.mahout.cf.taste.model.DataModel;
import org.apache.mahout.cf.taste.neighborhood.UserNeighborhood;
import org.apache.mahout.cf.taste.recommender.RecommendedItem;
```

```
import org.apache.mahout.cf.taste.recommender.UserBasedRecommender;
import org.apache.mahout.cf.taste.similarity.UserSimilarity;
import java.util.List;
public class SampleRecommender
{
   public static void main(String[] args) throws IOException,
Exception{

      DataModel model = new FileDataModel (new File("dataset.csv"));

      UserSimilarity similarity = new PearsonCorrelationSimilarity(m
odel);

      UserNeighborhood neighborhood = new
ThresholdUserNeighborhood(0.1, similarity, model);

      UserBasedRecommender recommender = new GenericUserBasedRecomme
nder(model, neighborhood, similarity);

      List<RecommendedItem> recommendations = recommender.
recommend(2,3);

      for (RecommendedItem recommendation : recommendations) {
        System.out.println(recommendation);
      }
   }
}
```

Step 5　　運行專案，run as java application 你便得到推薦結果：

```
RecommendedItem[item:12, value:4.8328104]
RecommendedItem[item:13, value:4.6656213]
RecommendedItem[item:14, value:4.331242]
```

◆ 總結

　　總結來說你安裝了 jdk，安裝了 Maven，安裝了 Eclipse 以及在 eclipse 上使用 Maven 所需的一些插件，最後你能夠順利地查看及修改 Mahout 的源碼。

5-5-3　程式設計 / 編程 (programming) 軟體：Hadoop Hive, Pig

一、程式設計 / 編程軟體：Hadoop Hive

　　Apache Hive 的編程 / 式設計，重點在瞭解如何使用 hive 的 SQL 方法：hiveql 來匯總、查詢及分析儲存在 hadoop 分散式檔系統上的大數據集合。

　　Hive 編程適合對大數據感興趣的愛好者以及正在使用 hadoop 系統的資料庫管理員閱讀使用。

　　Hive 是一個基於 Hadoop 分散式系統上的資料倉庫，最早是由 Facebook 公司開發的，Hive 極大的推進了 Hadoop ecosystem 在資料倉庫方面上的發展。

　　Facebook 的分析人員中很多工程師比較擅長而 SQL 而不善於開發 MapReduce 程式，為此開發出 Hive，並對比較熟悉 SQL 的工程師提供一套新的 SQL-like 方言――Hive QL。

　　Hive SQL 方言特別及 MySQL 方言很像，並提供 Hive QL 的編程介面。Hive QL 語句最終被 Hive 解析器引擎解析為 MarReduce 程式，作為 job 提交給 Job Tracker 運行。這對 MapReduce 框架是一個很有力的支持。

　　Hive 是一個資料倉庫，它提供資料倉庫的部分功能：資料 ETL(抽取、轉換、載入) 工具，資料儲存管理，大數據集的查詢及分析能力。

　　由於 Hive 是 Hadoop 上的資料倉庫，因此 Hive 也具有高延遲、批次處理的的特性，即使處理很小的資料也會有比較高的延遲。故此，Hive 的性能就及居於傳統資料庫的資料倉庫的性能不能比較了。

　　Hive 不提供資料排序及查詢的 cache 功能，不提供索引功能，不提供線上事物，也不提供即時的查詢功能，更不提供即時的記錄更性的功能，但是，Hive 能很好地處理在不變的超大數據集上的批量的分析處理功能。Hive 是基於 hadoop 平臺的，故有很好的擴展性 (可以自適應機器及資料量的動態變化)，高延展性 (自定義函數)，良好的容錯性，低約束的資料登錄格式。

　　下面介紹 Hive 的架構及執行流程以及編譯流程：

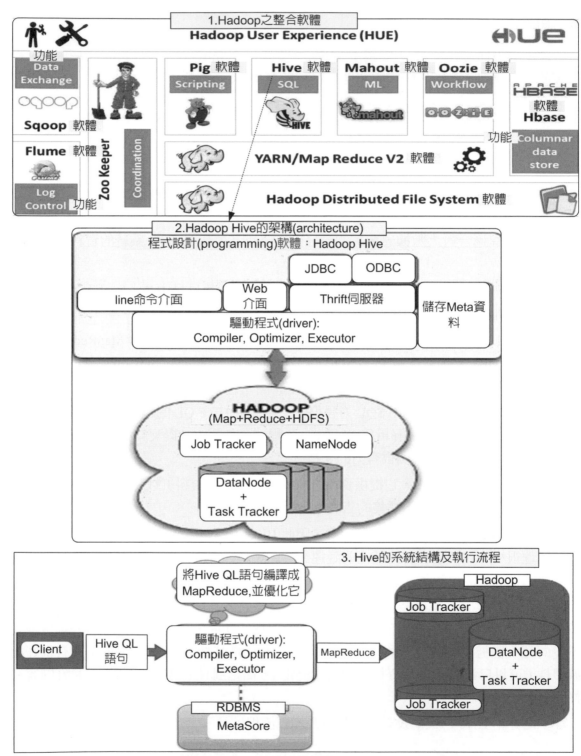

圖 5-63 Hadoop Hive 的架構 (architecture)

來源：data-flair.training (2019). https://data-flair.training/blogs/apache-hive-architecture/

　　Apache Hive 是一個建立在 Hadoop 架構之上的資料倉庫。它能夠提供數據的精煉，查詢及分析。Apache Hive 起初由 Facebook 開發，目前也有其他公司使用及開發 Apache Hive，例如 Netflix 等。亞馬遜公司也開發了一個定製版本的 Apache Hive，亞馬遜網絡服務包中的 Amazon Elastic MapReduce 包含了該定製版本。

　　Hive 是基於 Hadoop 的一個資料倉庫工具，可以將結構化的數據文件映射爲一張資料庫表，並提供簡單的 SQL 查詢功能，可以將 SQL 語句轉換爲 MapReduce 任務進行運行。其優點是學習成本低，可以透過類 SQL 語句快速實現簡單的 MapReduce 統計，不必開發專門的 MapReduce 應用，十分適合資料倉庫的統計分析。

　　用戶提交的 Hive QL 語句最終被編譯爲 MapReduce 程式作爲 Job 提交給 Hadoop 執行。

◆ 小結

1. 在某種程度上數據集收集的大小並在行業用於商業智能分析正在增長，它使傳統的資料倉庫解決方案更加昂貴。HADOOP 與 MapReduce 框架，被用於大型數據集分析的替代解決方案。雖然，Hadoop 地龐大的數據集上工作證明是非常有用的，MapReduce 框架是非常低級彆並且它需要程序員編寫自定義程序，這導致難以維護及重用。Hive 就是爲程序員設計的。

2. Hive 演變爲基於 Hadoop 的 Map-Reduce 框架之上的資料倉庫解決方案。

3. Hive 提供類似於 SQL 的聲明性語言，叫作：HiveQL, 用於表達的查詢。使用 Hive-SQL，用戶能夠非常容易地進行數據分析。

4. Hive 引擎編譯這些查詢到 map-reduce 作業中並在 Hadoop 上執行。此外，自定義 map-reduce 腳本，也可以插入查詢。Hive 運行儲存在表中，它由基本數據類型，如數組及映射集合的數據類型的數據。

5. 配置單元帶有一個命令行 shell 接口，可用於建立表並執行查詢。

6. Hive 查詢語言是類似於 SQL，它支持子查詢。透過 Hive 查詢語言，可以使用 MapReduce 跨 Hive 表連接。它有類似函數簡單的 SQL 支持 - CONCAT, SUBSTR, ROUND 等等 , 聚合函數 - SUM, COUNT, MAX etc。它還支持 GROUP BY 及 SORT BY 子句。另外，也可以在配置單元查詢語言編寫用戶定義的功能。

二、程式設計 / 編程軟體：Hadoop Pig

　　在 Map Reduce 框架，需要的程序將其轉化爲一係列 Map 及 Reduce 階段。但是，這不是一種編程模型，它被數據分析所熟悉。因此，爲了彌補這一差距，一個抽象概念叫 Pig 建立在 Hadoop 之上。

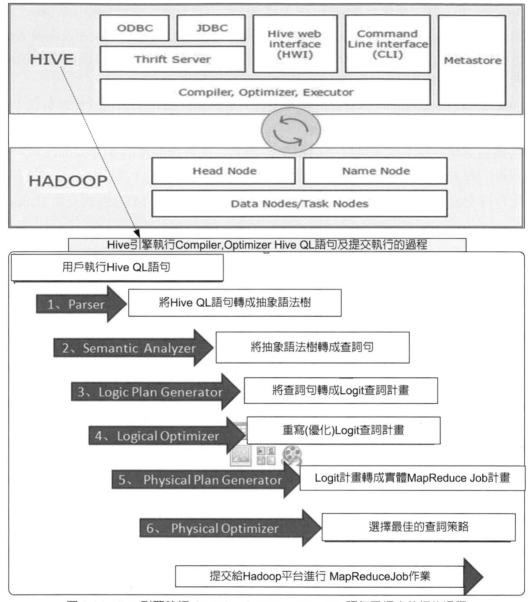

圖 5-64　Hive 引擎執行 Compiler,Optimizer Hive QL 語句及提交執行的過程

來源：Apache Hive (2019). https://zh.wikipedia.org/wiki/Apache_Hive

　　Pig 是一種高級編程語言，分析大數據集非常有用。Pig 是雅虎努力開發的結果。
Pig 使人們能夠更專注於分析大數據集及花更少的時間來寫 map-reduce 程序。
類似豬吃東西，Pig 編程語言的目的是可以在任何類型的數據工作。
　　Pig 由兩部分組成：

1. Pig Latin，這是一種語言。
2. 運行環境，用於運行 PigLatin 程序。

　　Pig Latin 程序由一係列操作或變換應用到輸入數據，以產生輸出。這些操作描述被翻譯成可執行到數據流，由 Pig 環境執行。下面，這些轉換的結果是一係列的 MapReduce 作業，程序員是不知道的。所以，在某種程度上，Pig 允許程序員關注數據，而不是執行過程。

　　Pig Latin 是一種相對硬挺的語言，它採用熟悉的關鍵字來處理數據，例如，Join、Group 及 Filter。

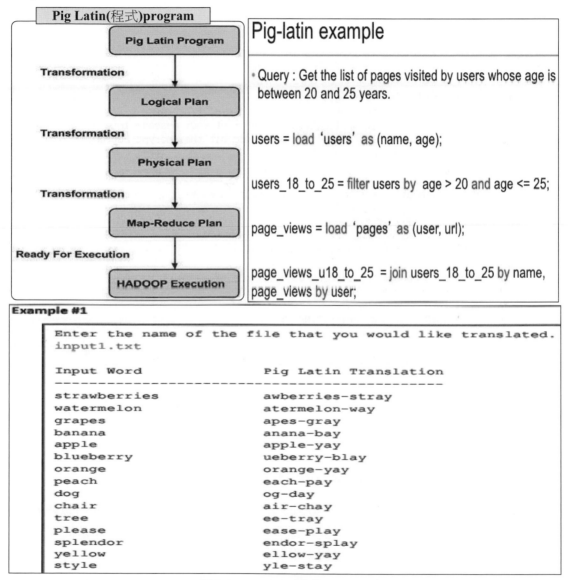

圖 5-65 Pig Latin(程式)program

```
┌─────────────────────────────┐
│     Java語言導入Pig Latin     │
└─────────────────────────────┘
/** This class creates a GUI for the user to encrypt their typed message into Pig Latin.
 *
 * @author Sharon Tender
 * @version 543.5
 */

import java.awt.*;
import java.awt.event.*;
import javax.swing.*;
import javax.swing.text.JTextComponent;
import utils.PigLatin;

public class TxtCrypt extends JFrame {

    public static void main ( String[] args ) {
        /** String variables for the text to be displayed */
        String descText = "This application will encrypt your message into Pig"
                + "Latin. Type your message below and hit the encrypt button.";
        String head = "Oink to the Oink";
        String title = "Pigs rule, Cows drool!";

        /** Create Window object and initialize properties */
        TxtCrypt piggyObject = new TxtCrypt();
        piggyObject.setTitle( title );
        piggyObject.setSize( 800, 500 );
        piggyObject.setLocationRelativeTo( null );

        /** Create component for placing objects into */
        final JPanel myJPanel = new JPanel();
        myJPanel.setOpaque( true );
        myJPanel.setBackground( Color.PINK );
        piggyObject.add( myJPanel );
```

圖 5-66 Pig Latin 程式二 (Java 語言導入 Pig Latin)

5-5-4 串流式 programming 模型 (streaming programming model)：Apache Storm, Kafka or RabbitMQ

一、什麼是 Apache Storm on Azure HDInsight ？

　　Apache Storm 是一個免費的 open source 分散式即時計算系統。Storm 可以輕鬆可靠地處理無限數據流，實現 Hadoop 對批次處理所做的即時處理。Storm 非常簡單，可以與任何編程語言一起使用，並且使用起來很有趣！

　　Storm 有許多用例：即時分析、線上機器學習、連續計算、分散式 RPC，ETL 等。風暴很快：一個基準測試表示每個節點每秒處理超過一百萬個元組。它具有可擴展性，容錯性，可確保你的數據得到處理，並且易於設置及操作。

Pig Latin 程式三(Python語言導入Pig Latin)

Programming with Strings

Develop a Python program which will convert English words into their Pig Latin form, as described below.

The program will repeatedly prompt the user to enter a word. First convert the word to lower case. The word will be converted to Pig Latin using the following rules:

 a) If the word begins with a vowel, append "way" to the end of the word.
 b) If the word begins with a consonant, remove all consonants from the beginning of the word and append them to the end of the word. Then, append "ay" to the end of the word.

For example:

```
"dog" becomes "ogday"
"scratch" becomes "atchscray"
"is" becomes "isway"
"apple" becomes "appleway"
"Hello" becomes "ellohay"
"a" becomes "away"
```

The program will halt when the user enters "quit" (any combination of lower and upper case letters, such as "QUIT", "Quit" or "qUIt").

Suggestions:

 a) Use .lower() to change the word to lower case.
 b) How do you find the position of the first vowel? I like using enumerate(word) as in
    for i,ch enumerate(word)
    where ch is each character in the word and i is the character's index (position).
 c) Use *slicing* to isolate the first letter of each word.
 d) Use *slicing* and *concatenation* to form the equivalent Pig Latin words.
 e) Use the **in** operator and the string "aeiou" to test for vowels.
    Good practice: define a constant VOWELS = 'aeiou'

圖 5-67 Pig Latin 程式三 (Python 語言導入 Pig Latin)

Storm 集成了你已經使用的排隊及資料庫技術。Storm 拓撲消耗數據流並以任意複雜的方式處理這些流，然後在計算的每個階段之間重新劃分流。

(一) 為何使用 Storm on HDInsight ？

Storm on HDInsight 提供下列功能：

1. Storm 運作時間的 99% 服務等級協定 (SLA)。

2. 在建立期間或之後針對 Storm 叢集執行指令碼，可支援輕鬆自訂。

3. 以多種語言建立解決方案：你可以用所選的語言撰寫 Storm 元件，例如 Java、C# 及 Python。

  (1) 整合 Visual Studio 與 HDInsight，以供開發、管理及監視 C# 拓撲。

  (2) 支援 Trident Java 介面。你可以建立 Storm 拓撲，以支援一次性處理訊息、交易式資料存放區持續性及一組常用的串流分析作業。

4. 動態調整：你可以新增或移除背景工作節點，而不影響執行 Storm 拓撲。

5. 使用多項 Azure 服務建立串流管線：Storm on HDInsight 會與其他 Azure 服務整合，例如事件中樞、SQL Database、Azure 儲存體及 Azure Data Lake Store。

(二)Storm 的運作方式

  Storm 會執行拓撲，而不是你可能熟悉的 MapReduce 作業。Storm 拓撲是由有向非循環圖 (DAG) 中排列的多個元件所組成。圖形中元件之間的資料流程。每個元件會取用一或多個資料流，並可選擇性地發出一或多個資料流。圖 5-68 說明資料在基本字數拓撲中的元件之間的流動方式。

5-5-5 分散式協調 (distributed coordination)：Zookeeper

◆ Zookeeper 介紹

  ZooKeeper 是一個 open source 管理分散式的服務套件，用來處理分散式應用程式協調，以快速 Paxos 演算法為基礎，實現同步服務，設定維護及命名服務等分散式應用，主要用來管理 Hadoop、Pig、Hive、Solr 等套件，如圖 5-69。

  本篇文章主要也是教學如何使用 Zookeeper 來管理 Kafka 分散式叢集以及其資源配置，因此會先安裝完 Zookeeper 後，再安裝 kafka。

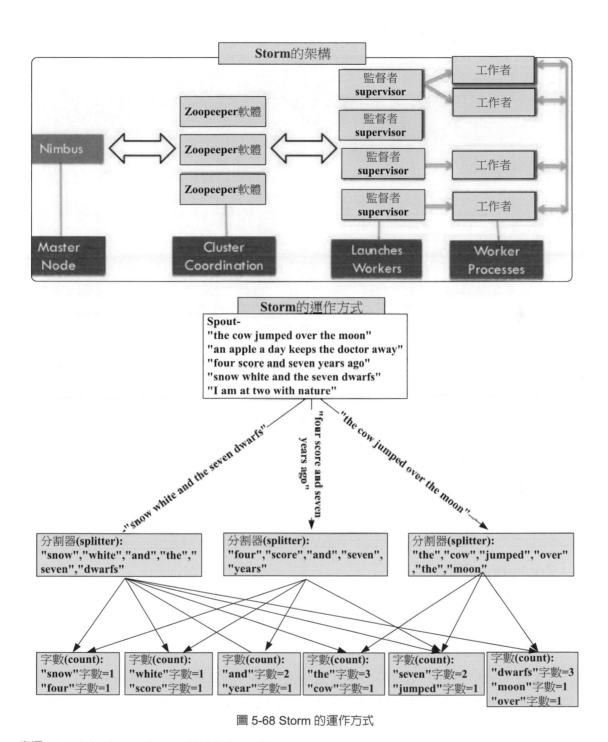

圖 5-68 Storm 的運作方式

來源：tutorialandexample.com (2019). https://www.tutorialandexample.com/apache-storm-tutorial/

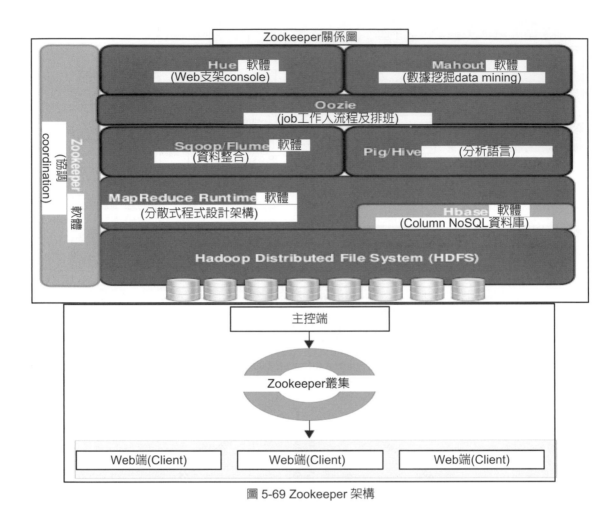

圖 5-69 Zookeeper 架構

來源：corejavaguru.com (2019). http://www.corejavaguru.com/bigdata/zookeeper/architecture

一、Zookeeper 安裝

首先大家需要先準備 1~4 台安裝好 CentOS 的主機，若只有一台的話，那就是單節點服務；多台以上的話可以由 Zookeeper 來管理多個叢集，也可以實現高可用性。

1. 修改個台主機的主機名

該步驟主要是將每台主機的主機名修改為你設定的名稱以及對應的 IP，若只有一台主機的話，就是該台主機為 Master; 多台主機的話，則可以由 Master 來統一管理各台 Slave 主機，設定主機名步驟如下：

第一台主機：

```
vi /etc/hosts
```

圖 5-70 第一台主機：vi ／ etc ／ hosts

來源：zookeeper 安裝和部署 (2019). https://www.itread01.com/content/1549346785.html

剩餘其他台主機 (若只有一台主機即可略過)

第二台：

```
vi /etc/hosts
```

圖 5-71 第二台主機：vi ／ etc ／ hosts

接下來每台主機一樣方式去修改，若是多台主機叢集架構，則每台主機 / etc / hosts 檔案都要是一樣的 (如圖 5-71)

2. 前往 Zookeeper 網站下載安裝包並解壓縮

下載安裝包：

wget http://ftp.mirror.tw/pub/apache/zookeeper/zookeeper-3.4.8/zookeeper-3.4.8.tar.gz

解壓縮至 var 資料夾下：

sudo tar -zxvf zookeeper-3.4.8.tar.gz -C /var/

3. 設定 Zookeeper 參數

```
sudo vi /var/zookeeper-3.4.8/conf/zoo.cfg
```

在 cfg 檔案中輸入下列參數後，存檔離開：

```
tickTime=2000
initLimit=10
syncLimit=5
clientPort=2181
dataDir=/opt/zookeeper
server.1=master-Hadoop:2888:3888
server.2=slave1-Hadoop:2888:3888
server.3=slave2-Hadoop:2888:3888
server.4=slave3-Hadoop:2888:3888
```

　　　server.1~server.4 參數用於設定每台主機的主機名，若只有一台主機的話則只留下
server.1 = master-Hadoop：2888：3888 即可。

4.　於每台主機建立相同資料夾並更改資料夾權限

　　　Master 第一台主機：

```
mkdir -p /opt/zookeeper
```

　　　剩餘其他台主機 (若只有一台主機即可略過)

　　　第二台：

```
ssh hadoop@slave1-Hadoop 'sudo mkdir -p /opt/zookeeper /var/
zookeeper-3.4.8'
```

　　　第三台：

```
ssh hadoop@slave2-Hadoop 'sudo chown hadoop /var/zookeeper-3.4.8 /
opt/zookeeper/'
```

　　　第四台：

```
ssh hadoop@slave3-Hadoop 'sudo chown hadoop /var/zookeeper-3.4.8 /
opt/zookeeper/'
```

5.　將 Zookeeper 安裝檔從 Master 第一台主機傳到其他台主機

　　　若只有一台主機此步驟可略過

```
scp -r /var/zookeeper-3.4.8/ hadoop@slave1-Hadoop:/var/
scp -r /var/zookeeper-3.4.8/ hadoop@slave2-Hadoop:/var/
scp -r /var/zookeeper-3.4.8/ hadoop@slave3-Hadoop:/var/
```

6. 將主機編號寫至編號設定檔中 Master 第一台主機：

```
sudo echo "1" > /opt/zookeeper/myid
```

　　　剩餘其他台主機 (若只有一台主機即可略過)：

　　　第二台主機：

```
ssh hadoop@slave1-Hadoop 'sudo echo "2" > /opt/zookeeper/myid'
```

　　　第三台主機：

```
ssh hadoop@slave2-Hadoop 'sudo echo "3" > /opt/zookeeper/myid'
```

　　　第四台主機：

```
ssh hadoop@slave3-Hadoop 'sudo echo "4" > /opt/zookeeper/myid'
```

7. 啓動 Zookeeper 服務

第一台主機：

```
/var/zookeeper-3.4.8/bin/zkServer.sh start
```

剩餘其他台主機 (若只有一台主機即可略過)：

第二台主機：

```
ssh hadoop@slave1-Hadoop 'sudo /var/zookeeper-3.4.8/bin/zkServer.sh
start'
```

第三台主機：

```
ssh hadoop@slave2-Hadoop 'sudo /var/zookeeper-3.4.8/bin/zkServer.sh
start'
```

第四台主機：

```
ssh hadoop@slave3-Hadoop 'sudo /var/zookeeper-3.4.8/bin/zkServer.sh
start'
```

8. 查看 Zookeeper 目前狀態

Master 第一台主機：

```
sudo /var/zookeeper-3.4.8/bin/zkServer.sh status
```

剩餘其他台主機 (若只有一台主機即可略過)：

```
ssh hadoop@slave3-Hadoop 'sudo /var/zookeeper-3.4.8/bin/zkServer.sh
status'
```

9. 測試資料夾寫入 Zookeeper

由於 Zookeeper 在處理每台主機之間的同步是透過檔案系統中的資料夾內容去同步各台主機之間的參數，狀態及資料，每台主機中的檔案系統內容會是同步一樣的，因此此步驟主要是建立一個資料夾於 Zookeeper 檔案系統中去做測試。

進入 Zookeeper 命令模式

```
/var/zookeeper-3.4.8/bin/zkCli.sh -server 127.0.0.1:2181
```

建立一個名爲 mytest1 的資料夾進檔案系統

```
create /mytest1 test
```

將目前檔案系統中的資料夾給列出

```
ls /
```

10. 重新啓動 Zookeeper

```
sudo /var/zookeeper-3.4.8/bin/zkServer.sh restart
```

確認啓動完成,即安裝成功。

二、Kafka 安裝

在安裝完成 Zookeeper 後,就可以來安裝 Kafka 服務了,此部分安裝,若有多台主機則需每台主機做一樣的步驟,安裝 Kafka。

1. 前往 Kafka 網站下載安裝包並解壓縮

下載安裝包:

```
wget http://apache.stu.edu.tw/kafka/0.10.2.0/kafka_2.12-0.10.2.0.tgz
```

解壓縮至 opt 資料夾下:

```
sudo tar -xzf kafka_2.12-0.10.2.0.tgz -C /opt
```

2. 建立資料夾的軟鏈接

```
cd /opt/
sudo ln -s kafka_2.12-0.10.2.0 kafka
```

3. 新增 Kafka 使用者及設定其權限

```
adduser kafka
sudo chown kafka kafka
```

4. 啓動 Kafka 服務器

```
/opt/kafka/bin/kafka-server-start.sh /opt/kafka/config/server.
properties
```

◆ 卡夫卡測試

安裝完成後,你即可對 Kafka 進行測試,確認訊息是否可以接收以及同步。

1. 啓動 Kafka 服務器

```
/opt/kafka/bin/kafka-server-start.sh /opt/kafka/config/server.
properties
```

2. 建立 Kafka 主題頻道

主題為訊息通道。

```
/opt/kafka/bin/kafka-topics.sh --create \
--zookeeper 140.92.27.23:2181 \
--replication-factor 1 \
--partitions 1 \
--topic test
```

最後一行的主題後面參數 (test) 可以改成自己想要的主題名稱。

3. 列出目前建立的主題清單

```
/opt/kafka/bin/kafka-topics.sh --list --zookeeper 140.92.27.23:2181
```

4. 傳送訊息到 Kafka

由於 Kafka 預設安裝會在 9092 端口，你將訊息會丟至 Kafka 服務器，由 Zookeeper 去同步訊息於各台主機。

```
/opt/kafka/bin/kafka-console-producer.sh --broker-list
140.92.27.23:9092 --topic ben
```

5. 接收訊息

此步驟你可以重新開一個終端視窗，用來接收 Producer 端傳送過來的訊息，收訊息會統一向 Zookeeper 要。

```
/opt/kafka/bin/kafka-console-consumer.sh  --zookeeper
140.92.27.23:2181 --topic ben --from-beginning
```

5-5-6 Neo4j 資料庫

Neo4j 資料庫是一種圖形資料庫，這種資料庫與傳統的關係型資料庫有很大的差別。為了更好地幫助大家理解我這裡就將關係型資料庫與圖形資料庫作個比較。

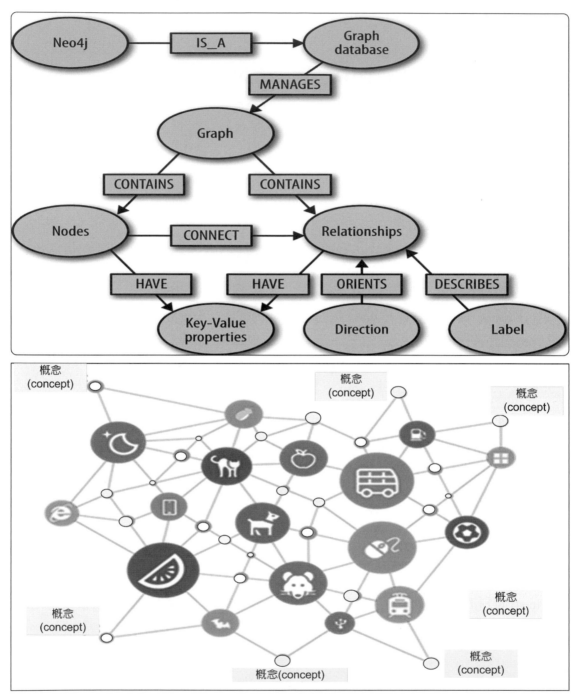

圖 5-72 Neo4j 圖形資料庫

來源：bmc.com (2019). https://www.bmc.com/blogs/neo4j-graph-database/

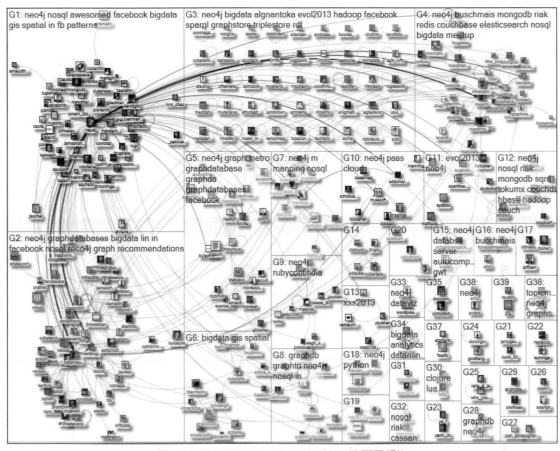

圖 5-73 Neo4j Twitter NodeXL SNA 地圖及報告

來源：neo4j.com (2019). https://neo4j.com/news/neo4j-twitter-nodexl-sna-map-and-report/

(1) 關係型資料庫：

你常用的像 mysql，oracle 等都是關係型資料庫，在關係型資料庫裡面對資料的處理是這樣子的：對每個物件都建立一個表，物件的屬性對應表裡面的 column。

id	name	sex	phone
1	tim	boy	110
2	lili	girl	120

如上表所示。在資料庫裡有條資料表示兩個物件：tim,lili。在現實生活中你會發現任何物件都是有某種聯繫的，那麼關係型資料庫裡是怎樣來表示這種關係呢？就比如 tim 及 lili 是好朋友，那麼在資料庫裡怎樣來表示他們的關係呢？關係型資料庫裡面是這樣處理的——新建一個叫 relationship 的表，表裡面有兩個欄位 id，friendid。

id	friendid
1	2
2	1

如表所示。若你要查找 tim 的朋友那麼你可以遍歷 relationship 表就可以了。

這種資料模型會有什麼問題呢？其實你可以對這個資料模型提個問題——tim 的朋友的朋友的朋友的朋友是誰？好，關聯式資料會這樣回答你的問題：首先在 relationship 表裡面找到所有 id 爲 1(tim 的 id) 的資料，然後拿到對應的 friendid，接著逐個根據 friendid 再進行遍歷找到對應的 friendid，如此反復地遍歷查詢…，也許 10 分鐘也許一小時，也許它永遠都無法回答你的問題。

其實，這種關係只要超過 5 級關係型資料庫就無法解決問題，這就是爲什麼需要圖形資料庫的出現了。

(2) 圖形資料庫：

在圖形資料庫裡面對資料的處理是這樣子的：每個物件都表示成爲一個節點 (node)，每個節點之間的聯繫表示成關係 (rrelationship)，節點與節點之間用關係關聯在一起。你可以看圖更好理解一點。

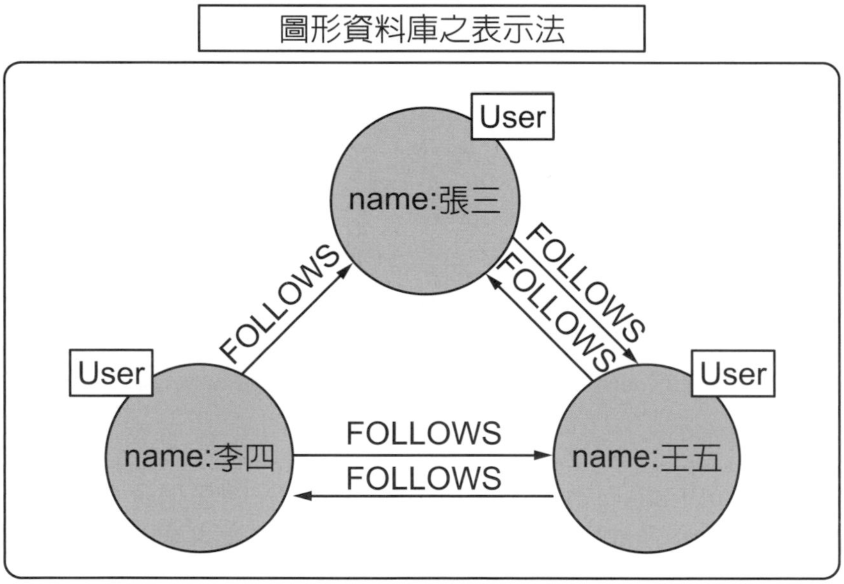

圖 5-74 圖形資料庫之表示法

來源：neo4j.com (2019). https://neo4j.com/blog/why-graph-databases-are-the-future/

如圖 5-74 所示，有三個節點 (node) 它們都透過 FRIEND 關係 (relationship) 關聯起來。Tim 的朋友是 lili，lili 跟 jack 互爲朋友，同時 jack 認識 tim。在圖形資料庫裡要回答像「tim 的朋友的朋友的朋友」的問題非常簡單，資料庫只需要找到 tim 的關係 (relationship) 所對應的節點然後找到對應節點的關係 (relationship)，只需遍歷幾次，這樣就可以很容易回答了上面的問題了。

用統計算出傳統 RDBMS vs. Neo4j 資料庫查詢時間，比較較如下表：

Depth	RDBMS execution time(s)	Neo4j execution time(s)	Records returned
2	0.016	0.01	~2500
3	30.267	0.168	~110,000
4	1543.505	1.359	~600,000
5	Unfinished	2.132	~800,000

同樣的問題若關聯的深度超過 5 那麼關係型資料庫基本上是無法解決的。由此可見關係型資料庫不僅性能上不如圖形資料庫，它在業務實現上其實也是有瓶頸的。這就是為什麼需要研究圖形資料庫的原因。

一、Neo4j 簡介

Neo4j 是一個高性能的 ,NOSQL 圖形資料庫，它將結構化資料儲存在網路上而不是表中。Neo4j 也可以被看作是一個高性能的圖引擎，該引擎具有成熟資料庫的所有特性。程式員工作在一個面向物件的、靈活的網路結構下而不是嚴格、靜態的表中——但是他們可以享受到具備完全的事務特性、企業級的資料庫的所有好處。Neo4j 因其嵌入式、高性能、羽量級等優勢，越來越受到關注。

圖形資料結構在一個圖中包含兩種基本的資料類型：Nodes(節點) 及 Relationships(關係)。Nodes 及 Relationships 包含 key/value 形式的屬性。Nodes 透過 Relationships 所定義的關係相連起來，形成關聯式網路結構。

二、Neo4j 安裝

Neo4j 可以被安裝成一個獨立運行的服務端程式，用戶端程式透過 REST API 進行 access。也可以嵌入式安裝，即安裝為編程語言的第三方類庫，目前只支援 java 及 python 語言。因 Neo4j 是用 java 語言開發的，所以確保將要安裝的機器上已安裝了 jre 或者 jdk

安裝為服務此種安裝方式簡單，各平臺安裝過程基本一樣

1. 從 http://neo4j.org/download 上下載最新的版本，根據安裝的平臺選擇適當的版本。

2. 解壓安裝包，解壓後運行終端，進入解壓後檔夾中的 bin 檔夾。

3. 在終端中運行命令完成安裝'

　　Linux/MacOS 系統 neo4j install

　　Windows 系統 Neo4j.bat install

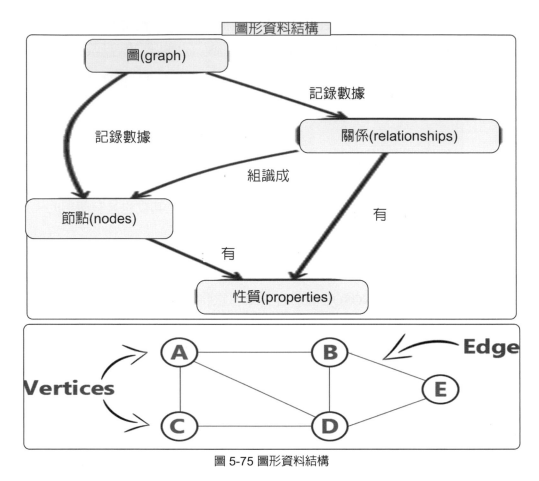

圖 5-75 圖形資料結構

來源：neo4j.com (2019). https://neo4j.com/blog/why-graph-databases-are-the-future/

4. 在終端中運行命令開啟服務

　　　Linux/MacOS 系統 service neo4j-service start

　　　Windows 系統 Neo4j.bat start

　　　透過 stop 命令可以關閉服務，status 命令查看運行狀態

　　　支援 python 嵌入式安裝

| Step 1 | 安裝 Jpype 從 http://sourceforge.net/projects/jpype/files/JPype/ 下載最新版本，windows 有 exe 格式的直接安裝程式，linux 平臺要下載源碼包，解壓後運行 sudo python setup.py install 完成安裝 |

| Step 2 | 安裝 neo4j-embedded 若安裝了 python 的包管理工具 pip 或者 easy_install 可直接運行 |

```
1  Pip install neo4j-embedded
2  easy_install neo4j-embedded
```

三、Neo4j 使用實例

如圖 5-76 所示，用戶關注關係所形成的關係網絡。

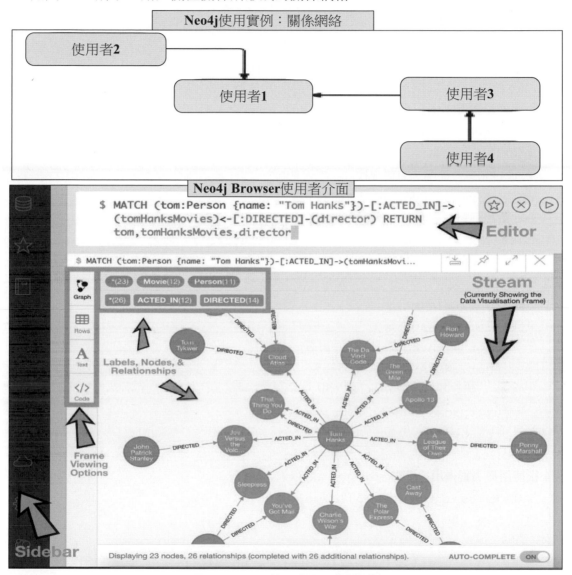

圖 5-76 Neo4j 使用實例：關係網絡

來源：quackit.com (2019). https://www.quackit.com/neo4j/tutorial/neo4j_browser.cfm

現在利用圖形資料庫進行資料的儲存，並獲得 user1 的粉絲，並為 user4 推薦好友範例的程式碼：

```python
#!/usr/bin/env python
# -*- coding: utf-8 -*-
#
# Neo4j 圖形資料庫示例
#
from neo4j import GraphDatabase, INCOMING

# 建立或連接資料庫 db = GraphDatabase('neodb')
# 在一個事務內完成寫或讀操作 with db.transaction:
    # 建立用戶組節點    users = db.node()
    # 連接到參考節點，方便查找
    db.reference_node.USERS(users)
     # 為用戶組建立索引，便於快速查找
    user_idx = db.node.indexes.create('users')

# 建立用戶節點
def create_user(name):
    with db.transaction:
        user = db.node(name=name)
        user.INSTANCE_OF(users)
        #   建立基於用戶 name 的索引
        user_idx['name'][name] = user
    return user

  # 根據用戶名獲得用戶節點 def get_user(name):
    return user_idx['name'][name].single

# 建立節點
for name in ['user1', 'user2','user3','user4']:
   create_user(name)

# 為節點間添加關注關係 (FOLLOWS)
with db.transaction:
    get_user('user2').FOLLOWS(get_user('user1'))
    get_user('user3').FOLLOWS(get_user('user1'))
    get_user('user4').FOLLOWS(get_user('user3'))
# 獲得用戶 1 的粉絲
for relationship in get_user('user1').FOLLOWS.incoming:
```

```
    u = relationship.start
    print u['name']
# 輸出結果：user2，user3


# 為用戶 4 推薦好友，即該用戶關注的用戶所關注的用戶 nid = get_user('user4').id
# 設置查詢語句
query = "START n=node({id}) MATCH n-[:FOLLOWS]->m-[:FOLLOWS]->fof
RETURN n,m,fof"


for row in db.query(query,id=nid):
    node = row['fof'
]    print node['name']
# 輸出結果：user1
```

四、知識圖譜及 Neo4j 圖資料庫

(一) 知識圖譜 (knowledge graph，也稱知識圖)

　　Google 知識圖譜 Google Knowledge Graph，也稱 Google 知識圖) 是 Google 的一個知識庫，其使用語意檢索從多種來源收集資訊，以提高 Google 搜尋的品質。知識圖譜 2012 年加入 Google 搜尋。首先可在美國使用。知識圖譜除了顯示其他網站的連結列表，還提供結構化及詳細的關於主題的資訊。其目標是，用戶將能夠使用此功能提供的資訊來解決他們查詢的問題，而不必導航到其他網站並自己匯總資訊。

　　Internet、大數據的背景下，Google、FaceBook 等搜索引擎紛紛基於該背景，建立自己的知識圖譜 Knowledge Graph(Google)、知心 (FaceBook) 及知立方 (搜狗)，主要用於改進搜索品質。

1. 什麼是知識圖譜

　　一種基於圖的資料結構，由節點 (Point) 及邊 (Edge) 組成。其中節點即實體，由一個全局唯一的 ID 標示，關係 (也稱屬性)) 用於連接兩個節點。通俗地講，知識圖譜就是把所有不同種類的資訊 (Heterogeneous Information) 連接在一起而得到的一個關係網絡。知識圖譜提供從「關係」的角度去分析問題的能力。

2. 知識卡片

　　知識卡片旨在為用戶提供更多與搜索內容相關的資訊，例如，當在搜索引擎中輸入「姚明」作為關鍵字時，你發現搜索結果頁面的右側原先用於置放廣告的地方被知識卡片所取代。下側即使與關鍵字匹配的文檔列表。

3. 知識圖譜的作用

　　知識圖譜最早由穀歌提出，主要用於優化現有的搜索引擎，例如搜索姚明，除了姚

明本身的資訊，還可關聯出姚明的女兒、姚明的妻子等與搜索關鍵字相關的資訊。也就是說搜索引擎的知識圖譜越龐大，與某關鍵字相關的資訊越多，再透過分析搜索者的特指，計算出最可能想要看到的資訊，透過知識圖譜可大大提高搜索的品質及廣度。

所以這也可理解爲何 google、FaceBook 等搜索引擎大頭都爲之傾心，建立自己符合自己用戶搜索習慣的知識圖譜。據不完全統計，Google 知識圖譜到目前爲止包含了 5 億個實體及 35 億條事實 (形如實體 - 屬性 - 值，及實體 - 關係 - 實體)

4. 知識圖譜上的挖掘

透過大數據抽取及集成已經可以建立知識圖譜，爲進一步增加知識圖譜的知識覆蓋率，還需要進一步對知識圖譜進行挖掘。常見的挖掘技術：

推理：透過規則引擎，針對實體屬性或關係進行挖掘，用於發現未知的隱含關係

實體重要性排序：當查詢多個關鍵字時，搜索引擎將選擇與查詢更相關的實體來展示。常見的 pageRank 演算法計算知識圖譜中實體的重要性。

(二)Neo4j 圖資料庫

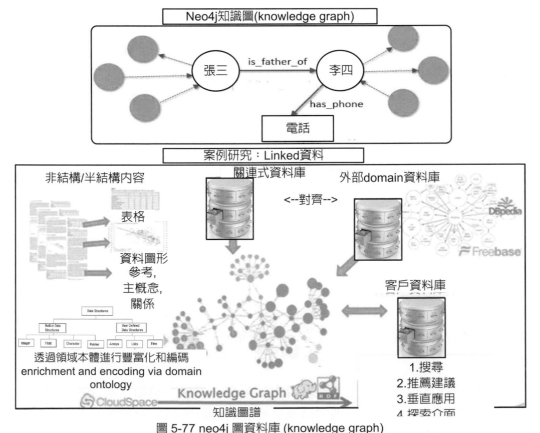

圖 5-77 neo4j 圖資料庫 (knowledge graph)

來源：Knowledge Graph (2019). https://en.wikipedia.org/wiki/Knowledge_Graph

以上就是一個 neo4j 圖資料庫，由頂點 - 邊組成，常用於 FaceBook 好友關係分析、城市規劃、社交、推薦等應用。

1. 特性

- 支援 ACID 事務
- 企業版 neo4j 支持集群搭建，保證 HA
- 輕易擴展上億節點及關係
- 擁有自己的高級查詢語言 cypher 高效檢索
- CSV 資料導入，java 語言編寫均可

2.Cypher 語言

Match where return、Create delete set foreach with 關鍵字，等同與 SQL 語句的 select 等關鍵字操作，例如：

SQL Statement(指令)：

```
SELECT name FROM PersonLEFT JOIN Person_Department ON Person.Id =
Person_Department.PersonIdLEFT JOIN Department ON Department.Id =
Person_Department.DepartmentIdWHERE Department.name = "ITDepartment"
```

Cypher Statement(指令)：

```
MATCH(p:Person)<-[:EMPLOYEE]-(d:Department)WHEREd.name = "IT
Department"RETURNp.name
```

Java Program Conn(指令)：

```
Connectioncon = DriverManager.getConnection("jdbc:neo4j://
localhost:7474/");


Stringquery ="MATCH (:Person {name:{1}})-[:EMPLOYEE]-(d:Department)
RETURN d.name as dept";
try (PreparedStatementstmt = con.prepareStatement(QUERY)) {
    stmt.setString(1,"John");
    ResultSetrs = stmt.executeQuery();
    while(rs.next()) {
        Stringdepartment = rs.getString("dept");
        ....
    }
```

3. 應用場景

(1) 反詐欺：透過查找不同帳戶，如銀行、信用卡等，找到該帳戶其他正常是否正常、相關用戶的交易資訊是否正常判斷用戶的信用度。

(2) 推薦：透過圖資料庫，查詢某節點的消費情況、好友資訊可為其推薦關聯度高的好友或可能消費的商品。

因為 neo4j 的儲存原理使得它的查詢速度是在 O(l) 級的時間複雜度，查詢高效。

5-5-7 記憶內 (in-memory) 讀取來取代硬碟：Memcached

Memcached 是 danga.com(運營 LiveJournal 的技術團隊) 開發的一套分散式內存對象緩存系統，用於在動態系統中減少資料庫負載，提升性能。

一、Memcached 是什麼？

很多人把 memcached 當作及 SharedMemory 那種形式的儲存載體來使用，雖然 memcached 使用了同樣的 "Key=>Value" 方式組織數據，但是它及共享內存、APC 等本地緩存有非常大的區別。Memcached 是分散式的，也就是說它不是本地的。它基於網絡連接 (當然它也可以使用 localhost) 方式完成服務，本身它是一個獨立於應用的程序或守護進程 (Daemon 方式)。

Memcached 在很多時候都是作為資料庫前端 cache 使用的。因為它比資料庫少了很多 SQL 解析、磁盤操作等開銷，而且它是使用內存來管理數據的，所以它可以提供比直接讀取資料庫更好的性能，在大型系統中，access 同樣的數據是很頻繁的，memcached 可以大大降低資料庫壓力，使系統執行效率提升。

memcached 使用內存管理數據，所以它是易失的，當服務器重啓，或者 memcached 進程中止，數據便會丟失，所以 memcached 不能用來持久保存數據。

很多人的錯誤理解，memcached 的性能非常好，好到了內存及硬盤的對比程度，其實 memcached 使用內存並不會得到成百上千的讀寫速度提高，它的實際瓶頸在於網絡連接，它及使用磁盤的資料庫系統相比，好處在於它本身非常「輕」，因為沒有過多的開銷及直接的讀寫方式，它可以輕鬆應付非常大的數據交換量，所以經常會出現兩條千兆網絡帶寬都滿負荷了，memcached 進程本身並不佔用多少 CPU 資源的情況。

二、memcached 安裝 (服務端)

1. 安裝 memcached

```
sudo apt-get install memcached libmemcached-tools
sudo apt-get install php5-memcached
sudo apt-get install php5-dev php-pear make
```

2. 更改 memcached.conf

若你可以給 Memcached 更多記憶體 , 將會增加效能 系統預設是 64MB

nano /etc/memcached.conf

```
-m 64  是記憶體
-l 127.0.0.1 必須更改成自己的 ip 使別人能連
```

完成設定後重新啓動 memcached

```
sudo /etc/init.d/memcached restart
```

或

```
service memcached restart
```

用 netstat 觀看 memcached 是不是在執行？

```
sudo netstat -tap | grep memcached
```

三、memcache 安裝 (客戶端)

1. 安裝 memcache

```
sudo apt-get install php5-memcached
```

2. 編輯 php.ini

```
nano /etc/php5/apache2/php.ini
## 在最下面給上
extension="memcache.so"
memcache.hash_strategy="consistent"
```

重新啓動 apache2

```
service apache2 restart
```

3. 在 drupal 安裝 memcache

移動到 drupal 安裝路徑，安裝 memcache 模組

```
drush dl memcache
```

安裝完成以後 利用文字編輯器 編輯 sites/default/settings.php 設定檔。

在 settings.php 裡新增以下幾行：

```
$conf['cache_backends'][] = 'sites/all/modules/memcache/memcache.
inc';
$conf['cache_default_class'] = 'MemCacheDrupal';
$conf['memcache_key_prefix'] = 'something_unique';
$conf['memcache_servers']
= array(
'HOST(服務端 ip):PORT(服務端的預設 11211port)' => 'default',
);
## 若要多站點使用要在 settings.php 內加入
$conf['memcache_key_prefix'] = 'unique_key';
```

下載 libraries

https://www.drupal.org/project/memcache 內下載 libraries

下載在到 drupal 內的 libraries

並且改名 memcache memcached

4. Drupal 模組啓用與管理模組使用

```
drush en memcache -y
```

下載管理模組 memcache_status

```
drush dl memcache_status
```

更改 libraries 的 memcache

memcache.php 改名 memcache.php.inc

找到並註解 memcache.php.inc 裡面的

```
$MEMCACHE_SERVERS[] = 'mymemcache-server1:11211'; // add more as an
array
$MEMCACHE_SERVERS[] = 'mymemcache-server2:11211'; // add more as an
array
```

開啓模組

```
drush en memcache_status -y
```

習 題

1. Apache Hadoop 及 Spark 的功能？

2. 請敘述何謂工作流管理系統 (Workflow Management System)：Apache Spark Workflow ≒ Hadoop ？

3. 分散式檔案系統之 Hadoop 是什麼？

4. 何 謂 檔 案 系 統 (file systems)：Hadoop Distributed File System (HDFS), Object store (Swift),Lustre 軟體？

5. 請敘述何謂數據管理 (data management)：Hbase, MongoDB, MySQL 資料庫？

6. 分散式協調 (distributed coordination)：Zookeeper 有何功能？

NOTE

雲端運算：
基礎設施、平台、應用

本章綱要

　　"Cloud" 這個字最早是 Ramnath K. Chellappa 教授以抽象、簡單的方式比喻複雜的電腦網路架構。在電腦流程圖中，Internet 常以一個雲狀圖案來表示 (圖 6-1-1 與圖 6-1-2)，因此可以類比爲雲運算。

　　雲端風暴來襲，逐漸革命全球 60 億人使用電腦資訊的習慣。雲端運算 (cloud computing) 也是全球十大企業科技趨勢，其背後隱藏龐大商機，正吸引著 Google、微軟 Microsoft、IBM、蘋果 Apple、亞馬遜 Amazon、甲骨文 Oracle、惠普 HP、戴爾 Dell、昇陽等科技龍頭，在今年大舉跨入雲端運算領域，搶占先機。

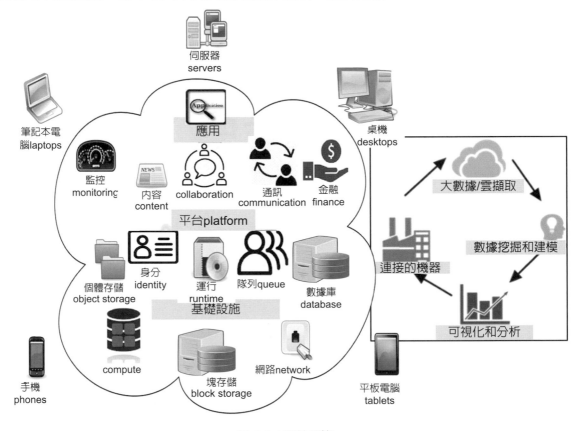

圖 6-1-1 雲端運算

　　基 於 服 務 提 供 的 雲 計 算 分 類 **(classification of cloud computing based on service provided)**，分成三層，如表 **6-1** 所示。

　　電腦運算能力隨著網路技術進步，伺服端具有大量處理的運算能力，許多公司紛紛開始提供網路服務，而且多數是免費的，Web hosting、電子郵件、雲端硬碟等。這些需求繼續刺激產官學界不斷推出新技術，尤其是 Web Services 或產品，這也讓網路公司開始思考如何將企業營運所需的軟體功能，轉換成網路服務並讓企業能夠接受，此時出現「軟體即服務」(Software as a Service，SaaS)。事實上，「Web 2.0」、「軟體即服務」(Software as a Service；SaaS) 與「雲端運算」(cloud computing) 三者是有關聯。其中，

Web 2.0 是「與 user 互動溝通」、SaaS 是其宣稱有助於企業「降低資訊投資成本」的服務傳遞新模式，而雲端運算則是實現上述應用的「新型態基礎建設架構」。

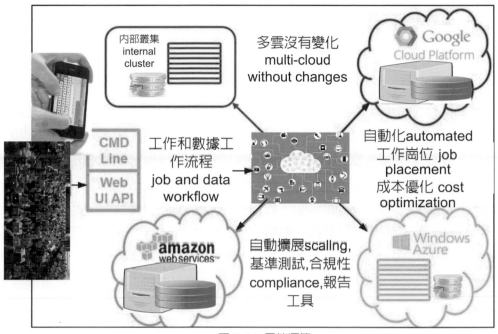

圖 6-1-2 雲端運算

表 6-1 雲端運算領域的分層

1、上級戰場：軟體服務 (software as a service，SaaS)
打破以往大廠壟斷的局面，所有人都可在上面自由揮灑創意，提供各式各樣的軟體服務。競爭者：世界各地的軟體開發者
2、中間戰場：平台服務 (platform as a service，PaaS)
打造程式開發平台與作業系統平台，讓開發人員可以透過網路撰寫程式與服務，一般消費者也可在上面執行程式。競爭者：Google、微軟、蘋果、Yahoo!
3、底層戰場：設備服務 (infrastructure as a service，IaaS)
將基礎設備 (如 IT 系統、資料庫等) 整合起來，像旅館一樣，分隔成不同的房間供企業租用。競爭者：IBM、戴爾、昇陽、 惠普、亞馬遜

6-1 雲端運算概念、挑戰

一、事情變得越來越複雜

1. 情緒 sentiment 分析。

以更好、更快地了解及回應客戶對他們及其產品的評價。情感分析也稱為意見探勘 (opinion mining) 是指使用自然語言處理、文本分析及計算語言學來識別及提取源材料中的主觀資訊。所謂意見是人們對於某個實體、狀況或事件所表達出來的態度、情感、評價、感覺或情緒。意見探勘乃是運用文字探勘的技術，由電腦自動從文件資料中進行情感或意見資訊的偵測、萃取及分析。其他的別名包含：情感偵測 (sentiment detection)、評論探勘 (review mining)、評價萃取 (appraisal extraction)，乃至情感計算 (affective computing) 皆是意見探勘的範疇。

意見探勘主要涵括兩個部分：(1) 區別文本中是否存在有意見資訊，也就是說，搜尋及萃取作者用來表達意見的文字部分，例如字詞、語句、段落，甚至於區塊或整篇文章；(2) 分析前述意見文本中所隱含的語意指向 (semantic orientation)，包含：意見傾向 (polarity) 及意見強度 (strength)。意見探勘的研究起源於 1970 年代的晚期。早期研究著重於解析文本中的信念、隱喻、敘事、觀點、影響等訊息。至今，最多學者進行探討的研究議題，當屬情感分類 (sentiment classification) 及主觀分類 (subjectivity classification)。

主觀分類則探討如何辨別具有主觀性 (subjectivity) 或客觀性 (objectivity) 意見的文本。簡單來說，即是區別文本是否存在有意見資訊。同樣地，依據意見文本範圍亦能歸類成字詞、語句，以及文件等層級的處理。主觀分類對於情感分類來說具有舉足輕重的影響，原因是主觀分類若能正確判別出含有意見資訊的文本，將有助於提高情感分類的準確性。

2. 雲端及設備當作數據儲存。

3. 高級分析越來越受歡迎。

二、什麼是雲端運算 (cloud computing)？

雲端運算是一種能透過無所不在的網路，以便利且隨選所需的方式存取共享式運算資源池 (例如：網路、伺服器、儲存空間、應用程式與服務) 的運作模式，運算資源的提供只需要最少的管理作業與供應商涉入，就能快速配置與發布運算資源。

1. 作為服務提供的資訊科技 (IT) 資源

   - 計算、儲存、資料庫、隊列

2. 雲利用商品硬體的規模經濟

   - 廉價儲存，高帶寬網絡及多核處理器

   - 地理分佈的數據中心

3. 源自微軟、亞馬遜、谷歌的產品 ......

三、雲的益處 (benefits)

1. 成本及管理：規模經濟，外包資源管理

2. 縮短部署時間：易於組裝、開箱即用 (out of the box)

3. 縮放 (scaling)：按需配置、共同定位數據及計算

4. 可靠性：龐大、共享的資源

5. 可持續發展：硬體不歸屬

四、雲端運算部署模式有 4 種

1. 公共雲 (public cloud)：由銷售雲端服務的廠商建立，提供給大眾使用，並依照使用量計費。

2. 私有雲 (private cloud)：由單一組織建立，只供該組織所使用，不與其他組織共享。

3. 社區雲 (community cloud)：由一群擁有共同任務、特定需求的組織共同成立，以服務該社群。

4. 混合雲 (hybrid cloud)：結合兩種以上的雲端運算架構，透過標準或私有技術而讓資料與應用程式擁有可攜性。

6-1-1 雲端運算 (cloud computing) 概述

一、雲端運算的演進

　　亞馬遜 Amazon 最早提出雲端運算技術，來因應網路購物平台而生的雲端運算。接著 Google、Microsoft 再跟進，這個技術早就已經深入生活中。隨著 Internet 急遽發展下，硬體效能與行動裝置的高速運算需求提升，加上寬頻的普及，可看出雲端運算的進化史：由早期的網路撥接 (Modem)　網路伺服器 (Web Server)　主機代管 (Web Hosting)　應用程式代管 (ASP)。

最簡單的雲端運算技術已隨處可見，例如：Google 搜尋引擎、網路信箱等，user 只要輸入查詢關鍵字即能得到大量資訊；進一步的雲端運算不只是做資料搜尋、分析的功能，更可以運用在各種科學上，例如：人臉辨識、解析癌症細胞、分析基因結構 DNA、基因圖譜定序、病人診測等；在未來智慧型手機 (Smart phone)、衛星導航 (GPS) 等行動裝置都可以透過雲端運算，發展出更多的應用服務。

二、雲端運算的定義

目前有一趨勢，是基於雲的儲存及計算資源的普遍性，它用於處理這些大數據集。

究竟什麼是雲端運算技術？它不是一個全新的技術，而是一個概念，因為 cloud computing 本身並不代表任何一項資訊科技的技術，它是一種電腦運算的概念。「簡單的說，就是把所有的資料全部丟到網路上處理！」。

雲端運算就是將運算能力提供出來作為一種服務，使人可以透過網路取得，也就是讓網路上不同的電腦同時幫你做一件事，來增加處理速度。你所需要的資料，不用儲存在本地個人電腦上，而是放在網路的「雲」上面，且在任何可上網的地方即可進行資料處理。cloud computing 又稱「計算雲」、「雲端運算」；「雲」就是 Internet；「端」是指 user 端 (client)。意思是指 user 運用網路服務來完成事情的方式，雲端運算的目標就是沒有軟體的安裝，所使用的資料都源自於雲端，user 只需要連上雲端的設備與簡單介面就可以了。雲具有規模龐大的運算能力，由服務供應商建造大型機房，提供各種軟體應用 (word、ppt、Excel 等)，讓用戶隨時使用猶如超級電腦的運算能力與最新應用軟體，user 卻不曉得伺服器的位置或資料的所在。

維基百科上解釋雲端運算 (cloud computing)，是一種基於 Internet 的運算新方式，透過 Internet 上異構、自治的服務為個人及企業 user 提供按需即取的運算。雲端運算的資源是動態、易擴充套件而且虛擬化的，透過 Internet 提供的資源，終端 user 不需要了解「雲端」中基礎設施的細節，不必具有相應的專業知識，也無需直接進行控制，只關注自己真正需要什麼樣的資源以及如何透過網路來得到相應的服務。

◆ 雲的特性 (cloud characteristics)

1. 提供可擴展的標準環境 (provide a scalable standard environment)。
2. 需求的計算 (on-demand computing)。
3. 根據需要付款 (pay as you need)。
4. 動態可擴展 (dynamically scalable)。
5. 便宜 (cheaper)。

三、雲端運算與網格運算 (grid computing) 的差別

　　雲端運算是電腦運算的一種，它是分散式運算 (distributed computing) 的概念，就是讓一些不同的電腦同時做事情、進行運算，故不管擁有幾台電腦，都可以讓它們互通，同時一起幫你做事情。

　　網格運算 (grid computing) 是由鬆散耦合的電腦集群組成的超級虛擬電腦，通常是用來執行大型任務，它跟雲端運算 (cloud computing) 很像，兩者都是由分散式運算 (distributed computing) 所發展出來的概念。在概念上「cloud computing」與「grid computing」相似，只是較早出現 grid computing，重點放在異質系統的運算資源整合，簡單來說，就是讓不同等級的電腦、或是不同作業系統的電腦，彼此可以透過通訊標準來互相溝通，分享彼此的運算資源。

　　龐大的運算資源也就意味著提供更多樣化的新服務，所有的人現在可在網路上，利用各大企業開發的 cloud computing。雲端運算是以 Web 為前端，資料全部放後端，user 本身不需要放置資料。這樣 user 可以不用擔心不同裝置上資料無法同步的問題，也可以隨時取用它。

　　舉例來說，只要在你身邊可以上網的裝置，不管是手機或智慧手錶都可以隨時取得需要的資料。既然資料都放在雲端，運算自然應該也在雲端進行，因為這樣的效率最好，可以減少資料在 user 與雲端之間傳輸的時間。

6-1-2 服務提供的雲計算分類

（一） 基於服務提供的雲計算分類 (Classification of Cloud Computing based on Service Provided)

1. 基礎設施即服務 (Infrastructure as a service, IaaS)
2. 平台即服務 (Platform as a Service, PaaS)
3. 軟體即服務 (Software as a service, SaaS)

（二） 更精細的分類

1. 儲存即服務 (storage-as-a-service)
2. 資料庫即服務 (database-as-a-service)
3. 資訊即服務 (information-as-a-service)
4. 流程即服務 (process-as-a-service)
5. 應用即服務 (application-as-a-service)
6. 平台即服務 (platform-as-a-service)
7. 整合即服務 (integration-as-a-service)

8. 安全即服務 (security-as-a-service)

9. 管理即服務 (management-as-a-service)

10. 治理即服務 (governance-as-a-service)

11. 測試即服務 (testing-as-a-service)

12. 基礎設施即服務 (infrastructure-as-a-service)

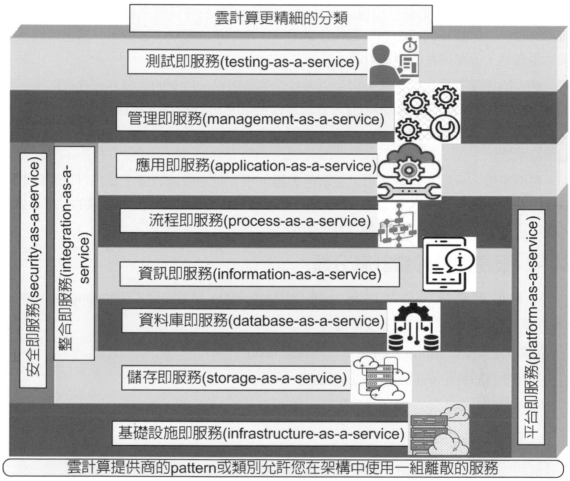

圖 6-2　雲計算更精細的分類

(一) 基礎設施即服務 (Infrastructure as a service ,IaaS)

- 使用雲計算原理提供硬體相關服務。這些可能包括儲存服務 (資料庫或磁盤儲存) 或虛擬服務器。

- Amazon EC2、Amazon S3、Rackspace 雲服務器及 Flexiscale。

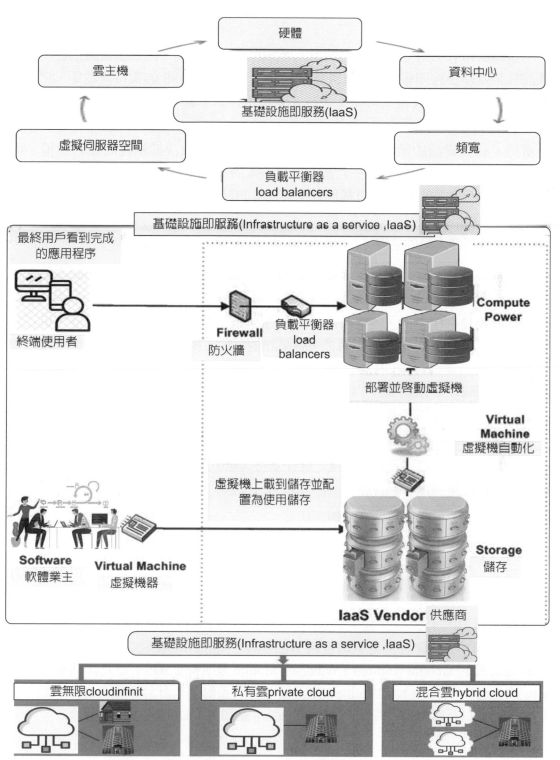

圖 6-3　基礎設施即服務 (Infrastructure as a service ,IaaS)

1. PaaS 的獨特特點

平臺即服務 (PaaS) 常常是最容易讓人迷惑的雲計算類別，因爲很難識別它，常常把它誤認爲是基礎設施即服務 (IaaS) 或軟體即服務 (SaaS)。PaaS 的獨特特點是，它讓開發人員可在駐留的基礎設施上構建並部署 web 應用程式。換句話說，PaaS 讓你能使用雲基礎設施似乎無窮的計算資源。

當然，計算資源的數量看起來無窮只是幻想，限制取決於基礎設施的規模。但是 Google 基礎設施大約包含超過一百萬台基於 x86 的電腦。另外，因爲用於 PaaS 的基礎設施是彈性的，在需要時雲可以擴展以提供更多的計算資源，故無窮的資源並不完全是想像。

2. PaaS 對於開發人員的意義

開發人員常常誤以爲雲計算只適用於網路管理員。但是，這個錯誤的觀念忽視了雲計算可能給開發及質量保證團隊帶來的許多好處。

在軟體開發過程中，一些東西常常會出問題。以我的經驗，設置伺服器環境以駐留開發團隊要構建的 Web 應用程式可能會帶來許多爭吵。即使在最大的企業中，通常一位網路管理員要負責爲幾個開發團隊服務。在不使用 PaaS 的情況下，設置開發或測試環境通常需要完成以下任務：

(1) 獲取並部署伺服器。

(2) 安裝操作系統、運行時環境、源代碼控制儲存庫及必須的所有其他中間件。

(3) 配置操作系統、運行時環境、儲存庫及其他中間件。

(4) 轉移或複製現有的代碼。

(5) 測試並運行代碼以確保一切正常。

3. PaaS 的主要成分

瞭解 PaaS 的最好方法可能是把它分解爲：平臺及服務。現在，考慮提供的服務，這稱爲解決方案堆。也就是說，PaaS 的兩個主要成分是計算平臺及解決方案堆。

按照最簡單的形式，計算平臺是指一個可以一致地啓動軟體的地方 (只要代碼滿足平臺的標準)。平臺的常見示例包括 Windows、Apple MacOSX 及 Linux 操作系統；用於移動計算的 Google Android、Windows Mobile 及 Apple iOS；以及作爲軟體框架的 Adobe AIR 及 Microsoft NET Framework。要記住的重點是，計算平臺不是指軟體本身，而是指構建並運行軟體的平臺。下表提供一張示意圖以幫助理解這種關係。

	範型轉變	特征	關鍵辭彙	優點	缺點及風險	不應該使用的場合
IaaS	基礎設施即資產	常常獨立於平臺； 分擔基礎設施成本，因此會降低成本； 服務水平協議 (SLA)； 按使用量付費； 自我伸縮	網格計算，效用計算，計算實例，系統管理程式，暴雨 (cloud bursting)，多租用者計算，資源池	避免在硬體及人力資源方面花費資產費用； 降低 ROI 風險； 降低進入門檻； 簡化及自動化伸縮過程	企業效率及生產力很大程度上取決於廠商的能力；可能會增加長期成本；集中化需要新的／不同的安全措施	當資產預算大於運營預算時
PaaS	許可證購買	消費雲基礎設施； 能滿足敏捷的專案管理方法	解決方案堆	簡化的版本部署	集中化需要新的／不同的安全措施	無
SaaS	軟體即資產 (企業及消費者)	SLA；由"瘦客戶機"應用程式提供 UI； 雲組件； 透過 API 進行通信； 無狀態； 鬆散耦合； 模塊化； 語義性互操作能力	瘦客戶機；客戶機－伺服器應用程式	避免在軟體及開發資源方面花費資產費用； 降低 ROI 風險； 簡化及迭代式的更新	數據的集中化需要新的／不同的安全措施	無

(二) 平台即服務 (Platform as a Service, PaaS)

- 在雲上提供開發平台。

- Google's Application Engine、微軟 Azure、Salesforce.com 的 force.com。

　　PaaS 是平台即服務 (Platform as a Service) 的簡稱，平台即服務是一種雲計算服務，提供運算平台與解決方案堆棧即服務。在雲計算的典型層級中，平台即服務層介於軟體即服務與基礎設施即服務之間。

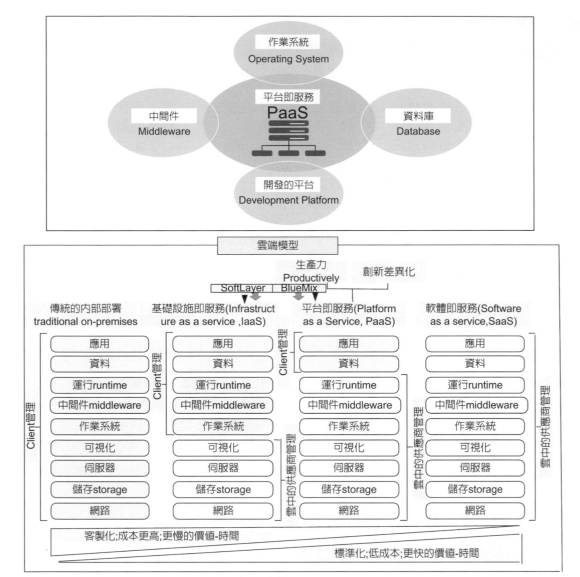

圖 6-4　平台即服務 (Platform as a Service, PaaS)

　　平台即服務提供用戶能將雲基礎設施部署與建立至客戶端，或者藉此獲得使用編程語言、程式庫與服務。用戶不需要管理與控制雲基礎設施，包含網路、伺服器、操作系統或儲存，但需要控制上層的應用程式部署與應用代管的環境。

　　PaaS 將軟體研發的平台做為一種服務，以軟體即服務 (SaaS) 的模式交付給用戶。因此，PaaS 也是 SaaS 模式的一種應用。但是，PaaS 的出現可以加快 SaaS 的發展，尤其是加快 SaaS 應用的開發速度。

　　平台即服務 (PaaS) 這是在軟體即服務 (Software as a Service，SaaS) 後興起的一種新的軟體應用模式或者架構。是應用服務提供商 (the Application Service Provider, ASP) 的進一步發展。

(三) 軟體即服務 (Software as a service,SaaS)

- 在雲上包含完整的軟體產品。用戶可以按使用付費方式 access 由雲供應商託管的軟體應用程序。這是一個成熟的部門。
- Salesforce.com 在線上客戶關係管理 (CRM) 領域提供的產品，Googles gmail 及 Microsofts hotmail、Google docs。

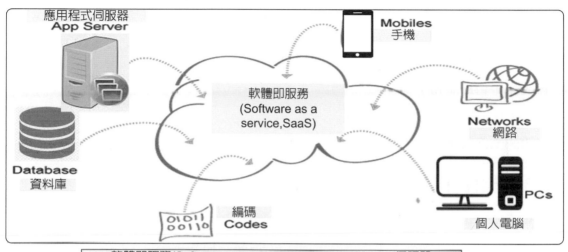

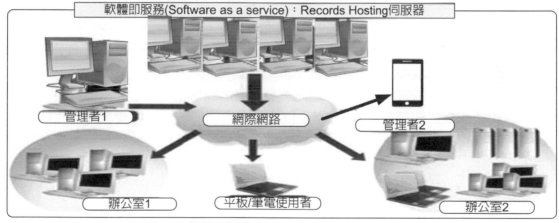

圖 6-5　軟體即服務 (Software as a service,SaaS)

　　軟體即服務 (Software as a Service，SaaS) 有時被作為「即需即用軟體」(即「一經要求，即可使用」)，它是一種軟體交付模式。在這種交付模式中雲端集中式代管軟體及其相關的資料，軟體僅需透過 Internet，而不須透過安裝即可使用。用戶通常使用精簡用戶端經由一個網頁瀏覽器來存取軟體即服務。

　　對於許多商業應用來說，軟體即服務已經成為一種常見的交付模式。這些商業應用包括會計系統、協同軟體、客戶關係管理、管理資訊系統、企業資源計劃、開票系統、人力資源管理、內容管理、以及服務台管理。軟體即服務已經被吸納進所有領先企業級軟體公司的戰略中。這些公司最大的賣點之一就是透過將硬體及軟體維護及支援外包給軟體即服務的提供者，來降低資訊科技 (Information Technology, IT) 成本。

「軟體即服務」(SaaS) 的術語被認為是雲端運算命名法的一部分，還有 IaaS、PaaS、桌面即服務 (DaaS) 都被認為是雲端運算的學術名稱。

五、雲計算的關鍵成分

1. 服務導向的體系結構 (SOA)
2. 公用計算 (按需求)
3. 虛擬化 (P2P 網絡)
4. SAAS(軟體即服務)
5. PAAS(平台即服務)
6. IAAS(基礎設施作為服務)
7. 雲中的 Web 服務

6-1-3　雲計算的平台有五種

(一)Amazon Elastic Compute Cloud

Amazon Elastic Compute Cloud (Amazon EC2) 是一種 Web 服務，可在雲端提供安全、可調整大小的運算容量。該服務旨在降低開發人員進行 Web 規模雲端運算的難度。

Amazon EC2 的 Web 服務介面非常簡單，你可以輕鬆獲取及配置容量。使用本服務，你可以完全控制運算資源，並在成熟的 Amazon 運算環境中執行。Amazon EC2 讓獲取與啟動新伺服器執行個體所需的時間縮短至幾分鐘，如此一來，當你的運算要求發生變化時，便能快速擴展運算容量。Amazon EC2 按實際使用的容量收費，從而改變了成本結算方式。Amazon EC2 還為開發人員提供建置故障恢復應用程式以及排除常見故障情況的工具。

(二)　Google App Engine

你需要先在 Google 雲端平台上建立一個新專案，才能將 Google 工具應用於自己的網站或應用，而在這之前，你需要有一個 Google 帳戶。

1. 轉到 Google 雲端平台控制台上的 App Engine 儀表板，然後按新增 / 建立。
2. 輸入專案名稱，編輯並記下你的專案 ID。待會將使用到專案 ID：
   - 專案名稱：GAE Sample Site
   - 專案 ID：gaesamplesite
3. 若尚未建立專案，則需要選擇是否要接收電子郵件更新、同意服務條款，然後應該能夠點擊「建立專案 (+)」的按鈕來新增專案。

(三)Microsoft Azure

在早期，Microsoft 把 Azure 稱為 Windows Azure 雲端服務，但過段時間後，改成 Microsoft Azure 雲端服務，展現出對非 Windows 系列平台的支援度。

圖 6-6　Microsoft Azure 雲端服務

來源：znetlive.com (2019). https://www.znetlive.com/blog/microsoft-azure-vs-amazon-aws/

要開始使用 Microsoft Azure 雲端服務，從 Microsoft Azure 的入口網站 http://azure. microsoft.com/zh-tw/ 開始是最好的選擇。

Azure 平台為開發人員提供什麼？如圖 6-7 所示。

(四)GoGrid

GoGrid 是世界上第一個多雲服務器控制面板，可讓你部署及管理按需服務器託管。

(五)AppNexus

AppNexus 是一家全球 Internet 技術公司。它為數位廣告的買家及賣家提供全球最大的數位廣告及強大的企業技術獨立市場。

圖 6-7　Azure 平台為開發人員提供什麼？

來源：Microsoft Azure (2019). https://en.wikipedia.org/wiki/Microsoft_Azure

七、企業界在雲端上的競爭

　　過去新技術的推廣是沿著學界、政府、業界這條線發展，最後才是個人，現在個人反而是新技術需求的驅動者。Google 雲端服務，是從消費者開始，逐漸往企業端發展，漸次成形的 Google Apps 就是網路辦公室軟體，包括信箱、文件、投影片等。但 Google 並不因此而滿足，今年才上線的 Google App Engine，更是一個網路平台，讓開發者可自行建立網路應用程式。

　　接著，微軟也推動雲端運算，其策略是軟體＋服務，強調產品的彈性化。微軟推出 live 與企業版 Online 動態，打算針對每一種現有的軟體，發展出「相應的雲端服務」。

　　之後，網路零售業龍頭「亞馬遜網路服務」(Amazon Web Service)，把自己架設好的 IT 架構與資源開放給其他公司使用。接著 IBM 也推出藍雲 (Blue Cloud) 計畫，建立第一座在中國無錫的大型商用數據中心。

　　防毒軟體龍頭趨勢科技也不落於人後，使用全球首創的「雲端運算」技術進行防毒，也就是在網路上架一朵「防毒雲」，user 不用像過去，得要把病毒碼下載到自己的電腦更新，而是在網路上即時偵測惡意程式，只要透過網路連上防毒雲，就能即時在網路上偵測病毒，既節省硬碟空間，也可縮短因應病毒爆發的處理時間。

八、雲端運算及分散式計算 (cloud and distributed computing)

雲端運算 (cloud computing) 是透過網路將龐大的運算處理程序自動分割成無數個較小的「子程序 (sub process)」，再交由多部電腦主機或伺服器所組成的龐大系統經由搜尋與運算分析之後，再將處理結果回傳給用戶端 (client)。

6-2　Amazon Web Services (AWS)：雲端運算服務

Amazon Web Services (AWS) 是安全的雲端服務平台，提供運算能力、資料庫儲存、內容交付及其他協助企業擴展及成長的功能。探索數百萬名客戶目前如何使用 AWS 雲端產品與解決方案來建立提升彈性、可擴展性及可靠性的複雜應用程式。

1. 彈性計算雲 - EC2(IaaS)

2. 簡單儲存服務 - S3(IaaS)

3. 彈性塊儲存 - EBS(IaaS)

4. SimpleDB(SDB)(PaaS)

5. 簡單隊列服務 - SQS(PaaS)

6. CloudFront(基於 S3 的內容交付網絡 - PaaS)

7. 一致的 AWS Web Services API

一、Google's AppEngine vs. Amazon's EC2 的平台比較

(一)Amazon EC2：

Amazon Elastic Compute Cloud (Amazon EC2) 在 Amazon Web Services (AWS) 雲中提供可擴展的計算容量。使用 Amazon EC2 可避免前期的硬體投入，因此你能夠快速開發及部署應用程式。透過使用 Amazon EC2，你可以根據自身需要啟動任意數量的虛擬伺服器、配置安全及網路以及管理儲存。Amazon EC2 允許你根據需要進行縮放以應對需求變化或流行高峰，降低流量預測需求。

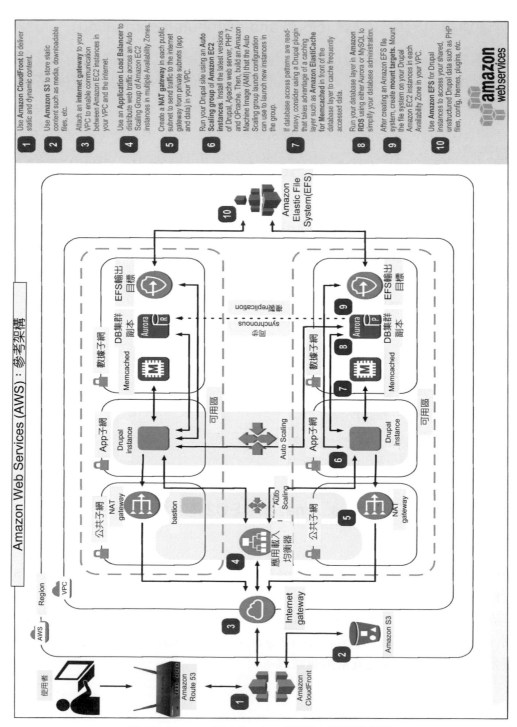

Amazon Web Services (AWS)：參考架構

1. Use **Amazon CloudFront** to deliver static and dynamic content.
2. Use **Amazon S3** to store static content such as media, downloadable files, etc.
3. Attach an **internet gateway** to your VPC to enable communication between Amazon EC2 instances in your VPC and the internet.
4. Use an **Application Load Balancer** to distribute web traffic across an Auto Scaling Group of Amazon EC2 instances in multiple Availability Zones.
5. Create a **NAT gateway** in each public subnet, to send traffic to the internet gateway from private subnets (app and data) in your VPC.
6. Run your Drupal site using an **Auto Scaling group of Amazon EC2 instances**. Install the latest versions of Drupal, Apache web server, PHP 7, and OPcache. Then, build an Amazon Machine Image (AMI) that the Auto Scaling group launch configuration can use to launch new instances in the group.
7. If database access patterns are read-heavy, consider using a Drupal plugin that takes advantage of a caching layer such as **Amazon ElastiCache for Memcached** in front of the database layer to cache frequently accessed data.
8. Run your database layer in **Amazon RDS** using either Aurora or MySQL to simplify your database administration.
9. After creating an Amazon EFS file system, create **mount targets**. Mount the file system on your Drupal Amazon EC2 instances in each Availability Zone in your VPC.
10. Use **Amazon EFS** for Drupal instances to access your shared, unstructured Drupal data such as PHP files, config, themes, plugins, etc.

圖 6-8　Amazon Web Services (AWS)：雲端運算服務

來源：Amazon Web Services (2019). https://en.wikipedia.org/wiki/Amazon_Web_Services

Amazon EC2 提供以下功能：

1. 虛擬計算環境，也稱為實例

2. 實例的預配置範本，也稱為 Amazon 系統映射 (AMI)，其中包含你的伺服器需要的套裝程式 (包括作業系統及其他軟體)。

3. 實例 CPU、記憶體、儲存及網路容量的多種配置，也稱為實例類型

4. 使用密鑰對的實例的安全登錄資訊 (AWS 儲存公有密鑰，在安全位置儲存私有密鑰)

5. 臨時資料 (停止或終止實例時會刪除這些資料) 的儲存卷，也稱為實例儲存卷

6. 使用 Amazon Elastic Block Store (Amazon EBS) 的資料的持久性儲存卷，也稱為 Amazon EBS 卷。

7. 用於儲存資源的多個物理位置，例如實例及 Amazon EBS 卷，也稱為區域及可用區

8. 防火牆，讓你可以指定協議、埠，以及能夠使用安全組到達你的實例的源 IP 範圍

9. 用於動態雲計算的靜態 IPv4 位址，稱為彈性 IP 位址

10. Meta 資料，也稱為標籤，你可以建立元資料並分配給你的 Amazon EC2 資源

11. 你可以建立的虛擬網路，這些網路與其餘 AWS 雲在邏輯上隔離，並且你可以選擇連接到你自己的網路，也稱為 Virtual Private Cloud (VPC)

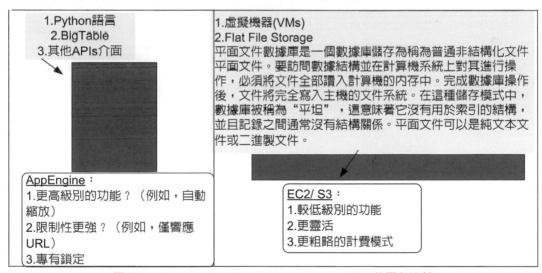

圖 6-9　Google's AppEngine vs. Amazon's EC2 的平台比較

(二)Google AppEngine：

1. Google AppEngine 是一個開發、代管網路應用程式的平台，使用 Google 管理的資料中心。它在 2008 年 4 月發布了第一個 beta 版本。

2. Google AppEngine 使用了雲端運算技術。它跨越多個伺服器及資料中心來虛擬化應用程式。其他基於雲的平台還有 Amazon Web Services 及微軟的 Azure 服務平台等。

3. Google AppEngine 在用戶使用一定的資源時是免費的。支付額外的費用可以獲得應用程式所需的更多的儲存空間、頻寬或是 CPU 負載。

4. Google's AppEngine 支援的程式語言及框架

　　當前，Google 應用服務引擎支援的程式語言是 Python、Java、PHP 及 Go(透過擴充，可以支援其他 JVM 語言，諸如 Groovy、JRuby、Scala 及 Clojure)。支援 Django、WebOb、PyYAML 的有限版本。Google 說它準備在未來支援更多的語言，Google 應用服務引擎也將會獨立於某種語言。任何支援 WSGI 的使用 CGI 的 Python 框架可以使用。框架可以與開發出的應用程式一同上傳，也可以上傳使用 Python 編寫的第三方庫。

習 題

1. 雲端運算的基礎設施、平台、應用？

2. 雲端運算 (cloud computing) 概述

3. 雲計算的平台有哪五種？

4. Amazon Web Services (AWS)：雲端運算服務的功能？

5. 雲技術、平台軟體有哪些？

NOTE

參考文獻

- Agrawal, R.; Imieli ski, T.; Swami, A.(1993). Mining association rules between sets of items in large databases. Proceedings of the 1993 ACM SIGMOD international conference on Management of data - SIGMOD '93. 1993: 207. ISBN 0897915925. doi:10.1145/170035.170072.

- Akaike, H. 1974. A new look at the Statistical model identification. IEEE transactions on Automatic Control 19: 716-723.

- Amit, Yali and Geman, Donald (1997). Shape quantization and recognition with randomized trees. Neural Computation 9, 1545-1588. （Preceding work）

- Anders Hald. On the History of Maximum Likelihood in Relation to Inverse Probability and Least Squares. Statistical Science 14. 1999 年 5 月 : 214–222. Stable URL: http://www.jstor.org/stable/2676741

- Angiulli, F.; Pizzuti, C. (2002). Fast Outlier Detection in High Dimensional Spaces. Principles of Data Mining and Knowledge Discovery. Lecture Notes in Computer Science: 15. ISBN 978-3-540-44037-6. doi:10.1007/3-540-45681-3_2.

- Anomaly detection benchmark data repository of the Ludwig-Maximilians-Universität München; Mirror at University of São Paulo.

- Anselin, L. (1995) Local indicators of spatial association - lisa. Geographical Analysis, 27:115.

- Bernardo, José-Miguel. (2005). Reference analysis. Handbook of Statistics 25. 17–90.

- Bernd A. Berg. (2004). Markov Chain Monte Carlo Simulations and Their Statistical Analysis. Singapore, World Scientific,

- Bishop, C. M.(2007). Pattern Recognition and Machine Learning. New York: Springer. ISBN 0387310738.

- Breiman, Leo (2001). Random Forests. Machine Learning 45 (1), 5-32 （Original Article）Random Forest classifier description （Site of Leo Breiman）

- Breunig, M. M.; Kriegel, H.-P.; Ng, R. T.; Sander, J. (2000). LOF: Identifying Density-based Local Outliers (PDF). Proceedings of the 2000 ACM SIGMOD International Conference on Management of Data. SIGMOD. 93–104. ISBN 1-58113-217-4. doi:10.1145/335191.335388.

- Campello, R. J. G. B.; Moulavi, D.; Zimek, A.; Sander, J. (2015). Hierarchical Density Estimates for Data Clustering, Visualization, and Outlier Detection. ACM Transactions on Knowledge Discovery from Data. 10 (1): 5:1–51. doi:10.1145/2733381.

- Campos, Guilherme O.; Zimek, Arthur; Sander, Jörg; Campello, Ricardo J. G. B.; Micenková, Barbora; Schubert, Erich; Assent, Ira; Houle, Michael E. (2016). On the evaluation of unsupervised outlier detection: measures, datasets, and an empirical study. Data Mining and Knowledge Discovery. 30 (4): 891. ISSN 1384-5810. doi:10.1007/s10618-015-0444-8.

- Carsten, Paul. (2015). Lenovo to stop pre-installing controversial software. Reuters.

- Chambers, J.M., W.S. Cleveland, B. Kleiner and P.A. Tukey. (1983). Graphical methods for data analysis. Wadsworth & Brooks/Cole.

- Chandola, V.; Banerjee, A.; Kumar, V. (2009). Anomaly detection: A survey (PDF). ACM Computing Surveys. 41 (3): 1–58. doi:10.1145/1541880.1541882.

- Chen Yang; Weiming Shen; Xianbin Wang. (2018). The Internet of Things in Manufacturing: Key Issues and Potential Applications. IEEE Systems, Man, and Cybernetics Magazine. Jan. doi:10.1109/MSMC.2017.2702391.

- David D. L. Minh and Do Le Minh. (2015). Understanding the Hastings Algorithm. Communications in Statistics - Simulation and Computation, 44:2 332-349.

- Dawid, A. P. (1979). Conditional Independence in Statistical Theory. Journal of the Royal Statistical Society, Series B. 41 (1), 1–31. JSTOR 2984718. MR 0535541.

- Deng, H; Runger, G; Tuv, Eugene (2011). Bias of importance measures for multi-valued attributes and solutions, Proceedings of the 21st International Conference on Artificial Neural Networks (ICANN2011).

- Denning, D. E. (1987). An Intrusion-Detection Model (PDF). IEEE Transactions on Software Engineering. SE–13 (2): 222–232. doi:10.1109/TSE.1987.232894. CiteSeerX: 10.1.1.102.5127.

- Denny, Matthew.(2014). Social Network Analysis. http://www.mjdenny.com/workshops/SN_Theory_I.pdf

- Disruptive Technologies Global Trends (2025). U.S. National Intelligence Council (NIC). (PDF).

- Dokas, Paul; Ertoz, Levent; Kumar, Vipin; Lazarevic, Aleksandar; Srivastava, Jaideep; Tan, Pang-Ning. (2002). Data mining for network intrusion detection (PDF). Proceedings NSF Workshop on Next Generation Data Mining.

- Feldman, Ronen and Sanger,James. (2007). The Text Mining Handbook, Cambridge University Press, ISBN 9780521836579.

- Fell, Mark. (2013). Manifesto for Smarter Intervention in Complex Systems (PDF). United Kingdom: Carré & Strauss.

- Fell, Mark. (2014). Roadmap for the Emerging Internet of Things - Its Impact, Architecture and Future Governance (PDF). United Kingdom: Carré & Strauss.

- Fox, J. (1990). Describing univariate distributions. In (Fox, J. & J. S. Long, eds.) Modern Methods of Data Analysis. Sage.

- Francis Ysidro Edgeworth, Statistician. Journal of the Royal Statistical Society. Series A (General) 141. 1978: 287–322. Stable URL: http://www.jstor.org/stable/2344804

- Getis, A., and Ord, J.K. (1992). The Analysis of Spatial Association by Use of Distance Statistics. Geographical Analysis, 24(3).

- Gilks, W. R.; Best, N. G.; Tan, K. K. C. (1995). Adaptive Rejection Metropolis Sampling within Gibbs Sampling. Journal of the Royal Statistical Society. Series C (Applied Statistics). 44 (4): 455–472. doi:10.2307/2986138. JSTOR 2986138.

- Gilks, W. R.; Wild, P. (19921). Adaptive Rejection Sampling for Gibbs Sampling. Journal of the Royal Statistical Society. Series C (Applied Statistics). 41 (2): 337–348. doi:10.2307/2347565. JSTOR 2347565.

- Goldsmith. John A.(2019). Segmentation and morphology. The University of Chicago. http://people.cs.uchicago.edu/~jagoldsm/Papers/segmentation.pdf

- Goldstein, Michael; Wooff, David (2007). Bayes Linear Statistics, Theory & Methods. Wiley. ISBN 978-0-470-01562-9.

- Google Open Online Education(2019). Use Course Builder Analytics.

- Görür, Dilan; Teh, Yee Whye (2011). Concave-Convex Adaptive Rejection Sampling. Journal of Computational and Graphical Statistics. 20 (3): 670–691. doi:10.1198/jcgs.2011.09058. ISSN 1061-8600.

- Guinard, Dominique; Vlad, Trifa. Building the Web of Things. Manning. 2015. ISBN 9781617292682.

- Haerdle, W. (1991). Smoothing techniques with implementation in S. Springer-Verlag.

- Hald, A. (1998), A History of Mathematical Statistics from 1750 to 1930, John Wiley & Sons, ISBN 0-471-17912-4.

- Hald, A. (1999), On the history of maximum likelihood in relation to inverse probability and least squares, Statistical Science, 14 (2): 214–222, doi:10.1214/ss/1009212248, JSTOR 2676741.

- Hawkins, Simon; He, Hongxing; Williams, Graham; Baxter, Rohan. (2002). Outlier Detection Using Replicator Neural Networks. Data Warehousing and Knowledge Discovery. Lecture Notes in Computer Science 2454. 170–180. ISBN 978-3-540-44123-6. doi:10.1007/3-540-46145-0_17.

- He, Z.; Xu, X.; Deng, S. (2003). Discovering cluster-based local outliers. Pattern Recognition Letters. 24 (9–10): 1641–1650. doi:10.1016/S0167-8655(03)00003-5.

- Heikki Mannila; Hannu Toivonen; A. Inkeri Verkamo (1997). "Discovery of Frequent Episodes in Event Sequences". Data Min. Knowl. Discov. 1 (3): 259–289. doi:10.1023/A:1009748302351.

- Hersent, Olivier, David Boswarthick and Omar Elloumi (2012). The Internet of Things: Key Applications and Protocols. Chichester, West Sussex: Wiley.

- Hkiri,E. Souheyl Mallat, and Mounir Zrigui. (2019).Constructing a Lexicon of Arabic-English Named Entity using SMT and Semantic Linked Data.

- Ho, Tin Kam (1995). Random Decision Forest. Proc. of the 3rd Int'l Conf. on Document Analysis and Recognition, Montreal, Canada, August 14-18, 278-282.

- Ho, Tin Kam (1998). The Random Subspace Method for Constructing Decision Forests. IEEE Trans. on Pattern Analysis and Machine Intelligence 20 (8), 832-844.

- Ho, Tin Kam (2002). A Data Complexity Analysis of Comparative Advantages of Decision Forest Constructors. Pattern Analysis and Applications 5, p. 102-112

- Hodge, V. J.; Austin, J. A. (2004). Survey of Outlier Detection Methodologies (PDF). Artificial Intelligence Review. 22 (2): 85–126. doi:10.1007/s10462-004-4304-y.

- Howard, Philip. (2015). Pax Technica: Will The Internet of Things Lock Us Up or Set Us Free?. New Haven, CT: Yale University Press.

- Hsinchun Chen, Roger H. L. Chiang, Veda C. Storey.(2012). Business Intelligence And Analytics: from Big Data To Big Impact Special, Issue: Business Intelligence Research. Mis Quarterly Journal, 36(4).

- http://www.umc.edu.dz/images/Constructing-a-Lexicon-of-Arabic-English-Named-Entity-using-SMT-and-Semantic-Linked-Data.pdf

- https://edu.google.com/openonline/course-builder/docs/1.11/analyze-data/course-builder-analytics.html

- Inside(2019). 雲端運算是什麼？ https://www.inside.com.tw/feature/ai/9730-cloud-computing

- Ishaq, Isam; Carels, David; Teklemariam ,Girum K.; Hoebeke, Jeroen; Van den Abeele, Floris; De Poorter, Eli; Moerman, Ingrid & Demeester, Piet. (2013). IETF Standardization in the Field of the Internet of Things (IoT): A Survey. Journal of Sensor and Actuator Networks, Multidisciplinary Digital Publishing Institute.

- Jones, Anita K.; Sielken, Robert S. (1999). Computer System Intrusion Detection: A Survey. Technical Report, Department of Computer Science, University of Virginia, Charlottesville, VA. CiteSeerX: 10.1.1.24.7802.

- Jurafsky, Daniel & Martin, J. H.(2019). Speech and Language Processing. https://web.stanford.edu/~jurafsky/slp3/ed3book.pdf

- Kass, R. E., and A. E. Raftery. 1995. Bayes factors. Journal of the American Statistical Association 90, 773–795.

- Knorr, E. M.; Ng, R. T.; Tucakov, V. (2000). Distance-based outliers: Algorithms and applications. The VLDB Journal the International Journal on Very Large Data Bases. 8 (3–4): 237–253. doi:10.1007/s007780050006.

- Korn, E. L., and B. I. Graubard. 1990. Simultaneous testing of regression coefficients with complex survey data: Use of Bonferroni t Statistics. American Statistician 44: 270-276.

- Kriegel, H. P.; Kröger, P.; Schubert, E.; Zimek, A. (2009). Outlier Detection in Axis-Parallel Subspaces of High Dimensional Data. Advances in Knowledge Discovery and Data Mining, Lecture Notes in Computer Science: 831. ISBN 978-3-642-01306-5. doi:10.1007/978-3-642-01307-2_86.

- Kriegel, H. P.; Kröger, P.; Schubert, E.; Zimek, A. (2011). Interpreting and Unifying Outlier Scores (PDF). Proceedings of the 2011 SIAM International Conference on Data Mining: 13–24. ISBN 978-0-89871-992-5. doi:10.1137/1.9781611972818.2.

- Kriegel, H. P.; Kroger, P.; Schubert, E.; Zimek, A. (2012). Outlier Detection in Arbitrarily Oriented Subspaces. 2012 IEEE 12th International Conference on Data Mining: 379. 2012. ISBN 978-1-4673-4649-8. doi:10.1109/ICDM.

- Kuehl, R. O. (2000). Design of Experiments: Statistical Principles of Research Design and Analysis. 2nd ed. Belmont, CA: Duxbury.

- Kumar, Varun.(2018).22 Free Social Network Analysis Tools. https://www.rankred.com/free-social-network-analysis-tools/

- Lausen et al, (1994). in Computational Statistics (Eds. P Dirschedl, R Ostermann),p 483-496.

- Lausen et al, Informatik (1997). Biometrie und Epidemiologie in Medizin und Biologie 28, 1-13.

- Lazarevic, A.; Kumar, V. (2005). Feature bagging for outlier detection. Proc. 11th ACM SIGKDD international conference on Knowledge Discovery in Data Mining. 157–166. ISBN 1-59593-135-X. doi:10.1145/1081870.1081891.

- Martino, Luca; Míguez, Joaquín (2010). A generalization of the adaptive rejection sampling algorithm. Statistics and Computing. 21 (4): 633–647. doi:10.1007/s11222-010-9197-9. ISSN 0960-3174.

- MBA 智庫 (2019). 商業智能 . https://wiki.mbalib.com/zh-tw/%E5%95%86%E4%B8%9A%E6%99%BA%E8%83%BD

- Metropolis, N.; Rosenbluth, A.W.; Rosenbluth, M.N.; Teller, A.H.; Teller, E. (1953). Equations of State Calculations by Fast Computing Machines. Journal of Chemical Physics. 21 (6): 1087–1092. Bibcode:1953JChPh..21.1087M. doi:10.1063/1.1699114.

- Meyer, Renate; Cai, Bo; Perron, François (2008). Adaptive rejection Metropolis sampling using Lagrange interpolation polynomials of degree 2. Computational Statistics & Data Analysis. 52 (7): 3408–3423. doi:10.1016/j.csda.2008.01.005.

- Michahelles, Florian, et al. Proceedings of 2012 International Conference on the Internet of Things (IOT) : 24–26 October 2012 : Wuxi, China. Piscataway, N.J.: IEEE, 2012.

- Miller and Siegmund (1982), Biometrics 38, 1011-1016.

- mymkc.com(2019). 大數據時代的「商業智慧與分析」(BI&A) 分類模式 . https://mymkc.com/article/content/22730

- Newman, M. E. J.; Barkema, G. T. (1999). Monte Carlo Methods in Statistical Physics. USA: Oxford University Press. ISBN 0198517971.

- Neyman, J. (1937), Outline of a Theory of Statistical Estimation Based on the Classical Theory of Probability, Philosophical Transactions of the Royal Society of London A, 236, 333–380.

- Nguyen, H. V.; Ang, H. H.; Gopalkrishnan, V. (2010). Mining Outliers with Ensemble of Heterogeneous Detectors on Random Subspaces. Database Systems for Advanced Applications. Lecture Notes in Computer Science: 368. ISBN 978-3-642-12025-1. doi:10.1007/978-3-642-12026-8_29.

- Parker, D. C., Manson, S. M., Janssen, M. A., Hoffmann, M., Deadman, P., June (2003). Multi-agent systems for the simulation of land-use and land-cover change: A review. Annals of the Association of American Geographers, 93 (2), 314–337.

- Parker, D. C., Manson, S. M., Janssen, M. A., Hoffmann, M., Deadman, P., June (2003). Multi-agent systems for the simulation of land-use and land-cover change: A review. Annals of the Association of American Geographers 93 (2): 314–337.

- Pfister, Cuno. Getting Started with the Internet of Things. Sebastapool, Calif: O'Reilly Media, Inc., 2011.

- Piatetsky-Shapiro, Gregory (1991). Discovery, analysis, and presentation of strong rules, in Piatetsky-Shapiro, Gregory; and Frawley, William J.; eds., Knowledge Discovery in Databases, AAAI/MIT Press, Cambridge, MA.

- Pickell, Devin (2019).50 Best Open Data Sources Ready to be Used Right Now. https://learn.g2.com/open-data-sources .

- pinterest.com(2019).Evolution of BI. https://www.pinterest.com/pin/289356344779590364/

- Rakesh Agrawal and Ramakrishnan Srikant.(1994). Fast algorithms for mining association rules in large databases. Proceedings of the 20th International Conference on Very Large Data Bases, VLDB, pages 487-499, Santiago, Chile, September .

- Ramaswamy, S.; Rastogi, R.; Shim, K. (2000). Efficient algorithms for mining outliers from large data sets. Proceedings of the 2000 ACM SIGMOD international conference on Management of data – SIGMOD '00: 427. ISBN 1-58113-217-4. doi:10.1145/342009.335437.

- Robert, Christian; Casella, George (2004). Monte Carlo Statistical Methods. Springer. ISBN 0387212396.

- Rossi, Peter E.; Allenby, Greg M.; McCulloch, Robert (2006). Bayesian Statistics and Marketing. John Wiley & Sons. ISBN 0470863676.

- Sakamoto, Y., M. Ishiguro, and G. Kitagawa. 1986. Akaike Information Criterion Statistics. Dordrecht, The Netherlands: Reidel.

- Salgado-Ugarte, I. H., M. Shimizu, and T. Taniuchi (1995). snp6.1: ASH, WARPing, and kernel density estimation for univariate data. Stata Technical Bulletin 26: 23-31.

- Salgado-Ugarte, I.H., M. Shimizu, and T. Taniuchi. (1993). snp6: Exploring the shape of univariate data using kernel density estimators. Stata Technical Bulletin 16: 8-19.

- Schölkopf, B.; Platt, J. C.; Shawe-Taylor, J.; Smola, A. J.; Williamson, R. C. (2001). Estimating the Support of a High-Dimensional Distribution. Neural Computation. 13 (7): 1443–71. PMID 11440593. doi:10.1162/089976601750264965.

- Schubert, E.; Wojdanowski, R.; Zimek, A.; Kriegel, H. P. (2012). On Evaluation of Outlier Rankings and Outlier Scores (PDF). Proceedings of the 2012 SIAM International Conference on Data Mining: 1047–1058. ISBN 978-1-61197-232-0. doi:10.1137/1.9781611972825.90.

- Schubert, E.; Zimek, A.; Kriegel, H. -P. (2012). Local outlier detection reconsidered: A generalized view on locality with applications to spatial, video, and network outlier detection. Data Mining and Knowledge Discovery. 28: 190–237. doi:10.1007/s10618-012-0300-z.

- Schwarz, G. 1978. Estimating the dimension of a model. Annals of Statistics 6: 461-464.

- Siddhartha Chib and Edward Greenberg: Understanding the Metropolis–Hastings Algorithm. American Statistician, 49(4), 327–335, 1995

- Silverman, B. W. (1986). Density Estimation for Statistics and Data Analysis. London: Chapman & Hall.

- Singh, Jatinder; Pasquier, Thomas; Bacon, Jean; Ko, Hajoon; Eyers, David (2015). Twenty Cloud Security Considerations for Supporting the Internet of Things. IEEE Internet of Things Journal. 1–1. doi:10.1109/JIOT.2015.2460333.

- slideplayer.com(2019). Big Data Analytics Learning Lab. https://slideplayer.com/slide/15717885/

- slideplayer.com(2019). What is Big Data? Analog starage vs digital. https://slideplayer.com/slide/5839610/

- slideplayer.com(2019).Big Data Benchmarking: Applications and Systems . https://slideplayer.com/slide/13536061/

- Smith, M. R.; Martinez, T. (2011). Improving classification accuracy by identifying and removing instances that should be misclassified. The 2011 International Joint Conference on Neural Networks (PDF). 2690. ISBN 978-1-4244-9635-8. doi:10.1109/IJCNN.2011.6033571.

- Sprague, R. H., and E. D. Carlson (1982). Building effective Decision Support Systems. Englewood Cliffs, N.J., Prentice-Hall, Inc.

- Sprague, R. H., and E. D. Carlson (1982). Building effective Decision Support Systems. Englewood Cliffs, N.J.:Prentice-Hall, Inc.

- Stephen Stigler. Statistics on the Table: The History of Statistical Concepts and Methods. Harvard University Press. ISBN 0-674-83601-4.

- Stephen Stigler. The History of Statistics: The Measurement of Uncertainty before 1900. Harvard University Press. ISBN 0-674-40340-1.

- Stigler, S. M. (1978), Francis Ysidro Edgeworth, Statistician, Journal of the Royal Statistical Society, Series A, 141 (3): 287–322, doi:10.2307/2344804, JSTOR 2344804.

- Stigler, S. M. (1986), The History of Statistics: The Measurement of Uncertainty before 1900, Harvard University Press, ISBN 0-674-40340-1.

- Stigler, S. M. (1999), Statistics on the Table: The History of Statistical Concepts and Methods, Harvard University Press, ISBN 0-674-83601-4.

- techtarget.com (2019). speech recognition. https://searchcustomerexperience.techtarget.com/definition/speech-recognition

- techtarget.com(2019). MPP(massively parallel processing). https://whatis.techtarget.com/definition/MPP-massively-parallel-processing

- Teng, H. S.; Chen, K.; Lu, S. C. (1990). Adaptive real-time anomaly detection using inductively generated sequential patterns (PDF). Proceedings of the IEEE Computer Society Symposium on Research in Security and Privacy. 1990: 278–284. ISBN 0-8186-2060-9. doi:10.1109/RISP.

- Tomek, Ivan. (1976). An Experiment with the Edited Nearest-Neighbor Rule. IEEE Transactions on Systems, Man, and Cybernetics. 6 (6): 448–452. doi:10.1109/TSMC.1976.4309523.

- Uckelmann, Dieter, Mark Harrison and Florian Michahelles. Architecting the Internet of Things. Berlin: Springer, 2011.

- Varun Grover, Roger HL Chiang, Ting-Peng Liang, and Dongsong Zhang (2018), Creating Strategic Business Value from Big Data Analytics: A Research Framework, Journal of Management Information Systems, 35(2),388-423.

- White, R., and G. Engelen (2000). High-resolution integrated modeling of spatial dynamics of urban and regional systems. Computers, Environment, and Urban Systems 24, 383–400.

- White, R., and G. Engelen (2000). High-resolution integrated modeling of spatial dynamics of urban and regional systems. Computers, Environment, and Urban Systems 24: 383–400.

- wiki.Big data(2019).Big data . https://en.wikipedia.org/wiki/Big_data

- wiki.image analytics(2019). 圖像分析 . https://zh.wikipedia.org/wiki/%E5%9B%BE%E5%83%8F%E5%88%86%E6%9E%90

- wiki.Image_analysis(2019). Image analysis. https://en.wikipedia.org/wiki/Image_analysis

- wiki.mbalib(2019). 据可 化 . https://wiki.mbalib.com/zh-tw/%E6%95%B0%E6%8D%AE%E5%8F%AF%E8%A7%86%E5%8C%96

- wiki.pipeline(2019). https://en.wikipedia.org/wiki/Pipeline.

- Wolpert, R. L.(2004). A Conversation with James O. Berger. Statistical Science. 19 (1): 205–218. MR 2082155. doi:10.1214/088342304000000053.

- Worsley, (1983).Technometrics 25, 35-42.

- Yao, Xuchen. (2019). Feature-Driven Question Answering with Natural Language Alignment. dissertation of Doctor of Philosophy. https://cs.jhu.edu/~xuchen/paper/xuchenyao-phd-dissertation.pdf.

- Zanella, Andrea; Bui, Nicola; Castellani, Angelo; Vangelista, Lorenzo & Zorzi, Michele. (2014). Internet of Things for Smart Cities. IEEE Internet of Things Journal. 2(1).

- Zhou, Honbo. (2013).The Internet of Things in the Cloud: A Middleware Perspective. Boca Raton: CRC Press, Taylor & Francis Group.

- Zimek, A.; Campello, R. J. G. B.; Sander, J. R. (2014). Data perturbation for outlier detection ensembles. Proceedings of the 26th International Conference on Scientific and Statistical Database Management – SSDBM '14: 1. ISBN 978-1-4503-2722-0. doi:10.1145/2618243.2618257.

- Zimek, A.; Campello, R. J. G. B.; Sander, J. R. (2014). Ensembles for unsupervised outlier detection. ACM SIGKDD Explorations Newsletter. 15: 11–22. doi:10.1145/2594473.2594476.

- Zimek, A.; Schubert, E.; Kriegel, H.-P. (2012). A survey on unsupervised outlier detection in high-dimensional numerical data. Statistical Analysis and Data Mining. 5 (5): 363–387. doi:10.1002/sam.11161.

- 王修含 (2019). 光聲造影 (photoacoustic imaging)- 利用超音波與雷射進行醫學影像檢查. 台大生醫電子與資訊學研究所. https://skin168.pixnet.net/blog/post/102301819.

- 張紹勳 (2016)，Panel-data 迴歸模型：STaTa 在廣義時間序列的應用，台北：五南。ISBN:978-957-11-8566-8

- 張紹勳 (2016)，STaTa 在財務金融與經濟分析的應用，台北：五南。ISBN:978-957-11-8862-1

- 張紹勳 (2016)，STaTa 與高等統計分析的應用，台北：五南。ISBN:978-957-11-8567-5

- 張紹勳 (2017)，STaTa 在生物醫學統計分析，台北：五南。ISBN:978-957-11-9141-6

- 張紹勳 (2017)，STaTa 在結構方程模型及試題反應的應用。ISBN:978-957-11-9059-4

- 張紹勳 (2017)， 輯斯迴歸及離散選擇模型：應用 STaTa 統計，台北：五南。ISBN:978-957-11-9652-7

- 張紹勳 (2018)，多層次模型 (HLM) 及重複測量：使用 STaTa，台北：五南。ISBN:978-957-11-9506-3

- 張紹勳 (2018)，有限混合模型 (FMM)：STaTa 分析 (以 EM algorithm 做潛在分類再迴歸分析)，台北：五南。ISBN:978-957-11-9646-6

- 張紹勳 (2019). 人工智慧與 Bayesian 迴歸的整合：應用 STaTa 分析. 五南書局.

- 張紹勳 (2020). 研究方法。五南書局。

- 張紹勳、林秀娟 (2018)，多層次模型 (HLM) 及重複測量：使用 SPSS 分析，台北：五南。ISBN：978-957-1198897

- 張紹勳、林秀娟 (2018)，多變量統計之線性代數基礎：應用 SPSS 分析，台北：五南。ISBN：978-957-1198439

- 張紹勳、林秀娟 (2018)，多變量統計之線性代數基礎：應用 STaTa 分析，台北：五南。ISBN：978-957-11-9804-0

- 張紹勳、林秀娟 (2018)，存活分析及 ROC：應用 SPSS，台北：五南。ISBN:978-957-11-9932-0

- 張紹勳、林秀娟 (2018)，高等統計：應用 SPSS 分析，台北：五南。ISBN:978-957-11-9888-0

- 張紹勳、林秀娟 (2018)，邏輯輯迴歸分析及離散選擇模型：應用 SPSS，台北：五南。ISBN: 978-957-7631251

- 張紹勳、張任坊、張博一 (2019)，人工智慧與 Bayesian 迴歸的整合：應用 STaTa 分析，台北：五南。ISBN:978-957-763-221-6

- 數位時代 (2019). 什麼是 AIoT. https://www.bnext.com.tw/article/53719/iot-combine-ai-as-aiot